"十二五"职业教育国家规划教材
经全国职业教育教材审定委员会审定

全国林业职业教育教学指导委员会高职园林类专业工学结合"十二五"规划教材

观赏树木

GUANSHANGSHUMU

卓丽环 ◎主编

中国林业出版社

内容简介

本教材由7个单元组成，分别阐述了观赏树木识别与应用基础、观姿类树种、观花类树种、观叶类树种、观果类树种、藤蔓类树种和观赏树木冬态。各类树种编排顺序分别按照郑万钧系统（针叶树）和克朗奎斯特系统（阔叶树种）排列。每种分别描述形态特征；常见变种、变型和品种；分布与习性；繁殖方法；观赏与应用等。各单元明确提出学习目标，并提供部分复习思考题，便于复习和自学。全书图文并茂。

本教材作为高等职业教育园林技术专业、园林工程技术、园艺技术等专业的教材，也可作为行业、企业园林技术人员培训选用教材。

图书在版编目（CIP）数据

观赏树木/卓丽环主编. －北京：中国林业出版社，2014.7
“十二五”职业教育国家规划教材经全国职业教育教材审定委员会审定，全国林业职业教育教学指导委员会高职园林类专业工学结合“十二五”规划教材
ISBN 978-7-5038-7566-3

Ⅰ. ①观…　Ⅱ. ①卓…　Ⅲ. ①园林树木－高等职业教育－教材　Ⅳ. ①S68

中国版本图书馆CIP数据核字（2014）第138227号

中国林业出版社·教育出版分社

策划编辑：牛玉莲　康红梅　田苗
责任编辑：康红梅　田　苗
电　　话：83143551　83143557
传　　真：83143516

出版发行　中国林业出版社（100009　北京市西城区德内大街刘海胡同7号）
E-mail：jiaocaipublic@163.com　电话：（010）83143500
http：//lycb.forestry.gov.cn
经　　销　新华书店
印　　刷　中国农业出版社印刷厂
版　　次　2014年8月第1版
印　　次　2014年8月第1次印刷
开　　本　787mm×1092mm　1/16
印　　张　23.25
字　　数　551千字
定　　价　48.00元

全国林业职业教育教学指导委员会
高职园林类专业工学结合“十二五”规划教材

专家委员会

《观赏树木》
编写人员

主　编

卓丽环

副主编

裴淑兰
赵　锐

编写人员（按姓氏拼音排序）

崔向东（河北政法职业学院园林系）
李殿波（黑龙江林业职业技术学院）
裴淑兰（山西林业职业技术学院）
汪成忠（苏州农业职业技术学院）
王　凯（山西林业职业技术学院）
赵　锐（云南林业职业技术学院）
张　琰（上海农林业职业技术学院）
卓丽环（上海农林业职业技术学院）

序言

Foreword

我国高等职业教育园林类专业近十多年来经历了由规模不断扩大到质量不断提升的发展历程，其办学点从2001年的全国仅有二十余个，发展到2010年的逾230个，在校生人数从2001年的9080人，发展到2010年的40 860人；专业的建设和课程体系、教学内容、教学模式、教学方法以及实践教学等方面的改革不断深入，也出版了富有特色的园林类专业系列教材，有力推动了我国高职园林类专业的发展。

但是，随着我国经济社会的发展和科学技术的进步，高等职业教育不断发展，高职园林类专业的教育教学也显露出一些问题，例如，教学体系不够完善、专业教学内容与实践脱节、教学标准不统一、培养模式创新不足、教材内容落后且不同版本的质量参差不齐等，在教学与实践结合方面尤其欠缺。针对以上问题，各院校结合自身实际在不同侧面进行了不同程度的改革和探索，取得了一定的成绩。为了更好地汇集各地高职园林类专业教师的智慧，系统梳理和总结十多年来我国高职园林类专业教育教学改革的成果，2011年2月，由原教育部高职高专教育林业类专业教学指导委员会(2013年3月更名为教育部林业职业教育教学指导委员会)副主任兼秘书长贺建伟牵头，组织了高职园林类专业国家级、省级精品课程的负责人和全国17所高职院校的园林类专业带头人参与，以《高职园林类专业工学结合教育教学改革创新研究》为课题，在全国林业职业教育教学指导委员会立项，对高职园林类专业工学结合教育教学改革创新进行研究。同年6月，在哈尔滨召开课题工作会议，启动了专业教学内容改革研究。课题就园林类专业的课程体系、教学模式、教材建设进行研究，并吸收近百名一线教师参与，以建立工学结合人才培养模式为目标，系统研究并构建了具有工学结合特色的高职园林类专业课程体系，制定了高职园林类专业教育规范。2012年3月，在系统研究的基础上，组织80多名教师在太原召开了高职园林类专业规划教材编写会议，由教学、企业、科研、行政管理部门的专家，对教材编写提纲进行审定。经过广大编写人员的共同努力，这套总结10多年园林类专业建设发展成果，凝聚教学、科研、生产等不同领域专家智慧、吸收园林生产和教学一线的最新理论和技术成果的系列教材，最终于2013年由中国林业出版社陆续出版发行。

该系列教材是《高职园林类专业工学结合教育教学改革创新研究》课题研究的主要成

果之一，涉及18门专业(核心)课程，共21册。编著过程中，作者注意分析和借鉴国内已出版的多个版本的百余部教材的优缺点，总结了十多年来各地教育教学实践的经验，深入研究和不同课程内容的选取和内容的深度，按照实施工学结合人才培养模式的要求，对高等职业教育园林类专业教学内容体系有较大的改革和理论上的探索，创新了教学内容与实践教学培养的方式，努力融“学、教、做”为一体，突出了“学中做、做中学”的教育思想，同时在教材体例、结构方面也有明显的创新，使该系列教材既具有博采众家之长的特点，又具有鲜明的行业特色、显著的实践性和时代特征。我们相信该系列教材必将对我国高等职业教育园林类专业建设和教学改革有明显的促进作用，为培养合格的高素质技能型园林类专业技术人才作出贡献。

全国林业职业教育教学指导委员会

2013年5月

前言

Preface

本教材是“十二五”职业教育国家规划立项教材，是根据高职高专园林类专业教学内容和课程体系改革的要求编写，以观赏树种识别和应用为重点，改革同类教材编写中常用的按科属进行系统分类的方法，建立体现观赏性及应用为主体的分类体系，教学目标是让学生通过本课程的学习，掌握“识树、懂树、会用树”的相关知识和技能。

观赏树木为园林建设的主要植物材料之一，因此对于观赏树木的分类，应以美观、实用为主要依据。它既不同于一般树木分类学的体系，也不同于其他类似著作的内容，而将本书所列的种类按照观赏特性及习性分为“观姿类、观叶类、观花类、观果类、藤蔓类、竹类”等分别叙述。随着园林事业的发展，新树种和新品种的应用不断增加，因此，教材编写中努力反映观赏树木研究的最新成果。

本教材由卓丽环担任主编，裴淑兰、赵锐担任副主编，具体编写分工为：第 1 单元、第 2 单元和附录由上海农林职业技术学院卓丽环、张琰和苏州农业职业技术学院汪成忠编写；第 3 单元和第 4 四单元由云南林业职业技术学院赵锐和河北政法职业学院崔向东编写；第 5 单元和第 6 单元由山西林业职业技术学院裴淑兰和王凯编写；第 7 单元由黑龙江林业职业技术学院李殿波编写，全书由卓丽环、裴淑兰统稿。

本教材中树种的学名以中国植物志及最新修订发表的正确学名为准。全书共分 7 个单元，树种按观赏特性及应用分类，共收集 291 种(含观赏价值较高的变种、变形和品种。)第 2 ~7 单元树种的排列顺序为：裸子植物按郑万钧系统编排，被子植物按克朗奎斯特 1981 年系统编排，便于形态特征识别和种类拓展。全书插图除部分自绘外，其余均引自已经正式出版的书刊，主要有《中国树木志》《中国植物志》《上海植物志》《园林树木 1600 种》《中国高等植物》《广东植物志》《华北树木志》等，限于篇幅，图中未标出处，在参考文献中列出。在此谨向原作者致谢。

由于编者水平有限，错误和欠妥之处在所难免，敬请读者提宝贵意见，以供再版时修正。

卓丽环
2014 年 3 月

目录

Contents

单元1 观赏树木识别与应用基础

学习目标

【知识目标】

(1)掌握观赏树木的分类方法，了解观赏树木识别的主要特征；
(2)掌握植物分类检索表的编制与使用方法；
(3)了解观赏树木的生物、生态学特性；
(4)了解观赏树木的作用；
(5)掌握观赏树木的调查方法；
(6)掌握观赏树木选择、配置的原则与方法。

【技能目标】

(1)具备识别常见园林树种的能力；
(2)具备利用工具书及文献资料鉴定观赏树种的技能；
(3)能用专业术语描述观赏树种的形态特征；
(4)具备辨别观赏树木花相、花型、花色的能力；
(5)会用园林植物分类的基本方法对观赏树木进行分类；
(6)具备正确地选择观赏树木进行合理配置应用的能力；
(7)会使用及编制植物分类检索表。

1.1 观赏树木的概念及种质资源特点

1.1.1 观赏树木的概念

早在1955年陈植编著的《观赏树木学》，就对“观赏树木”给出了概念：“凡植物栽植或保留于庭院、公园、林间、路旁、水滨、岩际、地面、盆中，以供观赏而增加景色用者，通称曰观赏植物或造园植物。观赏植物以性质不同可分为木本与草本两类。其木本者谓之观赏树木；草本者谓之花卉。”

观赏树木是泛指一切可供观赏的木本植物，具有一定观赏价值和生态效应，为美化环境和观赏需要所栽培的树木。包括各种乔木、灌木、木质藤本以及竹类。树木栽植于园林或庭园中，以供观赏，称之为园林树木或庭木，但树木不仅限于栽植庭园中，还有列植的行道树，群植的风景林，也属于观赏的范畴，所以采用观赏树木名称较之园林树木其含义更广，更为恰当。

对于观赏树木，不仅要了解其分类、分布、生态、用途，更重要的是研究它的观赏和应用价值。所以仅了解种还不够，还要进一步了解变种、变型和品种。例如，梅花(*Prunus mume*)是一种观赏树木，仅知道其种则远远不够，还必须了解其园艺品种的系、类、型的分类。

1.1.2 我国的观赏树木资源及其对世界园林的贡献

中国地域辽阔，自然条件复杂，地形、气候、土壤多种多样，特别是中生代和新生代第三纪裸子植物繁盛和被子植物发生发展的时期，一直是温暖的气候。第四纪冰川时，中国没有直接受到北方大陆冰盖的破坏，只受到山岳冰川和气候波动的影响，基本上保持了第三纪古热带比较稳定的气候，从而使植物资源丰富多彩，成为世界著名的园林树木宝库之一，是不少观赏树木的故乡，其中包括很多中国所独有的属，如银杏属(*Ginkgo*)、银杉属(*Cathaya*)、金钱松属(*Pseudolarix*)、水杉属(*Metasequoia*)、水松属(*Gyptostrobus*)、杉木属(*Cunninghamia*)、台湾杉属(*Taiwania*)、福建柏属(*Fokienia*)、青檀属(*Pteroceltis*)、棣棠属(*Kerria*)、结香属(*Edgeuorthia*)、蜡梅属(*Chimonanthus*)、珙桐属(*Davidia*)、喜树属(*Camprorheca*)、杜仲属(*Eucommia*)、猬实属(*Kolkwitzia*)、七子花属(*Heptacodium*)等。不仅如此，在北半球其他地区早已灭绝的一些古老孑遗植物类群，中国仍大量保存着，除前面所列属中的银杏、银杉、水杉、珙桐外，还有鹅掌楸、连香树、伯乐树、香果树等。所以中国素以“世界园林之母”著称于世。在目前已知的27万种有花植物中，中国就有25 000种，其中乔灌木树种即有8000余种，在世界树种总数中占有很大的比重，尤其是我国西南部地区，已成为世界观赏树木的分布中心之一，很多著名的花卉和观赏树木的科、属，是以我国为中心分布的。

中国的观赏树木资源丰富，驯化历史源远流长，栽培技术精湛，创造了五彩缤纷的品种，如我国的梅花品种就有300个以上，牡丹品种共约有500个，极大地丰富了各国的园艺世界。丰富而有特色的资源，吸引了不少外国植物学家和园艺工作者前来中国考察、引种，从此，我国各种名贵花木不断传至世界各地。早在8世纪，梅花、牡丹就东传日本，山茶亦于14世纪传入日本，17世纪又传至欧美。各国的植物学家从16世纪开始，就纷纷来华搜集各种花卉和观赏树种资源。

1818年英国从中国引走了紫藤，至1839年，在花园里已长成180英尺(54.86 m)，覆盖了1800平方英尺(167.23 m^2)的墙面，开了675 000朵花，被认为是世界上观赏植物中的一个奇迹。更为值得自豪的是我国的蔷薇资源。1800年以前，欧洲各国栽培的蔷薇都是属于法国蔷薇(*Rosa galliaca*)，只有夏季一次开花，自从中国的月月红(*Roa chinensis* var. *semperflorens*)和香水月季(*Rosa odorata*)分别于1789年和1810年传入法国后经参与杂交育种，借此而培育出了四季开花、繁花似锦、香味浓郁、姿态各异、数以万计的现代杂种茶香月季和多花攀缘月季品种。因此可以说，中国月季是现代月季的鼻祖。一百余年来，英国从中国集中地引走了数千种园林植物，大大丰富了英国公园中的四季景色和色彩，仅爱丁堡皇家植物园，目前就有中国原产的植物1 500种，展示了中国稀有、珍贵的花木。因此在欧洲流行着“没有中国的花木，就称不上花园”的说法。

1869年，法国一位名叫岱维斯的神父，在四川穆坪首次发现珙桐(鸽子树)(*Davidia involucrata*)，他发表文章后，引起各国植物学家的重视，英国人、法国人、美国人、荷兰人、日本人和俄国人先后来到中国，采集标本、种子和苗木，现在瑞士日内瓦街头和美国白宫门前的珙桐在盛花季节，一对对大苞片好似展翅的白鸽。"中国鸽子树"的名字广为世界人民所知。同样，20世纪60年代在广西发现的金花茶，由于其花色金黄，而震撼世界园艺界，为各国所关注。

国外利用我们的植物资源，育出了五彩缤纷的园艺品种，相比之下，我们没有很好地利用和挖掘。作为园林工作者，我们必须充分挖掘祖国丰富的资源，掌握我国观赏树木种质资源的特点，选育出更多的品种，造福于人类。

1.1.3　我国观赏树木种质资源的特点

我国被西方人士称为"园林之母"，观赏树木资源极为丰富。中国的各种名贵观赏树木，几百年来不断传至西方，对其园林事业和园艺植物育种工作起了重大作用。许多著名的观赏植物及其品种，都是由我国勤劳、智慧的劳动人民培育出来的。例如，桃花的栽培历史3000年以上，培育出100多个品种，在3世纪时传至伊朗，以后才辗转传至德国、西班牙、葡萄牙等国，至15世纪才传入英国，而美国则从16世纪才开始栽培桃花。目前虽然有些名贵的观赏珍品业已散失，但相信只要重视，在不久的将来定将恢复并超过。

我国观赏树木资源具有种类繁多、分布集中、特色突出、丰富多彩四大特点。

(1)种类繁多

我国原产的木本植物约为7500种，在世界树种总数中所占比例极大。以中国观赏树木在英国邱园(Royal Botanic Gardens, Kew)引种驯化成功的种类而论(1930年统计)，即可发现中国种类确实远比世界其他地区丰富。另据已故陈嵘教授在《中国树木分类学》(1937)一书中统计，中国原产的乔灌木种类，竟比全世界其他北温带地区所产的总数还多。非我国原产的乔木种类仅有悬铃木、刺槐、酸木树(*Oxydendron*)，箬棕(*Sabal*)、岩梨(*Arbutus*)、山月桂(*Kalmia*)、北美红杉、落羽杉、金松、罗汉柏、南洋杉等十多个属而已。

探究中国树木种类丰富的原因：一方面是因为中国幅员广大、气候温和以及地形变化多；另一方面是地史变迁的因素。原来早在新生代第三纪以前，全球气候暖热而湿润，林木极为繁茂，当时银杏科就有15个属以上，水杉则广布于欧亚地区直达北极附近。到新生代第四纪时，由于冰川时期的到来，大冰川由北向南移动，因为中欧山脉多为东西走向，所以北方树种为大山阻隔而几乎全部受冻灭绝，这就是北部、中部欧洲树种稀少的历史根源。在我国，由于冰川是属于山地冰川，所以有不少地区未受到冰川的直接影响，因而保存了许多欧洲已经灭绝的树种，如银杏、水杉、水松、鹅掌楸等被欧洲人称为"活化石"的树种。

(2)分布集中

我国是许多观赏树木科属的世界分布中心，其中有些科属又在国内一定的区域内集中分布，形成中国分布中心。现以20属观赏树木为例，从中国产的种类占世界总种数的百分比中证明中国确是若干著名树种的世界分布中心(表1-1)。

表 1-1　20 个属国产树木占世界总种属百分比

序号	属　名	中国种数	世界总种数	所占(%)
1	蜡梅 *Chimonanthus*	4	4	100.0
2	泡桐 *Paulownia*	9	9	100.0
3	刚竹 *Phyllostachys*	50	50	100.0
4	山茶 *Camellia*	238	280	85.0
5	丁香 *Syinga*	27	32	84.4
6	油杉 *Keteleeria*	10	12	83.3
7	槭 *Acer*	150	200	75.0
8	四照花 *Dendrobenthmia*	9	12	75.0
9	蜡瓣花 *Corylopsis*	21	30	70.0
10	李 *Prunus*	140	200	70.0
11	椴树 *Tilia*	35	50	70.0
12	紫藤 *Wisteria*	7	10	70.0
13	木犀 *Osmanthus*	27	40	67.5
14	爬山虎 *Parthenocissus*	10	15	66.7
15	含笑 *Michelia*	40	60	66.7
16	溲疏 *Deutzia*	40	60	66.7
17	苹果 *Malus*	24	37	64.9
18	栒子 *Cotoneaster*	60	95	63.2
19	绣线菊 *Spiraea*	65	105	61.9
20	杜鹃花 *Rhododendron*	530	900	58.9

(3)特色突出

我国植物的特有科、属、种丰富，在世界上居于突出的地位。例如，银杏科、钟萼树科、杜仲科、珙桐科、水青树科、水杉属、金钱松属、金钱槭属、福建柏属、猬实属、珙桐属、喜树属、银杏属、蓝果树属、山桐子属、杜仲属，以及牡丹、月季、香水月季、木香、梅花、桂花、南天竹、马褂木、栀子等。据我国目前所知的种子植物特有属有 190 属，占全国总属数的 6.3%，与世界各地相比居第 5 位(南非 29%，好望角占 20.7%，夏威夷 12.3%，新西兰 9.9%)。

特点突出还体现在另一方面，中国植物栽培历史悠久，在长期的栽培中培育出许多独具特色的品种及类型，如‘龙游’梅、‘黄香’梅、红花含笑、重瓣杏花、红花檵木等，成为杂交育种珍贵的种质资源。

(4)丰富多彩

由于我国具有得天独厚的自然环境，在各种环境的长期影响下，就使植物形成了许多变异类型。形成了千姿百态、万紫千红、四季花香的特点。除一般树种以外，还为人类提供富有特殊种质的观赏树木资源。像瑞香、梅花、迎春、连翘等，都是其中佼佼者。四季开花的木本花卉资源有：‘四季’金银花、‘四季’桂、‘四季’锦带花、月季花品

种'月月红'、'月月粉'、'月月紫'、香水月季等(陈俊愉，1988)。又如含笑之甜香，桂花之醉香，荷花之清香等，都是香花中之绝品，是中国人自古就倍加欣赏的。还有具抗病虫、抗旱、抗寒、耐热、耐瘠薄、适应性强的种质资源。

我国很多的名贵花木都有悠久的栽培历史。如桃花、梅花的栽培历史逾3000年，各培育出几百个品种。"花王"牡丹也有1400多年的栽培历史，远在宋代时品种曾达六七百种之多。

1.2 观赏树木的分类

观赏树木分类不同于树木分类，应以观赏特性和园林应用为分类依据。

1.2.1 按观赏树木习性分类

(1)乔木类

乔木类树体高大，具明显主干，一般树木高6m以上。可细分为伟乔(>30m)，大乔(20~30m)，中乔(10~20m)及小乔(6~10m)等，树木的高度在用植物造景时起着重要作用，故学习者须加以掌握。此外，依据树木的生长速度分为速生树、中速树、慢生树等；还可分为常绿乔木、落叶乔木；针乔、阔乔等。

(2)灌木类

灌木类通常有两种类型，一是树体矮小(<6m)，主干低矮者；还一类是树体矮小，无明显主干，茎干自地面生出多数，而呈丛生状，又称为丛木类，如绣线菊、溲疏、千头柏等。

(3)铺地类

铺地类实际属于灌木，但其干枝均铺地生长，与地面接触部分生出不定根，如矮生栒子、铺地柏等。

(4)藤蔓类

藤蔓类地上部分不能直立生长，须攀附于其他支持物向上生长。根据其攀附方式，可分为：

缠绕类　如葛藤、紫藤等；

钩刺类　如木香、藤本月季等；

卷须及叶攀类　如葡萄、铁线莲等；

吸附类　吸附器官多不一样，如凌霄是借助吸附根攀缘，爬山虎借助吸盘攀缘。

1.2.2 按观赏树木对环境因子适应能力分类

(1)依据气温因子分类

主要是依据树木最适应的气温带分类，分为热带树种、亚热带树种、温带树种及寒带树种等。在进行树木引种时，分清树种属于哪些类型是非常重要的，如不能把凤凰木、木棉等热带、亚热带树种引到温带的华北地区栽培。在生产实践中，各地还依据树木的耐寒性不同分为耐寒树种、不耐寒树种、半耐寒树种等，不同地域的划分标准是不一样的。

(2)依据水分因子分类

树木对水分的要求是不一样的，据此可分为湿生、旱生和中生树种。但不同树种对水分条件忍耐幅度是不一样，有的适应幅度较大，有的则较少。如池杉既耐水湿也较耐旱。

(3)依据光照因子分类

观赏树木依据光照因子可分为喜光树种(阳性树种)、阴性树种(耐阴树种)、中性树种。喜光树种，如杨属、泡桐属、落叶松属、马尾松、黑松等。耐阴树种如红豆杉属、八角属、桃叶栅瑚、冬青、杜鹃花、六月雪等。

(4)依据空气因子分类

依据空气因子，观赏树木可分成多类。

抗风树种　如海岸松、黑松、木麻黄等。

抗污染类树种　如抗二氧化硫树种，有银杏、白皮松、圆柏、垂柳、旱柳等。

抗氟化物树种　有白皮松、云杉、侧柏、圆柏、朴树、悬铃木等。

此外，还有抗氯化氢树种等。防尘类树种，一般叶面粗糙，多毛，分泌油脂，总叶面积大，如松属植物、构树、柳杉等。卫生保健类树种能分泌出杀菌素，净化空气，有一些分泌物对人体具保健作用，如松柏类常分泌芳香物质，还有樟树、厚皮香、臭椿等。

(5)依据土壤因子分类

据对土壤酸碱度的适应，可将观赏树木分成喜酸性土树种，如杜鹃花科、山茶科的许多植物；耐碱性土树，如柽柳、红树、椰子、梭梭柴等。依对土壤肥力的适应力可分为瘠土树种，如马尾松、油杉、刺槐、相思等。还有水土保持类树种，常根系发达，耐旱瘠，固土力强，如刺槐、紫穗槐、沙棘等。

1.2.3　按观赏树木观赏特性分类

(1)观姿树木

观姿树木指形体及姿态有较高观赏价值的一类树木，如雪松、龙柏、榕树、假槟榔、‘龙爪’槐等。

(2)观花树木

观花树木指花色、花形、花香等有较高观赏价值的树木。如梅花、蜡梅、月季、牡丹、白玉兰等。

(3)观叶树木

树木叶之色彩、形态、大小等有独特之处，可供观赏。如银杏、鸡爪槭、黄栌、七叶树、椰子等。

(4)观果树木

果实具较高观赏价值的一类树，或果形奇特，或其色彩艳丽，或果实巨大等。如柚子、秤锤树、复羽叶栾树等。

(5)观枝干树木

这类树木的枝干具有独特的风姿，或具奇特的色彩，或具奇异的附属物等。如白皮松、梧桐、青榨槭、白桦、栓翅卫矛、红瑞木等。

(6)观根树木

这类树木裸露的根具观赏价值。如榕树、蜡梅等。

1.2.4　按观赏树木在园林绿化中用途分类

根据树木在园林中的主要用途可分为独赏树、庭荫树、防护树、花木类、藤本类、植篱类、地被类、盆栽与造型类、室内装饰类、基础种植类等，这里重点介绍几类。

(1)独赏树

可独立成景供观赏用的树木，主要展现的是树木的个体类，一般要求树体雄伟高大，树形美观，或具独特的风姿，或具特殊之观赏价值，且寿命较长。如雪松、南洋杉、银杏、樱花、凤凰木、白玉兰等均是很好的独赏树。

(2)庭荫树

庭荫树主要是能形成大片绿荫供人纳凉之用的树木。由于这类树木常用于庭院中，故称庭荫树，一般树木高大、树冠宽阔、枝叶茂盛、无污染物等，选择时应兼顾其他观赏价值。例如，梧桐、槐树、玉兰、枫杨、柿树等常用作庭荫树。

(3)行道树

行道树是指道路绿化栽植树种。一般来说，行道树具有树形高大、冠幅大、枝叶茂密、枝下高较高、发芽早、落叶迟、生长迅速、寿命长、耐修剪、根系发达、不易倒伏、抗逆性强的特点。在园林实践中，完全符合理想的十全十美的行道树种并不多。我国常见的有悬铃木、樟树、槐树、榕树、重阳木、女贞、毛白杨、银桦、鹅掌楸、椴树等。

(4)防护树类

防护树类主要指能从空气中吸收有毒气体、阻滞尘埃、防风固沙、保持水土的一类树木。这类树种在应用时，多植成片林，以充分发挥其生态效益。

(5)花灌类

花灌木一般指观花、观果、观叶及其他观赏价值的灌木类的总称，这类树木在园林中应用最广。观花灌木如榆叶梅、蜡梅、绣线菊、金银花等；观果类如火棘、金银木、紫珠等。

(6)植篱类

植篱类树木在园林中主要用于分隔空间、屏蔽视线、衬托景物等，一般要求树木枝叶密集、生长慢、耐修剪、耐密植、养护简单。常见的有大叶黄杨、雀舌黄杨、法国冬青、侧柏、女贞、九里香、马甲子、火棘、小蜡、六月雪等。

(7)地被类

地被类指低矮、铺展力强、常覆盖于地面的一类树木，多以覆盖裸露地表、防止尘土飞扬、防止水土流失、减少地表辐射、增加空气湿度、美化环境为主要目的。那些矮小的、分枝性强的，或偃伏性强的，或是半蔓性的灌木，以及藤本类均可作园林地被用。

(8)盆栽及造型类

盆栽及造型类主要指盆栽用于观赏及制作成树桩盆景的一类树木。树桩盆景类植物要求生长缓慢、枝叶细小、耐修剪、易造型、耐旱瘠、易成活、寿命长。

(9)室内装饰类

室内装饰类主要指耐阴性强，观赏价值高，常盆栽放于室内观赏的一类树木，如散尾葵、朱蕉、鹅掌柴等。木本切花类主要用于室内装饰，故也归于此类，如蜡梅、银芽柳等。

1.2.5 观赏树木的学名

每一种植物，在不同地区、不同民族往往具不同的名称；不同的国家由于语言文字上的差异，植物的名称更是多种多样。常造成了“同物异名”、“同名异物”的混乱现象，也不利于学术交流及生产实践上的应用。

植物的种名由两个拉丁化的词组成，第一个词为所在属属名，第一个字母要大写，第二个词为种加词，书写时均为小写。此外还要求在种加词之后加上该植物命名人姓氏的缩写。如银杏 *Ginkgo biloba* L. 。种下级单位中，亚种名为在种名之后加亚种拉丁词 subspecies 的缩写“subsp. ”或“ssp. ”，再加上亚种加词，最后写亚种命名人缩写。如凹叶厚朴 *Magnolia officinalis* Rehd. et Wils. ssp. *biloba*(Rehd. et Wils) Law. 。变种名则种名后加变种的拉丁词 varietas 的缩写“var. ”，加变种加词，最后写变种命名人缩写，如红花檵木 *Loropetalum chinense* (R. Br.) Oliv. var. *rubrum* Yieh. 。变型名则在种名后再加上变型拉丁词 forma 的缩写“f. ”，再加上变型加词，最后为变型命名人缩写，如苍叶红豆 *Ormosia semicastrata* Hance. f. *pallida* How。

关于栽培品种，是在种名后直接写品种名称，首字母须大写，正体，还需加上单引号，不附命名人的姓名。如‘垂枝’雪松 *Cedrus deodara* (Roxb.) G. Don ‘Pendula’。

1.3 检索表的编制与使用

检索表是用来鉴别植物种类的工具。鉴别植物时，利用检索表从两个相互对立的性状中选择一个相符的，放弃一个不符的，依序逐条查索，直到查出植物所属科、属、种。常用的检索表有两种。

1.3.1 植物分类检索表编制的原理

编制检索表时，选用区别性状时，应选择那些容易观察的表型性状，最好是仅用肉眼及手持放大镜就能看到的性状；再者，相对的性状最好有较大的区别，不要选择那些模棱两可的特征。编制时，应把某一性状可能出现的情况均考虑进去，如叶序：对生、互生或轮生，在所编制植物中每一组相对的特征必须是真正对立的，事先一定要考虑周全。

1.3.2 定距式植物分类检索表

把相对的两个性状编为同样的号码，并且从左边同一距离处开始，下一级两个相对性状向右退一定距离开始，逐级下去，直到最终。如对木兰科某几个属编制定距检索表如下：

1. 叶不分裂；聚合蓇葖果
  2. 花顶生
    3. 每心皮具4~14胚珠，聚合果常球形 …… 1. 木莲属 *Manglietia*
    3. 每心皮具2胚珠，聚合果常为长圆柱形 …… 2. 木兰属 *Magnolia*
  2. 花腋生 …… 3. 含笑属 *Michelia*
1. 叶常4~6裂，聚合小坚果具翅 …… 4. 鹅掌楸属 *Liriodendron*

1.3.3 平行式植物分类检索表

主要特点是左边的数字及每一对性状的描写均平头排列。如上述检索表可编制如下：

1. 叶不分裂；聚合蓇葖果 …… 2
1. 叶常4~6裂；聚合小坚果具翅 …… 鹅掌楸属 *Liriodendron*
2. 花顶生 …… 3
2. 花腋生 …… 含笑属 *Michelia*
3. 每心皮具4~14胚珠，聚合果常球形 …… 木莲属 *Manglietia*
3. 每心皮具2胚珠，聚合果常长圆柱形 …… 木兰属 *Magnolia*

1.4 观赏树木的功能与作用

1.4.1 观赏树木改善环境的功能

1）空气质量方面

在树林中或公园里花草树木多的地方，空气新鲜，有益于人体健康，这是因为植物有改善空气质量的作用。这种作用主要表现在：碳氧平衡，减少病菌，吸收毒气，阻滞粉尘。

（1）碳氧平衡

与地球上分布的大量森林相比，城市园林的绿量是相当有限的。城市园林植被的产氧量，也远远不足以代替大气环流的含氧量，往往城市风速的大小变化即可直接带来城市上空空气质量的变化。然而，研究表明，同郊野地区相比，由于城市下垫面的改变，建筑密集分布和人口密集居住的状况，形成了城市中许多气流交换减少和辐射热增加的相对封闭的生存空间，加上城市人群的呼吸耗氧量（每人每天呼吸耗氧750g，呼出二氧化碳900g）和城市各种化石燃料燃烧的耗氧量（一般为城市人群呼吸耗氧量的10~15倍），以及城市各种有害气体的排放，目前市区的二氧化碳含量常超过自然界大气中二氧化碳正常含量320mg/kg的指标，城市局部地区严重缺氧和二氧化碳含量增高的状况更时有发生，尤以风速减小、天气炎热的条件下，在人口密集的居住区、商业区和燃料大量耗氧的工业区出现的频率更多，二氧化碳含量可达500~700 mg/kg。局部地方尚高于此数。

在人们所吸入的空气中，当二氧化碳含量为0.05%（500 mg/kg）时，人的呼吸就感到不适；到0.2%（2000 mg/kg）时，就会感到头昏耳鸣、心悸、血压升高；达到10%的时候人就会迅速丧失意识，停止呼吸，甚至死亡。所以局部缺氧的发生，直接危害城市居民的健康，特别是对老年人容易诱发多种疾病而危及生命安全。

据测算，$1hm^2$阔叶林在生长季节每天能消耗1 t的二氧化碳，释放0.75t氧气。依据城市碳氧平衡的理论，如果以成人每天吸收氧气0.75 kg，呼出二氧化碳0.9kg计算，维持一个城市居民生存的碳氧平衡需要$10m^2$的森林（或$25m^2$以上的草坪）。这就是许多欧洲国家制定城市绿化指标的依据。所以，城市园林植被通过光合作用释氧固碳的功能，除去在城市低空范围内从总量上调节和改善城区碳氧平衡状况中发挥其重要作用外，在城市中就地缓解或消除局部缺氧、改善局部地区空气质量的作用显得尤为重要。园林植被的这种功能，是在城市环境这种特定的条件下其他手段所不能替代的。

(2)减少病菌

城市人口众多，空气中悬浮着大量对人体有害的细菌。而绿化植物存在的地方，空气及地下和水体中的细菌含量都会大为减少。如天津闹市区的百货商店内每立方米空气中的含菌量竟达400万个，而林荫道为58万个。因此，城市园林植物被称为"卫生防疫消毒站"。

园林植物对于其生存环境中的细菌等病源微生物，具有不同程度的杀灭和抑制作用，一方面是由于有园林植物的覆盖，绿地上空的灰尘相应减少，因而也减少了附在其上的病原微生物；另一方面绿化植物能释放分泌出如酒精、有机酸和萜烯类等挥发性物质，它能把空气和水中的许多病菌和真菌及原生动物杀死。如$1hm^2$的圆柏林一昼夜可分泌出30kg的杀菌素，可杀死白喉、伤寒、痢疾等病原菌。而前苏联的一些学者认为，幼龄松林的空气中基本上是无菌的。杀菌能力较强的树木有：樟科、芸香科、松科、柏科及黑胡桃、柠檬桉、大叶桉、苦楝、臭椿、悬铃木、茉莉、梧桐、毛白杨、白蜡、桦木、胡桃等。

但是，研究还表明在某些情况下绿地的减菌作用不甚明显。原因是温暖季节绿地相对阴湿的小气候环境有利于细菌滋生繁殖，若绿地的卫生条件不良，则可能增加空气中细菌的含量。因此，为了充分发挥绿地减少空气含菌数的正面作用，应合理安排园林植物种植结构，保持绿地一定的通风条件，避免产生有利于细菌滋生繁殖的阴湿小环境，及时加强绿地环境卫生状况的管理。

(3)吸收有毒气体

由于环境污染，空气中各种有害气体增多，主要有二氧化硫、氯气、氟化氢、氨气、汞、铅蒸汽等，尤其是二氧化硫是大气污染的"元凶"，在空气中数量最多、分布最广、危害最大。园林植物是最大的"空气净化器"，城市绿化植物的叶片能够吸收二氧化硫、氟化氢、氯气和致癌物质——安息香吡啉等多种有害气体或富集于体内而减少空气中的毒物量。

①二氧化硫　其被叶片吸收后，在叶内形成亚硫酸和毒性极强的亚硫酸根离子，后者能被植物本身氧化转变为毒性小30倍的硫酸根离子，因此达到解毒作用而不受害或受害减轻。

人们对植物吸收二氧化硫的能力进行了许多研究工作，发现空气中的二氧化硫主要是被各种物体表面所吸收，而植物叶片的表面吸收二氧化硫的能力最强。硫是植物必需的元素之一，正常情况下植物中均含一定量的硫，但在二氧化硫污染的环境中，植物中

的硫含量可为其正常含量的 5 ~ 10 倍。研究表明：绿地上空的空气中二氧化硫的浓度低于未绿化地区的上空；污染地区树木叶片的含硫量高于清洁区许多倍，在植物可以忍受的限度内，其吸收量随空气中二氧化硫的浓度提高而增大。当二氧化硫通过树林时，随着距离增加气体浓度有明显降低。

不同树种吸收二氧化硫的能力是不同的。研究表明，臭椿吸收二氧化硫的能力特别强，超过一般树木的 20 倍，另外，夹竹桃、罗汉松、大叶黄杨、槐树、龙柏、银杏、珊瑚树、女贞、梧桐、紫穗槐、构树、桑树、喜树、紫薇、石榴、棕榈、广玉兰等树木都有极强的吸收二氧化硫的能力。

② 氯气　绿化树种对大气氯污染物吸收净化能力的大小因树木种类不同而有明显差异，这种差异有时可达 40 倍之多。吸氯量高的树种有紫椴、山桃、卫矛、暴马丁香、山楂、山杏、白桦、榆树、花曲柳等。

③ 氟化氢　树木从大气中吸收并积累氟污染也因种类不同而具有明显差异。吸氟量高的树种有枣树、榆树、山杏、白桦、桑树、杉松等。

应该注意的是，有的树种吸毒力强，叶面受害并不重，而有的树种虽然吸毒力强，但受害亦较重，观赏价值降低。在绿化建设中，在污染不严重的地区可种植吸收力强的树种；在污染严重的地区则应选择那些具有较大的吸毒能力，又有较强抗性的树种。

(4)滞尘效应

尘埃中除含有土壤微粒外，还含有细菌和其他金属性粉尘、矿物粉尘、植物性粉尘等，它们会影响人体健康。尘埃会使多雾地区的雾情加重，降低空气的透明度。观赏植被通过降低风速而起到减尘作用，也可通过其枝叶对粉尘的截留和吸附作用实现滞尘效应。

观赏植被通过降低风速的减尘效应的大小与植被的种植结构密切相关。观赏植被的枝叶对粉尘的截留和吸附则是暂时的，随着下一次降雨的到来，可将粉尘冲洗到土壤中，在这个间隔时期内，有的粉尘可由于风力或其他外力的作用而返回空气中。不同植物的滞尘能力和滞尘积累量也有差异(表 1-2)，树冠大而浓密、叶面多毛或粗糙以及分泌油脂或黏液的树种具有较强的滞尘力。

研究表明，通过绿地种植结构的调整可以改善和提高绿地的滞尘效应。乔、灌、草组成的复层结构不仅由于绿量较高可以滞留较多的粉尘， 也在枝叶截留的粉尘因风力而

表 1-2　不同树种单位叶面积的滞尘量　g/m^2

树　种	滞尘量	树　种	滞尘量	树　种	滞尘量
榆　树	12.27	朴　树	9.37	木　槿	8.13
广玉兰	7.10	重阳木	6.81	女　贞	6.63
大叶黄杨	6.63	刺　槐	6.37	楝　树	5.89
臭　椿	5.88	构　树	5.87	三角枫	5.52
桑　树	5.39	夹竹桃	5.28	丝棉木	4.77
紫　薇	4.42	悬铃木	3.73	五角枫	3.45
乌　桕	3.39	樱　花	2.75	蜡　梅	2.42
黄金树	2.05	桂　花	2.02	栀　子	1.47

重返空气中时为再次截留粉尘净化空气提供了条件。

2)温度方面

(1)降温效应

以密集的建筑群和铺装街道组成的城市，构成了一个以水泥、沥青等具有高热容量又是优良的热导体的建筑材料所覆盖的下垫面，加上交通拥挤，人口集中，人为热量的释放量大大增加，并由于城市建筑物的遮挡通风不良，不利于热量的扩散，因此气温常比郊区为高；由于城市自然降雨大部分为建筑物和铺装道路所拦截流入地下水道而丧失，自然降雨通过非铺装土面上植被的蒸腾向大气补偿水分的数量大为减少，又使城市过热过干的恶性循环得以继续，这种状况在北方尤为明显。园林植被对缓解城市热岛效应有着特殊和重要的意义。主要表现在以下几方面：遮阴减少辐射热，汽化吸热靠蒸腾，成片栽植影响大，林内林外对流风。

(2)减少辐射热

树冠能阻挡阳光的直接辐射热和来自路面、墙面和相邻物体的反射热而降低温度。由于树冠大小不同，叶片的疏密度、质地等的不同，不同树种的遮阴能力也不同，遮阴力越强，降低辐射热的效果越显著(表1-3)。

表1-3 常用行道树遮阴降温效果比较表(1963年) ℃

树种	阳光下温度	树荫下温度	温差
银杏	40.2	35.3	4.9
刺槐	40.0	35.5	4.5
枫杨	40.4	36.0	4.4
悬铃木	40.0	35.7	4.3
白榆	41.3	37.2	4.1
合欢	40.5	36.6	3.9
加杨	39.4	35.8	3.6
臭椿	40.3	36.8	3.5
构树	40.4	37.0	3.4
楝树	40.2	36.8	3.4
梧桐	41.1	37.9	3.2
旱柳	38.2	35.4	2.8
槐树	40.3	37.7	2.6
垂柳	37.9	35.6	2.3

从表中的结果可知在15种习见的行道树中，以银杏、刺槐、悬铃木与枫杨的遮阴降温效果最好，垂柳、槐树、旱柳、梧桐最差。

立体绿化也可以起到减低室内温度和墙面温度的作用。对人体健康最适宜的室内温度是18 ℃。当室温在15～17 ℃时人的工作效率达到最高值。室温超过23 ℃，人容易疲劳和精神不振，从事脑力劳动的人还会出现注意力不集中。上海某中学一幢三层砖混结构实验楼的西山墙，从底层到二层长满了爬山虎，连续6d对该实验楼西端外墙有爬山虎和无爬山虎的两间20m^{2}室内外的温度所测的数据表明：在最高气温达31.0 ℃时，无

爬山虎的墙外表面的最高温度达49.9 ℃，有爬山虎的外墙表面最高温度是36.1 ℃，相差13.7 ℃，而室内温度相差1.5～2 ℃。

(3)蒸腾吸热

园林植被通过蒸腾作用向环境中散失水分可消耗大量的热量，从而达到降温的作用。研究表明，每公顷树林每年可蒸腾8000 t水，同时吸收40×10^8焦耳热量。另有研究表明，一株胸径为20 cm的槐树总叶面积为209.33 m^2，在炎热的夏季每天因蒸腾吸热的降温效应相当于3台功率为1100 W的空调机工作产生的效应。

(4)形成对流风

当树木成片成林栽植时，不仅能降低林内的温度，而且由于林内、林外的气温差而形成对流的微风，即林外的热空气上升而由林内的冷空气补充，这样就使降温作用影响到林外的环境。从人体对温度的感觉而言，这种微风可降低皮肤温度，有利于水分的发散，从而使人们感到舒适。

通过对不同场地的温度进行观测(图1-1)，结果表明：不同群落结构的绿地对局部小环境的降温效应存在较显著的差异，复层结构的绿地，林下温度比无绿地的空地处日平均温度可降低3.2℃；而单层林荫路下，比空地只降温1.8℃。由此可知，绿化植物的降温效应是显著的，尤其是乔、灌、草型复层结构的绿地结构。

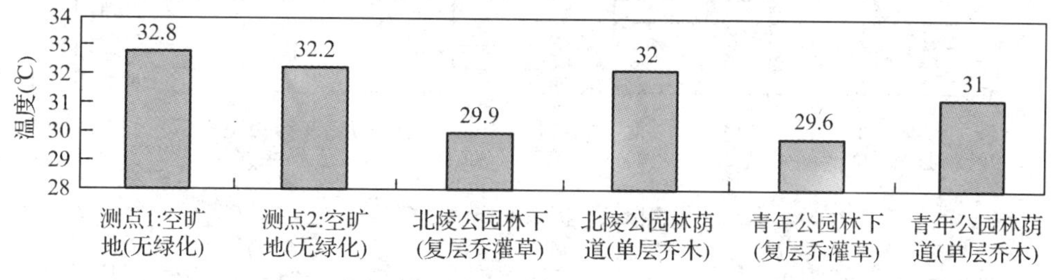

图1-1　树木的降温效应

(5)增温效应

在冬季落叶后，由于树枝、树干的受热面积比无树地区的受热面积大，同时由于无树地区的空气流动大、散热快，所以在树木较多的小环境中，其气温要比空旷处高。总的说来，树木对小环境起到冬暖夏凉的作用。当然，树木在冬季的增温效果是远远不如夏季的降温效果显著的。

1.4.2　水分方面

观赏树木在水分方面的改善作用主要表现在3个方面：

(1)净化水质

城市和郊区的水体常受到工厂废水及居民生活污水的污染而影响环境卫生和人们的身体健康。同时当水中的油脂、蛋白质、碳水化合物、维生素等营养物质的含量太高时，由于微生物分解要消耗很多氧气，同时由于藻类的大量繁殖，也会消耗水中的氧气，因此会形成缺氧的条件。这时有机物就在厌氧的条件下分解而放出甲烷、硫化氢和氨等气体而使水中生物死亡。植物有一定的污水净化能力。许多植物能吸收水中的毒质而在体内富集起来，富集的程度，可比水中毒质的浓度高几十倍至几千倍，因此水中的毒质降低，得到净化。而在低浓度条件下，植物在吸收毒质后，有些植物可在体内将毒质分解，并转化成无毒物质。研究证明，树木可以吸收水中的溶质，减少水中的细菌数量。如在通过30～40m宽的林带后，1L水中所含的细菌数量比不经过林带的减少1/2。

(2)增加空气湿度

树木不断向空中蒸腾水汽，使空中水汽含量增加，因而种植树木对改善小环境内的空气湿度有很大作用。经北京市园林局测定：1hm^{2}阔叶林夏季能蒸腾2500t水，比同样面积的裸露地面蒸发量高20倍，相当于同等面积的水库蒸发量。

夏季森林中的空气湿度要比城市高38%，公园中的空气湿度比城市高27%。秋季落叶前，树木逐渐停止生长，但蒸腾作用仍在进行，绿地中空气湿度仍比非绿化地带的高。冬季绿地里的风速小，蒸发的水分不易扩散，绿地的相对湿度比非绿化区的高10%～20%。

从图1-2可以看出，绿化地区比未绿化地区空间湿度普遍增加。绿化树遮阴下，日平均相对湿度较空旷地提高2.4%～13.6%。尤其在复层结构的林下，日平均相对湿度较空旷地可提高12.6%～13.6%。

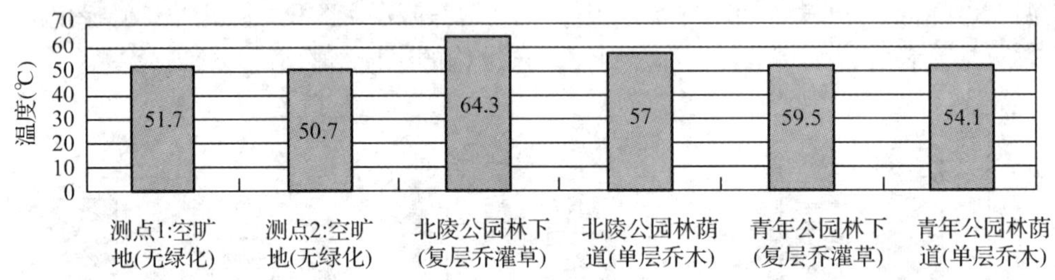

图1-2 树木的增湿效应

选择蒸腾能力较强的树种，并配置成适当的种植结构，对提高空气湿度有明显作用。对缓解城市干岛效应有重要意义。

(3)降低地下水位

在过于潮湿的地区，如大面积种植蒸腾强度大的树种，有降低地下水位而使地面干燥的功效。

1.4.3 光照方面

绿地中的光线与街道、建筑间的光线是有差别的。阳光照射到树林上时，有20%～25%被叶面反射，35%～75%为树冠所吸收，5%～40%透过树冠投射到林下。因此林中的光线较暗。又由于植物所吸收的光波段主要是红橙光和蓝紫光，而反射的部分，主要是绿色光，这种绿色光要比街道广场铺装路面的光线柔和得多，对眼睛有良好的保健作用，而就夏季而言，绿色光能使人在精神上觉得爽快和宁静。

1.4.4 降噪方面

城市随着人口的增多与工业的发展，机器轰鸣，交通噪声、生活噪声对人产生很大的危害。城市噪声污染已成为干扰人类正常生活的一个突出问题，它与大气污染、水污染并列为当今世界城市环境污染的三大公害。

噪声不仅使人烦躁，影响智力，降低工作效率，而且是一种致病因素。

噪声是声波的一种。由于声波引起空气质点振动，使大气压产生迅速的起伏，这种起伏称为声压，声压越大，声音听起来越响。声压以分贝(dB)为单位。正常人耳刚能听到的声压称为听阈声压(0dB)，当声压使人耳产生疼痛感觉时，称痛阈声压(120dB)。城市环境中充满各种噪声，噪音超过70dB时，对人体就产生不利影响，使人产生头晕、头痛、神经衰弱、消化不良、高血压等症。如长期处于90dB以上的噪声环境下工作，就有可能发生噪音性耳聋。噪声还能引起其他疾病，如神经官能症、心跳加速、心律不齐、血压升高、冠心病和动脉硬化等，对人们的工作、学习、休息和人体健康都有严重影响。国际标准化组织(ISO)规定住宅室外环境噪声的允许标准为35～45dB。

城市园林植物是天然的"消声器"。树木的树冠和茎叶对声波有散射、吸收的作用，树木茎叶表面粗糙不平，其大量微小气孔和密密麻麻的绒毛，就像凹凸不平的多孔纤维吸音板，能吸收噪声，减弱声波传递，因此具有隔音、消声的作用。据日本的调查，40 m宽的绿化带可降低噪声10～15dB。

不同树种对噪声的消减效果不同，如图1-3所示。其中以美青杨消减噪声能力最强，榆树次之，红皮云杉最差。

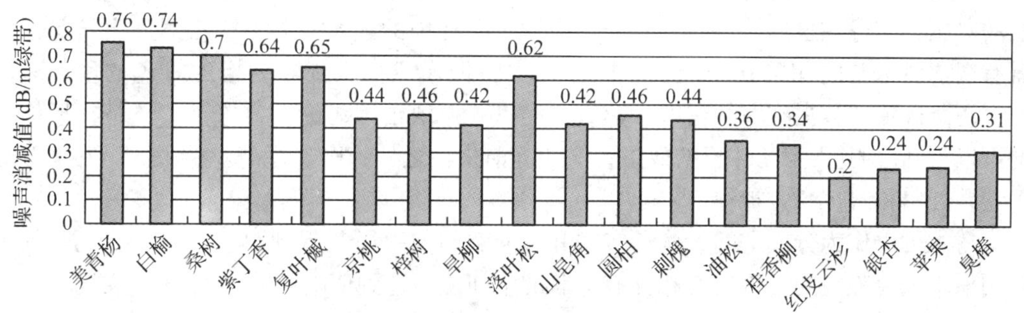

图1-3　树木的降噪效应

除树种外，不同冠幅、枝叶密度、绿带类型、林冠层次及林型结构，对噪声的消减效果不同。在树林防止噪声的测定中，普遍认为：① 树林幅度宽阔，树身高，噪声衰减量增加。研究显示，44m宽的林带，可降低噪声6dB；乔、灌、草结合的多层次的40m宽的绿地，就能减低噪声10～15 dB。②树木靠近噪声源时噪声衰减效果更好。③树林密度大，减音效果好，密集和较宽的林带(19～30 m)结合松软的土壤表面可降低噪声50%以上。

1.4.5　观赏树木的美化作用

美化功能是观赏树木最主要的功能。观赏树木的美化作用主要表现在以下3个方面：

1)观赏树木的个体美

观赏树木种类繁多，每个树种都有自身独具的形态、色彩、芳香、声响等美的特色。这些特色又能随季节及年龄的变化而有所丰富和发展。春季梢头嫩绿、花团锦簇，夏季绿叶成荫、浓影砸地，秋季佳实累累、色香具备，冬季白雪挂枝、银装素裹，四季各有不同的风姿与妙趣。以年龄而论，树木在不同的年龄时期均有不同的形貌。例如，松树在幼龄时全株团簇似球，壮龄时亭亭如盖，老龄时则枝干盘虬而有飞舞之姿。树木个体的这些美的特色是可以用感官来感知的，因而是具体的。

另外，不同民族或地区的人们由于生活、文化及历史上的习俗等原因，对不同的树木常形成带有一定思想感情的看法，有的上升为某种概念上的象征，甚至人格化。例如，我国人民常用四季常青、抗性极强的松柏类代表坚贞不屈的精神；用富丽堂皇、花大色艳的牡丹象征繁荣昌盛。在欧洲，许多国家均以月桂代表光荣，油橄榄象征和平。这种美存在于人的思维领域，因而是抽象的美，称之为意境美、象征美或风韵美。这种美凭感官是不能感知的，因而是抽象的。

2) 观赏树木的群体美

树木通过不同的配置手法组合在一起，则能体现群体之美。乔木层位于最上层，具有骨架作用。灌木层对整个群落在景观上具有承上启下的作用，增强了群落的层次感，并且色彩丰富，景色宜人。低矮的树木种类作为地被植物，避免了黄土裸露，使绿荫铺地，鲜花盛开。随着树木种类的变化，可以形成不同的群体景观。

观赏树木所具备的自然美与建筑、小品、道路等所展现出的人工美形成强烈而又鲜明的对比，使得各自的特点得到充分的体现。园林中的建筑、雕像、溪瀑、山石等，均需有观赏树木与之相衬托、掩映，以减少人工做作或枯寂气氛，增加景色的生气。例如，庄严雄伟、金瓦红墙的宫殿式建筑，配以苍松翠柏，无论在色彩上，还是在形体上均可以收到“对比”、“烘托”的效果；又如庭前朱栏之外、廊院之前对植玉兰，春来万蕊千花，红白相映，令人神往。

树木可以作为分隔空间、沟通空间和填充空间的手段，起到组织空间的作用。如果运用树木来分隔空间，可以使相互有关联的空间之间达到似隔非隔、互相包容的效果。

3) 观赏树木的形态美

(1) 树形

树形由树冠及树干组成，树冠由一部分主干、主枝、侧枝及叶组成。不同的树种各有其独特的树形，主要由树种的遗传性而决定，但也受外界环境因子的影响，而在园林中人工养护管理因素更能起决定作用。一个树种的树形并非永远不变，它随着生长发育过程而呈现出规律性的变化，园林工作者必须掌握这些规律，对其变化要有预见性。

一般所谓某种树有什么样的树形，均指在正常的生长环境下其成年树的外貌。通常乔木类有圆柱形、尖塔形、圆锥形、卵形、球形、钟形、伞形、棕榈形等树形；灌木类有球形、卵形、丛生形、拱枝形、匍匐形等树形。

虽然各种树形的美化效果常依配置的方式及周围景物的影响而有不同程度的变化，但总的来说，凡乔木具有尖塔状及圆锥状树形的，多有严肃端庄的效果；具有柱状狭窄树冠的，多有高耸静谧的效果；具有圆钝钟形树冠的，多有雄伟浑厚的效果；而一些垂枝类型的，常形成优雅和平的气氛。在灌木方面，成团簇丛生的，多有素朴浑实之感；呈拱形的则有潇洒之态。

(2) 叶形

树木的叶形变化万千，从观赏特性的角度来看可归纳为以下类型：

① 单叶　分为针形类(包括针形叶和凿形叶)、条形类、披针形类(包括披针形和倒披针形)、椭圆形类、卵形类(包括卵形及倒卵形叶)、圆形类(包括圆形及心形叶)、掌状类、三角形类(包括三角形及菱形)、奇异形类(包括各种引人注目的形状，如马褂木、羊蹄甲、银杏)。

② 复叶　分为羽状复叶(包括奇数羽状复叶和偶数羽状复叶以及二回或三回羽状复叶)、掌状复叶(包括掌状及二回掌状复叶)。

叶片除基本形状外，又由于叶边缘的锯齿形状以及缺刻的变化而更加丰富。不同形状和大小的叶片，具有不同的观赏特性，如棕榈、蒲葵、椰子等均具有热带情调，但是大型的掌状叶给人以素朴的感觉，大型的羽状叶却给人以轻快、洒脱的感觉。

(3)花形与花相

① 花形　观赏树木的花朵，有各式各样的形状和大小，单朵的花又常排聚成大小不同、式样各异的花序。由于花器及其附属物的变化，形成了许多欣赏上的奇趣。例如，金丝桃花朵上的金黄色小蕊，长长地伸出于花冠之外；拱手花篮朵朵红花垂于枝叶间，好似古典的宫灯；带有白色巨苞的珙桐花，宛若群鸽栖止枝梢。

人们通过长期的劳动，创造出观赏树木的许多珍贵品种，更加丰富自然界的各种花型，有的甚至变化得令人无法辨认。例如，牡丹、月季、茶花、梅花等，都有着大异于原始花型的各种变异。这些将在各论中分别讲授。

② 花相　除了花形，观赏树木的花相也很重要。花相是指花或花序着生在树冠上的整体表现形貌。花相与花或花序在树上的分布、叶簇的陪衬关系以及着花枝条的生长习性密切相关。观赏树木的花相，就树木开花时有无叶簇的存在而言，可分为两种型式：纯式和衬式。纯式是指在开花时，叶片尚未展开，全树只见花不见叶的一类；衬式指在展叶后开花，全树花叶相衬。

观赏树木的花相可分为以下几种：

独生花相　本类较少，形态奇特。如苏铁类。

线条花相　花排列于小枝上，形成长形的花枝。由于枝条生长习性的不同，有呈拱状的，有呈直立剑状的，或略短曲如尾状的。简而言之，本类花相大多枝条较稀，枝条个性较突出，枝上的花朵或花序的排列也较稀。呈纯式线条花相的有连翘、金钟花等；衬式的有珍珠绣球、三桠绣球等。

星散花相　花朵或花序数量较少，且散布于全树冠各部分。衬式星散花相的外貌是在绿色的树冠底色上，零星散布着一些花朵，有丽而不艳、秀而不媚之效。如珍珠梅、鹅掌楸、白兰等。纯式星散花相种类较多，花数少而分布稀疏，花感不强烈，但也疏落有致。若于其后植有绿树背景，则可形成与衬式花相相似的观赏效果。

团簇花相　花朵或花序形大而多，就全树而言，花感较强烈，但每朵或每个花序的花簇仍能充分表现其特色。呈纯式团簇花相的有玉兰、木兰等。属于衬式团簇花相的可以大绣球为典型代表。

覆被花相　花或花序着生于树冠的表层，形成覆伞状。属于纯式的有绒叶泡桐、泡桐等；衬式有广玉兰、七叶树、栾树等。

密满花相　花或花序密生全树各小枝上，使树冠形成一个整体的大花团，花感最为强烈。纯式如榆叶梅、毛樱桃等；衬式如火棘等。

干生花相　花着生于茎干上。种类不多，大多产于热带湿润地区。如槟榔、枣椰、鱼尾葵、山槟榔、木菠萝、可可等。在华中、华北地区的紫荆，亦能在较粗的老干上开花，但难与典型的干生花相相比。

(4)果形

一般果实的形状以奇、巨、丰为鉴赏标准。所谓“奇”是指形状奇异有趣。例如，铜钱树的果实形似铜币；腊肠树的果实好比香肠；秤锤树的果实像秤锤；元宝枫的两个果实合在一起像元宝；佛手的果实似人手等。所谓“巨”是指单体果形较大或果形虽小但形成较大的果穗，前者如柚，后者如接骨木，均可收到引人注目之效。所谓“丰”是就全树而言，无论单果或果穗均应有一定的丰盛数量。

(5)根形

树木裸露的根部也有一定的观赏价值，我国自古以来即对此有很高的鉴赏水平，并已将此观赏特点应用于园林美化和树木盆景的培养。并非所有的树木都有显著的露根，一般言之，树木达老年期以后，均可或多或少地表现出露根美。在这方面效果突出的树种有：松树、榆树、梅花、榕树、蜡梅、山茶、银杏等。

4)观赏树木的色彩美

(1)叶色

叶的颜色有极大的观赏价值，叶色变化的丰富，难以用笔墨形容，在实际应用时若能巧妙安排，常能出现奇妙的效果。根据叶色的特点可分为以下几类：

① 绿色类　绿色虽属叶子的基本颜色，但详细观察则有嫩绿、浅绿、鲜绿、浓绿、黄绿、褐绿、蓝绿、墨绿、亮绿、暗绿等差别。将不同绿色的树木搭配在一起，能形成美妙的色感。例如，在暗绿色针叶树丛前，配置黄绿色树冠，会形成满树黄花的效果。

② 春色叶及新叶有色类　树木的叶色常因季节的不同而发生变化，除对树木在夏季的绿叶加以研究外，在实际工作中尤应注意其春季及秋季叶色的显著变化。对春季新发生的嫩叶有显著不同叶色的树种，统称为“春色叶树”。例如，臭椿、五角枫的春叶呈红色、黄连木春叶呈紫红色等。在南方暖热气候地区，有许多常绿树的新叶不限于在春季发生，而是不论季节只要发出新叶就会具有美丽色彩而有宛若开花的效果，如铁力木等，这一类统称为“新叶有色类”。为了方便起见，也可将此类与春季发叶类统称为“春色叶类”。本类树木如种植在浅灰色建筑物或浓绿色树丛前，能产生类似开花的效果。

③ 秋色叶类　凡在秋季叶色能有显著变化的树种，均称为“秋色叶树”。秋色叶树大体可分为两类，即秋叶呈红色或紫红色的，如鸡爪槭、五角枫、茶条槭、枫香、爬山虎、盐肤木、柿树、黄栌等；秋叶呈黄或黄褐色的，如银杏、白蜡、复叶槭、栾树、悬铃木、水杉、落叶松等。

这只是秋叶的一般变化，实际上在红黄之中又可细分为许多类。在园林实践中，由于秋色期较长，故早为各国人们所重视。例如，在我国北方每于深秋观赏黄栌红叶，而南方则以枫香、乌桕的红叶著称。在欧美的秋色叶中，红槲、桦类等最为夺目。日本，则以槭树最为普遍。

④ 常色叶类　有些树的变种或变型，其叶常年均呈异色，特称为“常色叶树”。全年树冠呈紫色的有‘紫叶’小檗、‘紫叶’李、‘紫叶’桃、‘紫叶’矮樱等；全年叶均为金黄色的有‘金叶’鸡爪槭、‘金叶’雪松、‘金叶’圆柏、‘金叶’女贞等。

⑤ 双色叶类　某些树种，其叶背与叶表的颜色显著不同，在微风中就形成特殊的显著变化的效果，这类树种特称为“双色叶树”。如银白杨、新疆杨、青紫木等。

⑥ 斑色叶类　绿叶上具有其他颜色的斑点或花纹的树种称为“斑色叶类”，如‘洒金’东瀛珊瑚、变叶木、‘花叶’大叶黄杨等。

(2) 花色

除花型之外，花色是最主要的观赏要素，花色变化极多，无法一一列举，只能归纳为几种基本颜色：即红色系、黄色系、蓝紫色系、白色系，每个色系都包括很多种树木，在学习过程中应注意归纳。

除了在种间花色有较大的变化外，在种内花色的变化也非常丰富，表现在：

① 同一种花卉(树木)，其不同品种，花色往往不同，牡丹、月季、杜鹃花、山茶、梅花等久经栽培的名花表现尤为突出。

② 同一品种同一植株的不同枝条、同一枝条的不同花朵，乃至同一朵花的不同部位，也可具有不同的颜色，如牡丹中的‘二乔’、杜鹃花中的‘王冠’、月季中的‘金背大红’、桃花中的‘洒金’碧桃及跳枝类品种等。

③ 同一朵花的颜色随时间而变化，如金银花初开为白色，后变黄色；海棠花蕾时呈现红色，开后则呈淡粉色，故古人诗中说：“著雨胭脂点点消，半开时节最妖娆”；海仙花初开时为白色、黄白色或淡玫瑰红色，后变为深红色；木芙蓉中的‘醉芙蓉’品种，清晨开白花，中午转桃红，傍晚则变深红。

(3) 果色

“一年好景君须记，正是橙黄橘绿时”，苏轼这首诗描绘出的一幅美妙景色，正是果实的色彩效果。果实的色彩可归纳为以下几个基本色系，即红色系、黄色系、蓝紫色系、黑色系、白色系。具体树种须在学习过程中自行归纳。

除以上基本色彩外，有的果实还具有花纹。此外，由于光泽、透明度等的不同，又有许多细微的变化。在成熟的过程中，不同时期也表现出不同的色泽。

在选用观果树种时，最好选择果实不易脱落而浆汁较少的，以便长期观赏。

(4) 枝、干色

枝干具有美丽色彩的树木，称为观枝干树种。此类树木当深秋落叶后尤为引人注目，对创造冬态景观有很重要的意义。常见赏红色枝条的有红瑞木、野蔷薇、杏、山杏等；赏古铜色枝的有山桃等；赏绿色枝的有梧桐、棣棠、迎春等。树干呈暗紫色的有紫竹，呈黄色的有金竹、黄桦等，呈绿色的有竹子、梧桐等，呈白色的有白皮松、白桦等，呈斑驳色彩的有黄金间碧竹、金镶玉竹、木瓜等。这些树种是表现冬季景观的好素材。

5) 观赏树木的芳香美

花、叶的芳香可以刺激人的嗅觉，从而给人带来一种无形的美感——嗅觉美。在许多国家的园林里常设的芳香园，就是由具有芳香的树木花草配置而成。

(1) 花香

具有芳香的观赏树木有许多种，不同的树种有不同的香型，如梅花、茉莉具清香，白兰、含笑具浓香，桂花具甜香，玉兰具淡香等。其他丁香、玫瑰、珠兰、米兰、瑞香等的香型均各不相同。这些花虽没有鲜艳的色彩和奇特的花型，但凭它们独特的芳香而受到人们的喜爱，如桂花即排在我国“十大名花”之列。

(2)叶香

松科、樟科树种及柠檬桉等的树叶均能挥发出香气，令人感到精神舒畅。

6)观赏树木的意境美

人们在欣赏树木的时候，常常会进行移情和联想，将树木情感化、性格化，从而在获得树木自然属性美的同时，还可以欣赏到人“外射”到树木卉上的主观情感，这被称作“人化的自然”，这是一种抽象的美，人们称之为“意境美”、“风韵美”、“联想美”、“象征美”等。这种美是花卉各种自然属性美的凝聚和升华，它体现了树木的风格、神态和气质，比起树木纯自然的美更具美学意义。欣赏者只有欣赏到了这种美，才是真正感受到了树木之美。

对于具体的花木种类，各自所表达的感情、体现的精神、象征的意义是各不相同的：松枝傲骨铮铮，柏树庄严肃穆，且都四季常青，历严冬而不衰。《论语》赞曰：“岁寒然后知松柏之后凋也。”因此在文艺作品中，常以松柏象征坚贞不屈的英雄气概。竹子坚挺潇洒，节格刚直，它“未出土时便有节，及凌云处更虚心”。因此，古人常以“玉可碎而不可改其白，竹可焚而不可毁其节”来比喻人的气节。宋代大文豪苏轼居然到了“宁可食无肉，不可居无竹”的地步。梅花枝干苍劲挺秀，宁折不弯，它在冰中孕蕾，雪里开花，被人们用来象征坚强不屈的意志。在冰天雪地的严冬，自然界里许多生物销声匿迹，唯有松、竹、梅熬霜迎雪，屹然挺立，因此古人称之为“岁寒三友”，推崇其顽强的性格和斗争精神。桃李在明媚的阳光下，花繁叶茂、果实累累，因此人们常以“桃李满天下”来比喻名士的门生众多。

树木又常被用来表示爱情和思念：红玫瑰表示爱情；红豆树意味着相思和怀念；而青枝碧叶的梧桐则是伉俪深情的象征，古代传说梧为雄，桐为雌，梧桐同长同老，同生同死，因此梧桐在诗文中常表示男女之间至死不渝的爱情。

总之，丰富多彩的花木，蕴含着丰富多彩的情感，表达了无限的象征意义。我们在实际工作中应善于继承和发展观赏树木的抽象美，并将它运用于树木应用的各个方面。

1.5 观赏树木的物候观察

自然界植物和动物随着季节的变化，而有草木的荣枯、候鸟的来去，一年一度出现，这些现象就叫作物候。物候学是研究生物的生命现象与环境条件周期性变化之间相互关系的科学。物候观测是观察、记录一年中自然界植物(包括农作物)的生长荣枯(如发芽、展叶、开花、结果等)、候鸟来去、昆虫现藏、河湖结冰和解冻等自然现象，从而了解环境条件(气候、土壤、水文等)，特别是气候变化及其对生物生长发育的影响。人们可以通过其生命活动的动态变化来认识气候的变化，所以称为“生物气候学时期”，简称为“物候期”。

1.5.1 物候观测的意义和目的

① 掌握树木的季相变化，为观赏树木的种植设计，选配树种，形成四季景观提供

依据。

② 为观赏树木栽培（包括繁殖、栽植、养护与育种）提供生物学依据；如确定繁殖时期，确定栽植季节与先后，树木周年养护管理（尤其是花木专类园），催延花期等。

③ 根据开花生物学进行亲本选择与处理，有利杂交育种。

④ 不同品种特性的比较试验等。

1.5.2　观测方法

观赏树木观测法，在与中国物候观测法的总则和乔灌木各发育时期观测特征相统一的前提下，增加特殊要求的细则项目。

（1）观测目标与地点的选定

在进行物候观测前，按照以下原则选定观测目标或观测点。

① 观测点要考虑地形、土壤、植被的代表性，不宜选在房前屋后，避免小气候的影响。观测点要稳定，可以进行多年连续观测，不轻易改动。观测点选定后，需将地点、位置、海拔高度、地形、土壤质地、观测植物栽植年代等做详细记载并作为档案保存填报。

② 木本植物观测对象的选定要以当地常见，分布较广，指示性强，对季节变化反应明显，与农业生产关系密切，群众常用的为主，且是露地栽植或野生者，不选盆栽或温室栽培者。植物选定后必须做好标志、挂牌或点漆。

③ 木本植物物候观测对象分为共同观测植物和地方观测植物。共同观测植物应作为观测对象，如果当地共同观测植物较多，要通盘考虑，最好各个季节都能有开花的植物，也可在同科属中选定一种物候期明显或物候期最早的作为观测对象。

④ 按照统一规定的树种名单，从露地栽培或野生（盆栽不宜选用）树种中，选生长发育正常并已开花结实3年以上的树木。在同地同种有许多株时，宜选三五株作为观测对象。对属雌雄异株的树木最好同时选有雌株和雄株，并在记录中注明雌雄性别。观测植株选定后，应做好标记，并绘制平面位置图存档。

（2）观测时间与方法

① 应常年进行，可根据观测目的要求和项目特点，在保证不失时机的前提下，来决定间隔时间的长短。那些变化快、要求细的项目宜每天观测或隔日观测。冬季深休眠期可停止观测。一天中一般宜在气温高的下午观测，但也应随季节、观测对象的物候表现情况灵活掌握。

② 应选向阳面的枝条或上部枝（因物候表现较早）。高树顶部不易看清，宜用望远镜或用高枝剪剪下小枝观察；无条件时可观察下部的外围枝。

③ 应靠近植株观察各发育期，不可远站粗略估计进行判断。

（3）观察记录

物候观测应随看随记，不应凭记忆，事后补记。

（4）观测人员

物候观测须选专人负责。人员要固定，不能轮流值班式观测。

1.5.3 物候观测项目和与特征(表1-4)

1)根系生长周期

利用根窑或根箱，每周观测新根数量和生长长度、木栓化时期。

2)树液流动开始期

这一时期以新伤口出现水滴状分泌液为准。

3)萌芽期

(1)芽膨大始期

木本植物(乔木、灌木)的芽具有鳞片，芽的鳞片开始分离，侧面显露淡色的线形和角形，果树和浆果树从鳞片之间的空隙可以看出芽的浅色部分时为芽膨大期。裸芽不记芽膨大期。例如，刺槐是裸芽，则不观测芽膨大期。

芽膨大期是记录芽膨大到最大时的日期，而不是记录最先出现的日期。花芽和叶芽按其出现的先后顺序分别进行记录。一般先出现芽膨大期后出现芽开放期。

(2)芽开放(绽)期或显蕾期

树木的鳞芽，当其鳞片裂开，芽顶部出现新鲜颜色的幼叶或花蕾顶部时为芽开放期。芽开放期一般是记录有10%的芽开放时的日期，花芽出现日期一般早于叶芽出现日期。另外，如果芽膨大期分别记载花芽和叶芽，芽开放期也应分别进行记载。

(3)展叶期

展叶期分为展叶开始期、展叶盛期、春色叶呈现始期、春色叶变色期。

展叶一般应分始期和盛期进行观测记录。有些树种开始展叶后很快就完全展叶则可以不记展叶盛期。

① 始期　观测树上有个别枝条上的芽出现第一批平展的叶片时。

② 盛期　观测树上有半数枝条上的小叶完全平展。

(4)开花期

开花期分为开花始期、开花盛期、开花末期、多次开花期。

① 始期　观测树有一朵或同时几朵花的花瓣开始完全开放，即为开花始期。风媒传粉树木开花始期的特征：桑属如桑树，杨属如小叶杨、加杨，白蜡属如白蜡，胡桃属如胡桃等属于风媒传粉树木，其开花始期的特征是，当摇动树枝的时候，雄花序就散发花粉；榆属如榆树开花始期的特征：当树枝摇动的时候，花粉好像云雾一样离开花序。

② 盛期　树上有一半以上的花蕾都展开花瓣或一半以上的柔荑花序散发出花粉，为开花盛期(针叶树不记开花盛期)。

③ 末期　观测树上的花瓣(柔荑花序)凋谢脱落留有极少数的花。

表1-4 观赏树木物候观测记录卡

观测单位　　　　　　　　　　　　　　　　　　　　　　　　　　观测者

<table>
<tr><td colspan="22">编号　观测地点　　省(市)　　县(区)　　北纬　°　′　东经　°　′</td><td colspan="16">海拔　m</td><td rowspan="4">备注</td></tr>
<tr><td colspan="22">生境　地　形　　土壤　　同生植物　　小气候</td><td colspan="16">养护情况</td></tr>
<tr><td rowspan="2">时间 物候期 树种</td><td rowspan="2">树液开始流动期</td><td colspan="4">萌芽期</td><td colspan="4">展叶期</td><td colspan="7">开花期</td><td colspan="5">果实发育期</td><td rowspan="2">可供观果起止日</td><td colspan="8">新梢生长期</td><td colspan="7">秋叶变色与脱落期</td></tr>
<tr><td>花芽膨大开始期</td><td>花芽开放(绽)期</td><td>叶芽膨大开始期</td><td>叶芽开放期</td><td>展叶开始期</td><td>展叶盛期</td><td>春色叶呈现期</td><td>春色叶变绿期</td><td>开花始期</td><td>开花盛期</td><td>开花末期</td><td>最佳观花起止日</td><td>再度开花期</td><td>二次梢开花期</td><td>三次梢开花期</td><td>幼果出现期</td><td>生理落果期</td><td>果实成熟期</td><td>果实开始脱落期</td><td>果实脱落末期</td><td>春梢始长期</td><td>春梢停长期</td><td>二次梢始长期</td><td>二次梢停长期</td><td>三次梢始长期</td><td>三次梢停长期</td><td>四次梢始长期</td><td>四次梢停长期</td><td>秋叶开始变色期</td><td>秋叶全部变色期</td><td>落叶开始期</td><td>落叶盛期</td><td>落叶末期</td><td>可供观秋色叶期</td><td>最佳观秋色叶期</td></tr>
<tr><td></td><td></td><td></td><td></td><td></td><td></td><td></td><td></td><td></td><td></td><td></td><td></td><td></td><td></td><td></td><td></td><td></td><td></td><td></td><td></td><td></td><td></td><td></td><td></td><td></td><td></td><td></td><td></td><td></td><td></td><td></td><td></td><td></td><td></td><td></td><td></td><td></td><td></td><td></td></tr>
<tr><td></td><td></td><td></td><td></td><td></td><td></td><td></td><td></td><td></td><td></td><td></td><td></td><td></td><td></td><td></td><td></td><td></td><td></td><td></td><td></td><td></td><td></td><td></td><td></td><td></td><td></td><td></td><td></td><td></td><td></td><td></td><td></td><td></td><td></td><td></td><td></td><td></td><td></td><td></td></tr>
<tr><td></td><td></td><td></td><td></td><td></td><td></td><td></td><td></td><td></td><td></td><td></td><td></td><td></td><td></td><td></td><td></td><td></td><td></td><td></td><td></td><td></td><td></td><td></td><td></td><td></td><td></td><td></td><td></td><td></td><td></td><td></td><td></td><td></td><td></td><td></td><td></td><td></td><td></td><td></td></tr>
<tr><td></td><td></td><td></td><td></td><td></td><td></td><td></td><td></td><td></td><td></td><td></td><td></td><td></td><td></td><td></td><td></td><td></td><td></td><td></td><td></td><td></td><td></td><td></td><td></td><td></td><td></td><td></td><td></td><td></td><td></td><td></td><td></td><td></td><td></td><td></td><td></td><td></td><td></td><td></td></tr>
<tr><td></td><td></td><td></td><td></td><td></td><td></td><td></td><td></td><td></td><td></td><td></td><td></td><td></td><td></td><td></td><td></td><td></td><td></td><td></td><td></td><td></td><td></td><td></td><td></td><td></td><td></td><td></td><td></td><td></td><td></td><td></td><td></td><td></td><td></td><td></td><td></td><td></td><td></td><td></td></tr>
</table>

④ 第二次开花期(没有出现二次开花期的则不进行观测记录) 有时树木在夏季或秋季有第二次开花现象，除记载二次开花期外，还应在备注栏记明是个别树开花还是多数树，树龄和树势，分析二次开花树在生态环境上和气候条件的原因；树木有无损害，开花后有无结果，结果多少和成熟度等。

(5)果实生长发育和落果期

果实生长发育和落果期指坐果至果实或种子成熟脱落期，分为幼果出现期、果实生长周期、生理落果期、果实或种子成熟期、脱落期。

① 幼果出现期 见子房开始膨大时，为幼果出现期。

② 果实生长周期 选定幼果，每周测定其纵、横径或体积，直到采收或成熟脱落时止。

③ 生理落果期 坐果后，树下出现一定数量脱落之幼果。有多次落果的，应分别记载落果次数；每次落果数量、大小。

④ 果实或种子成熟期 当观测的树木上有一半的果实或种子变为成熟的颜色，即为果实或种子成熟期。例如，蒴果类如杨属、柳属果实成熟时，外皮出现黄绿色、尖端开裂，露出白絮；核果、浆果、仁果类成熟时果实出现该品种的特有颜色和口味；核果、浆果出现果实变软等现象时记录果实或种子成熟期；球果类如侧柏的果实成熟是果实变黄绿色；坚果类果实的外壳变硬，并出现褐色；荚果类如刺槐和紫藤等种子的成熟是荚果变褐色；翅果类如榆属和白蜡属种子的成熟是翅果绿色消失，变为黄色和黄褐色；柑果类如常绿果树呈现可采摘果实时的颜色。

⑤ 果实或种子脱落期 果实或种子脱落期分始期和末期分别进行记载。始期：松属种子散布；柏属果实脱落；杨属飞絮；榆属和麻栎属果实或种子脱落，有些荚果成熟后果实裂开。末期：成熟种子或连同果实基本脱完。但有树木的果实和种子仍留树上不落，应在“果实脱浇末期”栏中填写“宿存”。再在第二年记录表中填写脱落日期，并说明为何年的果实。

1.6 观赏树木的选择与配置

1.6.1 观赏树木选择与配置的原则

(1)生态适应的原则

要科学合理地配置树木，就应在了解树木生态习性的基础上，按照“师法自然，顺应自然，模拟自然”的要求，做到因地制宜，适地适树。应从树木的生态习性、观赏价值及与周围环境的协调性等方面考虑树木栽植的地点是否适应。例如，由于树木对光的需求量不同，建筑物的南面和孤植树宜选用喜光的树种，建筑物北面宜选用耐阴的树种；由于树木对水分需求量的不同，在湖岸溪流两侧或土壤水分含量较多的低湿地可栽植喜湿耐涝的树种，在灌溉条件较差的干旱地可栽植耐干旱的树种等。配置时应顺应树种个体生态习性的要求，但又不能绝对化地受其限制，必要时创造小环境后再栽植。

(2)美观的原则

观赏树木的应用应注重其形体、色彩、姿态和意境方面的美感，在配置时，应充分

发挥树木的多方面的美学特点，运用艺术的手段，符合园林艺术性造景定义的要求，创造充满诗情画意的园林植物景观。

树木本身具有变化的外形、多彩的颜色和丰富的质感，在配置时也应从树木的观赏特性方面考虑这种树木栽植于某一地点是否美观。例如，尖塔形、圆锥形树木易表现庄严、肃穆的气氛，可应用于规则式园林和纪念性区域；垂枝形树木形态轻盈、活泼，适合在林缘、水边和草地上种植；深绿色的树木显得稳重而阴沉，可与建筑很好地搭配，也能成为白色建筑小品或雕塑的背景材料；紫色或红色叶的树木能提供活泼的气氛，使环境产生温暖感，颜色醒目，孤植或丛植可起到引导游人视线的作用。

(3)满足功能要求的原则

城乡有各种各样的园林绿地，其设置目的各不相同，主要功能要求也不一样。如道路绿地中的行道树，要求以提供绿荫为主，此时要选择冠大荫浓、生长快的树种按列植方式配置，在人行道两侧形成林荫路；要求以美化为主，就要选择树冠、叶、花或果实部分具有较高观赏价值的种类，丛植或列植在行道两侧形成带状花坛，同时还要注意季相的变化，尽量做到四季有绿、三季有花，必要时需要点缀草花来补充。在公园的娱乐区，树木配置以孤植树为主，使各类游乐设施半掩半映在绿荫中，供游人在良好的环境下游玩。

(4)经济的原则

观赏树木的配置应在满足前面3个原则的前提下，注意以最经济的手段获得最佳的景观效果。在树木应用过程要充分利用乡土树种，适当地选择园林结合生产的树种。要根据绿化投资的多少决定用多大量的大苗及珍贵树种，还要根据管理能力，选用可粗放管理或需精细管理的树种，并注意景观建设的长短期效果结合问题，这些都有助于经济原则的实现。

1.6.2　观赏树木选择与配置的方式

配置方式是搭配观赏树木的样式，一般分为两大类：一类称为规则式，另一类称为自然式。规则式整齐、严谨，有固定的株行距。自然式灵活、自然、参差有致，无固定的株行距。植物配置应既能创造优美环境又为人类造福，应根据需要进行配置，两者也可结合。

1)规则式配置

选用树形美观、规格一致的树种，按固定的株行距配置成整齐一致的几何图形，称规则式配置。

(1)对植

在公园、广场的入口处，建筑物前等处，左右各植一株或多株树木，使之对称呼应的配置称作对植。常采用圆柏、龙柏、云杉、银杏、槐树、广玉兰、黄杨、木槿、丁香、太平花等树种。

(2)列植

在工厂、居住区建筑物前，在规则式道路、广场边缘或围墙边缘，树木以固定的株行距，呈单行或多行的行列式栽植，称为列植。多见于行道树、绿篱、林带、水边等种植。一般采用同一树种，也可间植搭配。

(3)三角形种植

树木以固定的株行距按等边三角形或等腰三角形的形式种植称作三角形种植。等边三角形的方式有利于树冠和根系对空间的充分利用。实际上大片种植后的三角形种植仍形成变体的列植。

(4)中心植

一般在广场，花坛的中心点种植单株或单丛树木的种植形式称作中心植。常选用树形整齐、生长慢、四季常青、挺拔高大的树木，如雪松、油松、圆柏和苏铁等。

(5)环植

环植指按一定的株距把树木栽为圆形的一种方式。包括环形、半圆形、弧形、双环、多环、多弧等富于变化的方式。

(6)多边形种植

多边形种植包括正方形栽植、长方形栽植和有固定株行距的带状栽植等。

2)自然式配置

多选择树形美观的树种，以不规则的株行距配置成各种形式。

(1)孤植(单植)

孤植即单株树孤立种植。可应用于大面积的草坪上、花坛中心、小庭院的一角等处。要求树种有突出的个体美，如悬铃木树冠大、叶密、耐修剪、树皮可观。属于树冠荫浓、高大挺拔的还有雪松、榕树、樟树、白皮松、银杏、毛白杨等，还有些虽不算高大但体态潇洒、秀丽多姿，如槭树、柳树、金钱松、合欢、玉兰、桦树、紫薇等。还有些具香气，叶色好，花可观的树种也可作为孤植树等。但是凡是作为庇荫与观赏兼用的孤植树，最好选乡土树种，应具有叶茂、荫浓、树龄长久、适应性强等特点。

(2)丛植

丛植是指由三五株至八九株同种或异种树木以不等距离种植在一起成为一个整体的种植方式。所形成的群丛，可分为以庇荫为主的树丛和以观赏为主的树丛。可布置于草坪或建筑物前的某个中心或庭院绿化的路边等处。丛植需严格考虑好种间关系和株间关系，在整体上注意适当密植，以促使树丛早郁闭；在混交时最好使喜光树与耐阴树、快长树与慢长树、乔木与灌木有机地结合起来，并注意树种宜少及病虫害问题。

(3)群植

以一两种乔木为主，与数种乔木和灌木搭配，组成二三十株以上的较大面积的树木群体，这样的种植方式称为群植。群植体现的是群体美，可应用于较大面积的开阔场地上，作为树丛的陪衬，也可种植在草坪或绿地的边缘，作为背景。它与丛植不同之处在于所用的树种株数增加、面积扩大，亦是人工组成的群体，必须多从整体上来探讨生物学与美观、适用等问题。树群一方面与园林环境发生关系，另一方面在树群之内不同的树木之间互为条件，种间关系更为突出。

(4)林植

林植是指较大规模成带成片的树林状的种植方式。这种配置形式多出现于大型公园、林荫道、小型山体、水面的边缘等处，也可成为自然风景区中的风景林带、工矿场区的防护林带和城市外围的绿化及防护林带。园林中的林植方式包括自然式林带、密林

和疏林等形式。自然式林带是一种大体成狭长带状的风景林，多由数种乔、灌木组成，也可只由一种树种构成。应用林植的方式配置时除应注意群体内、群体间及群体与环境间的生态关系外，还应注意林冠线及季相的变化。

(5)散点植

以单株或双株、三株的丛植为一个点在一定面积上进行有节奏和韵律的散点种植，强调点与点之间的相呼应的动态联系。特点是既体现个体的特性又处于无形的联系中。

1.7 城市绿化树种调查与规划

1.7.1 城市绿化树种调查与规划的目的、意义

① 植树绿化工作与人类生存条件的质量密切相关。优雅、舒适的环境离不开观赏树木。

② 园林树种调查与规划可为人类生存环境提供依据。

③ 为提高植树保存率，节约建设资金提供依据。

1.7.2 城市绿化树种调查与规划的方法

1)城市绿化树种调查

树种调查是指对当地的树木种类、生境、生长状况、绿化效果和功能等方面做综合调查，能够为树种规划提供最基本的科学依据，是做好树种规划的基础。

树种调查要求当地园林主管部门、教学、科研单位或有一定技术力量的绿化公司主持进行，必须有一批专业人员参加。调查前，首先应对城市的自然条件、绿化情况以及历史进行调研，然后分析全市园林绿化的类型及各种生态环境，每类中选几个调查点，进行调查测定的具体项目，可根据全国调查的规格，使用预先印制好的园林树种调查卡。

(1)城市自然条件调查

除了调查城市的自然地理位置、地形、地貌、土壤、水文等条件外，还应调查导致植物灾难性死亡的自然灾害，如台风、旱风等，记载那些对植物生长的不利条件。如重庆有与其他城市所不同的特点，那就是山城、旱城、火炉城、雾城。土壤瘠薄，夏季干旱，高温季节达5个月，4月下旬至10月超过35℃的天气长达80d，最高气温达40℃，全年有雾天达120d，工业污染比较严重。针对这样的环境，园林树种应选择耐旱、耐瘠薄、抗污染能力强的树种，如黄葛树、小叶榕、四川泡桐、杨树、臭椿等。

(2)城市绿化情况调查

一般来说，城市绿化情况调查分普查和定期观测两种，无论哪种都需做好园林树种调查记录卡。普查观测的树种都不需编号，长期观测的树种则应编号。具体调查内容见表1-5。城市绿化调查还要调查城市绿化树种中较野生的自然植被。如北京地区的卫矛、栾树、锦鸡儿、北京丁香、天目琼花、东陵八仙花等，调查针叶常绿乔木、针叶落叶乔木、阔叶常绿乔木、阔叶落叶乔木、常绿灌木、落叶灌木及藤本。还要调查乔、灌树种

的比例，常绿与落叶树种的比例等。

(3)树种调查项目

外业结束后，将资料集中，进行总结分析。填写树种调查统计表(表1-6)，统计表可按针叶常绿乔木、针叶落叶乔木、阔叶常绿乔木、阔叶落叶乔木、常绿灌木、落叶灌木及藤本几大类型，分别以表格形式填写。

表1-5　园林绿化树种调查的具体项目

编号：	树种中名：	学名：	科名：
栽植地点：	来源：乡土、引种		树龄或估计年龄：　　年
冠形：卵、圆、塔、伞、椭圆、倒卵	干形：通直、稍曲、弯曲		生长势：强、中、弱
树高：　m	冠幅：东西　m，南北　m	胸围或灌木基围　m	
其他重要性状：			
繁殖方式：实生、扦插、嫁接、萌蘖			
园林用途：行道树、庭荫树、防护树、观花树、观果树、观叶树、篱垣、垂直绿化、地被			
光照：强、中、弱		坡向或楼向：东、西、南、北	
地形：坡地、平地、山脚、山腰			海拔：m
坡度：	度土层厚度：m		土壤pH：
土壤类型：			土壤质地：沙土、壤土、黏土
土壤水分：水湿、湿润、干旱、极干旱			土壤肥力：好、中、差
病虫危害程度：严重、较重、较轻、无			病虫种类：
主要空气污染物：			风：风口、有屏障
伴生树种：			其他：
标本号：	照片号：	调查人：	调查时间：　　年　　月　　日

在树种调查统计表的基础上，总结出本城市树种名录，并列出生长最佳树种表，抗污染树种表，特色树种表，边缘分布树种表，引种栽培树种表，名木、古树、大树表等。同时提出树种应用上存在的不足与问题。

2)园林绿化树种的规划

树种规划就是对城市园林绿化所用树种进行全面合理的安排。根据各类园林绿地的需要，在树种调查的基础上，按比例选择一批适应当地自然条件、能较好地发挥园林绿化功能的树种。树种规划又是指导苗圃、花圃栽培生产和引种、育种的纲领性文件，没有规划或规划不科学、不合理，就会使城市园林绿化失去依据，陷入盲目，导致随意栽植又频繁更换，严重影响城市园林建设的效果，这方面的教训是很深刻的。如常州市的行道树自新中国成立至今已五易树种，如此反复，使城市绿化面貌迟迟不能形成。近年来，有些地方没有全面地理解城市绿化多功能要求，过分强调常绿气氛，在街道上大种常绿树，结果因不适应严酷的生境条件而生长不良，发挥不出应有的绿化效果，这些都充分说明了编制科学的树种规划的必要性。

表1-6 园林树种调查统计表

年 月 日 类别:针叶、常绿、落叶

编号	树种	来源	调查株数	年龄	平均最大树高	平均最大胸围	最大冠幅	生长势			适应性																																配置及用途
											耐阴			耐寒			耐高温			耐旱			耐水湿			耐贫瘠			耐盐碱			耐风沙			抗污染				抗病虫				
								1	2	3	1	2	3	1	2	3	1	2	3	1	2	3	1	2	3	1	2	3	1	2	3	1	2	3	SO_2	CL_2	HF	粉尘	1	2	3	4	

一个城市或地区的树种规划工作应当在树种调查的基础上进行，没有经过树种调查工作的树种规划往往是盲目的，不符合实际的。但是一个好的树种规划仅仅依据现有树种的调查仍是不够的，还必须充分考虑下述几个方面的原则才能制定出比较完善的规划，并且这个规划还将随着社会的发展、科学技术的进步以及人们对园林建设要求的提高做适当的修正和补充，以适应新形势下的要求。

1) 树种规划的原则

(1) 根据城市的性质最大限度地满足综合功能

树种规划应符合城市的性质和特点，注重地方特色的表现。每个城市都应根据城市的性质特点来进行树种规划。1982 年国家选定北京、承德、南京、杭州、西安、延安等 24 个城市为历史名城。根据各城市的地理位置、气候条件、开放程度又确定杭州为对外开放的重点旅游城市。这些城市的树种规划要反映历史名城的特色。

特色可以是树种不同，也可以是布置形式不同，特色树种可以从地域不同而造成的植被的差异中产生，也可以从当地民族文化、风土人情中挖掘，可以不拘形式，但特色树种必须是适合当地环境条件，在园林中确实起着良好作用的树种，而且深受广大群众的喜爱。

(2) 适地适树

适当选择乡土树种或已经在本地适应多年的外来树种作为骨干树种，因乡土树种适应性强，病虫害少，抗逆性强，有地方特色。这些树种苗源比较充足，易于大苗移植和栽培管理，省时、省力、省资，也能使观赏树木更快地发挥作用。但是并非所有的乡土树种都适用于城市园林绿化，应根据园林建设的具体要求，从中进行选择。适地适树的原则还要满足树种对生态环境的要求，根据栽植地的自然条件选择树种。如天津，由于地下水位高、土质不良、盐碱土多，树种规划时应选择抗涝耐盐的树种，乔木有槐树、白蜡、苦栎、毛白杨、刺槐、垂柳、臭椿、合欢、泡桐、海棠，灌木有榆叶梅、丁香、碧桃、香茶藨子、月季、锦带花、木槿、金银木等。

(3) 符合自然植被分布规律

在进行城市园林绿化树种规划时，要充分考虑植物的地带性分布规律及特点，使城市绿化面貌充分反映出自然景观的地域性特色，并取得相对稳定的人工群落，能长期保持生态效益和景观效果。规划中可以从附近自然保护区丰富的植物资源中选出园林绿化植物新材料，丰富城市及园林景色。如引种在当地尚无引种纪录的树种，应充分比较原产地与当地的环境条件后再做出试种建议。配置树群或大面积风景林的树种，更应以当地或相似气候类型地区自然木本群落中的树种为主。由于同处一个生物气候带，这种引种易于成功。

(4) 注意快长树和慢长树的结合、常绿树和落叶树相结合

树木的生长速度是由生物学特性所决定的。生长快的树种一般都有冠大荫浓、景观效果形成快的特点，但寿命较短；生长慢的树种冠形形成慢，也有些慢长树早期生长较快，这些树种景观效果形成慢，但寿命较长。园林建设的景观效果应做到远期为主、远近结合，慢生树为主、快长树与慢生树相结合。因此必须注意快长树和慢长树的衔接。四季常青是园林普遍追求的目标之一，所以还要注意常绿树与落叶树相结合。特别是长江以北的广大地区，冬季长达 4 个月之久，景色很单调，要特别注意用好常绿树种。南

方各地夏日日光暖烈，应选冠大荫浓的树种为宜。

2）树种规划的程序

树种规划包括对城市重点树种和其他树种的规划。首先要提出基调树种名单和骨干树种名单。基调树种指各类园林绿地均要使用、数量最大、能形成全城统一基调的树种，一般以1~4种为宜，应为本地区的适生树种。骨干树种指在对城市影响最大的道路、广场、公园的中心点、边界等地应用的孤赏树、庭荫树及观花树木。骨干树种能形成全城的绿化特色，一般以20~30种为宜。也可以基调树种和骨干树种相结合。但最终都要提出各种园林用途树种名单，区分出主次。以成都市园林绿地系统规划中树种规划为例：

① 骨干树种　银杏、法桐、大叶樟、女贞、广玉兰、水杉、罗汉松、黑壳楠、黄葛树。

② 重点观赏树种　木芙蓉、玉兰、紫薇、桂花、垂丝海棠、贴梗海棠、川茶花、梅花、榴、樱花、栀子、鸡爪槭、雪松、棕竹、苏铁、水杉、海桐、大叶黄杨、蜡梅、西府海棠、金弹子。

③ 不同用途的主要绿化树种

行道树　银杏、大叶樟、女贞、悬铃木、栾树。

抗污染绿化树　苏铁、罗汉松、女贞、枇杷、棕榈、柑橘、油橄榄、大叶黄杨、夹竹桃、胡颓子、枳壳、黄栀子、海桐、泡桐、苦楝、银杏、栾树、喜树、枣、花椒、枫杨、紫穗槐。

水旁绿化树　水杉、柳树、枫杨、喜树、桤木、木芙蓉、夹竹桃、栀子、迎春。

公园、名胜、机关、单位、医院、学校、宅院、庭院绿化树种（除以上树种外）　槐树、象牙红、青桐、苹果、桃花、李、樱花、朴树、胡桃、皂荚、梨、柿树、无花果、桂花、小琴丝竹、慈竹、苦木、圆柏、日本黑松、湿地松、千枝柏、侧柏、蜡梅、蝴蝶树、海仙花、火炬树、罗汉松、丝兰、迎春、金丝桃、月季、杜鹃花。

绿篱树种　大叶黄杨（包括金心、金边、银边黄杨）、小蜡、六月雪、海桐、小叶女贞、观音竹、栀子、水栀子、海栀子、木槿、珊瑚树、月月红。

垂直绿化攀缘植物　金银花、爬山虎、常春藤、常春油麻藤、木香、爬蔓蔷薇、凌霄、紫藤、葡萄、钩藤、络石、风车子、鸡血藤、南五味子。

地被草坪植物　铁线草、麦冬、鸢尾、天鹅绒草、剪股颖、野牛草、龙牙草、紫茉莉和蕨类等。

④ 试用或暂时留用树种

试用树种　经过初步研究使用表现较好的为试用树种，有毛脉卫矛、广叶粗榧、红果榆、梓叶槭、灯台树等。

暂时留用树种　过去大量使用，要逐步淘汰而暂时留用的，有银桦、桉树、榆树、海桐等。

⑤ 建议繁殖应用树种　伊桐、美洲皂角、‘紫叶’李、流苏树、‘紫红’鸡爪槭、红椿、马褂木、长春核桃、七叶树、毛刺槐、巴豆、蚊母树、鱼木、石楠、灰木莲、乐昌含笑、黄牛奶树、台湾杉、落羽松、山梅花、红千层、厚皮树、驳骨树、白鹃梅、素馨、三角枫、澳洲金合欢、含笑等。

1.7.3 古树、名木的调查与管理

1)古树名木的概念及保护的意义

(1)古树名木的概念

古树名木是我国社会的宝贵财富，不是一般树木可比拟的。古树名木必须具备“古”或“名”，是历朝历代栽植遗留下来的树木，或者为了纪念特殊的历史事件而栽植的作为见证的树木。古树名木一般应具备以下的条件：树龄在百年以上的古老树木；具有纪念意义的树木；国外贵宾栽植的“友谊树”，或外国政府赠送的树木，如北美红杉等；稀有珍贵的树种，或本地区特有的树种；在风景区起点缀作用，又与历史掌故有关的树木。

(2)保护和研究古树名木的意义

我国是一个历史悠久、文化发达的文明古国，除文字、文物记载证明外，古树也是有力的见证者，它们记载着一个国家、一个民族文化发展历史，是一个国家、一个民族、一个地区的文明程度的标志，是活历史，也是进行科学研究的宝贵资料，它们对研究一个地区千百年来气象、水文、地质和植被的演变，有重要的参考价值。概括起来有以下几点：

① 古树名木是历史的见证；

② 古树名木可以为文化艺术增添光彩；

③ 古树名木是历代陵园、名胜古迹的佳景之一；

④ 古树是研究古自然史的重要资料；

⑤ 古树对于研究树木生理具有特殊意义；

⑥ 古树对于树种规划，有很大的参考价值。

2)古树名木的调查登记

古树名木是我国的活文物、无价之宝，各省(自治区、直辖市)应组织专人进行细致的调查，摸清我国的古树资源。调查内容有：树种、树龄、树高、冠幅、胸径、生长势、生长地的环境(土壤、气候等情况)以及对观赏及研究的作用、养护措施等，同时还应搜集有关古树的历史及其他资料，如有关古树的诗、画、图片及神话传说等，总之应逐步建立和健全我国的古树资源档案。

在调查、分级的基础上，要进行分级养护管理，对于生长一般、观赏及研究价值不大的可视具体条件实施一般的养护管理，对于年代久远、树姿奇特兼有观赏价值和文史价值的，应拨专款、派专人养护，并随时记录备案。

3)古树名木的保护措施

古树名木比一般观赏树木的价值高，且寿命已长，树体生长势衰弱，根生长力减退，死枝数目增多，伤口愈合速度减慢，抗逆性差，极易遭受不良因素的影响，直至死亡，因此，对古树名木的管理工作，要比较细致，为古树名木创造良好的生长环境，具体措施有以下几种：

① 保持生态环境　古树在某一地区的特定环境下生活了千百年，适应了当地的生态环境，因此，不要随便搬迁，也不应在古树周围修建房屋、挖土、架设电线、倾倒废土、垃圾及污水等。

② 保持土壤的通透性　在生长季进行多次中耕松土，冬季进行深翻，施有机肥料，改善土壤的结构及透气性，使根系和好气性微生物能够正常的生长和活动，保持土壤的疏松透气性；为了防止人为的撞伤和刻伤树皮，在古树周围应设立栅栏隔离游人，避免践踏，同时在古树周围一定范围内不得铺装水泥路面。

③ 加强肥水管理　由于古树年老，生长势弱，根系吸收能力差，施肥时不能施大肥、浓肥；土壤积水对树木的危害极大，应开设盲沟排除积水，以保持土壤中有适当的空气含量。

④ 防治病虫害　古树因树势衰弱，抗逆能力差，常易遭受病虫的侵袭。一旦发现，及时防治。

⑤ 补洞、治伤　衰老的古树加上人为的损伤、病菌的侵袭，使木质部腐烂蛀空，造成大小不等的树洞，对树木生长影响很大。除有特殊观赏价值的树洞外，一般应及时填补。填补时，先刮去腐烂的木质，用硫酸铜或硫黄粉消毒，然后在空洞内壁涂水柏油(木焦油)防腐剂，为恢复和提高观赏价值，表面用1∶2的水泥黄沙加色粉面，按树木皮色皮纹装饰。如树洞过大，则要用钢筋水泥或填砌砖块填补树洞并加固，再涂以油灰粉饰。

⑥ 防治自然灾害　古树一般树身高大，雷雨时易遭雷击，因此在较高大的古树上，要安装避雷针，以免雷电击伤树木。对树木空朽、树冠生长不均衡、有偏重现象的树木，应在树干一定部位撑三角架，进行保护。此外，应定期检查树木生长情况，及时截去枯枝，保持树冠的完整。

4)古树名木的复壮

对生长衰弱、濒临死亡的树木应加强恢复长势和复壮的工作，利用树木衰老期向心更新的特点进行更新。萌芽力和成枝力强的树种，当树冠外围枝条衰弱枯梢时，用回缩修剪截去枯弱枝更新，修剪后应加强肥水管理，勤施淡肥，促发新壮枝，组成茂盛的树冠。对于萌蘖能力强的树种，当树木地上部分死亡后，根颈处仍能萌发健壮的根蘖枝时，可对死亡或濒临死亡而无法抢救的古树干截除，由根蘖枝进行更新。

此外，对树势衰弱的古树，可采用桥接法使之恢复生机。具体做法是：在需桥接的古树周围，均匀种植2～3株同种幼树，幼树生长旺盛后，将幼树枝条桥接在古树树干上，即将树干一定高度处皮部切开，将幼树枝削成楔形插入古树皮部，用绳子扎紧，愈合后，由于幼树根系的吸收作用强，在一定程度上改善了古树体内的水分和营养状况，对恢复古树的长势有较好的效果。

最后，对已经枯死、根深不易倒伏的古树桩如圆柏、银杏等，可适当整形修饰后，以观姿态或在旁植藤，使之缠绕或吸附其上，组成有一定观赏价值的桩景，以丰富景观。

复习题

1. 简述观赏树木的概念及学习的主要内容。
2. 如何认识学习“观赏树木”的意义？

3. 人为分类法和自然分类法有什么区别？为什么要对植物进行系统分类？
4. 植物分类有哪些等级？
5. 植物的学名由哪几部分组成？书写时要注意什么问题？
6. 怎样理解植物分类检索表编制原理？
7. 定距式植物分类检索表和平行式植物分类检索表有哪些异同点？
8. 观赏树木在改善环境方面的作用是什么？
9. 观赏树木在保护环境方面的作用是什么？
10. 观赏树木吸收有毒气体，抗 SO_2、CL_2、HF 较强的树种有哪些？
11. 阻滞烟尘和尘埃的观赏树木有哪些？
12. 杀菌力强的树种有哪些？
13. 如何理解树木的生物学特征？
14. 物候期的概念是什么？
15. 怎样观察物候期？
16. 目前古树名木保护有哪些新措施？
17. 古树名木复壮的措施有哪些？
18. 观赏树木的选择和配植原则有哪些？
19. 观察树木规则式配植有哪些？以实例说明。
20. 观察树木自然式配植有哪些？以实际说明。
21. 城市树种规划的原则有哪些？
22. 结合社会实践或实习调查当地的绿化树种，并列出骨干树种、重点树种等。

学习目标

【知识目标】

(1)了解各类观姿树种在园林中的作用及用途；

(2)掌握常见观姿树种的识别要点及观赏特性，能熟练识别各树种；

(3)了解各树种的分布、习性及繁殖方法；

(4)学会正确选择、配置各类观姿树种的方法。

【技能目标】

(1)具备识别园林树种的能力，能识别本地常见观姿树种(包括冬态识别)；

(2)具备利用工具书及文献资料鉴定树种的方法和技能，能用专业术语描述各树种的形态特征；

(3)具备在园林建设中正确合理地选择和配置观姿树种的能力。

2.1　针叶树类

2.1.1　常绿树类

1. 南洋杉 *Araucaria heterophylla* Sweet.(图 2-1)

科属：南洋杉科 Araucariaceae　南洋杉属 *Araucaria* Juss.

(1)形态特征

常绿乔木，树冠塔形。树皮灰褐色，粗糙且横裂。大枝轮生而平展，侧生小枝密集下垂，近羽状排列。叶二型，幼树及侧生小枝叶锥形，质软，开展，排列疏松；大树及花果枝叶卵形至三角状卵形，排列紧密。雌雄异株。球果大，卵形或椭圆形，苞鳞先端有长尾状尖头向后反曲。种子椭圆形，两侧具膜质翅。球花期 10~11 月，球果翌年 8 月成熟。

(2)分布与习性

原产于大洋洲诺福克岛，我国上海、广州、厦门、福州、广西、云南、海南等地均有露地栽培；其他城市常盆栽或温室栽培。喜光，喜肥沃土壤，较抗风，不耐干燥与严寒，生长迅速，再生能力强，适宜于温暖湿润的亚热带气候环境中生长。

(3)繁殖方法

播种、扦插繁殖。

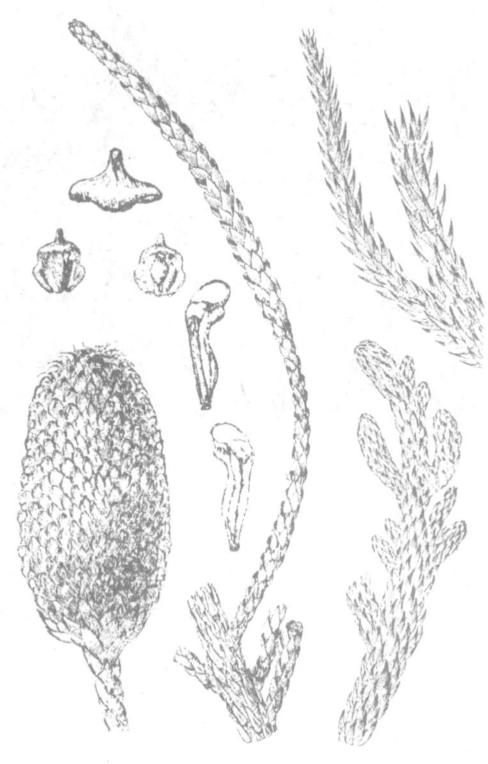
图 2-1　南洋杉

(4)观赏与应用

南洋杉树形高大，枝叶繁密，姿态优美，是优秀的园林观赏树种，与雪松、日本金松、金钱松、巨杉合称为“世界五大庭园树种”，适宜孤植或自由组合栽植于视线开阔处，应用于街道、公园、广场等诸多景观项目中。北方常盆栽作室内装饰树种。

2. 异叶南洋杉 ***Araucaria heterophylla*** **(Salisb.) Franco**

别名：诺和克南洋杉　　科属：南洋杉科 Araucariaceae　　南洋杉属 *Araucaria* Juss.

(1)形态特征

常绿乔木，树冠塔形。大枝轮生，平展；侧生小枝羽状密生略下垂。叶锥形，四棱，长 7 ~ 18mm，通常两侧扁，螺旋状互生，先端锐尖。球果近球形，苞鳞先端向上弯曲。

(2)分布与习性

原产于大洋洲诺福克岛，我国福州、厦门、广州等地有栽培，长江流域及北方城市常温室盆栽观赏。喜湿热气候，不耐寒。

(3)繁殖方法

播种繁殖为主，也可扦插繁殖。

(4)观赏与应用

异叶南洋杉树姿优美，其轮生大枝形成层层叠叠的美丽树形，可作庭园观赏树及行道树。

3. 臭冷杉 ***Abies nephrolepis*** **(Trauty.) Maxim.** **(图 2-2)**

别名：臭松、东陵冷杉　　科属：松科 Pinaceae　　冷杉属 *Abies* Mill.

(1)形态特征

常绿乔木，树冠尖塔形至圆锥形。树皮幼时光滑，灰白色。1 年生枝淡灰白色，密生褐色短柔毛。叶条形，上面亮绿色，下面有 2 条白色气孔带；营养枝叶端有凹缺或二裂；螺旋状排列。球果卵状圆柱形或圆柱形，熟时紫黑色或紫褐色。球花期 4 ~ 5 月，球果 9 ~ 10 月成熟。

(2)分布与习性

分布于我国河北、山西、辽宁、吉林及黑龙江东部，俄罗斯远东部分及朝鲜也

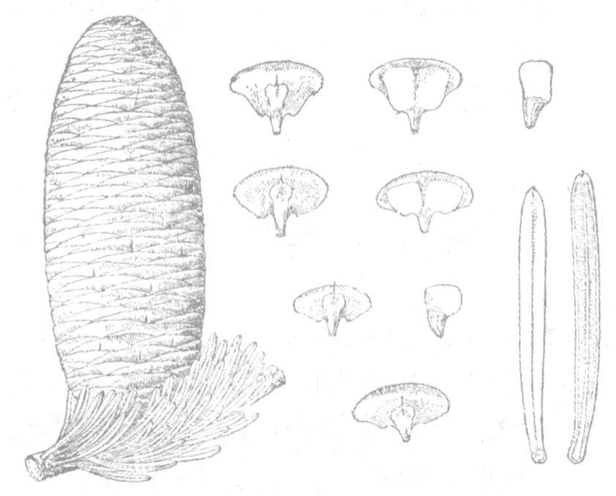
图 2-2　臭冷杉

有分布。耐阴，耐寒，喜冷湿气候及酸性土壤；浅根性，生长慢。

(3)繁殖方法

播种繁殖。

(4)观赏与应用

臭冷杉树冠尖圆形，青翠秀丽，是良好的园林绿化树种，可栽植在自然坡地阴面或冷凉地带，在自然风景区，宜与云杉等混交种植。

4. 辽东冷杉 *Abies holophylla* Maxim.（图 2-3）

别名：杉松　科属：松科 Pinaceae　冷杉属 *Abies* Mill.

(1)形态特征

常绿乔木，树冠幼时阔圆锥形，老时为广伞形。树皮灰褐色，内皮赤色，不规则鳞状开裂。1 年生枝淡黄褐色，无毛；芽具树脂。叶条形，上面深绿色，有光泽，下面有 2 条白色气孔带，先端突尖或渐尖，无凹缺；螺旋状排列。球果圆柱形，熟时淡黄褐色或淡褐色，苞鳞不露出。种子上部具宽翅。球花期 4 ~ 5 月，球果 10 月成熟。

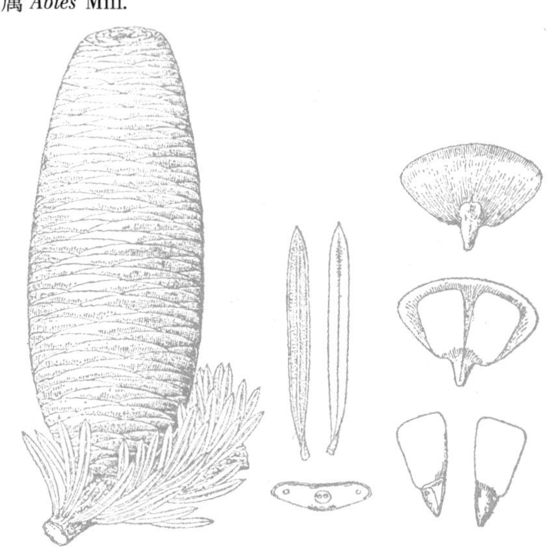

图 2-3　辽东冷杉

(2)分布与习性

原产于我国辽宁东部、吉林及黑龙江，俄罗斯、朝鲜也有分布。耐阴，耐寒，耐湿，喜冷湿气候及深厚湿润、排水良好的酸性暗棕色森林土。浅根性，幼苗期生长缓慢，寿命长，抗病虫能力强，抗烟尘能力较差。

(3)繁殖方法

播种繁殖。

(4)观赏与应用

辽东冷杉树形优美、枝叶繁密，是良好的园林绿化及观赏树种，宜列植、丛植或片植于公园，尤其是纪念公园或陵园中，庄严肃穆，增加场所气氛，也是东北、河北以及内蒙古东部地区重要的山地造林树种。

5. 云杉 *Picea asperata* Mast.（图 2-4）

别名：粗皮云杉　科属：松科 Pinaceae　云杉属 *Picea* Dietr.

(1)形态特征

常绿乔木，树冠尖塔形。树皮灰褐色，鳞片状剥落。小枝上有明显叶枕，芽鳞反曲；1 年生枝粗壮，淡黄色，具短柔毛及白粉；冬芽圆锥形，有树脂。叶四棱状条形，四面有气孔线，先端尖，稍弯曲；螺旋状排列。球果圆柱状长圆形，熟时灰褐色或栗褐色；苞鳞小。种子上部有膜质长翅。球花期 4 ~ 5 月，球果 9 ~ 10 月成熟。

(2)分布与习性

分布于四川、陕西、甘肃等地。较喜光，稍耐阴，浅根性，耐干燥及寒冷的环境条件，在气候凉润、土层深厚、排水良好的微酸性棕色森林土上生长良好。

(3)繁殖方法

播种繁殖。

(4)观赏与应用

树冠尖塔形，枝叶茂密，苍翠壮丽，下枝能长期存在，园林中常用作孤植、群植或作风景林，亦可列植、对植或在草坪中栽植；也是西北、华北地区重要的山地造林树种。

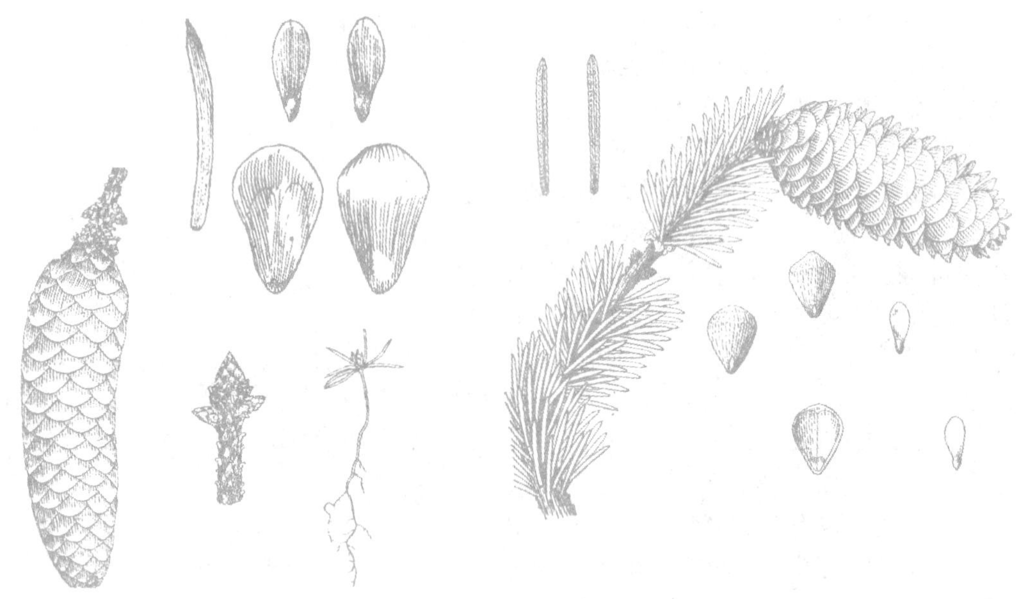

图2-4　云　杉　　　　图2-5　红皮云杉

6. 红皮云杉 *Picea koraiensis* Nakai(图2-5)

别名：红皮臭、高丽云杉　　科属：松科 Pinaceae　　云杉属 *Picea* Dietr.

(1)形态特征

常绿乔木，树冠尖塔形。树皮灰褐色或淡红褐色，不规则薄条片脱落，裂缝常为红褐色。小枝上有明显叶枕，芽鳞常反曲；1年生枝淡红褐色，无毛及白粉；冬芽常圆锥形，微有树脂。叶四棱状条形，先端尖，四面有气孔线；螺旋状排列。球果圆柱形，熟时黄褐色至褐色；苞鳞极小。种子倒卵形，上端有膜质长翅。球花期5~6月，球果9月成熟。

(2)分布与习性

分布于东北大小兴安岭、吉林山区、辽宁、内蒙古等地海拔400~1800m地带。耐阴，耐旱，较喜湿；生长快，浅根性，易风倒。

(3)繁殖方法

播种繁殖。

(4)观赏与应用

云杉树姿优美，可孤植、丛植或群植，景观效果好，是风景区及城市绿化的优良树种。

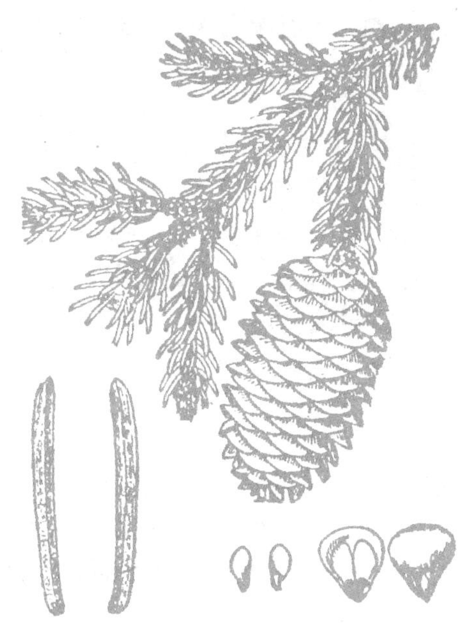
图 2-6　白　杄

7. 白杄 *Picea meyeri* Rehd. et Wils.（图 2-6）

别名：白儿松、麦氏云杉　科属：松科 Pinaceae 云杉属 *Picea* Dietr.

(1)形态特征

常绿乔木，树冠塔形。树皮灰褐色，不规则薄片状脱落。小枝上有叶枕，芽鳞反曲或开展；1 年生枝黄褐色，无白粉；冬芽圆锥形，微有树脂。叶四棱状条形，微弯曲，四面有白色气孔线；螺旋状排列。球果矩圆状圆柱形，熟时褐黄色。种子倒卵形，上端有膜质长翅。球花期 4 月，球果 9～10 月成熟。

(2)分布与习性

我国特有树种。分布于河北、山西、陕西及内蒙古等地海拔 1600～2700m 的高山地带；北京、沈阳、山西及江西庐山有栽培。耐阴，耐寒，喜湿润气候，适生于中性及微酸性土壤。

(3)繁殖方法

播种繁殖。

(4)观赏与应用

白杄树形端正，枝叶茂密，下枝能长期存在，最适孤植，也可丛植或自由散植于草坪开阔处、坡地半阴面、路边等；也是西北、华北地区重要的山地造林树种和经济林树种。

8. 青杄 *Picea wilsonii* Mast.（图 2-7）

别名：细叶云杉　科属：松科 Pinaceae　云杉属 *Picea* Dietr.

(1)形态特征

常绿乔木，树冠尖塔形。树皮灰色或暗灰色，不规则鳞片状脱落。小枝上有叶枕，芽鳞紧贴小枝；1 年生枝较细，淡黄绿色至淡黄灰色，无白粉；冬芽卵圆形，无树脂。叶针状四棱形，较细密，先端尖，气孔线不明显，青绿色；螺旋状排列。球果卵状圆柱形或圆柱状长卵形，熟时黄褐色。种子倒卵形，上端有膜质长翅。球花期 4 月，球果 10 月成熟。

(2)分布与习性

我国特有树种。原产于河北、山西及内蒙古等，北京、沈阳、太原、

图 2-7　青　杄

西安等地均有栽培。适应性较强，耐阴，耐寒，在气候温凉、土壤湿润深厚、排水良好的中性或微酸性土壤上生长良好。

(3)繁殖方法

播种繁殖。

(4)观赏与应用

青杆树形整齐，枝叶茂密，叶色青绿，可孤植于花坛中心，孤植、丛植于草地，对植于门前，列植、丛植、群植于公园绿地，或盆栽装饰；也是西北、华北地区重要的山地造林树种和经济林树种。

9. 雪松 *Cedrus deodara* (Roxb.) Loud.(图 2-8)

别名：喜马拉雅松　科属：松科 Pinaceae　雪松属 *Cedrus* Trew.

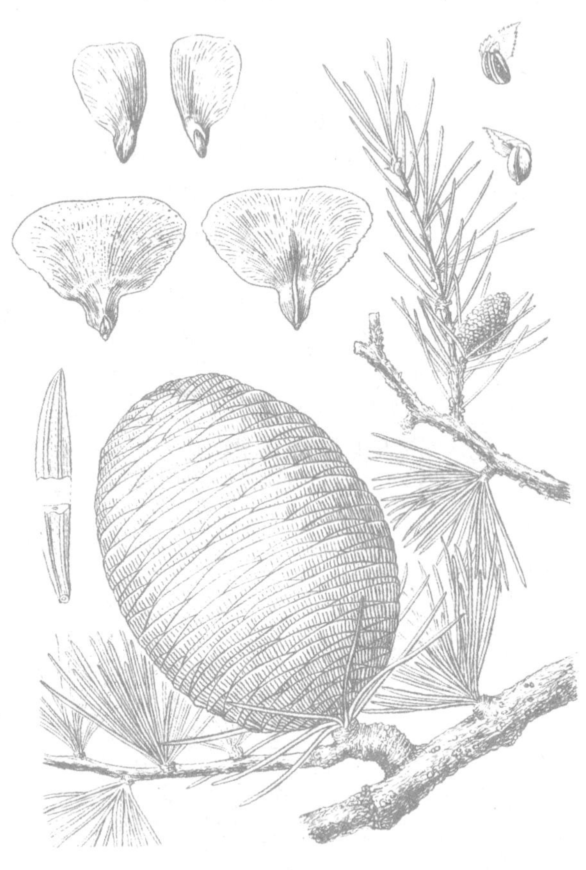

图 2-8　雪　松

(1)形态特征

常绿乔木，树冠塔形。树皮灰褐色，不规则鳞片状裂。枝下高极低，大枝斜展或平展，小枝细长微下垂；有长短枝之分。叶针形，三棱状，各面均有白色气孔线；在长枝上螺旋状散生，在短枝上簇生。球花单性异株，稀同株。球果椭圆状卵形，直立，熟时红褐色。种子近三角形，种翅宽大。球花期 10～11 月，球果翌年 9～10 月成熟。

(2)分布与习性

原产于喜马拉雅山西部及喀喇昆仑山海拔 1200～3300m 地带，现长江流域各大城市以及青岛、旅大、西安、昆明、北京、郑州、上海、南京等地均有栽植。喜光，喜温暖湿润气候，适生于土层深厚、肥沃疏松、排水良好的微酸性土壤；稍耐阴，不耐水湿，较耐寒，不耐盐碱；浅根性，抗风性弱；不耐烟尘，对氟化氢、二氧化硫反应极为敏感。

(3)繁殖方法

播种、扦插、嫁接繁殖。

(4)观赏与应用

雪松树体高大，树形优美，为“世界五大公园树种”之一，景观凝聚力和辐射力很强，冬季白雪覆枝叶上，形成高大的银色金字塔，更加引人入胜，适宜孤植或自由组合三五丛植于广阔的草坪中、向阳坡地，列植于路旁，对植于建筑物两旁及公园大门入口处。

10. 红松 ***Pinus koraiensis* Sieb. et Zucc.**（图 **2-9**）

别名：果松、海松、朝鲜松　科属：松科 Pinaceae　松属 *Pinus* L.

(1)形态特征

常绿乔木，树冠卵状圆锥形。树皮灰褐色，块状脱落，内皮红褐色。1 年生小枝密被黄褐色或红褐色柔毛。叶针形，5 针一束，粗硬而直，叶鞘早落。球花单性同株。球果圆锥状长卵形，种鳞菱形，先端钝而反卷；鳞脐顶生。种子大，倒卵形，无翅。球花期5～6月，球果翌年9～11月成熟。

(2)分布与习性

产于我国东北辽宁、吉林及黑龙江，朝鲜、俄罗斯东部及日本北部亦有分布。较喜光，幼树较耐阴，耐寒，喜湿润凉爽的近海洋性气候及深厚湿润、肥沃、排水良好的微酸性土壤；浅根性，水平根系很发达。

(3)繁殖方法

播种繁殖。

(4)观赏与应用

红松树形雄伟高大，宜作北方森林风景区树种或配置于庭园中观赏。

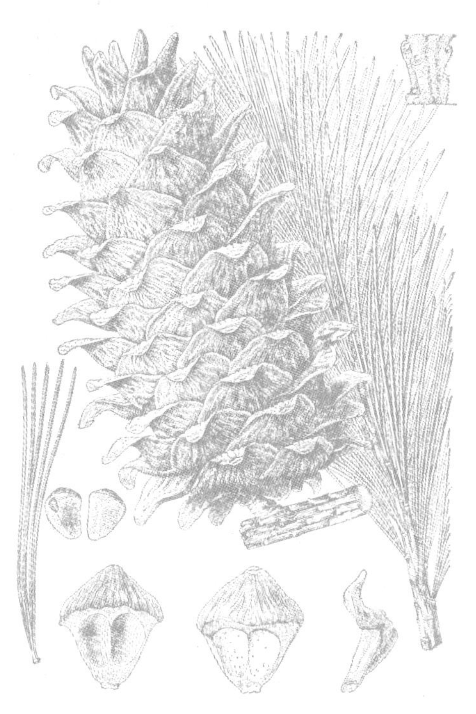

图 2-9　红　松

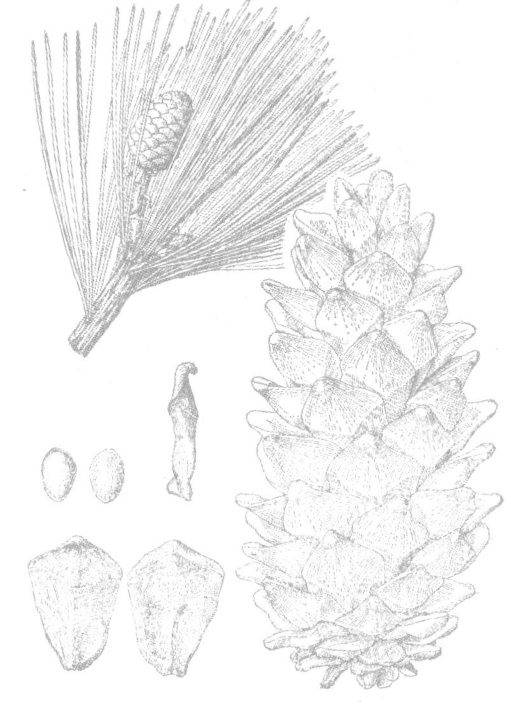

图 2-10　华山松

11. 华山松 ***Pinus armandii* Franch.**（图 **2-10**）

别名：青松、五须松、云南五针松　科属：松科 Pinaceae　松属 *Pinus* L.

(1)形态特征

常绿乔木，树冠广圆锥形或柱状塔形。幼树树皮灰绿色，光滑；老则呈灰色，不规则厚块状裂或脱落。大枝平展，小枝灰绿色，光滑，常有白粉；冬芽圆柱形，微有树脂。叶针形，5针一束，叶鞘早落。球花单性同株。球果圆锥状长卵形，熟时黄褐色；种鳞先端不反曲或微反曲，鳞脐顶生。种子倒卵形，无翅或近无翅。球花期4~5月，球果翌年9~10月成熟。

(2)分布与习性

分布于山西、陕西、甘肃、青海、河南、西藏、四川、湖北、云南、贵州、台湾等地。较喜光，喜温凉湿润的气候和深厚湿润、排水良好的酸性土壤，不耐水涝及盐碱。

(3)繁殖方法

播种繁殖。

(4)观赏与应用

华山松树体高大挺拔，针叶苍翠，冠形优美，是优良的庭园绿化树种，可作园景树、庭荫树、行道树及林带树，也可丛植、群植及高山风景区作风景林树种。

12. 乔松 *Pinus griffithii* Mcclelland(图2-11)

科属：松科 Pinaceae 松属 *Pinus* L.

(1)形态特征

常绿乔木，树冠宽塔形。树皮暗灰褐色，块状脱落。小枝绿色，无毛，微被白粉；冬芽圆柱状倒卵圆形，微有树脂。叶针形，5针一束，细柔下垂，灰绿色。球花单性同株。球果圆柱形，下垂；鳞脐薄，显著内曲。种子有翅。球花期4~5月，球果翌年秋季成熟。

(2)分布与习性

产于我国西藏南部、东南部及云南西北部，不丹、锡金、尼泊尔、印度、巴基斯坦、阿富汗也有分布，北京、上海、南京等地有栽培。喜光，稍耐阴；喜温暖湿润气候，耐干旱。

(3)繁殖方法

播种繁殖。

图2-11 乔 松

(4)观赏与应用

乔松树干通直，针叶细柔下垂，是优良的园林树种，为西藏南部及东南部的珍贵树种，也可作造林树种。

13. 白皮松 *Pinus bungeana* Zucc. ex Endll.(图2-12)

别名：白骨松、虎皮松、三针松 科属：松科 Pinaceae 松属 *Pinus* L.

(1)形态特征

常绿乔木，树冠阔圆锥形、卵形或圆头形。树皮灰绿色，鳞片状剥落，内皮乳白色。小枝灰绿色，无毛；冬芽卵圆形，红褐色，无树脂。叶针形，3针一束，粗硬，叶鞘早落。球花单性同株。球果圆锥状卵圆形，熟时淡黄褐色；鳞脐凸起，刺尖向下反曲。种子阔卵圆形，有短翅。球花期4~5月，球果翌年10~11月成熟。

(2)分布与习性

我国特产树种。分布于陕西、山西、河南、河北、山东、四川、湖北、甘肃等地，北京、南京、上海、杭州、武汉、昆明等地均有栽培。喜光，幼树稍耐阴，不耐湿热，喜干冷气候及深厚肥沃的钙质土或黄土，不耐积水和盐土，耐干旱；深根性，生长慢，寿命长；对二氧化硫及烟尘抗性较强。

(3)繁殖方法

播种繁殖。

(4)观赏与应用

白皮松树姿优美，苍翠挺拔，树皮斑驳奇特，碧叶白干，宛若银龙，独具奇观，与长白松、樟子松、赤松、欧洲赤松称为"五大美人松"。我国自古以来即用于配置宫廷、寺院以及名园之中。可对植、孤植、列植或群植成林。

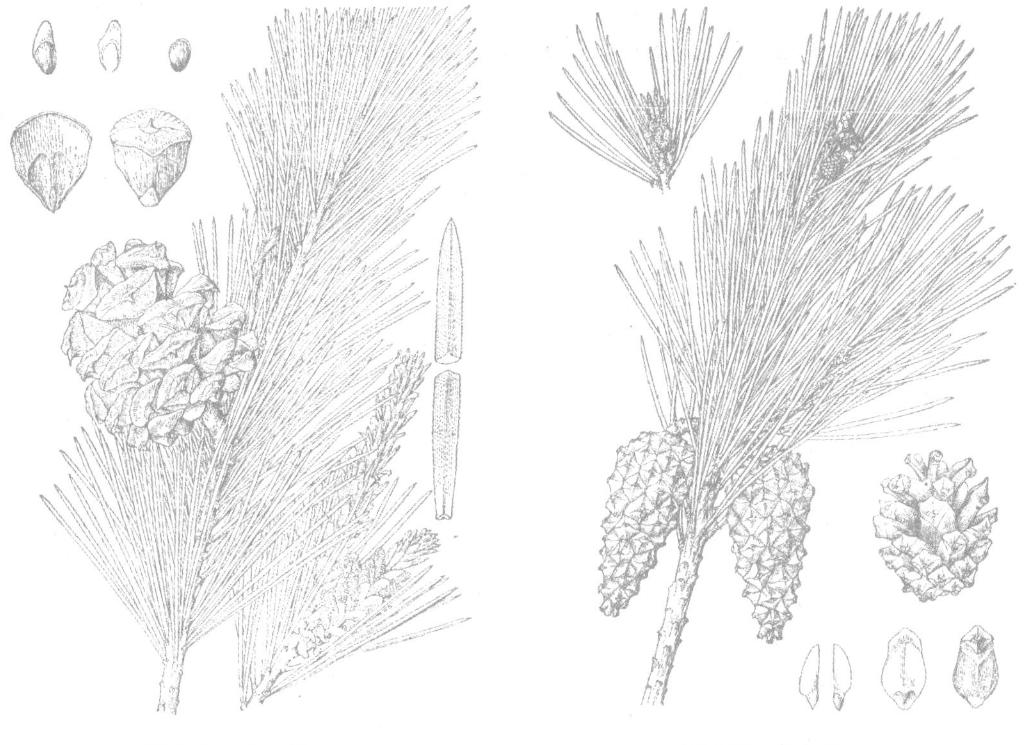

图2-12 白皮松　　图2-13 樟子松

14. 樟子松 *Pinus sylvestris* var. *mongolica* Litv.（图2-13）

别名：海拉尔松　科属：松科 Pinaceae　松属 *Pinus* L.

(1)形态特征

常绿乔木，树冠阔卵形。树皮下部黑褐色，中上部褐黄或淡黄色，鳞块状裂。小枝淡黄褐色；冬芽椭圆状卵圆形，有树脂。叶针形，2针一束，粗硬，常扭曲，短而宽，长4~9cm；叶鞘宿存。球花单性同株。球果长卵形，黄绿色，果柄下弯；鳞脐小，疣状凸起，有短刺尖，易脱落。种子扁倒卵形或扁卵形，具翅。球花期 5 ~ 6 月，球果翌年 9 ~ 10 月成熟。

(2)分布与习性

分布于黑龙江大兴安岭、海拉尔以西和以南的沙丘地带，内蒙古也有分布，现东北各地、河北、山西、山东、陕西、甘肃均有栽培。极喜光，喜严寒干旱的气候，为我国松属中最耐寒的树种；喜酸性土壤，在干燥瘠薄、岩石裸露、沙地、陡坡均可生长良好；深根性，抗风沙。

(3)繁殖方法

播种繁殖。

(4)观赏与应用

樟子松树干端直高大，枝条开展，四季常青，为优良的庭院观赏树种；是东北地区速生用材、防护林和"四旁"绿化的理想树种之一，也是东北、西北城市中有发展前途的园林树种。国家三级重点保护树种。

15. 油松 *Pinus tabulaeformis* Carr.（图 2-14）

别名：东北黑松　科属：松科 Pinaceae　松属 *Pinus* L.

(1)形态特征

常绿乔木，树冠在壮年期呈塔形或广卵形，老年期呈平顶形。树皮灰褐色，呈不规则鳞片状裂。小枝褐黄色，无毛；冬芽圆柱形，红褐色。叶针形，2 针一束，粗硬，长 10 ~ 15cm；叶鞘宿存。球花单性同株。球果卵圆形，熟时淡褐色；鳞脐凸起有刺。种子卵圆形或长卵圆形，有翅。球花期 4 ~ 5 月，球果翌年 9 ~ 10 月成熟。

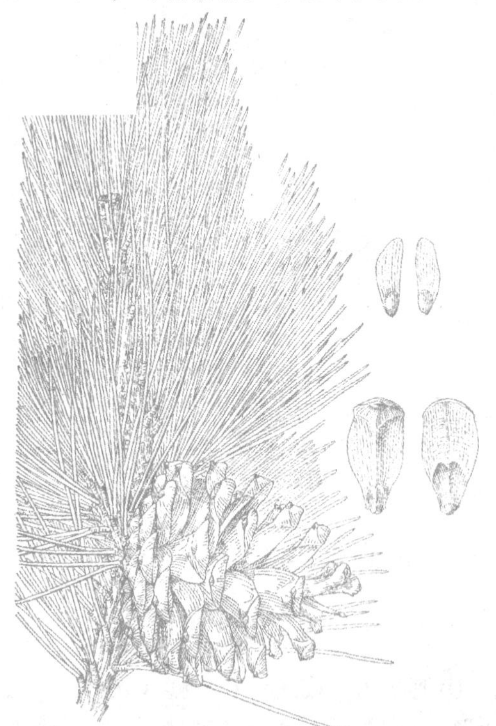

图 2-14　油　松

(2)分布与习性

我国特有树种。分布于辽宁、吉林、内蒙古、河北、河南、山西、陕西、山东、甘肃、宁夏、青海、四川北部。喜光，适于干冷气候，喜深厚肥沃、排水良好的酸性、中性土壤，不耐低洼积水或土质黏重，不耐盐碱；深根性，耐干旱瘠薄；寿命长，可达百年以上。

(3)繁殖方法

播种繁殖。

(4)观赏与应用

油松树干挺拔苍劲，四季常青，不畏风雪严寒，象征坚贞不屈、不畏强暴的气质，是园林绿化中的优良观赏树种，也是具有传统种植文化的园景树种。在园林中宜作孤植、丛植、群植、混植。

16. 黑松 *Pinus thunbergii* Parl.（图2-15）

别名：日本黑松、白芽松　科属：松科 Pinaceae　松属 *Pinus* L.

（1）形态特征

常绿乔木，幼树冠狭圆锥形，老时呈伞形。树皮黑灰色，鳞片状剥裂。小枝淡黄褐色，无毛；冬芽圆柱形，银白色。叶针形，2针一束，粗硬，长6～12cm；叶鞘宿存。球花单性同株。球果圆锥状卵形至圆卵形，有短柄，熟时褐色；鳞脐凹下，有短尖刺。种子倒卵形，有长翅。球花期4～5月，球果翌年9～10月成熟。

（2）分布与习性

原产于日本及朝鲜，我国山东沿海、辽东半岛、江苏、浙江、安徽、福建、台湾等地均有栽培。喜光，喜温暖湿润的海洋性气候；对土壤适应性较强，耐干旱瘠薄及盐碱，不耐积水；极耐海潮风、海雾，深根性；对二氧化硫和氯气抗性强。

（3）繁殖方法

播种繁殖。

（4）观赏与应用

黑松是著名的海岸绿化树种，可作防风、防潮、防沙林带及海滨浴场附近的风景林、行道树或庭荫树。姿态古雅，易盘扎造型，为制作树桩盆景的好材料。也可用于厂矿区绿化。

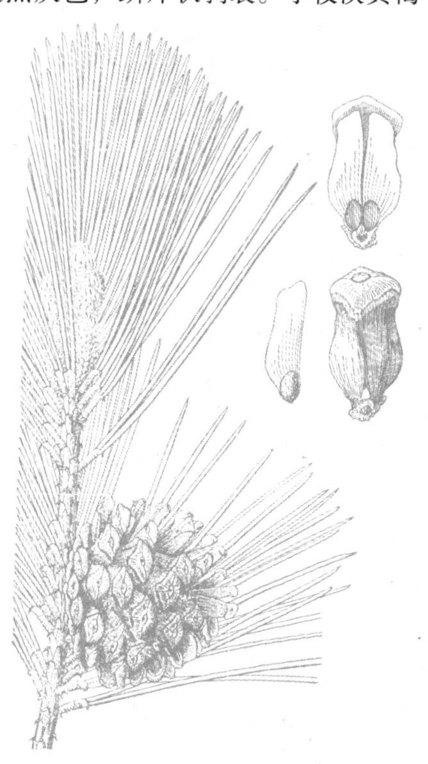

图2-15　黑　松

17. 日本五针松 *Pinus parviflora* Sieb. et Zucc.

别名：日本五须松　科属：松科 Pinaceae　松属 *Pinus* L.

（1）形态特征

常绿乔木，树冠圆锥形。树皮褐灰色，不规则鳞片状脱落。小枝黄褐色，密生淡黄色柔毛；冬芽卵圆形，黄褐色。叶针形，5针一束，微弯曲，细而短，长3～6cm；叶鞘早落。球花单性同株。球果卵圆形或卵状椭圆形，熟时淡褐色；鳞脐凹下。种子倒卵形，具黑色斑纹，有翅。球花期4～5月，球果翌年6月成熟。

（2）分布与习性

原产于日本，我国长江流域部分城市及青岛等地有栽培。喜光，耐阴，以深厚湿润、排水良好的微酸性土壤最适宜，不耐湿及高温，生长缓慢。

（3）繁殖方法

嫁接繁殖。

（4）观赏与应用

日本五针松树姿优美，树体较小，枝叶短小密集，四季常青、古雅美观，是珍贵的园林观赏树种之一，宜与山石配置形成优美的园景，也可作为盆景树。

18. 云南松 ***Pinus yunnansis*** **Franch.**（图 **2-16**）

别名：飞松、长毛松　科属：松科 Pinaceae　松属 *Pinus* L.

（1）形态特征

常绿乔木，树冠圆锥形。树皮褐灰色，深纵裂，呈不规则的厚鳞片状。小枝淡红褐色，粗壮；冬芽圆锥状卵形，红褐色。叶针形，常 3 针一束，稀 2 针一束，柔软而略下垂；叶鞘宿存。球花单性同株。球果圆锥状卵形，有短柄，较小，熟时褐色或栗褐色，种子卵圆形或倒卵形。球花期 4～5 月，球果翌年 10 月成熟。

（2）分布与习性

产于我国西南地区，四川、贵州、广西、云南、西藏等地均有分布。强喜光性，能耐冬春干旱气候，对土壤要求不严，耐干旱瘠薄，不耐水涝和盐碱土，生长快。

（3）繁殖方法

播种繁殖。

（4）观赏与应用

云南松宜于云贵高原风景区、公园和庭院中观赏，也是西南高原主要造林先锋树种和绿化树种。

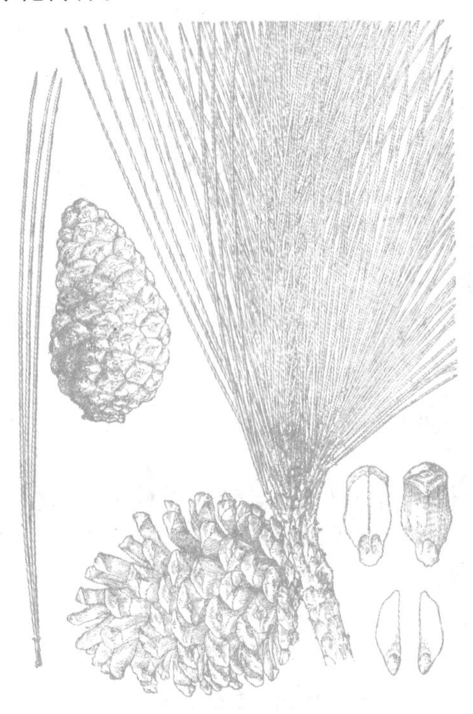

图 2-16　云南松

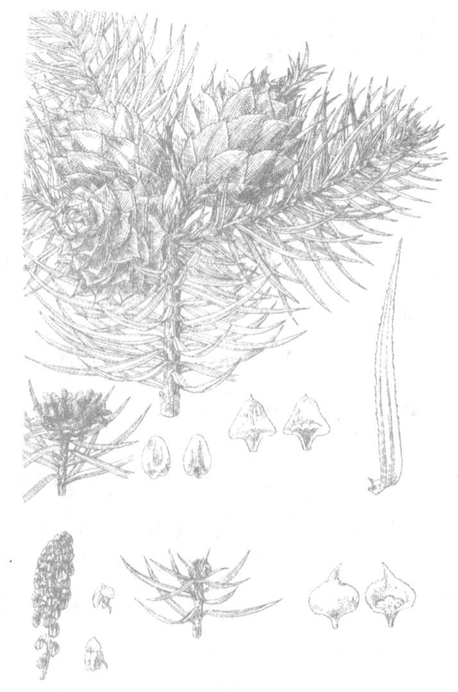

图 2-17　杉　木

19. 杉木 ***Cunninghamia lanceolata*** **(Lamb.) Hook.**（图 **2-17**）

科属：杉科 Taxodiaceae　杉木属 *Cunninghamia* R. Br.

（1）形态特征

常绿乔木，树冠圆锥形。树皮灰褐色，长条片状剥落，内皮淡红色。大枝平展，小枝近轮生。叶线状披针形，硬革质，边缘具细锯齿，螺旋状着生，在侧枝上常扭成二列状。球花单性同株。球果苞鳞大，果鳞小而膜质。种子长卵形或长圆形，暗褐色。球花期4月，球果10月成熟。

(2)常见变种、品种

①'灰叶'杉木'Glauca' 枝叶蓝绿色，叶色较原种深，两面被白粉明显，无光泽，叶长而软。

②'黄枝'杉木'Lanceolata' 嫩枝及新叶均为黄绿色，有光泽，无白粉，叶坚硬。

③'软叶'杉木'Mollifolia' 叶薄而柔软，先端钝，枝条下垂。

④ 台湾杉木 var. *konidhii* (Hayata) Fujita 叶、球果均较原种小；叶两面均有白色气孔带。产于我国台湾，为当地主要用材树种之一。

(3)分布与习性

产于我国淮河、秦岭以南，东起沿海，西至四川大渡河流域，南至两广中部。幼苗要遮阴，大树喜光；喜温暖湿润，不耐寒，喜多雨、风小、雾大气候；以深厚肥沃、疏松湿润的酸性黄壤生长最好。

(4)繁殖方法

播种繁殖，也可扦插、嫁接繁殖。

(5)观赏与应用

杉木树形整齐，树干端直，可在开阔地域内群植或与其他树种混植；或作回车道与花坛的中心树；最适于园林中群植成林，丛植或列植于路旁。亦为南方优良的造林用材树种。

20. 柳杉 *Cryptomeria fortunei* Hooibrenk ex Otto et Dietr.(图2-18)

别名：孔雀杉 科属：杉科 Taxodiaceae 柳杉属 *Cryptomeria* D. Don.

(1)形态特征

常绿乔木，树冠卵状圆锥形。大枝近轮生，小枝细长，常下垂，绿色。螺旋状排列成近5行，叶钻形，两侧扁，先端尖而微向内弯曲，全缘，螺旋状排列。球花单性同株。球果近圆球形，发育种鳞具2粒种子。种子近椭圆形，褐色，周围有窄翅。球花期4月，球果10月成熟。

(2)分布与习性

我国特有树种。分布于长江流域以南，江苏、浙江、安徽、河南、湖北、湖南、四川、云南、贵州、广东、广西、陕西、山西、山东等地。较喜光，略耐阴，喜温暖湿润、空气湿度大、夏季凉爽的气候；在土层深厚湿润、透水性好、结构疏松的酸性土壤上生长良好；浅根性，对二氧化硫、氯气、氟化氢均有一定抗性。

图2-18 柳 杉

(3)繁殖方法

播种、扦插繁殖。

(4)观赏与应用

柳杉树形圆整高大，树干粗壮，极为雄伟。适于孤植、对植、列植，也可丛植或群植，适于广场、学校、休闲旅游区、滨水区、山地风景区、旅游景区、自然保护区等栽植，也常应用于寺庙、墓道作观赏树，不少庙宇中有树龄较大的柳杉。

21. 北美红杉 *Sequoia sempervirens*（Lamb.）Endl.（图 2-19）

别名：长叶世界爷、红杉、红木杉　科属：杉科 Taxodiaceae　北美红杉属 *Sequoia* Endl.

图 2-19　北美红杉

(1)形态特征

常绿大乔木，树冠圆锥形。树皮赤褐色。大枝平展；冬芽尖。叶二型，主枝叶鳞形；侧枝叶线形，基部扭成二列，无柄，上面深绿色，背面具2 条粉白色气孔带，中脉明显。球花单性同株。球果卵圆形，淡红褐色。种子淡褐色，两侧有翅。球花期11 月至翌年3 月，球果9 月至翌年1 月成熟。

(2)分布与习性

原产于美国加利福尼亚州海岸，我国上海、南京、杭州有引种栽培。喜温暖湿润和阳光充足的环境，不耐寒，耐半荫，不耐干旱，耐水湿，喜深厚肥沃、排水良好的壤土。

(3)繁殖方法

播种、扦插或分株繁殖。

(4)观赏与应用

北美红杉树体高大，树干端直，树姿雄伟，枝叶密生，生长迅速，是世界著名观赏树种之一，适用于湖畔、水边、草坪中孤植或群植，景观秀丽，也可沿园路两边列植，气势非凡。

22. 侧柏 *Platycladus orientalis*（L.）Franco（图 2-20）

别名：扁柏、黄柏、香柏　科属：柏科 Cupressaceae　侧柏属 *Platycladus* Spach

(1)形态特征

常绿乔木，幼树树冠尖塔形，老树广卵形。树皮淡灰褐色，细条状纵裂。小枝扁平，两面同型。叶鳞形，先端微钝，背面有腺点，交互对生。球花单性同株。球果卵圆形，熟时褐色，开裂；种鳞木质，背部近顶端有一反曲的钩状尖头，中部发育种鳞有种子 1 ~2 粒。种子长卵圆形，无翅。球花期3 ~4 月，球果 9 ~10 月成熟。

(2)常见品种

①‘千头’柏(‘子孙’柏、‘扫帚’柏)‘Sieboldii’　丛生灌木，无明显主干，高 3 ~

5m，枝密生，直伸，树冠呈紧密的卵圆形或球形。叶绿色。

②‘金塔’柏(‘金枝’侧柏)‘Beverleyensis’ 小乔木，树冠窄塔形，叶金黄色。

③‘洒金千头’柏(‘金枝千头’柏)‘Aurea’ 矮生密丛，树冠圆形至卵形，高1.5m。叶淡黄绿色，入冬略转褐绿色。

④‘金黄球’柏(‘金叶千头’柏)‘Semperaurescens’ 矮形紧密灌木，高达3m，树冠近球形。叶全年金黄色。

⑤‘窄冠’侧柏‘Zhaiguancebai’ 树冠窄，枝向上伸展或微向上伸展。叶光绿色。生长旺盛。

(3)分布与习性

原产于华北、东北，全国各地均有栽培。喜光，喜温暖湿润气候及深厚肥沃、湿润、排水良好的钙质土壤，抗盐性强；浅根性，侧根发达，萌芽性强，耐修剪；生长偏慢，寿命极长，可达2000年以上。对二氧化硫、氯化氢等有害气体有一定的抗性。

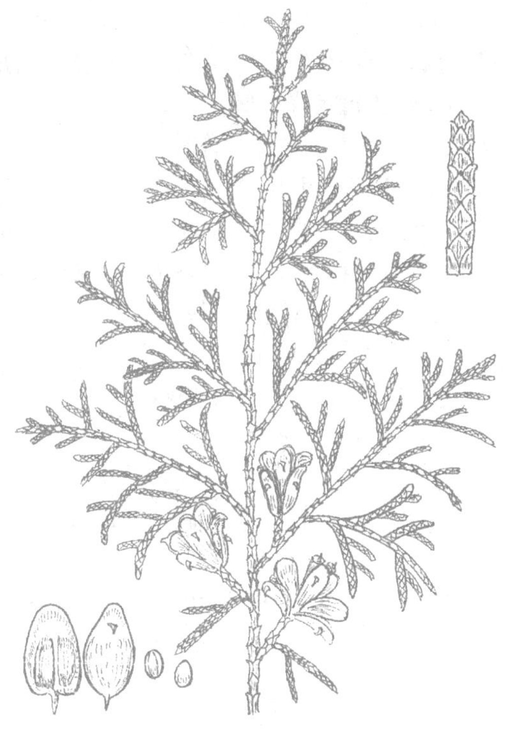

图2-20 侧 柏

(4)繁殖方法

播种繁殖，也可扦插或嫁接繁殖。

(5)观赏与应用

侧柏是我国广泛应用的园林树种之一，自古以来多栽于寺庙、陵墓地和庭园。在园林中常成片种植，以与圆柏、油松、黄栌、臭椿等混交为佳。在风景区和园林绿化中要求艺术效果较高时，可与圆柏混交，能形成较统一而有如纯林又优于纯林的效果。可用于道旁庇荫或作绿篱，亦可栽于工厂和用作“四旁”绿化。品种常用作花坛中心栽植，装饰建筑、雕塑、假山石及对植入口两侧。

图2-21 柏 木

23. 柏木 *Cupressus funebris* Endl.(图2-21)

别名：垂丝柏、柏树 科属：柏科 Cupressaceae 柏木属 *Cupressus* L.

(1)形态特征

常绿乔木，树冠狭圆锥形。树皮淡褐灰

色，窄长条片状裂。小枝扁平，细长下垂，两面同型。叶鳞形，先端锐尖，叶背中部有纵腺点，交互对生。雌球花由4对珠鳞组成。球果近球形，熟时开裂；种鳞木质，顶端为不规则五角状或方形，发育种鳞具种子5～6粒。种子近圆形，有光泽，两侧有窄翅。球花期3～5月，球果翌年5～6月成熟。

(2)分布与习性

产于长江流域以南温暖多雨地区。喜光，稍耐阴；喜温暖湿润气候及深厚肥沃的钙质土壤，不耐寒，耐干旱瘠薄，略耐水湿，是亚热带地区石灰岩山地钙质土的指示树种；浅根性，萌芽力强，耐修剪，寿命长，抗有毒气体能力强。

(3)繁殖方法

播种繁殖，也可扦插繁殖。

(4)观赏与应用

柏木树冠整齐，枝叶浓密，树姿优美，枝叶下垂，秀丽清雅，可孤植、丛植、群植，尤适于在风景区及陵园成片栽植。也可对植、列植于园路两侧，庭园入口之侧。

24. 日本扁柏 *Chamaecyparis obtuse* (Sieb. et Zucc.) Endl.（图2-22）

别名：扁柏、白柏、钝叶扁柏　科属：柏科 Cupressaceae　扁柏属 *Chamaecyparis* Spach

图2-22　日本扁柏

(1)形态特征

常绿乔木，树冠尖塔形。树皮红褐色，狭条片状裂。小枝扁平，细长下垂。叶鳞形，先端钝，肥厚，紧贴小枝，背面具白色气孔线，微被白粉，中央鳞叶短于侧生鳞叶，交互对生。球花单性同株，球果球形，红褐色；种鳞4对，顶部五边形或四方形，中间具一小尖头。种子近圆形，两侧具窄翅。球花期4月，球果翌年10～11月成熟。

(2)常见品种

①'云片'柏'Breviramea'　小乔木或灌木。生鳞叶小枝薄片状，有规则地紧密排列，侧生薄片小枝盖住顶生片状小枝，如层层云状。南京、上海、庐山、杭州等地有引种。

②'洒金云片'柏'Breviramea Aurea'　与云片柏相似，顶端鳞叶金黄色。杭州有栽培。

③'金冠云片'柏'Golden Crape'　灌木或小乔木。主干细直，枝叶具特殊香味。叶鳞片状，黄绿色，具2条白色气孔带。黄河以南地区可室内栽培。

④'孔雀'柏'Tetragona'　灌木或小乔木。枝条短而密集，辐射状排列宛如孔雀之

尾。叶翠绿，密集生于小枝周围，外观如孔雀羽毛。生长较慢。杭州、上海等地有引种。

(3)分布与习性

原产于日本中部、南部，我国广州、青岛、南京、上海、庐山、河南、杭州等地均有引种栽培。较耐阴，喜温暖湿润的气候，能耐低温，喜肥沃、排水良好的土壤。

(4)繁殖方法

播种繁殖，也可扦插繁殖。

(5)观赏与应用

日本扁柏树冠丰满，树姿优美，枝条下垂，枝叶秀丽，与日本花柏、罗汉柏、日本金松同为日本珍贵名木。可作园景树、行道树、树丛、绿篱、基础种植材料及风景林用。

25. 日本花柏 *Chamaecyparis pisifera*（Sieb. et Zucc.）Endl.（图2-23）

别名：花柏、五彩柏　科属：柏科 Cupressaceae　扁柏属 *Chamaecyparis* Spach

(1)形态特征

常绿乔木，树冠尖塔形。树皮深灰色或红褐色，狭薄条片状裂。大枝在基部平展，上部逐渐斜上；小枝扁平，平展而略下垂。叶二型：刺叶通常3叶轮生，排列疏松；鳞叶交互对生或3叶轮生，中央鳞叶短于侧生鳞叶，排列紧密。球花单性同株。球果球形，暗褐色；种鳞5~6对，顶部的中央微凹，内有突起的小尖头；发育种鳞具种子1~2粒。种子三角状卵形，两侧具宽翅。球花期7~8月，球果翌年10~11月成熟。

(2)常见品种

①‘线柏’‘Fillfera’　灌木或小乔木、树冠开展，大枝斜展，枝叶浓密，小枝细长下垂。叶条形，柔软如线。华北多盆栽，江南室外栽培。

②‘金线’柏‘Fillfera Aurea’　似‘线柏’，叶金黄色。

③‘金晶’柏‘Golden Spangle’　树冠尖塔形，紧密。小枝短而弯曲，呈线状。叶金黄色。

④‘绒柏’‘Squarrosa’　灌木或小乔木，树冠塔形。小枝非扁平，不规则着生，呈羽状。叶条状刺形，柔软，3~4枚轮生，下面具2条白色气孔线。原产于日本，观赏价值很高，我国黄山、南京、杭州、长沙等地有引种栽培。

图2-23　日本花柏

⑤‘羽叶’花柏(‘凤尾’柏)‘Plumosa’　灌木或小乔木，树冠圆锥形。枝叶紧密。鳞叶或刺状，质软，开展成羽毛状。长江以南常栽植于庭园。

(3)分布与习性

原产于日本，我国长江流域各城市有栽培。喜温暖湿润的气候，耐寒性不强；喜湿润肥沃的沙壤土，不耐干旱；浅根性，耐修剪。

(4)繁殖方法

原种播种或扦插繁殖。品种扦插、压条或嫁接繁殖。

(5)观赏与应用

日本花柏树冠塔形，小枝扁平，可用作基础种植或营造风景林，常配置于假山、岩石旁、花坛或花境等处，景观效果良好。

26. 圆柏 *Sabina chinensis* (L.) Ant.(图2-24)

别名：桧柏、刺柏　科属：柏科 Cupressaceae　圆柏属 *Sabina* Mill.

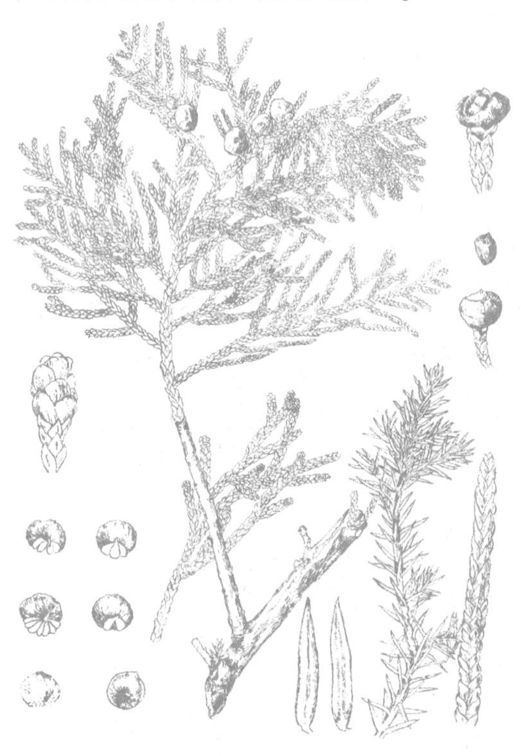

图2-24　圆　柏

(1)形态特征

常绿乔木，树冠尖塔形或圆锥形，老树则成广圆形、圆球形或钟形。树皮灰褐色，长条片状裂，有时呈扭转状。叶二型：幼树全为刺形叶，3枚轮生，上面微凹，有两条白粉带；老树全为鳞形叶，交互对生；壮龄树则刺形与鳞形叶并存。球花单性异株，稀同株。球果肉质浆果状，近球形，熟时暗褐色，被白粉，不开裂，内有种子1~4粒。种子卵圆形，先端钝，无翅。球花期4月，球果翌年10~11月成熟。

(2)常见变种、品种

① 垂枝圆柏 f. *pendula* (Franch.) Cheng et W. T. Wang.　野生变型，枝长，小枝下垂。

② 偃柏 var. *sargentii* (Henry) Cheng et L. K. Fu　匍匐灌木，树高0.6~0.8m。小枝上伸，密丛状。老树多鳞形叶，幼树刺形叶，交叉对生，排列紧密。球果带蓝色，被白粉，内具种子3粒。

③'龙柏''Kaizuka'　树冠柱状塔形。侧枝短而环抱主干，端梢扭曲斜上展，形似龙"抱柱"；小枝密。全为鳞形叶，密生，幼叶淡黄绿，后呈翠绿色。球果蓝黑色，微被白粉。

④'金叶'桧'Aurea'　树冠圆锥状，高达3~5m，枝上伸。有刺叶和鳞叶，鳞叶初为深金黄色，后渐变为绿色。

⑤'金球'桧'Aureoglobosa'　丛生灌木，树冠近球形，枝密生。叶多为鳞形叶，绿叶丛中杂有金黄色枝叶。

⑥'球桧''Globosa'　丛生灌木，树冠近球形，枝密生。叶多为鳞形叶，间有刺叶。

⑦'匍地龙'柏'Kaizuca procumbens'　植株匍地生长，以鳞叶为主。

⑧‘鹿角’桧‘Pfitzeriana’ 从生灌木，大枝自地面向上斜展，小枝端下垂。通常全为鳞叶，灰绿色。

⑨‘塔柏’‘Pyramidalis’ 树冠圆柱状或圆柱状尖塔形。枝密生，向上直展。叶多为刺形，稀间有鳞叶。

(3)分布与习性

原产于我国东北南部及华北等地，全国各地均有分布。喜光，幼树耐阴，喜温凉气候，较耐寒，以深厚肥沃、排水良好的中性土壤生长最佳；耐干旱瘠薄，深根性，耐修剪，易整形，寿命长；对二氧化硫、氯气和氟化氢等多种有毒气体抗性强，阻尘和隔音效果良好。

(4)繁殖方法

播种繁殖，也可扦插繁殖。

(5)观赏与应用

圆柏树形优美，青年期呈整齐的圆锥形，老年则干枝扭曲，奇姿古态，可独成一景。多配置于庙宇、陵墓作甬道树和纪念树。宜与宫殿式建筑相配合，能起到相互呼应的效果。可群植、丛植，作绿篱或用于工矿区绿化。应用时应注意勿在苹果及梨园附近栽植，以免锈病猖獗。品种、变种，根据树形，可对植、列植、中心植，或作盆景、桩景等用。

27. 砂地柏 *Sabina vulgaris* Ant.（图2-25）

别名：叉子圆柏、新疆圆柏、爬柏 科属：柏科 Cupressaceae 圆柏属 *Sabina* Mill.

(1)形态特征

常绿匍匐灌木。主干匍地平卧，顶端向上斜展；小枝稠密，近圆形。叶二型：幼树为刺形叶，常交互对生或兼有3枚轮生；老树为鳞形叶，背面中部有明显腺体，交互对生；成年树刺形叶和鳞形叶并存。球花单性，多异株。球果倒卵圆形，熟时蓝黑色，被白粉，有种子1～5粒。球花期4～5月，球果7～8月成熟。

(2)分布与习性

分布于新疆、内蒙古、宁夏、青海、甘肃及陕西等地，北京、沈阳、西安等地均有栽培。喜光，喜凉爽干燥的气候，耐寒，耐干旱瘠薄，对土壤要求不严，不耐涝，在肥沃透气土壤成长较快。

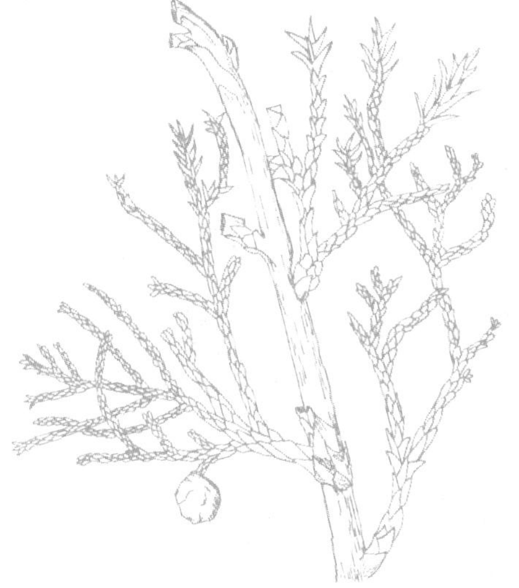

图2-25 砂地柏

(3)繁殖方法

播种繁殖，也可扦插繁殖。

(4)观赏与应用

砂地柏树体低矮、冠形奇特，地上部匍匐生长，枝叶稠密，可在园林绿化中作地被、篱笆，也可群植、丛植，也是良好的护坡、防风固沙、净化空气的环保树种。

28. 铺地柏 *Sabina procumbens*（Sieb. ex Endl.）Iwata et kusaka

别名：匍地柏、偃柏、矮侩　科属：柏科 Cupressaceae　圆柏属 *Sabina* Mill.

(1)形态特征

常绿匍匐小灌木。枝条沿地面伏生，枝稍向上斜展。叶均为刺形叶，3 叶交互轮生，先端尖锐，2 条白色气孔带在上面汇合，下面蓝绿色，中脉明显。球花单性，多异株。球果圆形，被白粉，成熟时黑色；种子 2 ~ 3 粒。球花期 4 月，球果翌年 10 月成熟。

(2)分布与习性

原产于日本，我国黄河流域至长江流域广泛栽培。喜生于湿润肥沃排水良好的钙质土壤，耐寒，耐旱，抗盐碱。浅根性，萌芽性强，寿命长。抗烟尘、二氧化硫、氯化氢等有害气体。

(3)繁殖方法

播种繁殖，也可扦插、压条或嫁接繁殖。

(4)观赏与应用

铺地柏匍匐枝悬垂倒挂，古雅别致，在园林中可配置于岩石园或草坪角隅，也是缓土坡的良好地被植物，是制作悬崖式盆景的良好材料。

29. 北美圆柏 *Sabina virginiana*（L.）Ant.（图 2-26）

别名：铅笔柏、北美圆桧　科属：柏科 Cupressaceae　圆柏属 *Sabina* Mill.

(1)形态特征

常绿乔木，树冠柱状圆锥形。树皮红褐色，长条片状脱落。枝条直立或向外伸展，生鳞叶的小枝细，四棱形。叶二型：鳞叶交互对生，先端急尖或渐尖，背面中下部有卵形下凹腺体；刺叶交互对生，先端有角质尖头，上面凹，被白粉。球花单性异株。球果近圆球形或卵圆形，蓝绿色，被白粉，有种子 1 ~ 2 粒。球花期 3 月，球果 10 ~ 11 月成熟。

图 2-26　北美圆柏

(2)分布与习性

原产于美国东部、加拿大东部，为北美分布最广的针叶树种，我国华东地区有栽培。喜光树种，适应性强，喜生于沙壤土；抗污染，耐干旱，又耐低湿，耐盐碱。

(3)繁殖方法

播种繁殖，也可扦插或嫁接繁殖。

(4)观赏与应用

北美圆柏树冠圆柱形，形似铅笔，树姿优美，枝叶清秀，四季葱郁，是值得推广的优良园林绿化树种，适宜栽植于庭园、草坪，或植于庙宇、陵墓作墓道树或柏林。

30. 杜松 ***Juniperus rigida* Sieb. et Zucc.**（图 **2-27**）

别名：崩松、棒儿松　科属：柏科 Cupressaceae　刺柏属 *Juniperus* L.

（1）形态特征

常绿灌木或小乔木，树冠塔形或圆柱形。枝皮褐灰色，纵裂。小枝下垂，幼枝三棱形，无毛。刺形叶 3 枚轮生，先端锐尖，上面有深槽，槽内有一条白色气孔带，下面有明显纵脊。球花单性异株。球果肉质浆果状，圆球形，熟时淡褐黑色或蓝黑色，常被白粉。种子 2 ~ 4 粒，近卵圆形，顶端尖，有 4 条钝棱脊。球花期 5 月，球果翌年 10 月成熟。

（2）分布与习性

产于东北、华北各地，西至陕西、甘肃、宁夏等地。喜光，耐干旱寒冷气候及干燥山地，生长较慢；对土壤要求不严，常生于石灰岩山地或黄土上。

（3）繁殖方法

播种繁殖，也可扦插繁殖。

（4）观赏与应用

杜松树态优美，小枝下垂，枝叶浓密，在北方园林中常植为绿篱、庭园树、行道树或陵墓景观林。亦是海岸抗风树种。

图 2-27　杜　松

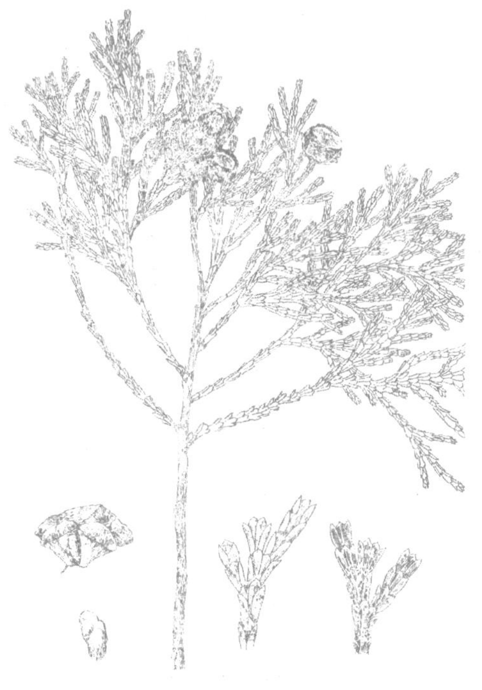

图 2-28　福建柏

31. 福建柏 ***Fokienia hodginsii*（Dunn.）Henry et Thomas**（图 **2-28**）

别名：建柏、广柏、滇福建柏　科属：柏科 Cupressaceae　福建柏属 *Fokienia* Henry et Thomas

（1）形态特征

常绿乔木，树冠窄卵形。树皮紫褐色，平滑。小枝扁平，平展，三出羽状分枝；

2～3年生小枝褐色，圆柱形。鳞形叶交叉对生，成节状；侧生鳞叶对折，较中央鳞叶长，背有棱脊，背侧面具一凹陷的白色气孔带；成年树上的鳞叶较小，先端稍内曲。球果近球形，熟时褐色；种鳞顶部多角形，中间有一小尖头突起。种子顶端尖，上部具翅。球花期3～4月，种子翌年10～11月成熟。

(2)分布与习性

分布于福建、江西、浙江和湖南南部、广东和广西北部、四川和贵州东南部等地，越南北部亦有分布。喜光，幼树较耐阴，喜深厚肥沃、排水良好的土壤。

(3)繁殖方法

播种繁殖，也可扦插、嫁接(以侧柏为砧)繁殖。

(4)观赏与应用

福建柏树形优美，树干挺拔，大枝平展，是优良的庭院绿化观赏树种，适宜于片植、混植或孤植于园林一角、草坪，列植于道路两侧、大型建筑物或古典建筑前。

32. 翠柏 *Calocedrus macrolepis* Kurz.（图2-29）

别名：香翠柏、长柄翠柏　科属：柏科 Cupressaceae　翠柏属 *Calocedrus*

(1)形态特征

常绿乔木，幼树树冠尖塔形，老树则呈广圆形。树皮红褐色或灰褐色，幼时平滑、老则纵裂。大枝斜展，小枝扁平，互生。鳞叶先2对交叉对生，后4叶轮生，中央鳞叶扁平，两侧鳞叶对折，瓦覆着中央鳞叶的侧边及下部。球果矩圆形或长卵状圆柱形，熟时红褐色；种鳞3对，木质，扁平。种子近卵圆形，暗褐色，上部有膜质翅。球花期3～4月，球果10月成熟。

图2-29　翠　柏

(2)分布与习性

分布于云南中部、贵州西部、四川安宁河流域及会理等地，越南、缅甸也有分布。喜光，幼树耐半荫；喜温暖湿润气候，适生于土层深厚、排水良好的酸性或中性土壤中。

(3)繁殖方法

嫁接(以圆柏、侧柏实生苗为砧)繁殖，也可播种、扦插或压条繁殖。

(4)观赏与应用

翠柏树态优美，枝叶浓密，适宜栽植于风景名胜区、公园和庭园，也可丛植、列植或群植于大型建筑物前、道路两旁及草坪中；昆明等地春节多瓶插或作盆景供室内观赏。

33. 罗汉松 *Podocarpus macrophyllus*(Thunb.)D. Don.(图 2-30)

别名：土杉、罗汉衫 科属：罗汉松科 Podocarpaceae 罗汉松属 *Podocarpus* L. Her. ex Pers.

(1)形态特征

常绿乔木，树冠广卵形。树皮灰色或灰褐色，薄片状脱落。叶条状披针形，螺旋状排列，先端尖，基部楔形，两面中脉明显，上面暗绿色，有光泽，下面淡绿或粉绿色。球花单性异株，雌球花单生于叶腋，有梗。种子卵圆形，熟时紫色，被白粉，着生于膨大肉质的种托上；种托短柱状，红色或紫红色，有柄。球花期 4 ~5 月，种子 8 ~10 月成熟。

图 2-30 罗汉松

(2)常见变种

① 短叶罗汉松 var. *maki*(Sieb.)Endl. 小乔木或成灌木状，枝条向上斜展。叶短而密生，长2.5 ~7cm，宽3 ~7mm，先端钝或圆。

② 狭叶罗汉松 var. *angustifolius* Bl. 灌木或小乔木。叶较窄，长5 ~9cm，宽3 ~6mm，先端渐窄成长尖头，基部楔形。

(3)分布与习性

产于长江流域以南，西至四川、云南，长江以南各地均有栽培。半阴性树种，较耐阴；喜温暖湿润气候及肥沃湿润、排水良好的沙质壤土，耐寒性较差；萌芽力强，耐修剪，对有毒气体及病虫害均有较强的抗性。

(4)繁殖方法

播种繁殖，也可扦插繁殖。

(5)观赏与应用

罗汉松树姿秀丽葱郁，绿白色的种子衬以肉质红色种托，好似披着红色袈裟正在打坐参禅的罗汉，故而得名‘罗汉松’。可孤植于庭园，对植、列植于建筑物前，亦可作盆景观赏，适于工矿及海岸绿化。

34. 竹柏 *Podocarpus nagi*(Thunb.) Zoll. et Mor. ex Zoll.(图 2-31)

别名：椰树、山杉、猪肝树 科属：罗汉松科 Podocarpaceae 罗汉松属 *Podocarpus* L. Her. ex Pers.

(1)形态特征

常绿乔木，树冠广圆锥形。树皮红褐色或暗紫红色，近平滑或小块薄片脱落。叶卵形至椭圆状披针形，对生或近对生，排成二列，厚革质，具多数平行细脉，无主脉。球花单性异株，雌球花单生于叶腋，稀成对腋生，基部有数枚苞片，花后苞片不变为肉质种托。种子球形，熟时假种皮紫黑色，被白粉。球花期3 ~5 月，种子9 ~10 月成熟。

(2)分布与习性

分布于浙江、江西、湖南、四川、台湾、福建、广东、广西等地。喜温热湿润气候，耐阴，喜深厚、疏松湿润的沙壤土或轻黏土，不耐修剪。

(3)繁殖方法

播种繁殖，也可扦插繁殖。

(4)观赏与应用

竹柏树冠浓郁，树形美观，枝叶青翠而有光泽，四季常青，是南方良好的庭荫树和行道树；亦是城乡“四旁”绿化的优秀树种。

图 2-31　竹　柏　　　　图 2-32　红豆杉

35. 红豆杉 *Taxus chinensis* (Pilg.) Rehd.（图 2-32）

别名：观音杉、红果杉　科属：红豆杉科 Taxaceae　红豆杉属 *Taxus* L.

(1)形态特征

常绿乔木，树冠卵形。树皮灰褐色、红褐色或暗褐色，条片状脱落。叶条形，叶缘微反曲，稍弯曲，背面有 2 条与中脉同色的气孔带，螺旋状排列，基部扭转成二列。球花单性异株，胚珠单生于花轴上部侧生短轴的顶端，基部有圆盘状假种皮。种子坚果状，卵圆形，上部较窄，生于杯状红色假种皮内，上部露出，种脐常卵圆形。球花期 6～7 月，种子 10～11 月成熟。

(2)常见变种

南方红豆杉 var. *mairei* (Lemee et Levl.) Cheng et L. K. Fu

与红豆杉的区别：叶较宽长，多呈弯镰状，叶缘不反曲，下面中脉带上无或局部有角质乳头状突起点，背面中脉淡黄绿色或绿色，与气孔带不同色。种子通常较大，微扁，常倒卵圆形，上部较宽，种脐常椭圆形。

(3)分布与习性

我国特产，产于我国西部及中部地区。喜温暖气候，多生于山坡阴湿处，在含石灰的土壤中生长最好。

(4)繁殖方法

播种繁殖，也可用当年生枝扦插繁殖。

(5)观赏与应用

红豆杉树姿优美，枝叶茂密，四季常青，假种皮鲜红色，晶莹夺目，是有价值的观赏树，可孤植或群植，亦用作盆景材料，为优良的园林绿化及用材树种。

36. 东北红豆杉 *Taxus cuspidata* Sieb. et Zucc.（图 2-33）

别名：紫杉、宽叶紫杉　科属：红豆杉科 Taxaceae　红豆杉属 *Taxus* L.

(1)形态特征

常绿乔木，树冠阔卵形或倒卵形。树皮红褐色，有浅裂纹。枝平展或斜展，密生。叶条形，先端常突尖，上面深绿色，有光泽，下面有2条灰绿色气孔带；叶在主枝上呈螺旋状排列，在侧枝上呈不规则的羽状排列。球花单性异株。种子坚果状，卵圆形，紫红色，生于杯状紫红色肉质假种皮内，上部露出。球花期5～6月，种子9～10月成熟。

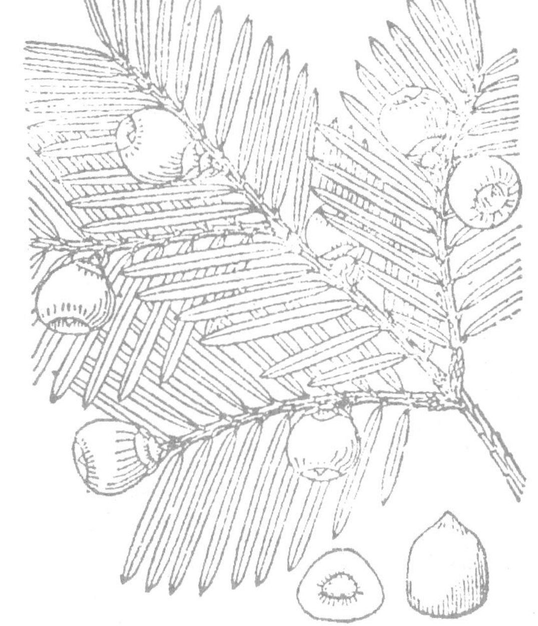

图 2-33　东北红豆杉

(2)分布与习性

分布于黑龙江、吉林和辽宁。耐阴树种，喜肥沃湿润、疏松、排水良好的棕色森林土，在积水地、沼泽地、岩石裸露地生长不良，浅根性，耐寒性强，寿命长。

(3)繁殖方法

播种繁殖，也可扦插繁殖。

(4)观赏与应用

东北红豆杉树形端正优美，枝叶茂密，浓绿如盖，园林中可孤植、群植或列植，也可修剪成各种整形绿篱。该树耐寒又有极强的耐阴性，是高纬度地区园林绿化的良好材料。

2.1.2　落叶树类

37. 银杏 *Ginkgo biloba* L.（图 2-34）

别名：白果树、公孙树　科属：银杏科 Ginkgoaceae　银杏属 *Ginkgo* L.

(1)形态特征

落叶乔木，树冠广卵形，青壮年期圆锥形。树皮灰褐色，深纵裂。大枝斜上伸展，近轮生；有长枝和短枝。叶扇形，上缘浅波状，常二裂，二叉状脉，在长枝上螺旋状散

图2-34 银 杏

生，短枝上簇生。球花单性异株，雄球花柔荑花序状，雌球花有长柄，顶端分两叉，顶生胚珠各一。种子核果状，外种皮肉质，熟时淡黄色或橙黄色，有臭味，被白粉；中种皮骨质白色；内种皮膜质，淡红褐色。球花期4～5月，种子8～10月成熟。

(2)常见变型、品种

① 黄叶银杏 f. *aurea* Beiss. 叶鲜黄色。

② 塔状银杏 f. *fastigiata* Rehd. 大枝的开展度较小，树冠呈尖塔柱形。

③ ‘裂叶’银杏 ‘Laciniata’ 叶形大而缺刻深。

④ ‘垂枝’银杏 ‘Pendula’ 枝下垂。

⑤ 斑叶银杏 f. *variegata* Carr. 叶有黄斑。

(3)分布与习性

银杏是现存种子植物中最古老的种类，被称为活化石。原产我国，浙江天目山有野生，现广泛栽培于辽宁南部至华南，西至西南。喜光，耐寒，耐干旱，不耐水涝。对土壤的适应性强，以深厚湿润、肥沃、排水良好的中性或酸性沙质壤土最为适宜。深根性，寿命长，可达千年以上。对大气污染有一定抗性。

(4)繁殖方法

播种繁殖，也可扦插、嫁接繁殖。

(5)观赏与应用

银杏树姿挺拔雄伟、古朴有致，叶形奇特秀美，树冠浓荫如盖，春叶嫩绿，秋叶金黄，是著名的园林观赏树种。适于作庭荫树、行道树、独赏树，或对植、丛植、混植。老根古干隆肿突起，如钟似乳，适于作桩景。国家二级重点保护树种。

38. 华北落叶松 *Larix principis-rupprechtii* Mayr.（图2-35）

科属：松科 Pinaceae 落叶松属 *Larix* Mill.

(1)形态特征

落叶乔木，树冠圆锥形。树皮暗灰褐色，小块片脱落。大枝平展，有长枝和短枝，1年生枝淡褐黄色或淡褐色，幼时有毛，有白粉。叶窄条形，柔软，扁平，在长枝上螺旋状互生，短枝上簇生。球花单性同株。球果长圆状卵形或卵圆形，熟时淡褐色；苞鳞短，不露出。种子上端有膜质长翅。球花期4～5月，球果9～10月成熟。

(2)分布与习性

我国华北地区特有树种。分布于河北和山西海拔1400～2800m的高山地带；在辽宁、内蒙古、山东、陕西、甘肃、宁夏、新疆等地有栽培。喜光，耐寒，对土壤适应性强，喜深厚湿润、排水良好的酸性或中性土壤，略耐盐碱，有一定的耐湿和耐旱能力。

(3)繁殖方法

播种繁殖，也可嫁接繁殖。

(4)观赏与应用

华北落叶松树冠整齐呈圆锥形，叶轻柔而潇洒，可形成美丽的景观，适合于较高海拔和较高纬度地区的栽植应用。

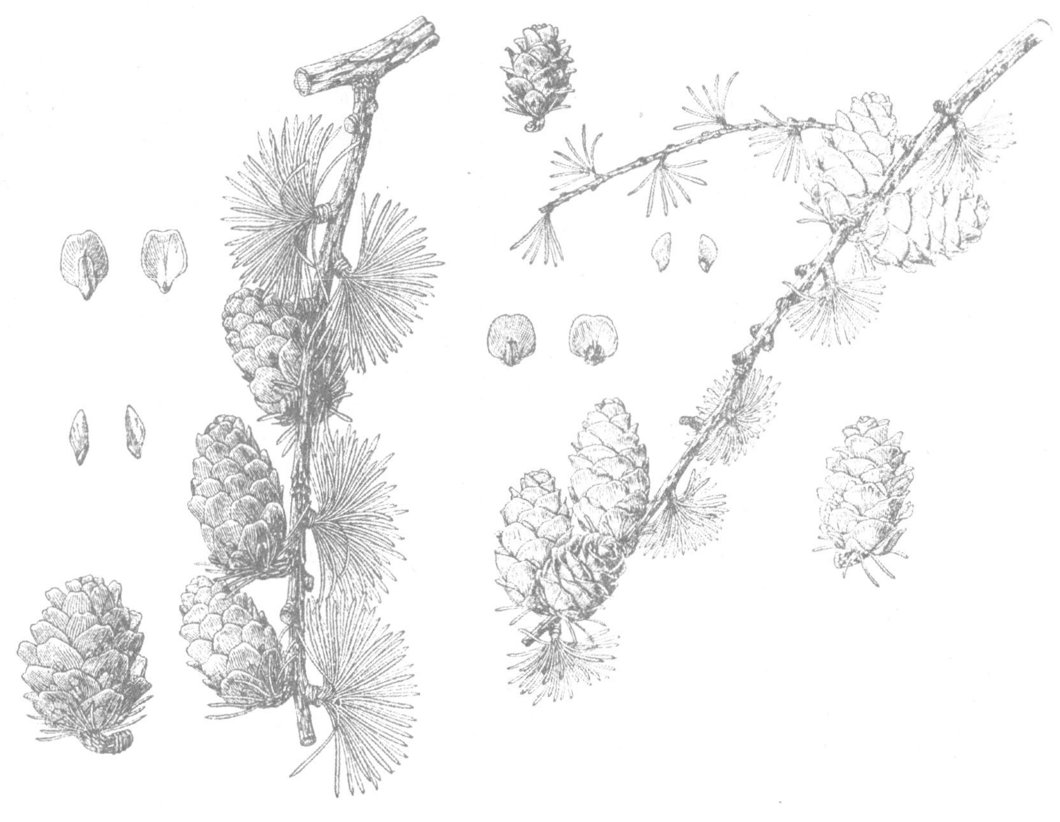

图2-35　华北落叶松　　　　**图2-36　长白落叶松**

39. 长白落叶松 *Larix olgensis* Henry(图2-36)

别名：黄花松、黄花落叶松、朝鲜落叶松　科属：松科 Pinaceae　落叶松属 *Larix* Mill.

(1)形态特征

落叶乔木，树冠塔形。树皮灰色或暗灰色，长鳞片状剥落，内皮绛紫红色。大枝平展，有长枝和短枝，小枝互生。叶倒披针状条形，柔软，扁平，在长枝上螺旋状互生，短枝上簇生。球花单性同株。球果长卵圆形，直立，幼时常紫红色；苞鳞短窄，不露出或微露出。种子具膜质长翅，基底被种翅包裹。球花期5月，球果9～10月成熟。

(2)分布与习性

分布于东北长白山区及老爷岭山区海拔500～1800m的湿润山坡及沼泽地区。喜光，耐寒，耐干旱瘠薄，浅根性，喜冷凉的气候，对土壤的适应性较强，有一定的耐水湿能力。

(3)繁殖方法

播种繁殖，也可嫁接繁殖。

(4)观赏与应用

长白落叶松树形优美，叶柔软，叶色季相分明，为优良的风景区绿化树种，可孤植、丛植、群植于草坪等开阔地带，在高原等地可用作行道树。

40. 金钱松 *Pseudolarix kaempferi* (Lindl.) Gord.(图 2-37)

别名：水树　科属：松科 Pinaceae　金钱松属 *Pseudolarix* Gord.

(1)形态特征

落叶乔木，树冠阔圆锥形。树皮赤褐色，狭长鳞片状剥离。大枝平展，有长枝和短枝，1 年生长枝黄褐或赤褐色；冬芽卵形，锐尖，有树脂。叶条形，柔软，在长枝上螺旋状排列，在短枝上 15～30 枚簇生。球花单性同株。球果卵形或倒卵形，有短柄；苞鳞小，不露出。种子上部有宽大翅。球花期 4～5 月，球果 10～11 月成熟。

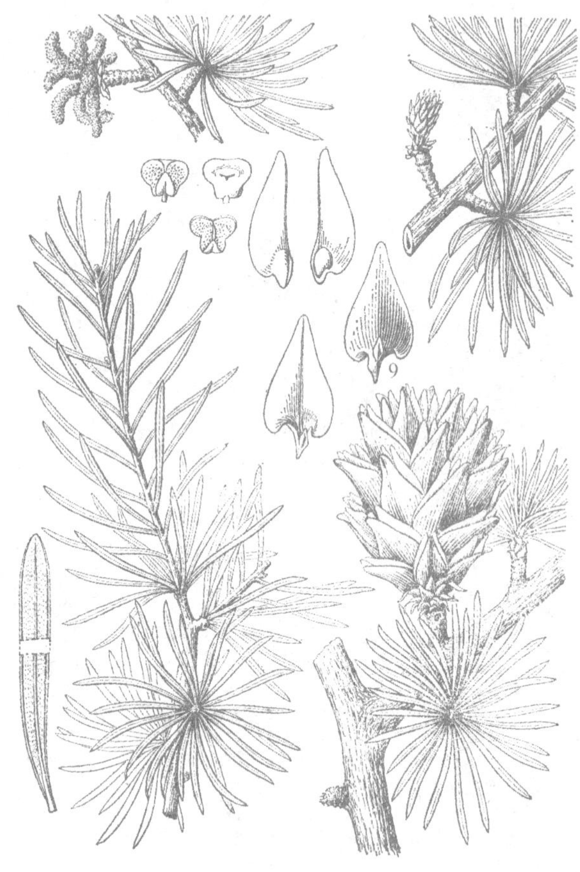

图 2-37　金钱松

(2)分布与习性

我国特产树种，分布于安徽、江苏、浙江、江西、福建、湖南、湖北、四川等地海拔 1500m 以下地带；北京、山东有栽培。喜光，喜温凉湿润气候及深厚肥沃、排水良好的中性或酸性土壤，不耐干旱瘠薄，深根性，耐寒，抗风能力强。

(3)繁殖方法

播种繁殖，也可扦插、嫁接繁殖。

(4)观赏与应用

金钱松是世界五大公园树种之一。树姿优美，新叶翠绿，秋叶金黄，挺拔雄伟，雅致悦目，为珍贵的观赏树，可孤植、丛植和对植。东亚孑遗植物。国家二级保护树种。

41. 落羽杉 *Taxodium distichum* (L.) Rich.(图 2-38)

别名：落羽松　科属：杉科 Taxodiaceae　落羽杉属 *Taxodium* Rich.

(1)形态特征

落叶乔木，树冠幼时圆锥形，老树成伞形。树皮赤褐色，长条状剥落。树干基部膨

大，常具曲膝状的呼吸根。大枝近平展，侧生短枝成二列。叶扁平条形，互生，羽状排列，淡绿色，秋季红褐色，冬季与小枝俱落。球花单性同株。球果圆球形，具短柄，熟时淡褐黄色，被白粉。种子褐色。球花期3～4月，球果10月成熟。

(2)分布与习性

原产于美国东南部，我国长江流域及华南有栽培。喜光，喜温热湿润气候，极耐水湿，能生长于浅沼泽中，亦能生长于排水良好的陆地上，土壤以湿润而富含腐殖质者为最佳。

(3)繁殖方法

播种繁殖，也可扦插繁殖。

(4)观赏与应用

落羽杉树形整齐美观，羽状叶丛秀丽，秋叶红褐色，是世界著名的园林树种。最宜配置于水旁，又有防风护岸之效，是南方平原、水边的优良绿化观赏及用材树种；孑遗树种。

图2-38 落羽杉

42. 墨西哥落羽杉 *Taxodium mucronatum* Tenore(图2-39)

别名：墨西哥落羽松、尖叶落羽松　科属：杉科 Taxodiaceae　落羽杉属 *Taxodium* Rich.

(1)形态特征

半常绿乔木，树冠广圆锥形。树皮黑褐色，长条状脱落。树干基部膨大，常具曲膝状的呼吸根。大枝平展，侧生短枝螺旋状散生，不为二列，翌春脱落。叶扁平条形，互生，紧密排成羽状二列。球花单性同株。球果卵球形。球花期原产地秋季，我国春季；球果原产地翌春成熟。

图2-39 墨西哥落羽杉

(2)分布与习性

原产于墨西哥及美国西南部，生于暖湿的沼泽地，我国南京、上海、武汉等地有栽培。喜光，喜温暖湿润气候，耐水湿，耐寒，对盐碱土适应能力强，生长速度较快。

(3)繁殖方法

播种繁殖，也可扦插繁殖。

(4)观赏与应用

墨西哥落羽杉树形高大挺拔，树姿优美，叶似羽毛状，秋叶古铜色，是观赏价值较高的园林树种。宜作行道树或在水溪湿地片植、散植，也可孤植或丛植，可形成壮丽的秋景。

43. 池杉 *Taxodium ascendens* Brongn.（图2-40）

别名：池柏、沼柏　科属：杉科 Taxodiaceae　落羽杉属 *Taxodium* Rich.

图2-40　池杉

（1）形态特征

落叶乔木，树冠窄尖塔形。树皮褐色，长条片脱落。树干基部膨大，常具曲膝状的呼吸根。当年生小枝绿色，细长，常略下垂，2年生小枝褐红色。叶锥形，略扁，螺旋状互生，紧贴小枝，仅上部稍分离。球花单性同株。球果圆球形或长圆状球形，熟时褐黄色。种子略扁，边缘有锐脊。球花期3～4月，球果10～11月成熟。

（2）分布与习性

原产于北美东南部地区，我国江苏、浙江、湖北、河南、安徽、江西、湖南、广东、广西等地有栽培。极喜光，喜温暖湿润的气候，耐寒性差；喜深厚肥沃、湿润的酸性或微酸性土壤；耐水湿，不耐盐碱土；抗风力强，生长快。

（3）繁殖方法

播种繁殖，也可扦插繁殖。

（4）观赏与应用

池杉树形优美，枝叶秀丽婆娑，秋叶棕褐色，是观赏价值较高的园林树种，特别适于水滨湿地成片栽植、孤植或丛植。

44. ‘中山’杉 *Taxodium distichum* × *Taxodium mucronatum* ‘Zhongshansha’

科属：杉科 Taxodiaceae　落羽杉属 *Taxodium* Rich.

（1）形态特征

半常绿乔木，树冠圆锥形或伞状卵形。主干通直，在树干中、上部分叉，形成扫帚状，基部有板根。树皮黑褐色，长条状脱落。叶条形，螺旋状散生，不成二列。球果卵球形。

（2）分布与习性

产于江苏大丰杉树基地和湖北杉木研究所。耐盐碱，耐水湿，抗风性强，病虫害少，生长速度快。

（3）繁殖方法

扦插繁殖。

（4）观赏与应用

‘中山’杉树干挺直，树形美观，是落羽杉与池杉的杂交种，是农田林网、滩涂造林的优良树种，也是园林绿化、水源涵养、水土保持、绿色景观通道、生态建设等方面有广阔发展前景的树种。

45. 水杉 *Metasequoia glyptostroboides* Hu et Cheng（图2-41）

科属：杉科 Taxodiaceae　水杉属 *Metasequoia Miki* ex Hu et Cheng

图2-41 水 杉

(1)形态特征

落叶乔木，幼树树冠尖塔形，老树树冠广圆头形。树皮灰色或灰褐色，窄长条片脱落。干基膨大。大枝近轮生，小枝对生。叶条形，扁平，柔软，交互对生，基部扭转排成羽状，冬季与无芽小枝同时脱落。球花单性同株。球果近球形，熟时深褐色；种鳞木质，有种子5~9粒。种子扁平，周围有翅，先端有凹缺。球花期2~3月，球果10~11月成熟。

(2)分布与习性

我国特有的古老稀有珍贵树种。天然分布于四川石柱县、湖北利川县及湖南的龙山县和桑植县等地，各地有栽培。喜光，喜温暖湿润气候，适应性较强，喜深厚肥沃的酸性土壤；喜湿又怕涝，浅根性，生长快。

(3)繁殖方法

播种繁殖，也可扦插繁殖。

(4)观赏与应用

水杉树姿优美挺拔，叶色秀丽，秋叶棕褐色，宜在园林中丛植、列植或孤植，也可成片林植。是城郊区、风景区绿化的重要树种，亦可作防护林树种。国家一级保护树种。

46. 水松 *Glyptostrobus pensilis* K. Koch(图2-42)

科属：杉科 Taxodiaceae 水松属 *Glyptostrobus* Endl.

(1)形态特征

落叶乔木，树冠圆锥形。树皮褐色或灰白色，呈扭状长条浅裂。干基部膨大，有膝状呼吸根。大枝近平展或斜伸；小枝绿色。叶互生，有3种类型：主枝具鳞形叶，螺旋状排列，不脱落，在1年生短枝及萌生枝上，具条状钻形及条形叶，常排成2~3列假羽状，冬季均与小枝同落。球果倒卵形，成熟后种鳞脱落。种子具翅。球花期1~2月，球果10~11月成熟。

图2-42 水 松

(2)分布与习性

我国特产、星散分布于华南和西南地区，长江流域以南有栽培。强喜光树种，喜温暖湿润气候及湿润酸性土壤，不耐寒，耐水湿。根系发达，对土壤适应性较强。

(3)繁殖方法

播种繁殖，也可扦插繁殖。

(4)观赏与应用

水松树姿优美，春季叶色鲜绿，入秋转为红褐色，是优良的庭院观赏树种，可植于河边、湖畔形成大面积景观林，也是良好的固堤、护岸和防风树种。

2.2 阔叶树类

2.2.1 常绿树类

47. 山玉兰 *Magnolia delavayi* Franch.（图2-43）

别名：优昙花　科属：木兰科 Magnoliaceae　木兰属 *Magnolia* L.

(1)形态特征

常绿小乔木，树皮灰色或灰黑色，粗糙而开裂。老枝粗壮，具圆点状皮孔；小枝密被毛，托叶痕延至叶柄顶部。单叶互生，叶椭圆形或卵状椭圆形，革质，背面有白粉，全缘。花两性，单生，奶油白色，花药淡黄色，微芳香。聚合果卵状长圆体形，被细黄色柔毛，顶端缘外弯。花期4～6月，果期8～10月。

图2-43　山玉兰

(2)分布与习性

分布于云南、四川及贵州南部。喜暖热湿润气候，稍耐阴，喜深厚肥沃土壤；耐干旱和石灰质土，忌水湿；生长较慢，寿命长达千年。

(3)繁殖方法

播种繁殖，也可压条繁殖。

(4)观赏与应用

山玉兰树姿优美，入夏乳白而芳香大花盛开，衬以光绿大型叶片，为极珍贵的庭园观赏树种，孤植于草坪、庭院、建筑物入口处，或植于林荫大道两旁，均可收到很好的布景效果。

48. 红花木莲 *Maglietia insignis*（Wall.）Bl.（图2-44）

科属：木兰科 Magnoliaceae　木莲属 *Manglietia* Bl.

（1）形态特征

常绿小乔木。树皮灰色，平滑。小枝灰褐色，托叶痕环形；幼枝被锈色或黄褐色柔毛。单叶互生，叶倒披针形或长圆状椭圆形，革质，先端尾状渐尖，基部楔形，全缘。雄花两性，单生，花被片9～12，外轮3片黄绿色，内轮淡红或黄白色。聚合蓇葖果球形，熟时深紫红色，有瘤状凸起。种子有肉质红色外种皮。花期5～6月，果期8～9月。

（2）分布与习性

分布于湖南、贵州、广西、云南、西藏部分地区。耐阴，喜湿润肥沃土壤；在低海拔过于干热处生长不良。

（3）繁殖方法

播种繁殖。

（4）观赏与应用

红花木莲树形优美，花色鲜艳，叶大浓绿，是南方优良的园林绿化树种。国家二级保护珍稀树种。

图2-44　红花木莲

49. 云南拟单性木兰 *Parakmeria ynnanensis* Hu.

科属：木兰科 Magnoliaceae　拟单性木兰属 *Parakmeria* Hu. et Cheng.

（1）形态特征

常绿小乔木。树皮灰色，平滑。小枝被星状毛，托叶痕环形，节间短而密，呈竹节状。单叶互生，叶卵状长圆形或卵状椭圆形，薄革质，先端渐尖，基部广楔形，全缘。雄花及两性花异株，芳香；雄花花被片12，外轮红色，内轮白色。聚合蓇葖果椭球形，熟时红色。花期5～6月，果期10月。

（2）分布与习性

分布于云南东南部、广西北部及贵州东南部的局部地区。喜光，喜温暖湿润气候；适应性强，生长快，病虫害少。

（3）繁殖方法

播种繁殖。

（4）观赏与应用

云南拟单性木兰是我国特有树种。树形紧凑，叶色浓绿有光泽，花大而芳香，在我国亚热带地区用于造林和园林绿化树种。国家三级保护植物。

50. 樟树 *Cinnamomum camphora*（L.）Presl.（图 2-45）

别名：香樟、小叶樟　科属：樟科 Lauraceae　樟属 *Cinnamomum* Trew.

（1）形态特征

常绿乔木，树冠广卵形。树皮灰褐色，纵裂。小枝黄绿色，光滑。单叶互生，革质，卵状椭圆形，叶背有白粉，离基三出脉，脉腋有腺体，全缘。花两性，黄绿色，圆锥花序腋生。核果球形，紫黑色；果托杯状。花期 4～5 月，果期 8～11 月。

图 2-45　樟　树

（2）分布与习性

分布于长江以南各地，以福建、湖南、江西、浙江最多。喜光，喜温暖湿润气候及深厚肥沃、湿润的酸性或中性沙壤土；耐寒性不强，不耐干旱瘠薄和盐碱；萌芽力强，耐修剪；抗二氧化硫、氯气、烟尘能力强。深根性，生长快，寿命长。

（3）繁殖方法

播种繁殖，也可嫩枝扦插或根蘖繁殖。

（4）观赏与应用

樟树枝叶茂密，冠大荫浓，树姿壮丽，是优良的庭荫树、行道树、风景树及防护林树种，可配置于池边、湖畔、山坡、平地，或孤植于草坪旷地，也可作厂矿绿化树种。

51. 天竺桂 *Cinnamomum japonicum* Sieb.（*C. chekiangense* Nakai）（图 2-46）

别名：山肉桂、土肉桂、竺香、浙江樟　科属：樟科 Lauraceae　樟属 *Cinnamomum* Trew.

（1）形态特征

常绿乔木，树冠卵状圆锥形。树皮灰褐色，光滑，有芳香及辛辣味。小枝无毛或幼时微有细毛。单叶互生或近对生，革质，卵形至长圆状广披针形，先端尖，背面有白粉及细毛，离基三出脉近于平行，并在表面隆起；脉腋无腺体，全缘。花两性，黄绿色，圆锥花序腋生。核果椭圆形，蓝黑色；果托浅杯状，顶部极开张。花期 4～5 月，果期 7～9 月。

（2）分布与习性

原产于我国东南部及中南部，越南、朝鲜及日本也有分布。中性树，幼年期耐阴；喜温暖湿润气候和排水良好的酸性及中性土；忌积水。抗二氧化硫。

图2-46　天竺桂

图2-47　黄　樟

(3)繁殖方法

播种繁殖。

(4)观赏与应用

天竺桂树干通直，树姿优美，四季常青，是优良的园林造景树种，可供行道树和园景树之用。其枝叶茂密，抗污染，隔音效果好，可作工矿区绿化和防护林带材料。

52. 黄樟 *Cinnamomum parthenoxylon* (Jack.) Meissn.(图2-47)

别名：大叶樟　科属：樟科 Lauraceae　樟属 *Cinnamomum* Trew.

(1)形态特征

常绿乔木，树冠广卵形。树皮暗灰褐色，深纵裂，内皮红色，具樟脑味。小枝粗壮，绿褐色。单叶互生，革质，椭圆状卵形，先端常急尖，基部楔形，羽状脉，脉腋无腺体，全缘。花两性，绿黄色，圆锥花序。核果球形，黑色；果托狭长倒锥形，红色，有纵长的条纹。花期3～5月，果期4～10月。

(2)分布与习性

产于我国长江以南广大地区；东南亚各国也有分布。喜光，幼树耐阴，喜温暖湿润气候及湿润肥厚的酸性土，生长较快，萌芽力强。

(3)繁殖方法

播种繁殖。

(4)观赏与应用

黄樟树干通直，四季常绿，是南方优良的用材和绿化树种，可供行道树和园景树之用。全树各部均可提制樟油和樟脑。

53. 云南樟 *Cinnamomum glanduliferum* (Wall.) Nees.(图2-48)

别名：臭樟　科属：樟科 Lauraceae　樟属 *Cinnamomum* Trew.

(1)形态特征

图 2-48　云南樟

常绿乔木，树冠广卵形、近球形。树皮灰褐色，深纵裂，具樟脑味。小枝粗壮，绿褐色，具棱角。单叶互生，厚革质，叶形变化很大，椭圆形至卵状椭圆形或披针形，羽状脉或偶有近离基三出脉，全缘。花两性，淡黄色，圆锥花序腋生。核果球形，黑色；果托狭长倒锥形，边缘波状，红色，有纵长的条纹。花期 3 ~ 5 月，果期 7 ~ 9 月。

(2)分布与习性

产于我国西南部；印度、缅甸、尼泊尔至马来西亚也有分布。喜光，幼树稍耐阴，喜温暖、湿润气候及深厚肥沃的酸性或中性沙壤，不耐水湿。萌蘖更新力强，耐修剪。

(3)繁殖方法

播种繁殖。

(4)观赏与应用

云南樟树姿优美，四季常绿，是良好的城市绿化树种，可用于建筑的配置，作庭荫树、孤植树，也可作城市干道行道树，或植于湖岸边作点景树，也常丛植形成风景林或与其他树种配植形成树丛，组成优美的园林景观。

54. 紫楠 *Phoebe sheareri*（Hemsl.）Gamble.（图 2-49）

科属：樟科 Lauraceae　楠木属 *Phoebe* Ness.

(1)形态特征

常绿乔木，树皮灰褐色，纵裂。小枝、叶及花序密被黄褐色绒毛。单叶互生，叶倒卵状椭圆形，革质，背面网脉隆起并密被锈色绒毛，全缘。花两性，聚伞状圆锥花序腋生，花被片 6，短而厚，宿存，包被果实基部。浆果状核果卵形，宿存花被片较大，蓝黑色。花期 5 ~ 6 月，果期 10 ~ 11 月。

(2)分布与习性

分布于长江流域以南。耐阴，在全光照下生长不良，喜温暖湿润气候及深厚肥沃、排水良好的酸性和中性土壤，有一定的耐旱能力。深根性，萌芽力强，生长较慢。

图 2-49　紫　楠

(3)繁殖方法

播种繁殖，也可扦插繁殖。

(4)观赏与应用

紫楠树姿优美，叶大荫浓，是优美的庭院绿化树种，可孤植、丛植，或配置于建筑物周围，也可在山地风景区营造大面积风景林。

55. 香叶树 *Lindera communis* Hemsl.（图2-50）

科属：樟科 Lauraceae　山胡椒属 *Lindera* Thunb.

(1)形态特征

常绿乔木，有时呈灌木状。树皮淡褐色。小枝绿色。单叶互生，革质，椭圆形至卵状椭圆形，羽状脉，背面常有短柔毛，全缘。花单性异株，伞形花序具5～8朵花。浆果状核果近球形，熟时红色；果梗被黄褐色微柔毛。花期3～4月，果期9～10月。

(2)分布与习性

分布于华中、华南及西南地区，多生于丘陵及山地下部疏林中；越南也有分布。耐阴，喜温暖气候，耐干旱瘠薄，在湿润、肥沃的酸性土壤上生长较好。

(3)繁殖方法

播种繁殖。

(4)观赏与应用

香叶树叶绿果红，颇为美观，是优美的庭院绿化树种。孤植、丛植或配置于建筑物周围效果均很好，也可在山地风景区营造大面积风景林。

图2-50　香叶树　　　图2-51　榕　树

56. 榕树 *Ficus microcarpa* L. f.（图 2-51）

别名：细叶榕、小叶榕　科属：桑科 Moraceae　榕属 *Ficus* L.

（1）形态特征

常绿乔木，树冠广卵形，庞大。气生根悬垂，或垂及地面，入土生根，形似支柱。单叶互生，革质，椭圆形至倒卵形，先端钝尖，基部楔形或圆形，全缘或浅波状，羽状脉 5～6 对，无毛。花单性同株，隐头花序。隐花果腋生，无梗，近球形，黄色或淡红色，熟时紫红色。花期 5 月，果期 7～9 月。

（2）分布与习性

分布于浙江南部、江西南部、福建沿海地区、台湾、广东、广西、贵州南部、云南东南部。喜光，耐半荫，耐水湿，喜肥沃湿润、排水良好的酸性土壤。生长快，耐修剪。抗污染能力强。

（3）繁殖方法

播种繁殖，也可扦插繁殖。

（4）观赏与应用

榕树树体高大，冠大荫浓，气势雄伟，分枝较低，有丝状下垂气根，具有热带风情，是我国南亚热带城市园林的特色树种，宜作庭荫树、行道树，也可群植于风景区，或作湖岸绿化树种。

57. 石栎 *Lithocarpus glabrer*（Thunb.）Nakai（图 2-52）

科属：壳斗科 Fagaceae　石砾属 *Lithocarpus* Bl.

图 2-52　石　栎

（1）形态特征

常绿乔木，树皮灰褐色，平滑。小枝密生灰黄色绒毛，具顶芽。单叶互生，叶长椭圆形，先端尾尖，全缘或端部略有钝齿，侧脉 6～10 对，背面有白色蜡层。花单性同株，雄柔荑花序粗而直立，雌花生于雄花序下部。总苞浅碗状，内具 1 坚果，坚果椭球形。花期 6 月，果期翌年 9～10 月。

（2）分布与习性

分布于我国东南部地区，多生于低山、丘陵；日本也有分布。喜光，稍耐阴，耐干旱贫瘠土壤。

（3）繁殖方法

分株繁殖，也可扦插、播种繁殖。

（4）观赏与应用

石栎枝叶繁茂，终冬不落，宜作庭荫树，也可孤植、丛植于草坪中，或在山坡上成片种植，也可作为其他花灌木的背景树。

58. 黑荆树　*Acacia mearnsii* De Wilde（图 2-53）

别名：澳洲金合欢、黑儿茶　科属：含羞草科 Mimosaceae　金合欢属 *Acacia* Willa.

（1）形态特征

常绿乔木。树皮棕褐色至黑褐色，有裂纹，内皮红色。小枝常有棱，被灰白色短绒毛。2 回偶数羽状复叶互生，羽片 8～20 对；小叶线形，暗绿色，30～60 对；总叶轴上每对羽片间常有 1～2 腺体。花两性，淡黄或白色；头状花序成总状或圆锥状。荚果长圆形，密被绒毛。花期 6 月，果期 8 月。

（2）分布与习性

原产于澳大利亚南部的亚热带地区；我国南部各地均有栽培。喜光，喜温暖，稍耐寒，耐干旱瘠薄，不耐涝，较耐阴，喜湿润气候及深厚肥沃土壤。

（3）繁殖方法

播种繁殖。

（4）观赏与应用

黑荆树枝叶繁茂，树姿美丽，花色艳丽，是改良土壤、保持水土、蜜源及城乡绿化的优良树种。树皮富含单宁，是世界著名的鞣料树种。

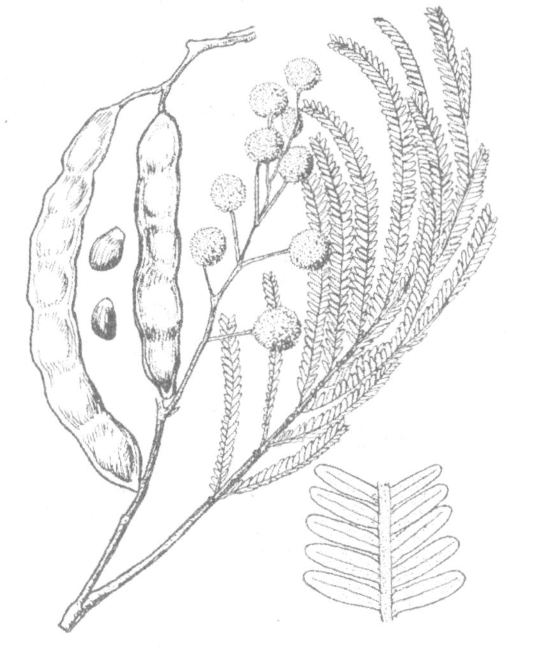

图 2-53　黑荆树

图 2-54　相思树

59. 相思树 *Acacia confusa* Merr.（图 2-54）

别名：台湾相思、相思子、台湾柳　科属：含羞草科 Mimosaceae　金合欢属 *Acacia* Willa.

（1）形态特征

常绿乔木。枝叶细致紧密，小枝无刺，无毛。幼苗具羽状复叶，长大后小叶退化，仅存叶状柄；叶状柄狭披针形，革质，3～5 平行脉，全缘。花两性，头状花序 1～3 个腋生；花瓣淡绿色，雄蕊金黄色，伸出，微香。荚果带状，种子间略缢缩。花期 4～6 月，果期 7～8 月。

(2) 分布与习性

产于台湾，在福建、广东、广西、云南等地均有栽培。性强健，极喜光，不耐阴，耐瘠薄，喜暖热气候及酸性土。生长快，萌芽力强，深根性，抗风性强。

(3) 繁殖方法

播种繁殖。

(4) 观赏与应用

相思树树姿婆娑，四季常青，叶形奇特，盛花期满树金黄，花色艳丽，适宜作庭荫树、行道树、园景树、防风林、水土保持和荒山造林先锋树种。

60. 银桦 *Grevillea robusta* A. Cunn.（图 2-55）

别名：绢柏、丝树、银橡树　科属：山龙眼科 Proteaceae　银桦属 *Grevillea* R. Br.

(1) 形态特征

常绿乔木，树冠圆锥形。树皮浅棕色，浅纵裂。幼枝、芽及叶柄密被锈色绒毛。单叶互生，2 回羽状深裂，裂片披针形，边缘反卷，背面密被银灰色丝毛。花两性，无花瓣，萼片 4，橙黄色，总状花序。蓇葖果卵状矩圆形，常有细长花柱宿存。种子周边有翅。花期 5 月，果期 9 ~ 10 月。

(2) 分布与习性

原产于澳大利亚东部，我国南部、西南部地区有栽培。喜光，不耐寒，较耐旱，喜温暖湿润气候及肥沃疏松、排水良好的微酸性沙壤土。根系发达。

(3) 繁殖方法

播种繁殖。

图 2-55　银　桦

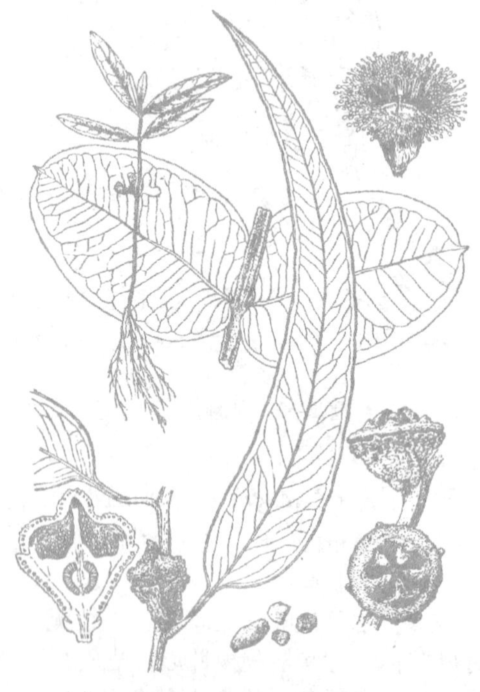

图 2-56　蓝　桉

(4)观赏与应用

银桦树干通直，高大伟岸，树冠整齐，初夏有橙黄色花序点缀枝头，宜作行道树、庭荫树，也适合农村“四旁”绿化、低山营造速生风景林。

61. 蓝桉 *Eucalyptus globulus* Labill.（图2-56）

科属：桃金娘科 Myrtaceae　桉属 *Eucalyptus* L'Herit

(1)形态特征

常绿乔木。干多扭曲，树皮薄片状剥落。单叶对生或互生，革质，蓝绿色，全缘，二型：幼叶对生，卵状长椭圆形，具白粉，无柄；成熟叶互生，狭披针形，镰状弯曲，羽状侧脉在近叶缘处连成边脉。花两性，常单生，花萼与花瓣连合成帽状花盖。蒴果杯状，有4棱。花期4~9月，果期10~11月。

(2)分布与习性

原产于澳大利亚东南角的塔斯马尼亚岛；在我国广西、云南、四川等地有栽培。喜光，适应性较强，生长快，耐湿热性较差。

(3)繁殖方法

播种繁殖。

(4)观赏与应用

蓝桉树干斑驳，树姿优美，叶色灰绿，宜作公路行道树及造林树种。

2.2.2　落叶树类

62. 二球悬铃木 *Platanus acerifolia* Willd.（图2-57）

别名：英国梧桐　科属：悬铃木科 Platanaceae　悬铃木属 *Platanus* L.

(1)形态特征

落叶大乔木，树冠圆形或卵圆形。树皮灰绿色，薄片状剥落，内皮平滑，淡绿白色。幼枝叶密被褐黄色星状毛，柄下芽。单叶互生，叶广卵形至三角状广卵形，掌状3~5裂，裂片有粗锯齿，中裂片长宽近相等，基部截形或心形。花单性同株，头状花序。聚合果圆球形，果序常2个生于总柄，宿存花柱刺状。花期4~5月，果期9~10月。

图2-57　二球悬铃木

(2)分布与习性

本种是三球悬铃木与一球悬铃木的杂交种，最初在英国育成，现在全世界广泛栽培。我国北至大连，西北至西安，西南至成都、昆明，南至广州，均有栽培。喜光，略耐寒，喜温暖湿润气候，对土壤要求不严，酸性、微碱性土壤均能生长良好。萌芽力强，耐修剪。对烟尘、有害气体有一定抗性。

(3)繁殖方法

扦插繁殖。

(4)观赏与应用

二球悬铃木树形雄伟端正，叶大荫浓，树冠广阔，干皮光洁，生长迅速，适应性与抗性较强，是世界著名的行道树、庭园树、独赏树，有“行道树之王”的美称。可列植于干道两侧，3～5株丛植，孤植于广场草坪或建筑物周围，均很壮观。适合于街道、工矿区绿化。因其幼枝叶具有大量星状毛，如吸入呼吸道会引起肺炎，故应勿用或少用于幼儿园等地。

63. 杜仲 *Eucommia ulmoides* Oliv.（图2-58）

科属：杜仲科 Eucommiaceae　杜仲属 *Eucommia* Oliv.

图2-58　杜　仲

(1)形态特征

落叶乔木，树冠圆球形。枝髓片状；枝、叶、果及树皮均有白色胶丝。单叶互生，叶椭圆形至椭圆状卵形，先端渐尖，基部圆形或宽楔形，缘有锯齿。花单性异株，无花被，雄花簇生于苞腋内，雌花单生于苞腋。翅果扁平，狭长椭圆形，周围具翅，顶端二裂，熟时棕褐色。花期4月，果期9～10月。

(2)分布与习性

原产于我国中部及西部，四川、贵州、湖北为集中产区，吉林以南均有栽培。喜光，不耐阴，耐寒，较耐盐碱，喜温暖湿润气候及深厚肥沃、湿润而排水良好之土壤，在酸性、中性及微碱性土上均能正常生长。根系较浅，侧根发达，萌芽力强，生长速度中等。

(3)繁殖方法

播种繁殖，也可扦插、压条或分蘖繁殖。

(4)观赏与应用

杜仲树干端直，树形整齐优美，枝叶茂密，是良好的庭荫树及行道树，也可作一般的绿化造林树种。国家二级重点保护树种。

64. 白榆 *Ulmus pumila* L.（图2-59）

别名：家榆、榆树　科属：榆科 Ulmaceae　榆属 *Ulmus* L.

(1)形态特征

落叶乔木，树冠圆球形或卵圆形。树皮暗灰色，纵裂。小枝灰色，细长。单叶互生，叶卵状椭圆形或椭圆状披针形，先端尖，基部稍歪斜，缘常具单锯齿，侧脉9～16

对。花两性，簇生于去年生枝上，早春先叶开放。翅果近圆形或卵圆形，周围具翅。种子位于翅果中部，熟时黄白色。花期3～4月，果期4～6月。

(2)分布与习性

分布于东北、华北、西北及华东等地区，尤以东北、华北、淮北和西北平原栽培最为普遍；俄罗斯、蒙古及朝鲜也有分布。喜光，耐寒，不耐水湿，耐干旱瘠薄和盐碱土，能适应干凉气候。生长较快，寿命长，萌芽力强，耐修剪。主根深，侧根发达，抗风、保土能力强。

(3)繁殖方法

以播种繁殖为主，也可分蘖繁殖。

(4)观赏与应用

白榆树体高大，树干通直，冠大荫浓，适应性强，生长快，是城市重要的绿化树种，宜作行道树、庭荫树、防护林及“四旁”绿化树种，也可密植作绿篱，其老茎残根萌芽力强，可掘取制作盆景。

图2-59　白　榆

图2-60　榔　榆

65. 榔榆 *Ulmus parvifolia* Jacq.（图2-60）

别名：小叶榆　科属：榆科 Ulmaceae　榆属 *Ulmus* L.

(1)形态特征

落叶或半常绿乔木，树冠扁球形至卵圆形。树皮灰褐色、红褐色或黄褐色，平滑，老则不规则薄片状剥落。单叶互生，叶较小而质厚，长椭圆形至卵状椭圆形，先端尖，基部不对称，缘常具单锯齿。花两性，簇生叶腋。翅果长椭圆形至卵形，周围具翅。种子位于翅果中央。花期 8 ~9 月，果期 10 月。

(2)分布与习性

主产长江流域及其以南地区，北至山东、河南、山西、陕西等地；日本、朝鲜也有分布。喜光，稍耐阴，较耐干旱瘠薄，喜温暖气候，对土壤适应性强，喜肥沃、湿润土壤。生长速度中等，寿命较长，深根性，萌芽力强。

(3)繁殖方法

播种繁殖。

(4)观赏与应用

榔榆树形优美，姿态潇洒，树皮斑驳，枝叶细密，具有较高的观赏价值。在庭园中孤植、丛植，或与亭榭、山石配置都很合适；作庭荫树、行道树或制作成盆景均有良好的观赏效果，也可选作厂矿区绿化树种。

66. 榉树 *Zelkova schneideriana* Hand. – Mazz.（图 2-61）

别名：大叶榉　科属：榆科 Ulmaceae　榉属 *Zelkova* Spach.

图 2-61　榉　树

(1)形态特征

落叶乔木，树冠倒卵状伞形。树皮深灰色，光滑，老树基部呈小块状剥落。小枝红褐色，被柔毛。单叶互生，叶厚纸质，长椭圆状卵形至椭圆状披针形，先端尖，基部近圆形，侧脉 7 ~15 对，表面粗糙，背面密生淡灰色柔毛，叶缘锯齿整齐。花单性同株，雄花簇生，雌花单生或簇生。坚果小。花期 3 ~4 月，果期 10 ~11 月。

(2)分布与习性

分布于淮河及秦岭以南，长江中下游至华南、西南各地。喜光，喜温暖气候及肥沃湿润土壤，在酸性、中性及石灰性土壤均能生长；忌积水，不耐干瘠。耐烟尘，抗有毒气体；抗病虫害能力较强；深根性，侧根广展，抗风能力强。

(3)繁殖方法

播种繁殖。

(4)观赏与应用

榉树树体高大雄伟，枝细叶美，夏日荫浓如盖，秋日叶转暗紫红色，适宜作庭荫树、行道树等，在园林中孤植、丛植、列植、群植皆宜，亦可在庭园或风景林中与常绿树种组成上层骨干树种，也是桩景的好材料。

67. 朴树 *Celtis sinensis* Pers.（图 2-62）

别名：沙朴　科属：榆科 Ulmaceae　朴属 *Celtis* L.

（1）形态特征

落叶乔木，树冠扁球形。小枝幼时有毛。单叶互生，叶近革质，宽卵形或卵状椭圆形，先端尖，基部不对称，三出脉，表面有光泽，背脉隆起并疏生毛，有钝锯齿。花杂性同株，两性花与雌花 1 ~ 3 朵生于当年生枝叶腋。核果近球形，橙红色或暗红色，果柄与叶柄近等长。花期 4 ~5 月，果期 9 ~ 10 月。

图 2-62　朴　树

（2）分布与习性

分布于华南、西南、黄河流域以南、长江流域中下游各地。喜光，稍耐阴，喜温暖气候及肥沃、湿润、深厚之中性黏质壤土，能耐轻盐碱土。深根性，抗风力强；生长快，寿命较长。抗烟尘及有毒气体。

（3）繁殖方法

播种繁殖。

（4）观赏与应用

朴树树形优美，树冠宽广，绿荫浓郁，是城乡绿化的重要树种。宜作庭荫树、行道树。适于庭院、公园绿化，亦可配置于草坪、池边、坡地。并可选作厂矿区绿化及防风、护堤树种。老根枯干为桩景材料。

68. 核桃楸 *Juglans mandshurica* Maxim.（图 2-63）

别名：胡桃楸　科属：胡桃科 Juglandaceae　胡桃属 *Juglans* L.

（1）形态特征

落叶乔木，树冠广卵形。枝髓片状，幼枝密被毛。奇数羽状复叶互生，小叶 9 ~ 17，卵状矩圆形或矩圆形，先端尖，基部偏斜，缘有细锯齿，下面密被星状毛。花单性同株，雄花柔荑花序，雌穗状花序具花 5 ~ 10 朵。核果卵形，顶端尖，有腺毛；果核长卵形，具 8 纵脊。花期 4 ~ 5 月，果期 8 ~ 9 月。

图 2-63　核桃楸

（2）分布与习性

分布于东北、华北，俄罗斯、朝鲜、日本也有分布。强喜光树种，不耐庇荫，耐寒性强，喜深厚肥沃、湿润而排水良好的土壤，不耐干旱瘠薄。深根性，抗风能力强。有萌蘖性，生长速度中等。

(3) 繁殖方法

播种繁殖。

(4) 观赏与应用

核桃楸树冠宽卵形，树干通直，枝叶茂密，可作庭荫树，也可孤植、丛植于草坪，或列植路边。

69. 枫杨 *Pterocarya stenoptera* C. DC.（图 2-64）

别名：平柳、元宝树　科属：胡桃科 Juglandaceae　枫杨属 *Pterocarya* Kunth

图 2-64　枫　杨

(1) 形态特征

落叶乔木，树冠广卵形。树皮灰褐色，幼时平滑，老时深纵裂。裸芽具柄，密被锈褐色毛。常偶数羽状复叶互生，叶轴具窄翅，小叶 10～28，长圆形至长圆状披针形，缘具细锯齿，下面脉腋具簇毛。花单性同株，柔荑花序。果序下垂，坚果具 2 个斜上伸展之翅。花期 4～5 月，果期 8～9 月。

(2) 分布与习性

分布于华北、华中、华南和西南各地，在长江、淮河流域最为常见。喜光，喜温暖湿润气候，较耐寒，耐水湿，以深厚肥沃、湿润的土壤生长最好。深根性，主根明显，侧根发达，萌芽力强。对烟尘和二氧化硫等有毒气体有一定抗性。

(3) 繁殖方法

播种繁殖。

(4) 观赏与应用

枫杨树冠宽广，枝叶茂密，生长快，适应性强，可作庭荫树、行道树。因根系发达、耐水湿，常作水边护岸固堤及防风树种。因对烟尘和二氧化硫等有毒气体有一定抗性，也适合用作厂矿区绿化。

70. 麻栎 *Quercus acutissima* Carr.（图 2-65）

别名：橡树、青冈　科属：壳斗科 Fagaceae　栎属 *Quercus* L.

(1) 形态特征

落叶乔木，树冠广卵形。树皮深纵裂。小枝褐黄色，初有毛，后脱落。单叶互生，叶长椭圆状披针形，先端渐尖，基部近圆形，缘有刺芒状锐锯齿，下面淡绿色，幼时有短绒毛，后脱落。花单性同株，雄花柔荑花序，雌花单生于总苞内。坚果球形，壳斗浅杯状，包被坚果 1/2；苞片钻状锥形，反曲，有毛。花期 4～5 月，果期翌年 9～10 月。

图 2-65　麻　栎　　　图 2-66　栓皮栎

(2)分布与习性

分布广泛，南至广东、广西、海南，西南至四川、云南、西藏东部，北至辽宁、河北、山西、陕西、甘肃均有分布。喜光，不耐阴，耐寒，耐旱，对土壤要求不严，耐瘠薄，喜深厚肥沃、湿润、排水良好的中性至微酸性土壤。深根性，萌芽力强，寿命长。抗火耐烟能力较强。

(3)繁殖方法

播种繁殖或萌芽更新。

(4)观赏与应用

麻栎树姿雄伟，树干通直，枝条茂密，浓荫如盖，绿叶鲜亮，秋叶橙褐色，季相变化明显，可作庭荫树、行道树，园林中适宜孤植、群植或在风景区与其他树种混交植风景林。

71. 栓皮栎 *Quercus variabilis* Bl.（图 2-66）

别名：软木栎　科属：壳斗科 Fagaceae　栎属 *Quercus* L.

(1)形态特征

落叶乔木，树冠宽卵形。树皮灰褐色，深纵裂，木栓层特别发达。小枝淡黄褐色，无毛。单叶互生，叶长椭圆形或长椭圆状披针形，先端渐尖，基部圆形或宽楔形，缘有芒状锯齿，下面密被灰白色星状绒毛。花单性同株，雄花柔荑花序，雌花单生于总苞内。坚果近球形，壳斗杯状，包被坚果 2/3；苞片钻形或线形，反曲有毛。花期 5 月，果期翌年9～10月。

(2)分布与习性

分布于辽宁、河北、山西、陕西、甘肃南部，南到广东、广西及台湾，西到云南、贵州、四川，而以鄂西、秦岭、大别山区为分布中心。喜光，幼苗耐阴，对土壤的适应性强，在酸性、中性及石灰质土壤中均能生长。主根发达，萌芽性强。抗旱、抗火、抗风。

(3)繁殖方法

播种繁殖。

(4)观赏与应用

栓皮栎树冠雄伟，树干通直，枝条广展，浓荫如盖，秋叶橙褐色，季相变化明显，是良好的园林绿化树种。可孤植、丛植，或与它树混交成林，又是营造防风林、水源涵养林及防火林的优良树种。

72. 槲栎 Quercus aliena Bl.（图2-67）

别名：细皮青冈　科属：壳斗科 Fagaceae　栎属 *Quercus* L.

(1)形态特征

落叶乔木，树冠广卵形。小枝无毛，有条沟。单叶互生，叶倒卵状椭圆形，先端钝或微尖，基部窄楔形或圆形，缘有波状钝齿，侧脉10～14对，下面灰绿色，有星状毛；叶柄无毛。花单性同株，雄花柔荑花序，雌花单生于总苞内。坚果椭圆状卵形，壳斗浅杯状，包被坚果1/2；苞片鳞状，被灰白色柔毛。花期4～5月，果期9～10月。

图2-67　槲　栎

(2)分布与习性

分布于辽宁、华北、华中、华南及西南各地。喜光，稍耐阴，对气候适应性强，耐寒，耐干旱瘠薄，喜深厚湿润、排水良好的酸性至中性的土壤。萌芽力强。耐烟尘，对有害气体抗性强。

(3)繁殖方法

播种繁殖。

(4)观赏与应用

槲栎叶形奇特，秋叶转红，枝叶丰满，可作庭荫树，若与其他树种混交植风景林，极具野趣，也可用于工矿区绿化。

73. 蒙古栎 *Quercus mongolica* Fisch.（图2-68）

别名：柞树、小叶槲树　科属：壳斗科 Fagaceae　栎属 *Quercus* L.

(1)形态特征

落叶乔木。小枝粗壮，无毛，具棱。单叶互生，叶常集生枝端，倒卵形至倒卵状长椭圆形，先端钝，基部窄耳形，缘具圆波状钝齿，侧脉 8 ~ 15 对，下面无毛或沿脉有疏毛；叶柄短。花单性同株，雄花柔荑花序，雌花单生于总苞内。坚果卵形或长卵形，壳斗浅碗状，包被坚果 1/3 ~ 1/2；苞片鳞状，具瘤状突起。花期 5 ~ 6 月，果期 9 ~ 10 月。

(2)分布与习性

分布于东北、内蒙古、河北、山东、山西等地。喜光，耐寒性强，耐干旱瘠薄，喜凉爽气候及中性至酸性土壤，通常多生于干燥山坡。生长速度中等偏慢。

(3)繁殖方法

播种繁殖。

(4)观赏与应用

蒙古栎可植于园林绿地。

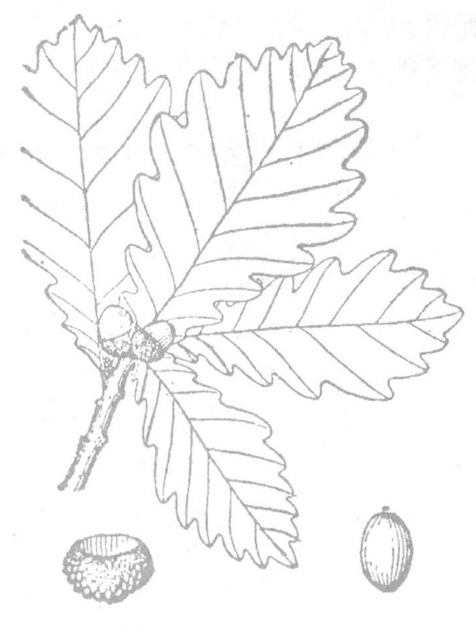
图 2-68　蒙古栎

74. 白桦 *Betula platyphylla* Suk.（图 2-69）

别名：粉桦　科属：桦木科 Betulaceae　桦木属 *Betula* L.

(1)形态特征

落叶乔木，树冠卵圆形。树皮白色，纸状分层剥离。小枝红褐色，无毛，外被白色蜡层。单叶互生，叶三角状卵形或菱状卵形，先端渐尖，基部宽楔形或截形，缘具重锯齿，侧脉 5 ~ 8 对，下面疏生油腺点。花单性同株，雄柔荑花序下垂。果序单生，下垂，圆柱形；果苞中裂片三角形，极短，侧裂片横出，钝圆；坚果小，果翅宽。花期 5 ~ 6 月，果期 8 ~ 10 月。

图 2-69　白　桦

(2)分布与习性

分布于东北、华北、西北及西南各地高山区。喜光，耐严寒，耐瘠薄，适应性强，喜酸性土壤，在沼泽地、干燥阳坡及湿润之阴坡均能生长。深根性，生长快，寿命较短，萌芽性强，天然更新良好。

(3)繁殖方法

播种繁殖。

(4)观赏与应用

白桦枝叶扶疏，姿态优美，尤其

是树干修直，洁白雅致，十分引人注目。宜孤植、丛植于庭园、公园、草坪、池畔、湖滨或列植于道路旁，若在山地或丘陵成片栽植，可组成别具一格的风景林。

75. 鹅耳枥 *Carpinus turczaninowii* Hance.（图 2-70）

别名：千金榆　科属：桦木科 Betulaceae　鹅耳枥属 *Carpinus* L.

图 2-70　鹅耳枥

(1)形态特征

落叶乔木，树冠紧密而不整齐。树皮灰褐色，浅纵裂。枝幼时具细长。单叶互生，叶卵形或长圆状卵形，先端渐尖，基部斜心形，边缘具尖锯齿，下面沿脉被细毛，侧脉 14～20 对。花单性同株，雄柔荑花序下垂，雌花序轴具毛。果苞宽卵状矩圆形，外侧基部无裂片，内侧基部具一矩圆形内折裂片，裂片包被小坚果；小坚果卵圆形，具肋纹。花期 4 月，果期 8～9 月。

(2)分布与习性

分布于辽宁、吉林、河北、山东、河南、陕西、甘肃等地。喜光，耐干旱，对土壤适应性强，喜肥沃湿润、排水良好的土壤。

(3)繁殖方法

播种繁殖。

(4)观赏与应用

鹅耳栎冠形优美，枝叶茂密，果穗奇特，颇为美观，宜孤植于草坪，列植于路边或与其他树种混交成风景林，景色自然优美。亦可作桩景，是石灰岩地区的造林树种。

76. 紫椴 *Tilia amurensis* Rupr.（图 2-71）

别名：籽椴　科属：椴树科 Tiliaceae　椴树属 *Tilia* L.

(1)形态特征

落叶乔木。树皮灰色，浅纵裂，片状脱落。小枝成“之”字形曲折。单叶互生，叶宽卵形或近圆形，先端尾尖，基部心形，背面脉腋有簇生毛，掌状脉，叶缘锯齿有小尖头。花两性，黄白色，聚伞花序，花序梗下部有 1 距圆形或广披针形苞片相连，苞片无柄。坚果球形，密被褐色毛。花期 6～7 月，果期 8～9 月。

(2)分布与习性

分布于我国东北及华北。喜光，稍耐阴，耐寒，不耐干旱、水湿及盐碱，喜肥沃湿润的土壤。深根性，萌蘖性强。抗烟尘和有毒气体。

(3)繁殖方法

播种繁殖。

(4)观赏与应用

紫椴树姿优美，枝叶茂密，叶形奇特，夏季黄花满树，秋季叶色苞片变黄，奇特美观，适宜作行道树和庭园绿荫树，也是厂矿区绿化的好树种。

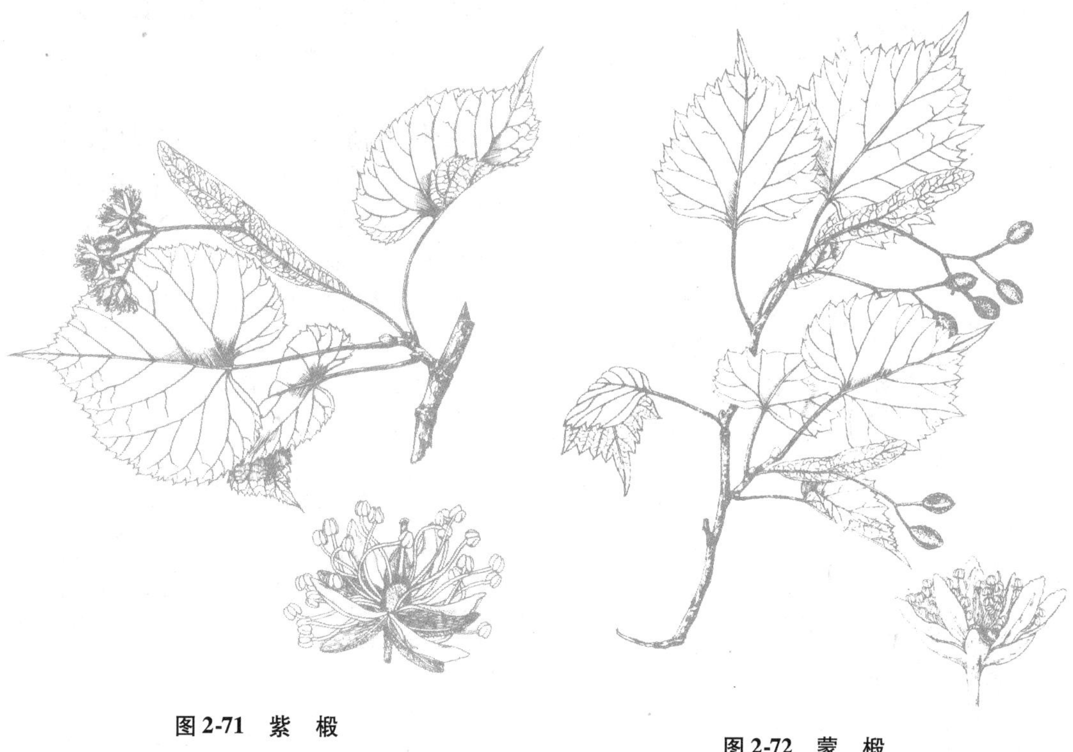

图2-71　紫　椴

图2-72　蒙　椴

77. 蒙椴 *Tilia mongolica* Maxim.（图2-72）

别名：小叶椴、蒙古椴　科属：椴树科 Tiliaceae　椴树属 *Tilia* L.

(1)形态特征

落叶小乔木。树皮灰褐色，浅纵裂。小枝及芽红褐色。单叶互生，叶三角状宽卵形或宽卵形，先端尾尖，基部心形或截形，掌状脉，中上部3浅裂，有粗锯齿，齿端有刺芒。花两性，黄色，聚伞花序，花序梗下部有一狭距圆形苞片相连，苞片有柄。坚果椭圆形或卵圆形。花期7月，果期8~9月。

(2)分布与习性

产于我国华北、东北及内蒙古等地。喜光，耐寒，较耐阴，喜凉润气候及肥沃、湿润、疏松的土壤。深根性，生长速度中等。

(3)繁殖方法

播种繁殖。

(4)观赏与应用

蒙椴树形较矮，适宜在公园、庭园及风景区栽植。

78. 梧桐 *Firmiana simplex*(L.)F. W. Wight(图2-73)

图2-73 梧 桐

别名：青桐 科属：梧桐科 Sterculiaceae 梧桐属 *Firmiana* L.

(1)形态特征

落叶乔木，树冠卵圆形。树干端直，树皮绿色或灰绿色，平滑。小枝粗壮，绿色。单叶互生，掌状3~5裂，裂片全缘，基部心形，掌状脉，叶柄与叶片等长。花单性同株，圆锥花序顶生；花萼裂片条形，反曲，淡黄绿色。蓇葖果成熟前开裂为叶状果瓣，匙形。种子球形，表面皱缩，生于果皮边缘。花期6~7月，果期9~10月。

(2)分布与习性

分布于我国黄河流域以南至台湾、海南，尤以长江流域为多。喜光，耐旱，不耐涝，喜温暖湿润气候及深厚肥沃、湿润、排水良好的土壤；喜钙，石灰岩山地习见，酸性土也能生长。萌芽力弱，不耐修剪。萌芽发叶较晚，落叶早。对有毒气体抗性较强。

(3)繁殖方法

播种繁殖。

(4)观赏与应用

梧桐树干通直，树冠圆形，干枝青翠，叶大形美，秋季叶色金黄，最适宜在庭院、草地孤植或丛植，是优良的庭荫树和行道树。

79. 毛白杨 *Populus tomentosa* Carr.(图2-74)

科属：杨柳科 Salicaceae 杨属 *Populus* L.

(1)形态特征

落叶乔木，树冠卵圆形或卵形。树皮灰绿色，平滑，皮孔菱形。幼枝有毛，后渐脱落。单叶互生，叶卵形或三角状卵形，先端短渐尖，叶缘有深波状锯齿或缺刻，叶背密被白绒毛，后渐脱落；叶柄上部侧扁。花单性异株，柔荑花序下垂，苞片有缺刻。蒴果。种子有毛。花期3月，果期4~5月。

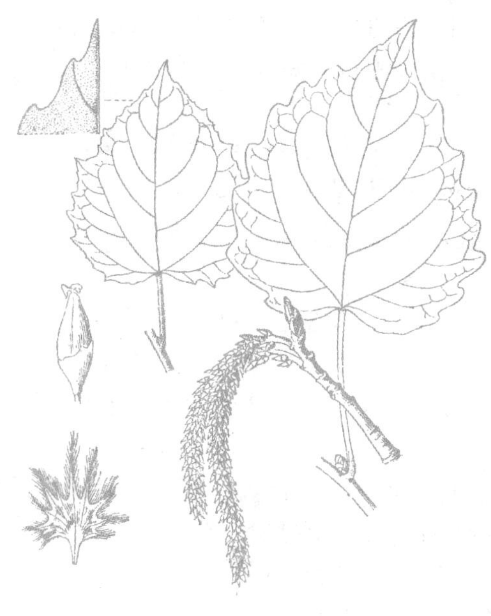
图 2-74　毛白杨

(2)分布与习性

我国特有树种，分布广，以黄河中下游为分布中心。喜光，喜凉爽湿润气候，对土壤要求不严，在深厚肥沃、排水良好的壤土或沙壤土上生长最佳，干瘠或低洼积水的盐碱地生长不良。深根性，根萌蘖性强，生长较快，寿命较长。抗风、抗烟尘、抗污染能力强。

(3)繁殖方法

扦插繁殖，也可埋条、根蘖、嫁接繁殖。

(4)观赏与应用

毛白杨树干灰白端直，树体高大雄伟，叶大荫浓，园林中宜孤植、列植、丛植或群植，可作行道树、庭荫树、“四旁”绿化树及厂矿绿化树种，是重要的用材、防护林树种。

80. 银白杨 *Populus alba* Linn.（图 2-75）

科属：杨柳科 Salicaceae　杨属 *Populus* L.

(1)形态特征

落叶乔木，树冠宽阔。树皮灰白色，平滑，下部常粗糙。芽、幼枝、幼叶密被白色绒毛。单叶互生，长枝叶较大，广卵形或三角状卵形，常3~5浅裂，裂片先端钝尖，有粗齿或缺刻；短枝叶较小，卵形或椭圆状卵形，有波状钝齿；叶柄略扁，短于叶片或近等长。花单性异株，柔荑花序下垂，苞片有缺刻。蒴果。种子有毛。花期4~5月，果期5~6月。

(2)分布与习性

原产于欧洲、北非及亚洲西部，我国新疆有野生天然林分布，西北、华北、辽宁南部及西藏等地有栽培。喜光，不耐阴，不耐湿热，耐轻度盐碱，不耐黏重和过于贫瘠的土壤，喜寒冷干燥的大陆性气候。深根性，根系发达，根萌蘖性强。抗风及抗病虫能力较强。

(3)繁殖方法

播种繁殖，也可扦插、分蘖繁殖。

(4)观赏与应用

银白杨树形高大优美，灰白色的树皮和银白色的叶片，有独特的观赏性，园林中常作

图 2-75　银白杨

为风景树、行道树、庭荫树、四旁绿化树等，也常用于防风固沙、固堤护岸林树种。

图 2-76　新疆杨

81. 新疆杨 *Populus alba* L. var. *pyramidalis* Bge.（图 2-76）

科属：杨柳科 Salicaceae　杨属 *Populus* L

（1）形态特征

落叶乔木，树冠圆柱形。树皮灰绿色，光滑，老时灰色。单叶互生，短枝叶广椭圆形，基部平截，初有白绒毛，缘有粗钝锯齿；长枝叶常 5～7 掌状深裂，基部平截，背面有白色绒毛，边缘有粗锯齿。花单性异株，柔荑花序下垂，苞片有缺刻。蒴果。种子有毛。花期 4～5 月，果期 5～6 月。

（2）分布与习性

原产于新疆，北方各地引种后，生长良好。喜光，耐严寒。耐干热，不耐湿热。耐干旱，耐盐碱。生长快，深根性，萌芽力强。病虫害少，对烟尘有一定抗性。是大陆性干旱气候区的乡土树种。

（3）繁殖方法

扦插、埋条、嫁接（以胡杨为砧木）繁殖。

（4）观赏与应用

新疆杨树姿优美挺拔，常用作行道树、“四旁”绿化、防风固沙树种。

82. 加杨 *Populus* × *canadensis* Moench（图 2-77）

别名：加拿大杨　科属：杨柳科 Salicaceae　杨属 *Populus* L.

（1）形态特征

落叶乔木，树冠卵圆形。树皮灰褐色，纵裂。小枝在叶柄下有 3 条棱；芽大，具黏脂。单叶互生，叶近正三角形，长枝及萌枝叶较大，先端渐尖，叶缘有钝齿，叶柄长而扁，顶端常有 1～2 腺体。花单性异株，柔荑花序下垂，苞片有缺刻。蒴果。种子有毛。花期 4 月，果期 5 月。

（2）分布与习性

加杨是美洲黑杨 *P. deltoids* 与欧洲黑杨 *P.*

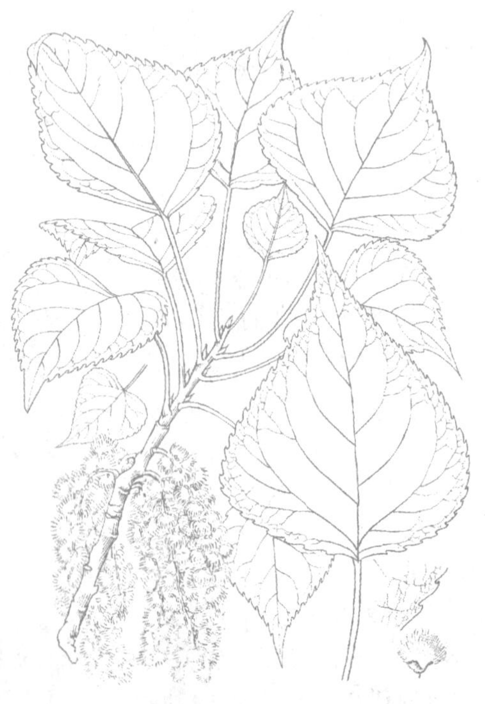
图 2-77　加　杨

nigra 的杂交种，并有很多栽培变种，广植于欧、亚、美各洲；我国自东北南部至长江流域各地普遍栽培。喜光，耐寒，喜温凉气候和湿润土壤，也能适应暖热气候，对水湿、轻度盐碱、瘠薄土壤有一定抗性。生长快，寿命较短。抗二氧化硫能力强。

(3)繁殖方法

扦插繁殖。

(4)观赏与应用

加杨树体高大，树冠宽阔，枝叶茂密，适合作行道树、庭荫树、“四旁”绿化树、防护林树种等；由于适用性强，生长快，已成为华北和江淮平原常见绿化树种。

83. 钻天杨 *Populus nigra* L. var. *italica*（Moench）Koehne（图 2-78）

科属：杨柳科 Salicaceae 杨属 *Populus* L.

(1)形态特征

落叶乔木，树冠狭窄，尖塔形或圆柱形。树皮暗灰褐色，老时灰黑色纵裂。小枝黄褐色，嫩枝有时疏生毛；芽淡红色，富黏脂。单叶互生，长枝叶扁三角形，宽大于长；短枝叶菱状三角形或菱状卵圆形，长宽近相等或长略大于宽；叶柄侧扁。花单性异株，柔荑花序下垂，苞片有缺刻。蒴果。种子有毛。花期4月，果期5月。

图 2-78 钻天杨

(2)分布与习性

广布于欧洲、亚洲及北美洲，我国东北自哈尔滨以南，华北、西北至长江流域均有栽培。喜光，耐寒，耐干旱，稍耐盐碱与水湿，但在低洼积水处生长不良，对南方湿热环境适应性差。生长快，寿命短。

(3)繁殖方法

扦插繁殖。

(4)观赏与应用

钻天杨圆柱形或尖塔形树冠，高耸挺拔，树姿优美，宜作风景树、行道树及防护林树种等。

84. 山杨 *Populus davidiana* Dode（图 2-79）

科属：杨柳科 Salicaceae 杨属 *Populus* L.

(1)形态特征

落叶乔木，树冠圆形或近卵形。树皮灰绿色，光滑，老树基部黑色粗糙。萌枝被柔毛，芽无毛。单叶互生，叶三角状卵圆形或近圆形，长宽近等，幼时被毛，叶缘浅波状；萌枝叶三角状卵圆形，叶背被柔毛；叶柄侧扁，长略短于叶片。花单性异株，柔荑花序下垂，苞片有缺刻。蒴果。种子有毛。花期4月，果期5月。

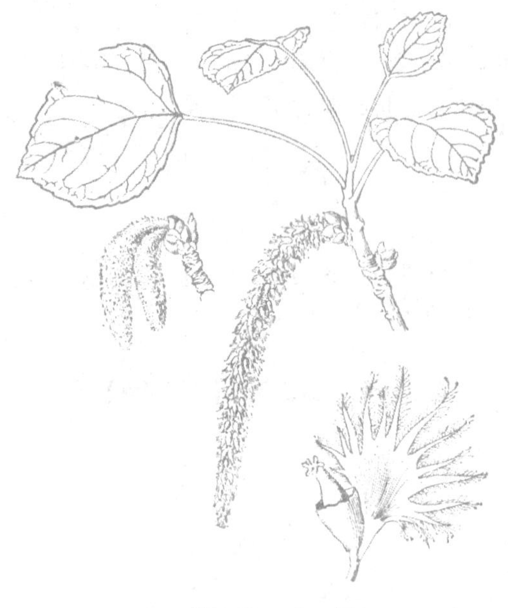
图 2-79 山 杨

(2)分布与习性

广布于我国东北、华北、西北、华中及西南高地区。喜光，野生为采伐或火烧迹地天然更新的先锋树种；耐寒，耐旱，耐瘠薄；野生见于山中部以上深厚、肥沃、排水良好的土壤上。

(3)繁殖方法

播种、分蘖繁殖。

(4)观赏与应用

山杨树形优美，树皮灰白，早春幼叶暗红，观赏价值较高，叶片与叶柄构成的平面相互垂直，产生了风轮的效果，微风天气即自然飘动，并扑啦啦作响，可谓自然一景。园林中可作为风景林树种。

85. 小叶杨 ***Populus simonii* Carr.**(图 **2-80**)

别名：南京白杨　科属：杨柳科 Salicaceae　杨属 *Populus* L.

(1)形态特征

落叶乔木，树冠开展，广卵形。树皮灰褐色，老时粗糙、纵裂。小枝红褐色，幼树小枝及萌枝具棱；芽褐色，有黏脂。单叶互生，叶菱状卵形、菱状椭圆形或菱状倒卵形；叶柄圆形，有时带红色，表面具沟槽。花单性异株，柔荑花序下垂，苞片有缺刻。蒴果。种子有毛。花期 3 ~ 4 月，果期 4 ~ 5 月。

图 2-80 小叶杨

(2)分布与习性

产于我国及朝鲜，在我国分布广泛，北至哈尔滨，南达长江流域，西至青海、四川等地。喜光，不耐阴，耐旱，耐寒，对温度适应性强，对土壤要求不严，沙壤土、轻壤土、黄土、冲积土、灰钙土及轻度盐碱土均能正常生长。根系发达，抗风力强。

(3)繁殖方法

扦插繁殖，也可播种或埋条繁殖。

(4)观赏与应用

小叶杨适应能力强，园林中宜作行道树、庭荫树、“四旁”树、厂矿区绿化树等。

86. 旱柳 *Salix matsudana* Koidz.（图2-81）

别名：柳树、立柳 科属：杨柳科 Salicaceae 柳属 *Salix* L.

（1）形态特征

落叶乔木，树冠广圆形至倒卵形。树皮灰黑色，纵裂。小枝直立或斜展，淡褐黄色。单叶互生，叶披针形或条状披针形，叶柄短，叶缘有细齿。花单性异株，柔荑花序；苞片卵形，外面中下部常有毛；雄花具雄蕊2；雌花子房腹面与背生具1腺体。蒴果。种子有毛。花期3～4月，果期4～5月。

图2-81 旱 柳

（2）常见品种

①‘龙爪’柳‘Tortuosa’ 小乔木，枝条自然扭曲，生长势弱，易衰老。

②‘馒头’柳‘Umbraculifera’ 分枝密，树冠半球形，状如馒头。

③‘绦柳’‘Pendula’ 枝条自然下垂，似垂柳外形，但小枝较短，黄色。叶披针形，雌花具2腺体。

（3）分布与习性

分布于我国东北、西北、华北，南至长江流域，以北方平原地区最为多见；俄罗斯、朝鲜、日本也有分布。喜光，不耐阴，耐寒，耐水湿，较耐旱，在肥沃湿润、排水良好的沙壤土上生长最好。根系发达，抗风力强，生长快。

（4）繁殖方法

播种、扦插繁殖，以扦插繁殖为主。

（5）观赏与应用

旱柳树姿优美、适应性强，历来为人们喜爱，是园林绿化的优良树种，宜作风景树、庭荫树、行道树、防风林、护岸林等，但柳絮（种子毛）多，对人有害，应用中宜选用雄株。

87. 垂柳 *Salix babylonica* L.（图2-82）

别名：水柳、倒杨柳 科属：杨柳科 Salicaceae 柳属 *Salix* L.

（1）形态特征

落叶乔木，树冠倒卵圆形。树皮灰黑色，纵裂。小枝细长下垂，褐色。单叶互生，叶狭披针形或线状披针形，叶缘有细锯齿。花单性异株，柔荑花序；苞片披针形，外面有毛；雄花具雄蕊2；雌花仅腹面具腺体1枚。蒴果。种子有毛。花期3～4月，果期4～5月。

(2)分布与习性

分布于我国长江流域与黄河流域，各地均有栽培，亚洲、欧洲、美洲均有引种栽培。喜光，不耐阴，耐寒，耐水湿，较耐旱，在肥沃湿润、排水良好的沙壤土上生长最好。根系发达，抗风力强，生长快。

(3)繁殖方法

以扦插繁殖为主，也可播种繁殖。

(4)观赏与应用

垂柳枝条柔软下垂，树姿飘逸潇洒，是水岸配置的最理想树种，也可作庭荫树孤植于草坪、水滨、桥头，对植于建筑物两旁，列植作行道树、园路树、公路树，或用于工厂绿化，亦是固堤护岸的重要树种。

图2-82 垂 柳

88. 皂荚 *Gleditsia sinensis* Lam.（图2-83）

别名：皂角 科属：苏木科（云实科）Caesalpiniaceae 皂荚属 *Gleditsia* L.

(1)形态特征

落叶乔木，树冠扁球形。树皮暗灰色，粗糙不裂。分枝刺圆。1回偶数羽状复叶互生，小叶6～14，卵形、长圆状卵形或卵状披针形，先端圆钝有短尖头，叶缘有钝锯齿。花杂性，黄白色，总状花序。荚果肥厚，木质，直或略弯曲。花期5～6月，果期8～12月。

(2)分布与习性

分布于我国华北、华东、华中、华南及甘肃。喜光，稍耐阴，喜温暖湿润气候，对土壤要求不严，在深厚肥沃湿润而排水良好的微酸性土壤中生长最好。深根性，抗风能力较强，生长速度中等偏慢，寿命较长。

(3)繁殖方法

播种繁殖。

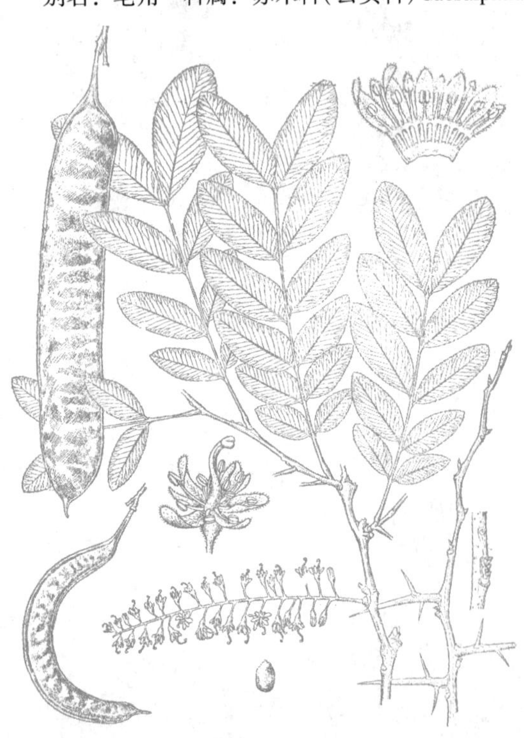

图2-83 皂 荚

(4)观赏与应用

皂荚树体高大，树冠圆满宽阔，叶密荫浓，宜作庭荫树、行道树、“四旁”绿化及荒山造林树种。

89. 山皂荚 *Gleditsia japonica* Miq.

别名：日本皂荚　科属：苏木科(云实科)Caesalpiniaceae　皂荚属 *Gleditsia* L.

(1)形态特征

落叶乔木，树冠扁球形。树皮暗灰色，粗糙不裂。分枝刺扁，小枝淡紫色。1～2回偶数羽状复叶互生，小叶6～10对，卵形至卵状披针形，疏生钝锯齿或近全缘。花单性异株，雄花总状、雌花穗状花序。荚果薄，扭曲或镰刀状。花期5～7月，果期10～11月。

(2)常见变种

无刺山皂荚 var. *inermis* Fuh.　枝干无刺或近无刺。哈尔滨、沈阳等城市有栽培，适宜作庭荫树、行道树。

(3)分布与习性

分布于辽宁、河北、山东、江苏、安徽、陕西等地，朝鲜及日本亦有分布。喜光，耐寒，耐干旱，耐石灰性和轻盐碱土，对土壤要求不严，喜温暖湿润气候及深厚、肥沃土壤。深根性，寿命长。

(4)繁殖方法

播种繁殖。

(5)观赏与应用

山皂荚树体高大，树冠宽广，叶密荫浓，宜作庭荫树、行道树、“四旁”绿化及荒山造林树种。

90. 槐树 *Sophora japonica* L.(图2-84)

别名：国槐、家槐、豆槐　科属：蝶形花科 Fabaceae　槐属 *Sophora* L.

(1)形态特征

落叶乔木，树冠卵圆形。树皮暗灰色，纵裂。小枝绿色，皮孔明显，柄下芽。奇数羽状复叶互生，小叶7～17，卵形至卵状披针形，先端尖，叶基圆形至广楔形，叶背有白粉及柔毛，全缘。花两性，浅黄绿色，圆锥花序。荚果串珠状，肉质不开裂。花期7～8月，果期10月。

(2)常见变种

① 龙爪槐 var. *pendula* Loud.　树冠呈伞状，小枝弯曲下垂。园林中多有栽植。

图2-84　槐　树

② 紫花槐 var. *pubescens* Bosse.　小叶 15～17 枚，叶背有蓝灰色丝状短柔毛。花的翼瓣和龙骨瓣常带紫色。花期最迟。

③ 五叶槐（蝴蝶槐）var. *obligophylla* Franch.　小叶 3～5 簇生，顶生小叶常 3 裂，侧生小叶下部常有大裂片，叶背有毛。

(3)分布与习性

原产于我国北方，各地都有栽培，是华北平原、黄土高原常见树种。喜光，略耐阴，喜干冷气候，但在高温多湿的华南也能生长；喜深厚、排水良好的沙质壤土，但在石灰性、酸性及轻盐碱土上均可正常生长；在干燥、贫瘠的山地及低洼积水处生长不良。耐烟尘，能适应城市街道环境，对二氧化硫、氯气、氯化氢均有较强的抗性。

(4)繁殖方法

播种或萌蘖繁殖。

(5)观赏与应用

槐树树冠宽广，枝叶繁茂，是良好的行道树、庭荫树。可配置于公园绿地、建筑物周围、居住区及“四旁”绿化。变种龙爪槐，盘曲下垂，姿态古雅，最宜在古典园林中应用，可对植于门前、庭前两侧或孤植于亭、台、山石一隅，亦可列植于甬道两侧。

91. 刺槐 *Robinia pseudoacacia* L.（图 2-85）

别名：洋槐、德国槐　科属：蝶形花科 Fabaceae　刺槐属 *Robinia* L.

(1)形态特征

落叶乔木。树冠椭圆状倒卵形。树皮灰褐色至黑褐色，深纵裂。奇数羽状复叶互生，小叶 7～19，椭圆形、长圆形或卵形，先端圆钝或微凹，有小尖头，全缘；托叶变为刺。花两性，白色，芳香，总状花序，总花梗及花梗有毛。荚果带状，赤褐色。花期 4～5 月，果期 7～8 月。

图 2-85　刺　槐

(2)常见变型、品种

① 无刺槐 f. *inermis*（Mirb.）Rehd.　枝无托叶刺或近无刺，宜作行道树。

② 红花刺槐 f. *decaisneana*（Carr.）Voss.　花冠红色。原产于北美，南京、上海、济南等地引入栽培。

③ ‘球冠无刺’槐‘Umbraculifera’　树冠紧密，近球形，分枝细密，近无刺。宜作庭园观赏树。

④ ‘香花’槐‘Idahoensis’　小枝棕红色，托叶刺较小。花粉红色或紫红色。花期 5 月、7～8 月。埋根繁殖为主。原产于西班牙。

(3)分布与习性

原产于北美，现欧亚各国广泛栽培；我

国从吉林至华南各地普遍栽培。强喜光树种，不耐阴，喜较干燥凉爽的气候，对土壤要求不严，以深厚肥沃、湿润而排水良好的沙质壤土生长最佳。浅根性，侧根发达，抗风能力较弱，萌蘖力强。

(4)繁殖方法

播种繁殖，也可分蘖或插根繁殖。

(5)观赏与应用

刺槐树冠高大整齐，叶色鲜绿，花白叶翠，芳香宜人，是优良的行道树和庭荫树，又是工矿区绿化及荒山荒地绿化的先锋树种，还是良好的蜜源植物。

92. 毛刺槐 *Robinia hispida* L.（图2-86）

别名：江南槐、毛洋槐　科属：蝶形花科 Fabaceae　刺槐属 *Robinia* L.

(1)形态特征

落叶灌木。茎、小枝、花梗均有红色刺毛；托叶不变为刺状。奇数羽状复叶互生，小叶7～13，广卵形至近圆形，先端钝而有小尖头，全缘。花两性，粉红或紫红色，总状花序具花2～7朵。荚果具腺状刺毛。花期6～7月，很少结果。

(2)分布与习性

原产于北美，我国东北南部及华北园林中常有栽培。喜光，耐寒，喜排水良好土壤。

(3)繁殖方法

嫁接繁殖，以刺槐为砧木。

(4)观赏与应用

毛刺槐花大色美，宜于庭院、草坪边缘、园路旁丛植或孤植观赏，也可作基础种植。利用刺槐高接能形成小乔木，可作园路行道树。

图2-86　毛刺槐

93. 喜树 *Camptotheca acuminata* Decne.（图2-87）

别名：旱莲、千丈　科属：蓝果树科 Nyssaceae　喜树属 *Camptotheca* Decne.

(1)形态特征

落叶乔木，树皮灰色。单叶互生，叶椭圆形至长卵形，先端突渐尖，基部广楔形，全缘(萌蘖枝及幼树枝叶常疏生锯齿)或微呈波状，羽状脉弧形，表面亮绿色，背面淡绿色，疏生短柔毛；叶柄常带红色。花单性同株，头状花序具长柄；花瓣5，淡绿色。坚果香蕉形，有窄翅，集生成球形，熟时黄褐色。花期6～7月，果期9～11月。

(2)分布与习性

分布于长江流域以南各地及部分长江以北地区。喜光，稍耐阴，喜温暖湿润气候，不耐寒；喜深厚湿润、肥沃的土壤，较耐水湿，不耐干旱瘠薄，在酸性、中性及弱碱性土上均能生长。萌芽力强，生长快，抗病能力强。

(3)繁殖方法

播种繁殖。

(4)观赏与应用

喜树树干通直，树冠开展而整齐，叶荫浓郁，根系发达，是良好的“四旁”绿化树种。也可营造防风林。

图2-87　喜　树

94. 红瑞木 *Cornus alba* L.（图2-88）

别名：凉子木、红瑞山茱萸　科属：山茱萸科 Cornaceae　梾木属 *Cornus* L.

图2-88　红瑞木

(1)形态特征

落叶灌木。树皮紫红色。小枝近四棱，血红色，常被白粉。单叶对生，叶卵形或椭圆形，先端尖，叶基圆形或广楔形，侧脉5～6对，叶表暗绿色，叶背粉绿色，两面均疏生贴生柔毛，全缘。花两性，黄白色，伞房状聚伞花序。核果斜卵圆形，熟时白色或稍带蓝色。花期5～6月，果期7～10月。

(2)分布与习性

分布于我国东北、华北及陕西、甘肃、青海、山东、江苏、河南等地。喜光，稍耐阴，极耐寒，适应性强，生长强健，在疏松肥沃、富含腐质的微酸性土壤中生长最好。萌蘖性较强，耐修剪。

(3)繁殖方法

播种繁殖，也可扦插、分株或压条繁殖。

(4)观赏与应用

红瑞木枝条终年血红色，白花，蓝白果，秋叶鲜红色，极富观赏价值，是园林中重要的观枝、观叶、观果的优良树种。最宜植于草地、建筑物前或常绿树间，若与棣棠、梧桐等绿干树种配植，则红绿相衬，别有情趣。如临水栽植于池畔、湖边，效果亦佳，还可作自然式绿篱，游人尽赏其枝色、叶色和白果。

95. 臭椿 *Ailanthus altissima*（Mill.）Swingle.（图2-89）

别名：椿树　科属：苦木科 Simarubaceae　臭椿属 *Ailanthus* Desf.

(1)形态特征

落叶乔木。树皮平滑有直纹。枝条粗壮，叶痕大；无顶芽。奇数羽状复叶互生，小叶13～25，卵状披针形，基部偏斜，齿背有腺体，叶揉碎后具臭味。花杂性，淡绿色，圆锥花序。翅果长椭圆形，褐色，种子位于翅的中间。花期4～5月，果期8～10月。

图2-89　臭　椿

(2)常见品种

①'红叶'椿'Hongyechun'　叶红色。观赏价值高。

②'红果'椿'Hongguochun'　果实红色。观赏价值高。

③'千头'椿'Qiantouchun'　分枝细密，树冠圆头形，整齐美观。特别适用于行道树的推广品种。

(3)分布与习性

我国除黑龙江、吉林、新疆、青海、宁夏、甘肃和海南外，各地均有分布。喜光，适应性强，耐寒，耐干旱瘠薄，不耐水湿，耐中度盐碱，对微酸性、中性和石灰质土壤都能适应。深根性，根系发达，萌蘖性强，生长较快。对烟尘和二氧化硫抗性较强。

(4)繁殖方法

播种繁殖。

(5)观赏与应用

臭椿树干通直高大，树冠圆整，叶大荫浓，秋季红果满树，是很好的观赏树种，可作庭荫树、独赏树、行道树、公路树，也是“四旁”绿化及矿区绿化的良好树种。因其适应性强，萌蘖力强，故为荒地造林的先锋树种，盐碱地的水土保持和土壤改良用树种，也可作石灰岩地区的造林树种。

96. 苦楝 *Melia azedarach* L.（图 2-90）

别名：楝、楝树　科属：楝科 Meliaceae　楝属 *Melia* Linn.

（1）形态特征

落叶乔木。树皮灰褐色，纵裂。2～3 回奇数羽状复叶互生，小叶对生，卵形、椭圆形至披针形，有钝锯齿。花两性，淡紫色，芳香，圆锥花序。核果球形至椭圆形，熟时黄色，经冬不落，内果皮木质。种子椭圆形。花期 4～5 月，果期 10～12 月。

（2）分布与习性

分布于我国黄河以南各地，广布于亚洲热带和亚热带地区，温带地区也有栽培。喜光，不耐庇荫，喜温暖湿润气候，耐寒力不强，对土壤要求不严，酸性、中性与石灰岩土壤均能生长。萌芽力强，抗风，生长快，寿命短。对二氧化硫抗性较强，但对氯气抗性较弱。

（3）繁殖方法

播种繁殖。

（4）观赏与应用

苦楝树形优美，叶形秀丽，紫花芳香，颇为美丽，宜作庭荫树及行道树，宜配置在草坪边缘、水边、园路两侧、山坡、墙角，可孤植、列植或丛植，用于居民新村、街头绿地、工厂单位均可，是江南农村“四旁”绿化常用的树种。

图 2-90　苦　楝

图 2-91　香　椿

97. 香椿 *Toona sinensis* (A. Juss.) Rocm.（图 2-91）

别名：红椿、红楝子　科属：楝科 Meliaceae　香椿属 *Toona* Roem.

(1)形态特征

落叶乔木。树皮暗褐色，长条片状纵裂。小枝粗壮，叶痕大，扁圆形。偶数羽状复叶(稀奇数)互生，小叶10~20，长圆形和长圆状披针形，先端长渐尖，基部不对称，全缘或有不明显钝锯齿。花两性，白色，芳香，复聚伞花序顶生。蒴果5瓣裂。花期6月，果期10~11月。

(2)分布与习性

产于我国辽宁南部、黄河及长江流域，各地普遍栽培。喜光，喜温暖湿润气候，不耐严寒，耐旱性较差，对土壤要求不严。深根性，根蘖力强，生长速度中等偏快。

(3)繁殖方法

播种繁殖。

(4)观赏与应用

香椿树冠开阔，枝叶浓密，嫩叶红艳，常用作庭荫树、行道树，又是很好的“四旁”绿化树种。材质优良，素有“中国桃花心木”之誉，是优良用材树种。嫩芽味鲜美，根皮、核果入药。

98. 白蜡树 *Fraxinus chinensis* Roxb.（图 2-92）

别名：白蜡　科属：木犀科 Oleaceae　白蜡属 *Fraxinus* L.

(1)形态特征

落叶乔木。树皮黄褐色。奇数羽状复叶对生，小叶5~9，通常7，卵状椭圆形或倒卵形，叶缘有整齐锯齿，仅叶背沿脉有短柔毛。花单性异株，无花瓣；雄花密集，花萼小，钟状；雌花疏离，花萼大，筒状；圆锥花序生于当年生枝上。翅果倒披针形。花期4~5月，果期7~10月。

图 2-92　白蜡树

(2)分布与习性

我国东北、华北、西北至长江流域均有分布，朝鲜、越南也有分布。喜光，稍耐阴，耐寒，喜湿，耐涝，耐干旱，喜温暖湿润，对土壤适应性强。生长快，耐修剪，抗污染性强。

(3)繁殖方法

播种繁殖，也可扦插繁殖。

(4)观赏与应用

白蜡树树形整齐，枝叶茂密，叶色鲜绿，秋叶橙黄，是优良的庭荫树和行道树种，适于河流两岸、池畔、湖边栽植，也适于工矿区绿化。枝叶可放养白蜡虫，制取白蜡，材质优良，是我国重要的经济树种之一。

99. 洋白蜡 *Fraxinus pennsylvanica* Marsh.（图2-93）

别名：宾州白蜡　科属：木犀科 Oleaceae　白蜡属 *Fraxinus* L.

图2-93　洋白蜡

(1)形态特征

落叶乔木。树皮灰色，纵裂。顶芽圆锥形，被褐色毛。奇数羽状复叶对生，小叶7～9，卵状长椭圆形至披针形，有锯齿或近全缘，背面通常有短柔毛。花单性异株，无花瓣，有花萼，圆锥花序生于去年生枝侧。翅果倒披针形，果翅较狭，下延至果体中下部或近基部。花期4月，果期8～10月。

(2)分布与习性

原产于美国东北及中部，我国北方地区有栽培。喜光，耐寒，耐低湿，抗冬春干旱和盐碱力强，生长较快。

(3)繁殖方法

播种、扦插繁殖。

(4)观赏与应用

洋白蜡树形整齐，枝叶茂密，对城市环境适应性强，常用作行道树、庭荫树、独赏树及防护林，也可作湖岸绿化及工矿厂区绿化树种。

100. 水曲柳 *Fraxinus mandshurica* Rupr.（图2-94）

别名：满洲白蜡　科属：木犀科 Oleaceae　白蜡属 *Fraxinus* L.

(1)形态特征

落叶乔木。树皮浅纵裂。小枝略呈四棱形。奇数羽状复叶对生，小叶7～13，近无柄，卵状长椭圆形，叶轴具窄翅，小叶柄基部密生黄褐色绒毛，锯齿细尖。花单性异株，无花被，圆锥花序侧生于去年生枝上。翅果常扭曲，矩圆状披针形。花期5～6月，果期9～10月。

(2)分布与习性

分布于我国东北、华北地区。喜光，耐严寒，喜湿，不耐水涝，喜肥，稍耐盐碱。根系发达，耐修剪，抗风性强，生长快，寿命长。

(3)繁殖方法

播种繁殖，也可扦插繁殖。

(4)观赏与应用

水曲柳树体高大，枝叶繁茂，是优良的绿化树种，可作行道树、庭荫树、独赏树、

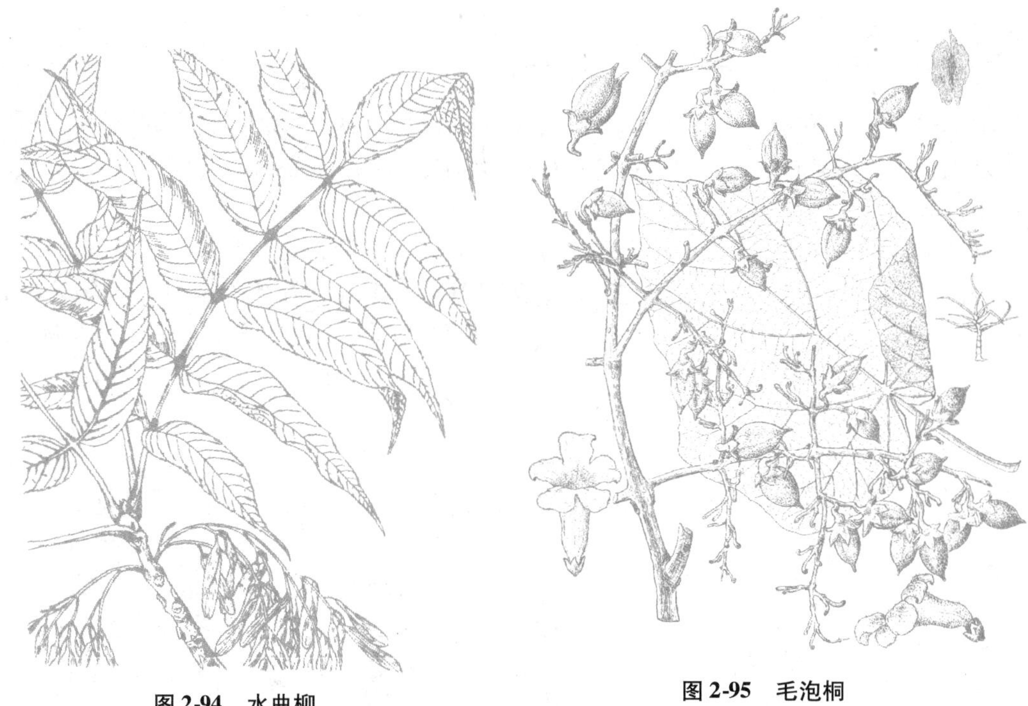

图2-94　水曲柳

图2-95　毛泡桐

风景林树种。材质优良，是经济价值较高的用材树种。

101. 毛泡桐 *Paulownia tomentosa*（Thunb.）Steud.（图2-95）

别名：紫花泡桐、绒毛泡桐、桐　科属：玄参科 Scrophulariaceae　泡桐属 *Paulownia* Sieb. et Zucc.

（1）形态特征

落叶乔木，树冠丰满。小枝密被黏腺毛。单叶对生，叶阔卵形或卵形，表面被长柔毛和腺毛，背面密被有长柄的白色分枝毛，幼叶有黏腺毛，基部心形，全缘或3～5裂。花两性，以花蕾越冬，花蕾球形，密被黄色星状毛；花萼裂至中部；花冠漏斗状钟形，鲜紫色或蓝紫色，内有紫斑及黄色条纹；圆锥花序顶生。蒴果卵形。花期4～5月，果期8～9月。

（2）分布与习性

分布于我国淮河至黄河流域，北方各地普遍栽培；朝鲜、日本也有分布。喜光，不耐阴，耐寒，耐旱，怕积水。根系发达，生长迅速。

（3）繁殖方法

播种繁殖，也可埋根、埋干、留根繁殖。

（4）观赏与应用

毛泡桐树干端直，树冠宽大，叶大荫浓，春季紫花满树，宜作行道树、庭荫树、独赏树。材质轻软，是重要的速生用材树种。

2.3 竹类

102. 孝顺竹 *Bambusa glaucescens*（wilLd.）Sieb. ex Munro（图 2-96）

别名：凤凰竹、蓬莱竹　科属：禾本科 Poaceae　簕竹属 *Bambusa* Schreb.

(1)形态特征

灌木状，竹秆密集丛生。节间圆柱形，绿色，老时变黄色。箨鞘硬而脆，背面草黄色，无毛；箨叶直立，三角形或长三角形；箨耳缺或不明显；箨舌不显著，全缘或细齿裂。每小枝上有叶 5 ~ 9 枚，叶片线状披针形，叶鞘短而无毛；叶耳不明显，叶舌截平。笋期 9 ~ 11 月。

图 2-96　孝顺竹

(2)常见变种、品种

①'凤尾'竹 'Fernleaf'　秆细小而空心。叶细小，每小枝具叶 9 ~ 13，羽状二列。是著名观赏竹种，适宜庭院栽培或盆栽观赏，也可作绿篱。

② 观音竹 var. *riviereorum* Maire　秆紧密丛生，实心。每小枝具叶 13 ~ 23，羽状二列。产于我国东南部，常植于庭园中观赏。

③'金秆'孝顺竹 'Golden Goddess'　竹秆金黄色。

④'黄纹'孝顺竹 'Yellow – stripe'　绿秆上有黄色纵条纹。

⑤'花秆'孝顺竹 'Alphonse Karr'　竹秆金黄色，节间有绿色纵条纹。长江以南各地庭园中有栽培。

⑥'菲白'孝顺竹 'Albo – variegata'　叶片在绿底上有白色纵条纹，有较高观赏价值。

(3)分布与习性

原产于我国，分布于华南、西南至长江中下游等地。喜温暖湿润气候及深厚湿润、排水良好的土壤。孝顺竹和凤尾竹是丛生竹中适应性和耐寒力最强的竹种之一。

(4)繁殖方法

用母竹分株繁殖，也可埋兜、埋秆、埋节繁殖。

(5)观赏与应用

孝顺竹竹丛秀美，叶密集下垂，姿态婆娑秀丽，在长江以南园林中习见栽培观赏，可孤植、对植、列植、群植或作绿篱。

103. 佛肚竹 *Bambusa ventricosa* McCl.（图2-97）

别名：佛竹、密节竹　科属：禾本科 Poaceae　簕竹属 *Bambusa* Schreb.

（1）形态特征

多灌木状，无刺。幼秆深绿色，稍被白粉，老时黄绿色；秆二型，正常秆节间长；畸形秆高常不足60cm；秆节密，节间短缩，基部显著膨大呈瓶状，形似佛肚。箨叶卵状披针形；箨鞘光滑，初深绿色，老后橘红色；箨耳圆形或倒卵形至镰刀形；箨舌极短。分枝1～3，每小枝有叶7～13，叶片卵状披针形，背面被柔毛。

（2）分布与习性

我国广东特产，我国南方各地及马来西亚和美洲也有引种栽培。喜温暖湿润气候，不耐寒，北方需温室越冬。

（3）繁殖方法

移植母竹或竹蔸栽植繁殖。

（4）观赏与应用

佛肚竹竹秆畸形，状若佛肚，形态奇异，观赏价值高，在广东等地可露地栽植装饰庭院、公园，也可盆栽或作盆景，其他地区盆栽观赏。

104. 桂竹 *Phyllostachys bambusoides* Sieb. et Zucc.（图2-98）

别名：刚竹　科属：禾本科 Poaceae　刚竹属 *Phyllostachys* Sieb. et Zucc.

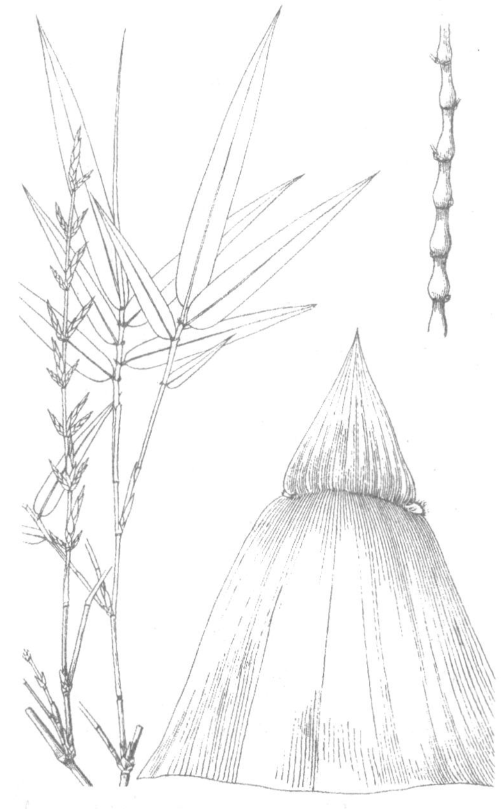

图2-97　佛肚竹

图2-98　桂　竹

(1)形态特征

乔木状，地下茎单轴散生。秆挺直，绿色，无毛，老竹在节下有白粉环；节间在分枝一侧有纵沟；新枝微被白粉。秆环、箨环均隆起；箨鞘黄褐色，密被黑紫色斑点，常疏生直立短硬毛，一侧或两侧有箨耳和毛；箨叶三角形至带形，橘红色，绿边，褶皱下垂。每小枝具叶3～6。笋期5～7月。

(2)常见品种

①'斑竹''Tanakae' 竹秆有紫褐色斑块，分枝也有紫褐色斑点。

②'黄金间碧玉''Castilloni' 秆黄色，间有宽绿条带；有些叶片上也有乳白色的纵条纹。原产于我国，早年引入日本，并长期栽培。

③'碧玉间黄金''Castilloni-inversa' 与上种相反，竹秆绿色，间有黄色条带。日本有栽培。

(3)分布与习性

原产于我国，淮河流域至长江流域各地均有栽培，是我国最早引入日本栽培的刚竹属竹种。喜深厚肥沃土壤，适应性较强，较耐寒，耐盐碱。

(4)繁殖方法

用母竹分株繁殖。

(5)观赏与应用

桂竹枝秆挺拔修长，四季青翠，常用于园林绿地及风景区栽植；其栽培变种节间金黄色而嵌绿色条纹，观赏价值极高，盆栽或植于庭园观赏。

105. 毛竹 *Phyllostachys edulis* (Carr.) H. de Lehaie.(图2-99)

别名：孟宗竹　科属：禾本科 Poaceae　刚竹属 *Phyllostachys* Sieb. et Zucc.

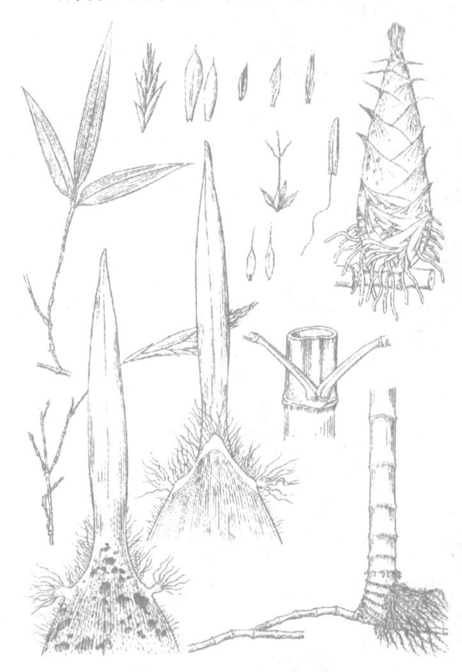

图2-99　毛　竹

(1)形态特征

高大乔木型竹。秆散生，新秆密被柔毛和白粉，后无毛；基部节间短，分枝以下秆环不明显，仅箨环隆起，初被一圈毛，后脱落。秆箨厚革质，密被棕褐色毛和黑褐色斑点；箨耳小，繸毛发达；箨舌宽短、弓形，两侧下延；箨叶较短，长三角形至披针形，绿色，初直立，后反曲。枝叶二列状排列，每小枝有叶2～3，叶较小，披针形，叶舌隆起，叶耳不明显。笋期3～4月。

(2)常见品种

①'龟甲'竹'Heterocycla' 秆较矮小，下部节间全膨大臃肿状，节间交错成斜面。

②'花秆'毛竹'Tao Kiang' 秆、枝黄色，节间有多数宽窄不一的绿色纵条纹。

③'金丝'毛竹'Gracilis' 中小型竹，竹壁较厚，呈黄色。江、浙、皖多见。

(3)分布与习性

原产于我国，分布于秦岭、汉水流域至长江流域以南，以浙江、江西、湖南、福建为其分布中心，是我国分布最广、面积最大、经济价值最高的竹种。喜光、喜温暖湿润的气候，喜土层深厚肥沃、湿润而排水良好的酸性土壤。

(4)繁殖方法

母竹分株繁殖。

(5)观赏与应用

毛竹秆形高大，枝叶秀丽，优雅潇洒，自古以来广泛用于庭园，与松、梅共誉为“岁寒三友”，或作为主景，创造竹径通幽、云栖竹径等竹林景观，在风景区、城市郊区常营造纯林或与阔叶树混交的风景林。

106. 金竹 *Phyllostachys sulphurea* (Carr.) A. et C. Riv.

别名：黄皮刚竹、黄金竹　科属：禾本科 Poaceae　刚竹属 *Phyllostachys* Sieb. et Zucc.

(1)形态特征

乔木状竹。新秆、老秆均为金黄色，秆表面呈猪皮毛孔状；节下有白粉环，分枝以下的秆环不明显。箨鞘无毛，淡黄绿色，有绿色条纹及褐色至紫褐色斑点，无箨耳，箨舌边缘有纤毛；箨叶细长呈带状，其基部宽为箨舌之2/3，反转，下垂，微皱，绿色，边缘肉红色。笋期7~8月。

(2)分布与习性

原产于我国，分布于长江流域各地，西南地区亦广泛引种栽培。喜温凉气候。

(3)繁殖方法

用母竹分株繁殖，也可埋兜、埋秆、埋节繁殖。

(4)观赏与应用

金竹竹秆金黄色，为名贵观赏竹种。是比较珍贵的用作庭院绿化的竹子。

107. 早园竹 *Phyllotachys propinqua* Mcclure(图2-100)

别名：沙竹　科属：禾本科 Poaceae　刚竹属 *Phyllostachys* Sieb. et Zucc.

(1)形态特征

幼秆绿色，被渐变厚的白粉，光滑无毛；老秆淡绿色，节下有白粉圈；节间短而均匀，箨环与秆环均略隆起。箨鞘淡红褐色或黄褐色，被白粉，有紫褐色斑点及不明显条纹，上部边缘枯焦状；无箨耳和繸毛；箨舌淡褐色，弧形；箨叶带状披针形，紫褐色。每小枝有叶2~3，带状披针形，背面基部有毛，叶舌弧形隆起，有缺裂，常无叶耳和繸毛。笋期4~5月。

(2)分布与习性

主产于华东，广西、贵州、湖北、江西、福建、浙江、江苏、河南、安徽等地均有分布。抗寒性强，轻碱地、沙土及低洼地均能生长，而以湿润肥沃土壤为最好。

(3)繁殖方法

用母竹分株繁殖。

(4)观赏与应用

早园竹秆形高大，枝叶秀丽，优雅潇洒，自古以来广泛用于庭园，与松、梅共誉为“岁寒三友”，或作为主景，创造竹径通幽、云栖竹径等竹林景观，在风景区、城市郊区常营造纯林或与阔叶树混交的风景林。

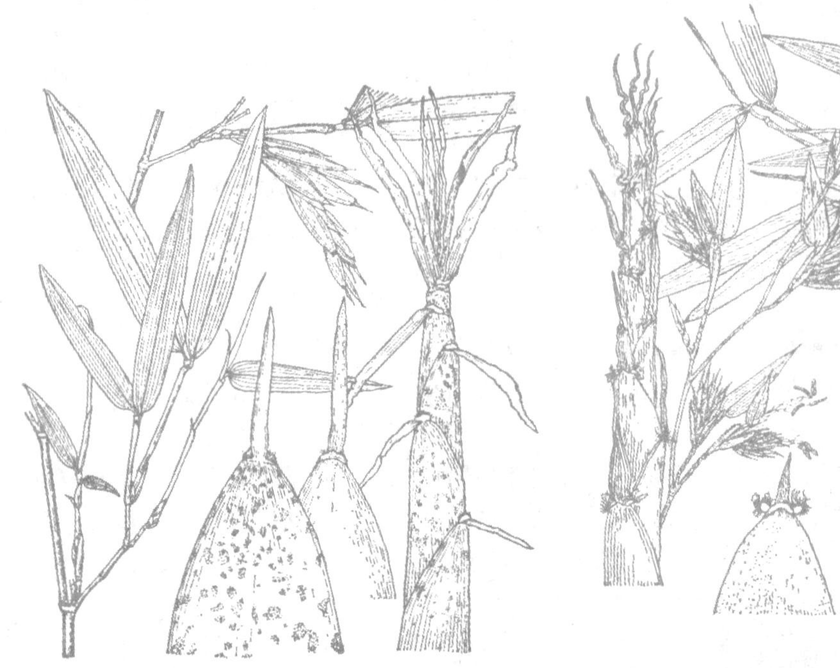

图 2-100 早园竹

图 2-101 紫 竹

108. 紫竹 *Phyllostachys nigra*（Lodd.）Munro（图 2-101）

别名：黑竹、乌竹、散生竹 科属：禾本科 Poaceae 刚竹属 *Phyllostachys* Sieb. et Zucc.

(1)形态特征

新秆淡绿色，密被细柔毛和白粉，箨环有毛，一年后变无毛而秆呈紫黑色；箨环与秆环均隆起。箨鞘密被淡褐色刺毛而无斑点；箨耳发达，长圆形至镰刀形，紫黑色，有繸毛；箨舌长，紫色；箨叶三角形或三角状披针形，舟状隆起，绿色，有多数紫色脉纹。每小枝有叶 2～3，叶片披针形，质地较薄，叶鞘初被粗毛，叶耳不明显，叶舌稍伸出。笋期 4 月下旬。

(2)分布与习性

原产于中国，黄河流域以南各地广为栽培。耐阴，耐寒，北京露地栽培可安全越冬，忌积水，对土壤要求不严，以疏松肥沃的微酸性土最宜。

(3)繁殖方法

用母竹分株繁殖。

(4)观赏与应用

紫竹竹秆紫黑，竹叶翠绿，别具特色，为著名的观赏竹种，在园林中广泛栽培。

109. 慈竹 *Sinocalamus affinis*（Rendle）Mcclure（图2-102）

别名：茨竹，甜慈、钓鱼慈、子母竹 科属：禾本科 Poaceae 慈竹属 *Sinocalamus* Mcclure

(1)形态特征

秆顶梢细长弧形下垂。秆壁薄，节间圆筒形。箨鞘革质，背部密被棕黑色刺毛；箨耳缺；箨舌流苏状；箨叶先端尖，向外反倒，基部收缩略呈圆形，正面多脉，密生白色刺毛，边缘粗糙内卷。叶片数枚至逾10枚着生在小枝先端，叶片薄，表面暗绿色，背面灰绿色。笋期6～9月或12月至翌年3月。

(2)分布与习性

分布于我国西南及华中，云南、四川。喜温暖湿润气候及肥沃疏松土壤，干旱瘠薄处生长不良。

(3)繁殖方法

用母竹分株繁殖，也可埋兜、埋秆、埋节繁殖。

(4)观赏与应用

慈竹竹秆丛生，枝叶茂盛秀丽，适宜于庭院内池旁、窗前、宅后栽植；也可用于村落作围篱，构成特有景色。

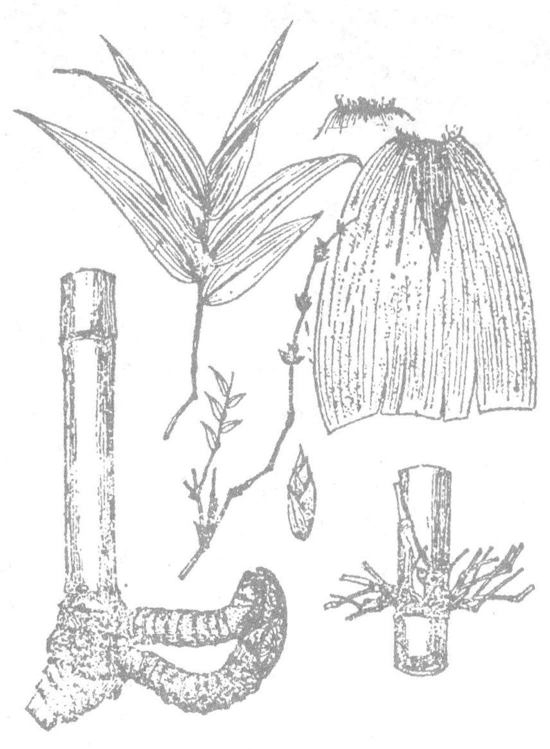

图2-102 慈 竹

单元3 观花类树种

学习目标

【知识目标】

(1)了解各类观花树种在园林中的作用及用途；
(2)掌握常见观花树种的识别要点及观赏特性，能熟练识别各树种；
(3)掌握各树种的花期、花色、花相等特性；
(4)了解各树种的分布、习性及繁殖方法；
(5)学会正确选择、配置各类观花树种的方法。

【技能目标】

(1)具备识别常见园林树种的能力，能识别本地常见观花树木(包括冬态识别)；
(2)具备利用工具书及文献资料鉴定树种的方法和技能，能用专业术语描述观花树种的形态特征；
(3)具备在园林建设中正确合理地选择和配置观花树木的能力。

3.1 常绿树类

1. 广玉兰 *Magnolia grandiflora* L.(图3-1)

别名：荷花玉兰、洋玉兰、大花玉兰　科属：木兰科 Magnoliaceae　木兰属 *Magnolia* L.

(1)形态特征

常绿乔木，高达30m。树冠阔圆锥形。芽及小枝有锈色柔毛，枝具环状托叶痕。单叶互生，叶长椭圆形，长10~20cm，厚革质，表面亮绿色，背面有锈色绒毛，全缘。花大，两性，单生枝端，径15~20(25)cm，白色，芳香。蓇葖果聚合成球果状，各具1~2种子。花期6~7月，果期10月。

(2)常见品种

‘狭叶’广玉兰‘Exmouth’(‘Lanceolata’)　叶较狭，背面苍绿色，毛较少。树冠也较窄。

(3)分布与习性

原产于美国东南部，约1913年首先引入我国广州栽培，故有广玉兰之名。喜光，喜温暖湿润气候及湿润肥沃土壤，有一定的耐寒力，耐烟尘，对二氧化硫等有害气体抗性较强。

(4)繁殖方法

可播种、嫁接或高压繁殖。

(5)观赏与应用

广玉兰树形整齐优美，叶阔荫浓，叶面光亮，花大洁白，形似荷花芳香馥郁；其聚合果成熟后，蓇葖果开裂露出鲜红色的种子也颇美观。宜作行道树、园景树或群植于广场。由于其树冠庞大，花开于枝顶，故在配置上不宜植于狭小的庭院内，否则不能充分发挥其观赏效果。

图3-1　广玉兰

图3-2　木　莲

2. 木莲 *Manglietia fordiana*（Hemsl.）Oliv.（图3-2）

别名：黄心树　科属：木兰科 Magnoliaceae　木莲属 *Manglietia* Bl.

(1)形态特征

常绿乔木，高达20～25m。小枝具环状托叶痕，幼枝及芽有红褐色短毛。单叶互生，长椭圆形至倒披针形，长8～16cm，革质，全缘，背面疏生红褐色短硬毛，侧脉8～12对。花两性，白色，形如莲，单生枝端；花梗粗短，长1～2cm。聚合蓇葖果，各具4至多数种子。花期4～5月，果期10月。

(2)分布与习性

产于我国东南部至西南部山地。喜光，幼时耐阴，喜温暖湿润气候及肥沃的酸性土壤，在低海拔过于干热处生长不良。

(3)繁殖方法

播种或嫁接繁殖为主。

(4)观赏与应用

木莲树干通直高大，枝叶浓密，花白而大形如莲，聚合果深红色，具有较高的观赏价值，是南方园林绿化及观赏树种。

图3-3　白兰花

3. 白兰花 *Michelia alba* DC.（图3-3）

别名：白兰、缅桂　科属：木兰科 Magnoliaceae　含笑属 *Michelia* L.

(1)形态特征

常绿乔木，高达10～17m，树冠卵圆形。枝有环状托叶痕。单叶互生，叶卵状长椭圆形或长椭圆形，长15～25cm，叶背被短柔毛；叶柄上的托叶痕不足柄长的1/3。花两性，单生叶腋，浓香，花被10片以上，白色，狭长。花期4～6(9)月，果期8～10月。

(2)分布与习性

原产于印尼爪哇，我国华南各地多有栽培，云南大部分地区栽培观赏。喜光，喜温暖多雨气候及肥沃疏松的酸性土壤，不耐寒，生长较快，萌芽力强，易移栽，根肉质，怕积水。对二氧化硫、氯气等有毒气体抗性差。

图3-4　含　笑

(3)繁殖方法

常以黄兰作砧木嫁接或高压繁殖。

(4)观赏与应用

白兰花为名贵的香花树种，夏秋酷暑，盛开的白兰花，香气袭人，令人有消暑清凉之感，于树下纳凉，浓荫郁蔽，清风徐徐，十分爽意。常栽作庭荫树及观赏树；长江流域及北方各城市常于温室盆栽观赏。花朵供熏制茶叶或作襟花佩带。

4. 含笑 *Michelia figo*（Lour.）Spreng.（图3-4）

别名：含笑梅、山节子　科属：木兰科 Magnoliaceae　含笑属 *Michelia* L.

(1)形态特征

常绿灌木，高2～3(5)m。小枝及叶柄密生褐色绒毛；枝有环状托叶痕。单叶互生，椭圆

状倒卵形，全缘，长4~10cm，革质。花两性，单生叶腋，花被片6，肉质，淡乳黄色，边缘带紫晕，具香蕉香气，雌蕊群无毛；花梗较细长。聚合蓇葖果部分不发育。花期4~6月。

(2)分布与习性

产于我国南部，现自华南至长江流域各地均有栽培。喜弱阴，不耐暴晒和干燥，否则叶易变黄，喜暖热多湿气候及酸性土壤，不耐石灰质土壤，有一定耐寒力。

(3)繁殖方法

播种、分株、压条、扦插繁殖。

(4)观赏与应用

含笑为著名芳香花木，绿叶素雅，其花开而不放，别具风姿，清雅宜人，当盛花时，陈列室内，香蕉型的香味四溢，是花叶兼美的观赏性植物。适于在小游园、花园、公园或街道上成丛种植，也可配置于草坪边缘或稀疏林丛之下，使游人在休息之中常得芳香气味的享受。也为家庭养花之佳品。

5. 云南含笑 *Michelia yunnanensis* Franch.（图3-5）

别名：皮袋香、山栀子、十里香　科属：木兰科 Magnoliaceae　含笑属 *Michelia* L.

(1)形态特征

常绿灌木，高2~4m。幼枝密生锈色绒毛，枝有环状托叶痕。单叶互生，叶倒卵状椭圆形，长4~10cm，先端急尖或圆钝，基部楔形，背面幼时有棕色绒毛，后渐脱落。花两性，白色，芳香，单生叶腋，花梗粗短。花期3~4月，果期8~10月。

(2)分布与习性

产于云南，常见于1600~2800m的山地林下及红壤地带灌木丛中。喜光，喜温暖湿润气候及疏松肥沃的酸性土壤。萌发力强，耐修剪，也较耐寒。适应力强，对有害气体有较强的抗性和净化能力。

(3)繁殖方法

播种繁殖。

(4)观赏与应用

云南含笑四季常绿，花洁白芳香，蓇葖果成熟开裂时，红色的种子悬挂于丝状种柄上不脱落，颇为美丽，是一种深受人们喜爱的香花植物，宜植于广场、庭园，也可作庭园中的花篱或对植于建筑物入口处。

图3-5　云南含笑

6. 山茶 *Camellia japonica* L.（图3-6）

别名：山茶花、华东茶　科属：山茶科 Theaceae　山茶属 *Camellia* L.

（1）形态特征

常绿灌木或小乔木，高达6～9(15) m。嫩枝无毛，冬芽有数鳞片。单叶互生，叶椭圆形或倒卵形，长5～10cm，表面暗绿而有光泽，缘有细齿。花两性，单生，径5～12cm，近无柄，子房无毛。蒴果近球形。花期11～2月，果期9～10月。

图3-6　山　茶

原种为单瓣红花，但经过长期的栽培在植株习性、叶、花形、花色等方面产生极多的变化，目前品种多达一两千种，花朵有着从红到白，从单瓣到完全重瓣的各种组合。

（2）分布与习性

原产于日本、朝鲜和中国；我国东部及中部栽培较多。喜半阴，喜温暖湿润气候；有一定的耐寒能力；喜肥沃湿润而排水良好的酸性土壤。

（3）繁殖方法

播种、压条、扦插、嫁接繁殖。

（4）观赏与应用

山茶叶色翠绿，四季常青，开花于冬末春初万花凋谢之时，尤为难得。花大色艳，品种繁多，花期长，是著名的观赏花木。郭沫若先生曾用“茶花一树早桃红，白朵彤云啸傲中”的诗句赞美山茶花盛开的景况。宜植于草坪、庭园或盆栽观赏。

7. 云南山茶 *Camellia reticulata* Lindl.（图3-7）

别名：云南山茶花、滇山茶、南山茶　科属：山茶科 Theaceae　山茶属 *Camellia* L.

（1）形态特征

常绿小乔木或大灌木，高可达10～15m。单叶互生，叶较大，椭圆形或卵状披针形，长7～12cm，表面深绿而近无光泽，网脉明显，锯齿细尖。花两性，径10～18 cm，花色自淡红至深紫，子房有绒毛。蒴果扁球形。花期长，在原产地早花品种12月下旬开始开花，晚花品种能一直开到4月上旬，果期8～10月。

（2）常见变型、品种

云南山茶品种已逾100种。其中较为著名的品种有‘童子面’、‘早桃红’、‘狮子头’、‘恨天高’、‘松子鳞’、‘牡丹’茶、‘大玛瑙’、‘大理’茶、‘紫袍’、‘菊瓣’等。其野生类型腾冲红花油茶 f. *simplex* Sealy，花单瓣，红色。是优良的木本油料和观赏树种。

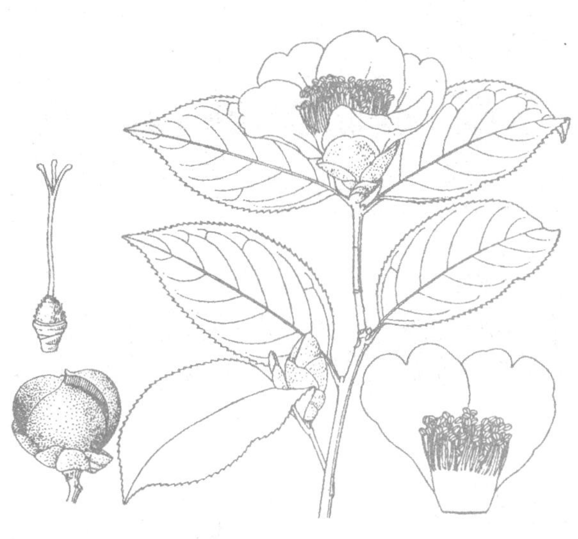
图3-7 云南山茶

(3)分布与习性

产于云南，栽培品种多达百余个，在云南昆明、大理等地，几乎随处可见。喜侧方庇荫，喜温暖湿润气候，既怕冷又怕热，要求酸性土壤，可在pH 3～6的范围内正常生长，而以pH 5左右最好。生长缓慢，但寿命很长。

(4)繁殖方法

播种或嫁接繁殖。

(5)观赏与应用

云南山茶是云南特产的著名观赏花木，是云南"八大名花"之一，为昆明市的市花。冬春时节，盛开时如火如荼，灿若彩霞，十分壮观，深受人们喜爱，有"云南茶花奇甲天下"等咏赞，宜与庭荫树配置，也可盆栽观赏。

8. 茶梅 *Camellia sasanqua* Thunb.（图3-8）

别名：茶梅花、小茶梅、海红　科属：山茶科 Theaceae　山茶属 *Camellia* L.

(1)形态特征

常绿灌木或小乔木，高3～6(13)m。嫩枝有毛，芽鳞有倒生柔毛。单叶互生，叶较小而厚，椭圆形至倒卵形，长4～8cm，表面有光泽，脉上略有毛。花两性，1～2朵顶生，花朵平开，花瓣呈散状，通常为白色，径3.5～7cm，花丝离生，子房密被白毛；无花柄，稍有香气。花期按品种不同从9～11月至翌年1～3月，果期8～11月。

图3-8 茶 梅

(2)常见品种

①'白花'茶梅'Alba' 花白色。

②'大白花'茶梅'Grandiflora Alba' 花径约8cm。

③'白花紫边'茶梅'Floribunda' 花径达9cm。

④'玫瑰粉'茶梅'Rosea' 花玫瑰粉色。

⑤'玫瑰红'茶梅'Rubra Simplex' 花玫瑰红色。

⑥'变色'茶梅'Versicolor' 花中心由白色变粉红而边缘淡紫色。

⑦'三色'茶梅'Tricolor' 花瓣白色，其边缘粉红色，花药黄色。

⑧'红花重瓣'茶梅'Anemoniflora' 花红色，重瓣。

⑨‘白花重瓣’茶梅‘Fujinomine’　花白色，重瓣。

(3)分布与习性

产于长江以南地区；云南各地有栽培。喜光，也稍耐阴，喜温暖气候及酸性土壤，不耐寒。栽培管理较山茶花容易。

(4)繁殖方法

播种、扦插或嫁接繁殖。

(5)观赏与应用

因其花型兼具茶花和梅花的特点，故称茶梅。它体态玲珑，叶形雅致，花色艳丽，花期长，是赏花、观叶俱佳的著名花卉。南方常于庭园栽培观赏，可作基础种植或作绿篱、花篱。

9. 扶桑 *Hibiscus rosa－sinensis* L.（图3-9）

别名：朱槿、佛桑、大红花　科属：锦葵科 Malvaceae　木槿属 *Hibiscus* L.

图3-9　扶　桑

(1)形态特征

常绿大灌木，高可达6m。单叶互生，叶广卵形至长卵形，长4～9cm，缘有粗齿，基部全缘，无毛，表面有光泽。花两性，花冠漏斗形，通常鲜红色，径6～10cm；雄蕊柱和花柱超出花冠外；花梗长而无毛。蒴果卵球形，径约2.5cm，顶端有短喙。夏秋开花。

(2)常见品种

①‘白花’扶桑‘Albus’　花白色。

②‘黄花’扶桑‘Luteus’　花黄色。

③‘黄花红心’扶桑‘Currie’

④‘金花红心’扶桑‘Aurantiacus’

⑤‘粉花’扶桑‘Kermesinus’　花粉色。

⑥‘红花重瓣’扶桑‘Rubro-plenus’　花红色，重瓣。

⑦‘白花重瓣’扶桑‘Albo-plenus’　花白色，重瓣。

⑧‘黄花重瓣’扶桑‘Flavo-plenus’　花黄色，重瓣。

(3)分布与习性

产于中国南部及中南半岛，现温带至热带地区均有栽培。强喜光植物，喜暖热湿润气候，不耐寒，长江流域及其以北仍需温室越冬。

(4)繁殖方法

多扦插繁殖。

(5)观赏与应用

扶桑花色鲜艳，花大形美，花期悠长，枝叶茂盛，是著名的观赏花木。在南方多散植于池畔、亭前、道旁和墙边，也可密植作观花绿篱，北方可盆栽观赏。

10. 锦绣杜鹃 *Rhododendron pulchrum* Sweet（图3-10）

别名：毛鹃、鲜艳杜鹃　科属：杜鹃花科 Ericaceae　杜鹃花属 *Rhododendron* L.

图3-10　锦绣杜鹃

（1）形态特征

常绿或半常绿灌木，高达1.8m。枝具扁毛。单叶互生，叶长椭圆形，长3～6cm，叶上毛较少，叶端有一尖点，全缘。花两性，花冠漏斗形，裂片5，鲜玫瑰红色，上部有紫斑；雄蕊10，长短不等；花萼较大，长约1cm；花芽鳞片外有黏胶。蒴果长卵圆形，呈星状开裂。花期2～5月，果期9～10月。

（2）分布与习性

原产于中国，现国内多为园林栽培。喜湿润、阴凉的环境。怕干，忌涝，宜栽植于排水良好的微酸性土壤中。

（3）繁殖方法

多扦插繁殖。

（4）观赏与应用

锦绣杜鹃是杜鹃花园艺分类中毛鹃的代表，树形低矮，枝叶清秀，四季常青，开花繁茂，可盆栽，也可丛植、群植于公园或庭院中，或作花篱植于路边，是优良的园林观赏植物。

11. 马缨杜鹃 *Rhododendron delavayi* Franch.（图3-11）

别名：马缨花、马鼻缨　科属：杜鹃花科 Ericaceae　杜鹃花属 *Rhododendron* L.

（1）形态特征

常绿灌木至小乔木，高可达12m。单叶簇生枝端，叶矩圆状披针形，长8～15cm，两端急尖，革质，背面有海绵状薄毡毛，叶脉在表面凹下，背面隆起。花两性，花冠钟状，深红色，长4～5cm，肉质，基部有5蜜腺囊，雄蕊10，子房密生红棕色扁毛；花柄长约1cm，密生棕色毛；10～20朵成紧密的顶生伞形花序。花期3～5月，果期10～12月。

（2）分布与习性

产于我国云南和贵州西部。喜凉爽湿润气候，适宜通风良好的半阴环境；喜生于富含腐殖质、疏松、排水良好、pH值为5.5～6.5的酸性土壤。喜肥，但忌浓肥；喜湿润，但不耐积水，水分过多会烂根。

图3-11　马缨杜鹃

(3)繁殖方法

播种、分株繁殖。

(4)观赏与应用

马缨杜鹃树冠圆形，叶坚挺，树干古朴，花大而鲜红，鲜艳夺目，宛如马头披带的红缨，十分壮观，宜丛植于庭园、林下。

12. 比利时杜鹃 *Rhododendron hybrida* Hort.

别名：西洋杜鹃　科属：杜鹃花科 Ericaceae　杜鹃花属 *Rhododendron* L.

(1)形态特征

常绿灌木，植株矮小。枝、叶表面疏生柔毛。单叶互生，叶卵圆形，全缘。花两性，顶生，花冠阔漏斗状，半重瓣，玫瑰红色、水红色、粉红色或复色等。花期10月至翌年3月。

(2)分布与习性

园艺杂交品种，从比利时引种到我国。喜温暖、湿润、凉爽和半阴的环境及疏松、肥沃、富含有机质、排水良好的微酸性土壤。

(3)繁殖方法

扦插、压条、嫁接、播种繁殖。

(4)观赏与应用

比利时杜鹃是盆栽花卉生产的主要种类之一。花开时灿烂夺目，令人欢乐惊叹，宜盆栽观赏、园林布景等。

13. 红花羊蹄甲 *Bauhinia blakeana* Dunn.

别名：艳紫荆　科属：苏木科(云实科)Caesalpiniaceae　羊蹄甲属 *Bauhinia* L.

(1)形态特征

常绿小乔木，高达10~12m。树冠开展，树干常弯曲。单叶互生，叶宽15~20cm，先端2裂，深达1/4~1/3，掌状脉，似羊蹄状。花两性，径达15cm，花瓣5，倒卵形至椭圆形，艳紫红色，有香气；总状花序。花期11月至翌年3月，有时几乎全年开花，盛花在春秋季。

(2)分布与习性

分布在我国的福建、广东、海南、广西、云南等地。热带树种，喜高温、潮湿、多雨的气候，有一定耐寒能力，我国北回归线以南的广大地区均可以越冬。适应肥沃、湿润的酸性土壤。

(3)繁殖方法

高压、嫁接繁殖。

(4)观赏与应用

红花羊蹄甲冬季整个树冠叶茂花繁，绚丽多彩，是极好的花荫树。在暖地宜作庭园观赏树及庭荫树，也可作水边堤岸绿化树种。是香港的市花，俗称“紫荆花”，1997年香港特区成立时又以此花作为区徽图案。

14. 萼距花 *Cuphea ignea* A. DC.

别名：雪茄花 科属：千屈菜科 Lythraceae 萼距花属 *Cuphea* P. Br.

(1)形态特征

常绿小灌木，高0.5～1m，多分枝。单叶对生，叶披针形至卵状披针形，长达5～7cm，先端渐尖，基部狭。花两性，单生叶腋，萼筒延长而呈花冠状，长达2.5cm，端6裂(下部1片最长)，基部有距，橙红或紫红色，末端有紫圈，近口部白色，无花瓣。蒴果包藏于萼内。几乎全年开花，但以初夏至秋季为主。

(2)分布与习性

原产于墨西哥及牙买加；世界各地多有栽培。喜温暖、湿润的气候及富含腐殖质、排水良好的土壤，稍耐阴，不耐寒。

(3)繁殖方法

播种、扦插繁殖。

(4)观赏与应用

萼距花枝叶密集，花色鲜艳，花期长。可用于布置花坛、花境或盆栽观赏。

15. 瑞香 *Daphne odora* Thunb.（图3-12）

别名：瑞兰、千里香 科属：瑞香科 Thymelaeaceae 瑞香属 *Daphne* L.

(1)形态特征

常绿灌木，高1.5～2m。小枝无毛。单叶互生，长椭圆形或倒披针形，长5～8cm，全缘，较厚，表面深绿有光泽，叶柄粗短。花两性，无花瓣，花萼筒状，端4裂，花瓣状，白色或淡红、紫色，无毛，芳香；头状花序顶生。花期3～5月，果期7～8月。

(2)常见品种

①‘白花’瑞香‘Alba’ 花纯白色。

②‘粉花’瑞香‘Rosea’ 花外侧淡红色。

③‘红花’瑞香‘Rubra’ 花洒红色。

④‘金边’瑞香‘Aureo－marginata’ 叶缘淡黄色，花白色。

图3-12 瑞 香

(3)分布与习性

产于长江流域。喜半荫，忌阳光直射，不耐寒，喜排水良好的酸性土壤；不耐移植。

(4)繁殖方法

扦插、播种或压条繁殖。

(5)观赏与应用

瑞香为我国传统著名花木，观赏价值高，其花虽小，却锦簇成团，花开时节，美丽芳香，清馨高雅。在暖地最适合种于林间空地，林缘道旁，山坡台地及假山阴面，若散植于岩石间则野趣益增，北方多于温室盆栽。

16. 桃金娘 *Rhodomyrtus tomentosa*（Ait.）Hassk.（图 3-13）

别名：桃娘、棯子、山棯、仲尼　科属：桃金娘科 Myrtaceae　桃金娘属 *Rhodomyrtus*（DC.）Reich.

(1)形态特征

常绿灌木，高达 2 ~ 3m。枝开展，幼时有毛。单叶对生，偶有 3 叶轮生，长椭圆形，长 4.5 ~ 6cm，先端钝尖，基部圆形，全缘，离基三主脉近于平行，在背面显著竖起，表面有光泽，背面密生绒毛。花两性，1 ~ 3 朵腋生，径约 2cm，花瓣 5，桃红色，渐褪为白色，雄蕊多数，桃红色。浆果椭球形或球形，径 1 ~ 1.4cm，紫色，具多数极细小种子。4 ~ 5 月、11 月开花。

(2)分布与习性

产于我国南部至东南亚各国。喜光，喜暖热湿润气候及酸性土，耐干旱瘠薄。

(3)繁殖方法

播种繁殖。

(4)观赏与应用

桃金娘是热带野生观赏树种，其株形紧凑，四季常青，夏日花开，先白后红，红白相映，绚丽多彩；果由鲜红转为酱红，均可观赏。园林绿化中可用其丛植、片植或孤植点缀绿地，还是山坡复绿、水土保持的好灌木。果可食用。

图 3-13　桃金娘

图 3-14　红千层

17. 红千层 *Callistemon rigidus* R. Br. (图3-14)

别名：瓶刷木、金宝树 科属：桃金娘科 Myrtaceae 红千层属 *Callistemon* R. Br.

(1)形态特征

常绿灌木，高1～2(3)m。树皮不易剥落。单叶互生，叶线形，长5～8cm，宽3～6mm，中脉和边脉明显，全缘，两面有小突点，叶质坚硬。花两性，穗状花序紧密，生于枝之近端处，但不久中轴继续生长而成一具叶的新枝；雄蕊鲜红色，长约2.5cm，由花轴向周围突出，整个花序极似试管刷。蒴果半球形。夏季开花。

(2)分布与习性

原产于大洋洲。喜光树种，性喜暖热气候，华南、西南可露地过冬，在华北多盆栽观赏。不耐寒，移栽不易成活，故定植以幼苗为好。

(3)繁殖方法

播种繁殖。

(4)观赏与应用

红千层花形奇特，色彩鲜艳美丽，开放时火树红花，可称为南方花木的一枝奇花，适于种植在花坛中央、道路两侧和公园围篱及草坪处，北方也可盆栽于夏季装饰于建筑物阳面正门两侧。也可瓶插观赏。

18. 米仔兰 *Aglaia odorata* Lour. (图3-15)

别名：米兰、树兰 科属：楝科 Meliaceae 米仔兰属 *Aglaia* Lour.

(1)形态特征

常绿灌木或小乔木，高达4～7m。多分枝，幼枝顶部常被锈色星状鳞片。羽状复叶互生，叶轴有窄翅，小叶3～5，对生，倒卵状椭圆形，长2～7(12)cm，全缘，无毛。花杂性异株，小而多，似粟米，金黄色，极香，花丝合生成筒状，圆锥花序腋生。浆果近球形，长约1.2cm。夏秋季开花。

图3-15 米仔兰

(2)常见品种

①‘斑叶’米仔兰‘Variegata’ 叶有淡色斑纹。

②‘四季’米仔兰‘Macrophylla’ 四季开花不断。

(3)分布与习性

原产于东南亚，现中国栽培十分普及，广植于热带及亚热带地区。喜光，喜温暖湿润和阳光充足环境，不耐寒，不耐旱，稍耐阴，土壤以疏松、肥沃的微酸性土壤为最好。

(4)繁殖方法

高压、嫩枝扦插繁殖。

(5)观赏与应用

米仔兰枝叶繁密常青，花香馥郁，花期特长；开花时清香四溢，气味似兰花，故名。是深受群众喜爱的花木。除布置庭园及室内观赏外，花可用作熏茶和提炼香精。

19. 夹竹桃 *Nerium indicum* Mill.（图 3-16）

别名：柳叶桃、半年红　科属：夹竹桃科 Apocynaceae　夹竹桃属 *Nerium* L.

图 3-16　夹竹桃

(1)形态特征

常绿灌木，高达 5m。单叶 3 叶轮生，狭披针形，长 11 ~ 15 cm，全缘而略反卷，侧脉平行，硬革质。花两性，花冠漏斗形，5 裂，通常红或粉红色，径 2.5 ~ 5cm，倒卵形并向右扭旋；喉部有鳞片状副花冠 5，顶端流苏状；顶生聚伞花序。蓇葖果细长，长 10 ~ 18cm。花期 6 ~ 10 月，有时有香气。

(2)常见品种

①‘白花’夹竹桃‘Album’ 花白色。

②‘粉花’夹竹桃‘Roseum’　花粉红色。

③‘紫花’夹竹桃‘Atropurpureum’　花紫色。

④‘橙红’夹竹桃‘Carneum’　花橙红色。

⑤‘白花重瓣’夹竹桃‘Madonna Grandiflorum’　花白色，重瓣。

⑥‘粉花重瓣’夹竹桃‘Plenum’　花粉红色，重瓣。

⑦‘橙红重瓣’夹竹桃‘Carneum Flore - pleno’　花橙红色，重瓣。

⑧‘玫红重瓣’夹竹桃‘Splendens’　花玫瑰红色，重瓣。

⑨‘斑叶玫红重瓣’夹竹桃‘Splendens Variegatum’　花玫瑰红色，重瓣。

⑩‘矮粉’夹竹桃‘Petite Pink’　植株矮小，花粉红色。

⑪‘矮红’夹竹桃‘Petite Salmon’　植株矮小，花红色。

(3)分布与习性

原产于伊朗、印度、尼泊尔，现广植于世界热带、亚热带地区，我国南方均有栽培。喜光，喜温暖湿润气候，不耐寒，耐旱力强，对土壤要求不严，耐烟尘，抗有毒气体能力强。

(4)繁殖方法

以压条繁殖为主，也可扦插繁殖，水插尤易生根。

(5)观赏与应用

夹竹桃植株姿态潇洒，花色艳丽，兼有桃竹之胜，自初夏开花，经秋乃止，有特殊香气，其又适应城市自然条件，是城市绿化的极好树种，常植于公园、庭院、街头、绿地等处；枝叶繁茂、四季常青，也是极好的背景树种；性强健、耐烟尘、抗污染，是工矿区等生长条件较差地区绿化的好树种。植株有毒，可入药，应用时应注意。

20. 黄花夹竹桃 *Thevetia peruviana*（Pers.）Schum.（图 3-17）

别名：酒杯花、断肠草　科属：夹竹桃科 Apocynaceae　黄花夹竹桃属 *Thevetia* L.

(1)形态特征

常绿灌木或小乔木，高达 5m；体内具乳汁。单叶互生，线形至线状披针形，长 10 ~ 15cm，全缘，中脉显著，表面有光泽，无毛。花两性，大而黄色，聚伞花序顶生。核果扁三角状球形，由绿变红，最后变黑色。花期 5 ~ 12 月，果期 8 月至翌年春季。

图 3-17　黄花夹竹桃

(2)常见品种

①‘白花’夹竹桃‘Alba’　花白色。较红花品种耐寒力稍强。

②‘红花’夹竹桃‘Aurantiaca’　花红色。

(3)分布与习性

我国广东、广西、福建、台湾、云南等南方各地广为栽培。喜温暖湿润的气候，耐寒力不强，在中国长江流域以南地区可以露地栽植，在北方只能盆栽观赏，室内越冬。不耐水湿，要求选择高燥和排水良好的地方栽植。喜光好肥。也能适应较阴的环境，但在庇荫处栽植，花少色淡。萌发力强，树体受害后容易恢复。

(4)繁殖方法

播种、扦插繁殖。

(5)观赏与应用

黄花夹竹桃树形美观，分枝多，枝条柔软下垂，枝叶茂密，叶色翠绿光亮，花大而鲜黄，色泽清丽，花期长，是美丽的观花灌木，可植于庭园、湖岸、岩石边，林缘、路口、入口等处。乳汁、花、果仁、根和茎皮均有毒。

21.‘鸡蛋花’*Plumeria rubra* L.‘Acutifolia’（图 3-18）

别名：‘缅栀子’、‘蛋黄花’、‘印度素馨’、‘大季花’　科属：夹竹桃科 Apocynaceae　鸡蛋花属 *Plumeria* L.

图 3-18 ‘鸡蛋花’

(1)形态特征

落叶灌木或小乔木，高达5m。枝粗肥多肉，三叉状分枝，有乳汁。单叶互生，常集生枝端，倒卵状长椭圆形，长 20 ~ 40cm，两端尖，全缘，羽状侧脉至近叶缘处相连。花两性，花冠漏斗状，5 裂，外面白色，里面基部黄色，芳香；顶生聚伞花序。蓇葖果双生，长 10 ~ 20cm。花期 7 ~ 8 月。

[附] 红鸡蛋花 *Plumeria rubra* L. 花桃红色，喉部黄色；原产于热带美洲，我国有少量栽培。

(2)常见品种

①‘黄’鸡蛋花‘Lutea’ 花冠黄色。

②‘三色’鸡蛋花‘Tricolor’ 花白色，喉部黄色，裂片外周缘桃红色，裂片外侧有桃红色筋条。

(3)分布与习性

原产于美洲墨西哥。广东、广西、云南、福建等地有栽培。强喜光花卉，性喜高温高湿、阳光充足、排水良好的环境。生性强健，能耐干旱，但畏寒冷、忌涝渍，喜酸性土壤，但也抗碱性。在我国南方既可地栽，也宜盆植，长江流域及其以北只能盆植。

(4)繁殖方法

扦插或压条繁殖，极易成活。

(5)观赏与应用

‘鸡蛋花’花白色黄心(极似蛋白包裹着蛋黄，因此得名)，芳香，叶大深绿，落叶后，光秃的树干像一只只肥胖的小手，其状甚美。适合于庭院、草地中栽植，也可盆栽。在我国西双版纳以及东南亚一些国家，‘鸡蛋花’被佛教寺院定为“五树六花”之一而广泛栽植，故又名“庙树”或“塔树”。鸡蛋花还是热情的西双版纳傣族人招待宾客的最好特色菜。

22.‘狗牙花’*Tabernaemontana divaricata*（L.）R. Br.‘Flore Pleno’

别名:‘白狗花’、‘狮子花’、‘豆腐花’　科属:夹竹桃科 Apocynaceae　狗牙花属 *Tabernaemontana* Stapr.

(1)形态特征

常绿灌木，多分枝，无毛，有乳汁。单叶对生，长椭圆形，长 6 ~ 15cm，两端尖，全缘，亮绿色。花两性，白色，高脚碟状，重瓣，边缘有皱纹，径达 5cm，芳香；聚伞

花序腋生。花期6(4~9)月。

[附]单瓣狗牙花 *Tabernaemontana divaricata* (L.) R. Br. 花冠裂片5，喉部有5个腺体。产于印度、缅甸、泰国及华南，多生于山地疏林中。

(2)常见品种

'斑叶'狗牙花'Plena Variegata' 叶有黄斑纹。

(3)分布与习性

栽培于我国南部各地。性喜温暖湿润，不耐寒，宜半荫，喜肥沃排水良好的酸性土壤。

(4)繁殖方法

扦插或高压繁殖。

(5)观赏与应用

'狗牙花'枝叶茂密，株形紧凑，绿叶青翠欲滴，白花着生在新梢顶部，含苞时，状如栀子花，花净白素丽，典雅朴质，花冠裂片边缘常皱褶如狗牙状而得名。是重要的衬景和调配色彩花卉，适宜作花篱、花径或大型盆栽。是优良的盆栽花卉。

23. 大花曼陀罗 *Datura arborea* L.

别名：木本曼陀罗　科属：茄科 Solanaceae　曼陀罗属 *Datura* L.

(1)形态特征

常绿灌木，高1~3.5m。单叶互生，叶卵状椭圆形，顶端渐尖，基部楔形，具柔软白色绒毛，边缘波状，叶柄粗壮。花两性，白色、淡黄色、粉红色，喇叭状，单生，下垂，少量栽培品种有重瓣。蒴果近球形，表面刺疏而短。花期7~10月，果期9~11月。

(2)分布与习性

原产于美洲热带，我国引种栽培。喜光，喜温暖、干燥及通风良好的环境；对土壤要求不严，但以土层深厚、排水良好的土壤生长最好；耐干旱，不耐寒。

(3)繁殖方法

播种繁殖。

(4)观赏与应用

大花曼陀罗，吊钟形硕大的花朵，叮叮当当地挂在枝头，在晚上还会散发出优雅的淡香，十分讨人喜爱。可配植于其他植物丛中作点景，也可温室盆栽观赏。全株有毒，特别是花以及果。

24. 五色梅 *Lantana camara* L.（图3-19）

别名：马缨丹　科属：马鞭草科 Verbenaceae　马缨丹属 *Lantana* L.

(1)形态特征

常绿半藤状灌木，高1~2m；全株具粗毛，并有臭味。单叶对生，卵形至卵状椭圆形，长3~9cm，叶面略皱，缘有齿。花两性，无梗；密集成腋生头状花序，具长总梗；花初开时黄色或粉红色，渐变橙黄或橘红色，最后成深红色。核果肉质，熟时紫黑色。几乎全年开花，而以夏季花最盛。

(2)常见品种

①'黄花'五色梅'Flava' 花黄色。

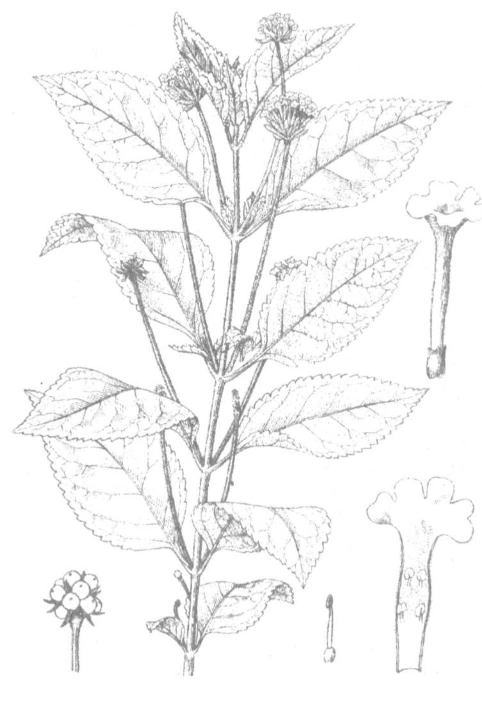

图 3-19 五色梅

②'白花'五色梅'Alba' 花白色。

③'粉花'五色梅'Rosea' 花粉红色。

④'橙红花'五色梅'Mista' 花橙红色。

⑤'斑叶'五色梅'Yellow Wonder'

(3)分布与习性

原产于美洲热带，我国广东、海南、福建、台湾、广西、云南等地有栽培，且已逸为野生。喜光，喜暖湿气候，适应性强，耐干旱瘠薄，不耐寒；生长快。

(4)繁殖方法

播种、压条或扦插繁殖。

(5)观赏与应用

五色梅花色美丽，观花期长，绿树繁花，常年艳丽，抗尘、抗污力强，可植于公园、庭院中作花篱、花丛，也可于道路两侧、旷野作绿化覆盖植被。

25. 桂花 *Osmanthus fragrans* (Thunb.) Lour.(图 3-20)

别名：木犀 科属：木犀科 Oleaceae 木犀属 *Osmanthus* Lour.

(1)形态特征

常绿小乔木，高 12m。树皮灰色，不裂。单叶对生，长椭圆形，长 5～12cm，两端尖，缘具疏齿或近全缘，硬革质；叶腋具 2～3 叠生芽。花两性，常雌蕊或雄蕊不育而成单性，花小，淡黄色，极芳香；聚伞花序簇生叶腋。核果卵球形，蓝紫色。花期 8～10 月，果期翌年 3～5 月。

(2)常见品种

①'丹桂''Aurantiacus' 花橘红色或橙黄色，香味差，发芽较迟。有早花、晚花、圆叶、狭叶、硬叶等品种。

②'金桂''Thunbergii' 花黄色至深黄色，香气最浓，经济价值高。有早花、晚花、圆瓣、大花、卷叶、亮叶、齿叶等品种。

③'银桂''Latifolius'('Odoratus', *O. asiaticus* Nakai) 花近白色或黄白色，香味较金桂淡；叶较宽大。有早花、晚

图 3-20 桂 花

花、柳叶等品种。

④‘四季’桂‘Semperflorens’ 花黄白色，5~9月陆续开放，但仍以秋季开花较盛。其中有子房发育正常能结实的‘月月’桂等品种。

(3)分布与习性

原产于我国西南部，长江以南广为种植。喜光，也耐半荫，喜温暖气候，不耐寒；对土壤要求不严，但以排水良好、富含腐殖质的沙质壤土为最好，忌涝地、碱地和黏重土壤。对二氧化硫、氯气等有中等抵抗力。

(4)繁殖方法

多用嫁接(砧木可用小叶女贞、女贞等)繁殖，也可压条、扦插繁殖。

(5)观赏与应用

桂花树干端直，树冠圆整，四季常青，花期正值仲秋，香飘数里，是中国传统的园林花木。“两桂当庭”，是传统的配置手法；园林中常将桂花植于道路两侧，假山、草坪、院落等地多有栽植；也可与秋色叶树种同植，有色有香，是点缀秋景的极好树种。

26. 刺桂 *Osmanthus heterophyllus* (G. Don) P. S. Green (图3-21)

别名：柊树　科属：木犀科 Oleaceae　木犀属 *Osmanthus* Lour.

(1)形态特征

常绿灌木或小乔木。单叶对生，硬革质，卵状椭圆形，长3~6cm，边缘常有3~5对大刺齿，少有全缘，但老树叶全缘。花单性异株，白色，甜香，簇生于叶腋。核果蓝黑色。花期11~12月，果熟期翌年10月。

图3-21　刺　桂

(2)常见品种

常见品种有：‘金边’刺桂‘Aureomarginatus’、‘银边’刺桂‘Argenteomarginatus’、‘金斑’刺桂‘Aureus’、‘银斑’刺桂‘Variegatus’、‘紫叶’刺桂‘Purpureus’、‘圆叶’刺桂‘Rotundifolius’(矮生，叶小而倒卵形，全缘)。

(3)分布与习性

原产于日本及我国台湾。喜弱光，喜温暖湿润气候，稍耐寒，生长慢。

(4)繁殖方法

嫁接繁殖。

(5)观赏与应用

刺桂四季常青，入秋百花朵朵，香气弥漫，沁人心脾，是园林绿化、工厂绿化和“四旁”绿化的优良树种，宜作下木或在疏林下生长。

27. 硬骨凌霄 *Tecomaria capensis* (Thunb.) Spach.（图 3-22）

别名：南非凌霄　科属：紫葳科 Bignoniaceae　硬骨凌霄属 *Tecomaria* Spach.

(1)形态特征

常绿半攀缘性灌木，高达 4.5m。奇数羽状复叶对生，小叶 5～9，广卵形，长 1～2.5cm，有锯齿。花两性，花冠橙红色，长漏斗状，筒部稍弯，端部 5 裂，二唇形；雄蕊伸出筒外；顶生总状花序。蒴果扁线形。花期 6～9 月。

(2)常见品种

'黄花'硬骨凌霄 'Aurea'　花黄色。

(3)分布与习性

原产于南非好望角，20 世纪初引入中国，华南和西南各地多有栽培，长江流域及其以北地区多行盆栽。喜光，耐半荫，喜肥沃湿润排水良好的沙壤土，切忌积水，耐干旱，不耐寒，耐修剪。

(4)繁殖方法

播种、扦插或压条繁殖。

(5)观赏与应用

硬骨凌霄终年常绿，叶片秀雅，夏、秋季节开花不绝，花色鲜艳，花期长。宜植于庭园观赏，或布置花坛。

图 3-22　硬骨凌霄

图 3-23　滇丁香

28. 滇丁香 *Luculia pinciana* Hook.（图 3-23）

别名：露球花　科属：茜草科 Rubiaceae　滇丁香属 *Luculia* Sweet

(1)形态特征

常绿大灌木，高达 4～5(8)m。单叶对生，长椭圆形至椭圆状披针形，长 10～15(20)cm，全缘，先端长尖，基部楔形，表面侧脉明显而下凹，有光泽，背面脉上有柔毛；托叶在叶柄间，早落；主脉、叶柄及小枝均带红色。花两性，花冠粉红或浅玫瑰红

色，高脚碟状，筒部长4～5cm，端5裂，裂片间内侧基部有活瓣状突起；雄蕊5；伞房状聚伞花序顶生。蒴果。种子有翅。花期(5)7～8月，果期10～11月。

(2)分布与习性

产于我国云南、广西和西藏东南部。喜光，稍耐阴；喜温暖湿润气候，适生于疏松肥沃、排水良好的土壤，稍耐瘠薄。因该属植物形态与丁香有相似之处，又以云南最多，故名"滇丁香"。

(3)繁殖方法

播种或扦插繁殖。

(4)观赏与应用

滇丁香花序硕大，花色典雅，盛开时满树浮香，是优秀的观赏树种。可用作园林下木。

29. 栀子花 *Gardenia jasminoides* Ellis.（图3-24）

别名：栀子、黄栀子　科属：茜草科 Rubiaceae　栀子属 *Gardenia* Ellis.

(1)形态特征

常绿灌木，高达1.8m。小枝绿色。单叶对生或3叶轮生，倒卵状长椭圆形，长7～13cm，全缘，无毛，革质而有光泽。花两性，花冠白色，高脚碟状，径约3cm，端常6裂，浓香，单生枝端。浆果具5～7纵棱，顶端有宿存萼片，熟时堇色再转橘红色。花期6～8月，果期9月。

(2)常见变种、品种

①'荷花'栀子('白蟾'，'重瓣'栀子)'Fortuneana'('Flore Pleno')　花较大而重瓣，径达7～8cm。庭园栽培较普遍。

②'大花'栀子'Grandiflora'　花较大，径达4～5(7)cm，单瓣；叶也较大。

③雀舌栀子(水栀子) var. *radicans* Mak.('Prostrata')　植株矮小，枝常平展匍地。叶较小，倒披针形，长4～8cm。花小，重瓣。宜作地被材料，也常盆栽观赏。花可熏茶，称雀舌茶。

图3-24　栀子花

④'斑叶雀舌'栀子'Variegata'　与雀舌栀子区别是前者叶有乳白色斑。

⑤单瓣雀舌栀子 var. *rndiams* f. simpliciflora Mak.　花单瓣，其余特征同雀舌栀子。

(3)分布与习性

产于我国长江以南至华南地区。喜光，也耐阴，喜温暖湿润气候及肥沃湿润的酸性土，不耐寒。

(4)繁殖方法

扦插、压条或分株繁殖。

(5)观赏与应用

栀子花枝叶繁茂，叶色四季常绿，花芳香素雅，绿叶白花格外清丽可爱，为庭院中优良的美化材料。适于阶前、池畔和路旁配置，也可用作花篱、盆栽和盆景，还可作插花和佩带装饰。是有名的香花观赏树种。

30. 六月雪 *Serissa japonica* (Thunb.) Thunb. (图 3-25)

别名：满天星、碎叶冬青、白马骨、悉茗　科属：茜草科 Rubiaceae　六月雪属 *Serissa* Comm.

图 3-25　六月雪

(1)形态特征

常绿或半常绿小灌木，高约 1m，枝密生。单叶对生或簇生状，狭椭圆形，长0.7～2cm，全缘，革质。花两性，小，花冠白色或带淡紫色，漏斗状，端 5 裂，长约 1cm，单生或簇生；雄蕊 5。花期 6～7 月，盛开时如同雪花散落，故名“六月雪”，果期 10～11 月。

(2)常见品种

①‘金边’六月雪‘Aureo－marginata’　叶边缘黄色或淡黄色。

②‘斑叶’六月雪‘Variegata’　叶面及叶边有白色或黄白色斑纹。

③‘重瓣’六月雪‘Pleniflora’　花重瓣，白色。

④‘粉花’六月雪‘Rubescens’　花粉红色，单瓣。

⑤‘荫木’‘Crassiramea’　小枝上伸，叶细小而密生小枝上，花单瓣。

⑥‘重瓣荫木’‘Crassiramea Plena’　枝叶如‘荫木’，花重瓣。

(3)分布与习性

产于我国东南部和中部各地。性喜阴湿，喜温暖湿润气候，对土壤要求不严，中性、微酸性土均能适应，喜肥。萌芽少、萌蘖力均强，耐修剪。

(4)繁殖方法

扦插或分株繁殖。

(5)观赏与应用

六月雪枝繁花茂，树型小巧，花盛开时远看如银装素裹，犹如六月飘雪，雅洁可爱。适于作花篱、花境或制作盆景。

31. 丝兰 *Yucca smalliana* Fern.

别名：毛边丝兰　科属：百合科 Liliaceae　丝兰属 *Yucca* L.

(1)形态特征

常绿灌木或小乔木，近无茎。叶丛生，较硬直，线状披针形，长 30～75cm，宽 2.5～4cm，先端尖成针刺状，基部渐狭，边缘有卷曲白丝。花两性，白色，下垂，花被片开展，先端渐尖；圆锥花序宽大直立，高 1～2(3)m，花序轴有毛。蒴果 3 瓣裂。花期6～7(8)月。

(2)分布与习性

原产于美国东南部，我国有栽培。为热带植物，喜光及通风良好的环境，性强健，易成活，对土壤适应性强，耐寒抗旱。

(3)繁殖方法

扦插或采摘花穗上的芽体繁殖。

(4)观赏与应用

丝兰树态奇特，花序较大，叶形如剑，开花时花茎高耸挺立，花色洁白，繁花下垂如铃，姿态优美，花期持久，幽香宜人，是良好的庭园观赏植物，宜植于花坛中央、建筑前、草坪、路旁等。

3.2 落叶树类

32. 白玉兰 *Magnolia denudata* Desr.（图3-26）

别名：望春花、木花树　科属：木兰科 Magnoliaceae　木兰属 *Magnolia* L.

(1)形态特征

落叶乔木，高达15m。树冠卵形或近球形。幼枝及芽均有毛。单叶互生，叶倒卵状长椭圆形，长10～15cm，先端突尖而短钝，基部广楔形成近圆形，幼时背面有毛，全缘。花两性，径12～15cm，纯白色，芳香，花被9片，等大同色。花期3～4月，叶前开放，果9～10月成熟。

图3-26　白玉兰

(2)分布与习性

原产于我国中部，现国内外庭园常见栽培。喜光，稍耐阴，耐寒，喜肥沃适当湿润而排水良好的弱酸性土壤(pH 5～6)，亦能生长于碱性土(pH 7～8)中。根肉质，畏水淹。

(3)繁殖方法

播种、扦插、压条及嫁接繁殖。

(4)观赏与应用

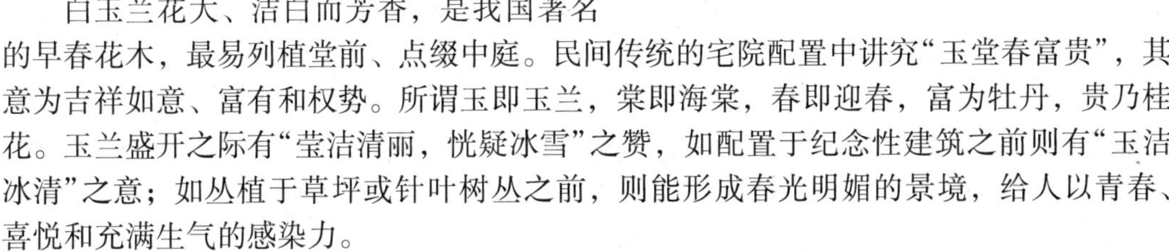

白玉兰花大、洁白而芳香，是我国著名的早春花木，最易列植堂前、点缀中庭。民间传统的宅院配置中讲究“玉堂春富贵”，其意为吉祥如意、富有和权势。所谓玉即玉兰，棠即海棠，春即迎春，富为牡丹，贵乃桂花。玉兰盛开之际有“莹洁清丽，恍疑冰雪”之赞，如配置于纪念性建筑之前则有“玉洁冰清”之意；如丛植于草坪或针叶树丛之前，则能形成春光明媚的景境，给人以青春、喜悦和充满生气的感染力。

33. 紫玉兰 *Magnolia liliiflora* Desr.（图3-27）

别名：木兰、辛夷　科属：木兰科 Magnoliaceae　木兰属 *Magnolia* L.

图 3-27　紫玉兰

(1)形态特征

落叶大灌木。树皮灰褐色，小枝绿紫色或淡褐紫色，枝具环状托叶痕。单叶互生，叶椭圆状倒卵形或倒卵形，长 8～18cm，先端急尖或渐尖，基部渐狭沿叶柄下延至托叶痕，上面幼时疏生短柔毛，下面沿脉有短柔毛，全缘。花两性，单生枝顶，花蕾卵圆形，被毛；萼片 3，长约为花瓣的 1/3，黄绿色；花瓣 6，外面紫红色，内面白色。聚合蓇葖果圆柱形，淡褐色，长 7～10cm。花期 3～4 月，果期 8～9 月。

(2)分布与习性

产于福建、湖北、四川、云南西北部，北京、河北、山东、河南有栽培。喜温暖，耐湿润。对土壤要求不严，喜疏松肥沃多腐殖质土壤。

(3)繁殖方法

播种、压条、分株繁殖，亦可扦插繁殖。

(4)观赏与应用

紫玉兰早春开花，雍容华贵，幽雅飘逸，争奇斗艳，花冠硕大，紫色中透着高雅，十分娇艳，芳香诱人。是过去江南宫廷庭院的名贵观赏花卉，可配置在庭园窗前和门厅两旁，丛植于草坪边缘，或与常绿树配置，与山石配置小景，与木兰科其他观花树木配置组成玉兰园。

34. 二乔玉兰 *Magnolia soulangeana* Soul.（图 3-38）

别名：苏郎木兰、朱砂玉兰、紫砂玉兰　科属：木兰科 Magnoliaceae　木兰属 *Magnolia* L.

(1)形态特征

为玉兰与木兰的杂交种。落叶小乔木或灌木。单叶互生，叶倒卵形至卵状长椭圆形，全缘。花两性，单生枝顶，花瓣6，内面白色，外面淡紫色，有芳香；萼片 3，与花瓣同色或绿色，长为花瓣的 1/2。花期 3～4 月，叶前开花，果期 9～10 月。

图 3-28　二乔玉兰

(2)常见变种、品种

① ‘大花’二乔玉兰 ‘Eennei’　灌木。花外侧面紫色或鲜红，内侧淡红色，比原种开花早，栽培较多。

② ‘美丽’二乔玉兰 ‘Speciosa’　花瓣外面白色，有紫色条纹，花较小。

③ 塔形二乔玉兰 var. *niemetzii* Hort.　树冠柱状。

(3)分布与习性

原产于我国，我国华北、华中及江苏、陕西、四川、云南等均栽培。较玉兰、木兰更为耐寒、耐旱。移植难。

(4)繁殖方法

播种、嫁接、扦插、压条、组培繁殖。

(5)观赏与应用

二乔玉兰花大色艳，观赏价值很高，是城市绿化的极好花木。广泛用于公园、绿地和庭园等孤植观赏。

35. 望春玉兰 *Magnolia biondii* Pamp.（图3-29）

别名：望春花、迎春树、辛兰　科属：木兰科 Magnoliaceae　木兰属 *Magnolia* L.

(1)形态特征

落叶乔木。树皮灰色或暗绿色。芽卵形，密被淡黄色柔毛。单叶互生，长圆状披针形或卵状披针形，长10~18cm，先端急尖，基部楔形，有时近圆形，下面浅绿色，初被贴生绵毛，全缘。花两性，单生枝顶，径6~8cm；花瓣6，白色，外面基部带紫红色；萼片3，近线形，长约为花瓣的1/4。聚合果蓇葖果圆柱形。种子1~2，外种皮红色。花期3~4月，果期9月。

图3-29　望春玉兰

(2)分布与习性

分布于河南、湖北、四川、青岛、陕西、山东、甘肃等地，生于海拔600~2100m的林间。喜光，喜温凉、湿润气候及微酸性土壤。

(3)繁殖方法

播种、高压、嫁接繁殖。

(4)观赏与应用

望春玉兰树形优美，树干光滑，枝叶茂密，花色素雅，气味浓郁芳香，早春开放，十分美观，是名贵的早春观花树种。宜植于厅堂前，配置于建筑物前、草坪、路旁及常绿树前。花枝作切花材料。

36. 厚朴 *Magnolia officinalis* Rehd. et Wils.（图3-30）

别名：厚皮、重皮、赤朴、烈朴、川朴　科属：木兰科 Magnoliaceae　木兰属 *Magnolia* L.

(1)形态特征

落叶乔木。小枝粗壮，有环状托叶痕，幼时黄绿色，有绢状毛。单叶互生，全缘，常集生枝端，倒卵状长椭圆形，长23~45cm，先端短急尖或圆钝，背面有弯曲毛及白粉。花两性，白色，单生枝端，径10~15 cm，芳香，内轮花被片在花盛开时直立。聚合蓇葖果球果状，各具1～2粒种子。花期4～6月，果期8～10月。

(2)常见变种、品种

凹叶厚朴(庐山厚朴)ssp. *biloba*（Rehd. et Wils.）Law. 形态与厚朴相似，叶端凹入。花叶同放。聚合果大而红色，颇为美丽。产于我国东南部。

(3)分布与习性

特产于我国中部及西部。喜温暖至温凉气候，较耐低温、干旱，喜光，不耐庇荫。

(4)繁殖方法

播种繁殖为主。

(5)观赏与应用

厚朴树冠优美，叶大而浓绿，花硕大，洁白而芳香，是庭园绿化、药用、用材三者兼备的珍贵树种。本草纲目记述“其本质朴而皮厚，其味辛烈而色紫赤，故名厚朴、烈朴、赤朴”。

图3-30 厚 朴

37. 蜡梅 *Chimonanthus praecox*（L.）Link.（图3-31）

别名：黄梅花、蜡梅、香梅 科属：蜡梅科 Calycanthaceae 蜡梅属 *Chimonanthus* Lindl.

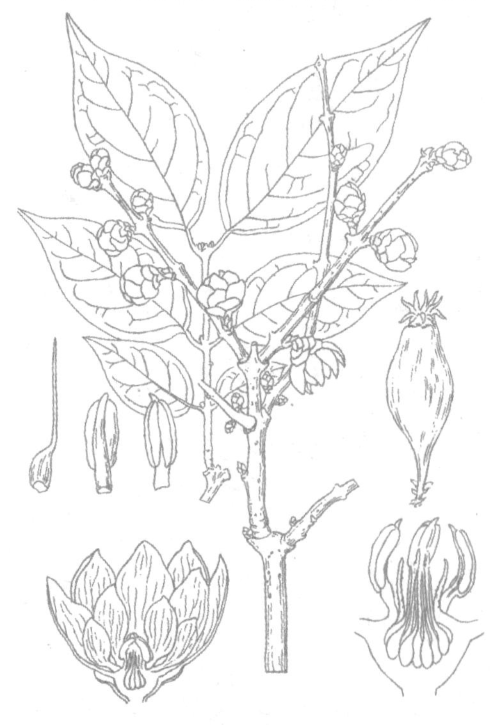

图3-31 蜡 梅

(1)形态特征

落叶或半常绿丛生灌木。幼枝四方形，老枝近圆柱形，灰褐色。单叶对生，叶卵圆形、椭圆形、宽椭圆形至卵状椭圆形，有时长圆状披针形，长5～25cm，先端急尖至渐尖，有时具尾尖，基部圆形或宽楔形，叶背脉上被疏微毛，全缘。花两性，单生，径2～4cm，芳香；花被外轮蜡黄色，中轮有紫色条纹，浓香。瘦果栗褐色，果托坛状。花期11月至翌年3月，果期4～11月。

(2)分布与习性

遍及华中、华东以及四川等地。全国除华南外各大城市均有栽植。喜光，亦耐半荫，怕风，较耐寒，在不低于－15℃时能安全越冬，花期遇－10℃低温，花朵受冻害。耐旱，怕涝，喜土层深厚、肥沃、疏松、排水良好的微酸性沙质壤土，在盐碱地上生长不良。生长势强，分枝旺盛，根茎部易生萌蘖。耐修剪，易整形。

(3)繁殖方法

嫁接、扦插、压条、分株繁殖。

(4)观赏与应用

蜡梅花开于寒月早春，花黄如蜡，清香四溢，为冬季观赏佳品，是我国特有的珍贵观赏花木。可孤植、对植、丛植、群植配置于园林与建筑物的入口处两侧和厅前、亭周、窗前屋后、墙隅及草坪、水畔、路旁等处，作为盆花桩景和瓶花亦具特色。我国传统喜欢配置南天竹，冬天时红果、黄花、绿叶交相辉映，可谓色、香、形三者相得益彰，更具中国园林的特色。

38. 蜡瓣花 *Corylopsis sinensis* Hemsl.(图 3-32)

别名：中华蜡瓣花　科属：金缕梅科 Hamamelidaceae　蜡瓣花属 *Corylopsis* Sieb. et Zucc.

(1)形态特征

落叶灌木或小乔木，高 2～5m。小枝及芽密被短柔毛。单叶互生，叶倒卵状椭圆形，长 5～9cm，先端短尖或稍钝，基部歪斜，缘具锐尖齿，背面有星状毛。花黄色，芳香，10～18 朵呈下垂总状花序。蒴果卵球形，有毛，熟时 2 或 4 裂，弹出光亮黑色种子。花期 3 月，叶前开放；果 9～10 月成熟。

图 3-32　蜡瓣花

(2)分布与习性

产于长江流域及其以南地区。喜光，耐半荫，喜温暖湿润气候及肥沃、湿润而排水良好之酸性土壤，有一定耐寒能力，但忌干燥土壤。

(3)繁殖方法

播种、扦插、压条、分株繁殖。

(4)观赏与应用

蜡瓣花花期早而芳香，早春枝上黄花成串下垂，滑泽如涂蜡，甚为秀丽。丛植于草地、林缘、路边，或作基础种植，或点缀于假山、岩石间，均颇具雅趣。

39. 牡丹 *Paeonia suffruticosa* Andr.(图 3-33)

别名：木芍药、富贵花、洛阳花　科属：芍药科 Paeoniaeeae　芍药属 *Paeonia* L.

(1)形态特征

落叶灌木。分枝短而粗。2 回三出羽状复叶互生，近枝顶的叶为 3 小叶；顶生小叶宽卵形，3 裂至中部，侧生小叶狭卵形或长圆状卵形，不裂或 3～4 浅裂。花两性，单生枝顶，径 10～20cm，花型多，花色丰，有玫瑰色、红紫色、粉红色至白色；萼片 5，绿色；花瓣 5，或重瓣，通常变异很大；花丝紫红色、粉红色，上部白色。蓇葖果长圆形，密生黄褐色硬毛。花期 4～5 月，果期 9 月。

图3-33 牡 丹

(2)分布与习性

山东菏泽、河南洛阳、湖北武汉、四川彭州等地有大面积分布，各地有栽培。喜光，也耐半荫，耐寒，耐干旱，耐弱碱，忌积水，怕热，怕烈日直射。喜温暖、凉爽、干燥、阳光充足的环境，适宜在疏松深厚、肥沃、地势高燥、排水良好的中性沙壤土中生长，酸性或黏重土壤中生长不良。寿命长。

(3)繁殖方法

播种、分株、嫁接繁殖。

(4)观赏与应用

牡丹花大、形美、色艳、香浓，色香俱佳，故有“国色天香”、“花中之王”的美称，是我国固有的特产花卉，为历代人们所称颂，具有很高的观赏和药用价值。在园林中常作专类花园及供重点美化用，可植于花台、花池观赏，亦可自然式孤植或丛植于岩旁、草坪边缘或配置于庭院。此外，亦可盆栽作室内观赏或作切花瓶插用。根皮药用，花食用或浸酒用。

40. 金丝桃 *Hypericum monogynum* L.（图3-34）

别名：土连翘　科属：藤黄科 Clusiaceae　金丝桃属 *Hypericum* L.

(1)形态特征

常绿、半常绿或落叶灌木，高达1m，全株无毛。小枝圆柱形，红褐色。单叶对生，叶长椭圆形，长3~8cm，具透明腺点，基部广楔形，先端钝尖，全缘，侧脉7~8对。花两性，鲜黄色，径约5cm；花瓣5；花柱细长；花丝多而细长，与花瓣近等长，金黄色，基部合生成5束；顶生聚伞花序。蒴果5室。花期(5)6~7月，果期8~9月。

(2)分布与习性

广布于我国长江流域及其以南地区。喜光，耐半荫，耐寒性不强。

(3)繁殖方法

播种、扦插或分株繁殖。

(4)观赏与应用

金丝桃花型较大，金黄灿烂，光焰生辉，惹人喜爱，是夏季难得的观赏花木，在南方园

图3-34 金丝桃

林中常见。植于庭院、草坪、路边、假山旁都很合适；华北则常盆栽观赏。

41. 木槿 *Hibiscus syriacus* L.（图3-35）

别名：无穷花　科属：锦葵科 Malvaceae　木槿属 *Hibiscus* L.

（1）形态特征

落叶灌木或小乔木。小枝幼时密被绒毛。单叶互生，叶菱状卵形，长3～6cm，基部楔形，先端常3裂，掌状脉，边缘有钝齿，仅背面脉上稍有毛。花两性，单生叶腋，单瓣或重瓣，有淡紫、红、白等色，花径5～8cm；萼5裂，常具副萼；花瓣5。蒴果卵圆形，密生星状绒毛。花期6～9月，果9～11月成熟。

（2）分布与习性

原产于东亚，中国自东北南部至华南各地均有栽培，尤以长江流域为多。喜光，耐半荫，耐寒，耐干旱瘠薄；喜温暖湿润气候，适应性强，但不耐积水。萌蘖性强，耐修剪。对二氧化硫、氯气等抗性较强。

（3）繁殖方法

播种、扦插、压条繁殖。

（4）观赏与应用

木槿夏秋开花，花期长而花朵大，是优良的园林观花树种。常作围篱及基础种植材料，也宜丛植于草坪、路边或林缘，也是工厂绿化的好树种。

图3-35　木　槿

图3-36　木芙蓉

42. 木芙蓉 *Hibiscus mutabilis* L.（图3-36）

别名：芙蓉花、拒霜花、木莲、地芙蓉、华木　科属：锦葵科 Malvaceae　木槿属 *Hibiscus* L.

（1）形态特征

落叶灌木或小乔木，高2～5m。小枝密生绒毛。单叶互生，叶卵圆形，径10～15cm，掌状3～5(7)裂，基部心形，缘有浅钝齿，两面有星状绒毛。花两性，大，单生枝端叶腋，清晨初开时粉红色，傍晚变成紫红色，副萼线形；花梗长5～10cm，密被星状短柔毛。蒴果扁球形。花期9～10月，果期10～11月。

(2)常见品种

①‘红花’芙蓉‘Rubra’　花红色。

②‘白花’芙蓉‘Alba’　花白色。

③‘重瓣’芙蓉‘Plenus’　花重瓣，由粉红变紫红色。

④‘醉’芙蓉‘Versicolor’　花在一日之中，初开为纯白色，渐变淡黄、粉红，最后成红色。

(3)分布与习性

原产于中国南部。喜光，喜温暖湿润环境，不耐寒，忌干旱，耐水湿。对土壤要求不高，瘠薄土地亦可生长。

(4)繁殖方法

扦插、播种、分株或压条繁殖。

(5)观赏与应用

木芙蓉花大而美丽，其花色、花型随品种不同而有丰富的变化，是著名的秋季观赏花木。因喜湿润，在池畔、水边配置最为适宜，开花时波光花影，相映益妍，分外妖娆，也可栽植于庭园、坡地、路边、林缘及建筑旁。《本草纲目》曾记述：“此花艳如荷花，故有芙蓉之名，八、九月始开花名拒霜，木芙蓉处处有之，插条即生”。

43. 杜鹃花 *Rhododendron simsii* Planch.（图3-37）

别名：映山红、照山红、野山洪　科属：杜鹃花科 Ericaceae　杜鹃花属 *Rhododendron* L.

(1)形态特征

落叶或半常绿灌木，高达2～3m。枝叶及花梗均密被黄褐色粗伏毛。单叶互生，叶长椭圆形，长3～5cm，先端锐尖，叶端有一尖点，基部楔形，全缘。花两性，合瓣，花冠5裂，深红色，有紫斑，径约4cm，2～6朵簇生枝端。蒴果。花期4～6月，果期8～10月。

图3-37　杜鹃花

(2)分布与习性

产于长江流域及其以南各地山地。喜半荫，喜温暖湿润气候及酸性土壤，不耐寒，忌碱性土和黏性土。

(3)繁殖方法

扦插、嫁接、压条、分株或播种繁殖。

(4)观赏与应用

杜鹃花春日花开火红鲜丽，十分壮观。宜丛植于林缘、庭院、山坡、池畔等处。

44. 野茉莉 *Styrax japonicus* Sieb. et Zucc.（图3-38）

别名：安息香　科属：野茉莉科 Styracaceae　野茉莉属 *Styrax* L.

（1）形态特征

落叶灌木或小乔木。树皮暗褐色或灰褐色，平滑。单叶互生，叶椭圆形、长圆状椭圆形至卵状椭圆形，长4～10cm，先端急尖或钝渐尖，常稍弯，基部楔形或宽楔形，近全缘或中部以上具疏锯齿，仅背面脉腋有星状毛。花两性，单生或2～4朵成总状花序，下垂；花萼钟状，5浅裂；花冠白色，5深裂；雄蕊10。核果近球形。花期6～7月，果期8～10月。

图3-38　野茉莉

（2）分布与习性

野茉莉在我国分布广，北自秦岭和黄河以南，东起山东、福建，西至云南东北部和四川东部，南至广东和广西北部均有分布。朝鲜、日本、菲律宾也有。喜光，稍耐阴，耐旱、忌涝；喜深厚湿润、肥沃、疏松富含腐殖质土壤。

（3）繁殖方法

播种繁殖。

（4）观赏与应用

野茉莉树形优美，花朵下垂，盛开时繁花似雪。园林中可植于水滨湖畔、阴坡谷地、溪流两旁，在常绿树丛边缘群植，白花映于绿叶中，饶有风趣。花、叶、果均可药用。

45. 太平花 *Philadelphus pekinensis* Rupr.（图3-39）

别名：京山梅花　科属：虎耳草科 Saxifragaceae　山梅花属 *Philadelphus* L.

（1）形态特征

落叶丛生灌木。树皮栗褐色，薄片状剥落。小枝光滑无毛，常带紫褐色。单叶对生，叶卵状椭圆形，长3～6cm，先端渐尖，基部广楔形或近圆形，三出脉，缘疏生小齿，常无毛，有时背面脉腋有簇毛；叶柄带紫色。花两性，乳黄色，径2～3cm，微有香气，5～9朵成总状花序；萼片、花瓣各4，萼外面无毛。蒴果陀螺形。花期6月，9～10月果熟。

（2）常见变种

① 毛太平花 var. *brachybotrys* Koehne.　小枝及叶两面均有硬毛，叶柄通常绿色。花序通常具5朵花，短而密集。产于陕西华山。

② 毛萼太平花 var. *dascalyx* Rehd.　花托及萼片外有斜展毛。产于山西及河南西部。

图3-39　太平花

(3)分布与习性

产于我国北部及西部，北京、河北山地有野生，朝鲜亦有分布，各地庭园常有栽培。喜光，耐寒，不耐积水，多生于肥沃、湿润之山谷或溪沟两侧排水良好处，亦能生长在向阳的干瘠土。

(4)繁殖方法

播种、分株、压条、扦插繁殖。

(5)观赏与应用

太平花枝叶茂密，花白清香，花量多，花期长，是北方初夏优良的花灌木。宜丛植于草地、林缘、园路拐角和建筑物前，亦可作自然式花篱或大型花坛之中心栽植材料。在古典园林中点缀于假山石旁尤为得体。

46. 山梅花 *Philadephus incanus* Koehne.（图 3-40）

别名：毛叶木通　科属：虎耳草科 Saxifragaceae　山梅花属 *Philadelphus* L.

图 3-40　山梅花

(1)形态特征

落叶灌木。树皮褐色，薄片状剥落。小枝幼时密生柔毛。单叶对生，叶卵形至卵状长椭圆形，长 3～6(10)cm，表面疏生短毛，背面密生柔毛，脉上毛尤多，缘具细尖齿。花两性，白色，径 2.5～3cm，5～7(11)朵成总状花序；萼片、花瓣各 4，萼外有柔毛。蒴果。花期(5)6～7 月，果 8～9 月成熟。

(2)常见变种

牯岭山梅花 var. *sargentiana* Koehne　高 2～3m，小枝紫褐色。叶卵状形至椭圆状披针形，缘具疏齿。花白色。产于江西庐山牯岭附近。

(3)分布与习性

产于陕西南部、甘肃南部、四川东部、湖北西部及河南等地，常生于海拔 1000～1700m 山地灌丛中。喜光，较耐寒，耐旱，怕水湿，不择土壤，生长快。

(4)繁殖方法

播种、分株、压条、扦插繁殖。

(5)观赏与应用

山梅花花朵洁白如雪，花期长，经久不谢。可作庭园及风景区绿化观赏材料，宜成丛、成片栽植于草地、山坡及林缘，若与建筑、山石等配置也很合适。

47. 八仙花 *Hydrangea macrophylla*（Thunb.）Seringe.（图 3-41）

别名：绣球花　科属：虎耳草科 Saxifragaceae　八仙花属 *Hydrangea* L.

(1)形态特征

落叶灌木。小枝粗壮，无毛，皮孔明显。单叶对生，大而有光泽，倒卵形至椭圆

图3-41　八仙花

形，长7~15(20)cm，先端短尖，基部宽楔形，无毛或仅背脉有毛，缘有粗锯齿。花两性，顶生伞房花序近球形，径可达20cm；几乎全部为不育花，粉红色、蓝色或白色。花期6~7月。

(2)常见品种

①‘紫阳花’‘Otaksa’　植株较矮，高约1.5m。叶质较厚。花序中全为不育花，状如绣球，极为美丽，是盆栽佳品。

②银边八仙花 var. *maculata* Wils.　叶具白边。亦属常见，多作盆栽观赏。

(3)分布与习性

产于中国及日本，湖北、四川、浙江、江西、广东、云南等地均有分布，各地庭园习见栽培。喜阴，喜温暖气候，耐寒性不强，华北地区只能盆栽，于温室越冬；喜湿润、富含腐殖质而排水良好之酸性土壤；少病虫害。

(4)繁殖方法

扦插、压条、分株繁殖。

(5)观赏与应用

八仙花花球大而美丽，且有许多园艺品种，耐阴性较强，是极好的观赏花木。在暖地可配置于林下、路缘、棚架边及建筑物之北面。盆栽八仙花则常作室内布置用，是窗台绿化和家庭养花的好材料。

48. 溲疏 *Deutzia scabra* Thunb.(图3-42)

别名：空疏、巨骨、空木、卯花　科属：虎耳草科 Saxifragaceae　溲疏属 *Deutzia* Thunb.

(1)形态特征

落叶灌木。树皮薄片状剥落。小枝红褐色，幼时有星状柔毛。单叶对生，叶长卵状椭圆形，长3~8cm，叶缘有不显小刺尖状齿，两面有星状毛，粗糙。花两性，白色，或外面略带粉红色，花柱3，稀为5，萼裂片短于筒部，直立圆锥花序。蒴果近球形，顶端截形。花期5~6月，果10~11月成熟。

(2)常见品种

①‘白花重瓣’溲疏‘Candidissima’　花重瓣，纯白色。

②‘紫花重瓣’溲疏‘Flore Pleno’　花重瓣，外面带玫瑰紫色。

图3-42　溲　疏

(3)分布与习性

产于我国长江流域各地，日本亦有分布。喜光，稍耐阴，喜温暖气候，也有一定的耐寒力，喜富含腐殖质的微酸性和中性土壤。在自然界多生于山谷溪边、山坡灌丛中或林缘。性强健，萌芽力强，耐修剪。

(4)繁殖方法

扦插、播种、压条、分株繁殖。

(5)观赏与应用

溲疏夏季开白花，繁密而素静，其重瓣变种更加美丽，国内外庭园久经栽培。宜丛植于草坪、林缘及山坡，也可作花篱及岩石园种植材料。花枝可供瓶插观赏。木材坚硬，不易腐朽，叶、根可供药用。

49. 绣线菊 *Spiraea salicifolia* L.（图 3-43）

别名：柳叶绣线菊、空心柳　科属：蔷薇科 Rosaceae　绣线菊属 *Spiraea* L.

图 3-43　绣线菊

(1)形态特征

落叶直立灌木，高可达 2m。枝条密集，小枝有棱及短毛。单叶互生，叶长圆状披针形，长 4 ~ 8cm，宽 1 ~ 2.5cm，缘具细密锐锯齿，两面无毛；叶柄短，无毛。花两性，粉红色，圆锥花序顶生，花梗短，雄蕊 50，伸出花瓣外。蓇葖果直立，沿腹缝线有毛并具反折萼片。花期 6 ~ 9 月，果熟 8 ~ 10 月。

(2)分布与习性

辽宁、内蒙古、河北、山东、山西等地均有栽培，蒙古、日本、朝鲜、俄罗斯西伯利亚以及欧洲东南部均有分布。喜光，稍耐阴，抗寒，抗旱，喜温暖湿润的气候和深厚肥沃的土壤。萌蘖力和萌芽力均强，耐修剪。

(3)繁殖方法

播种、扦插繁殖。

(4)观赏与应用

绣线菊花色艳丽，花序密集，花期长，是优良的夏季观花灌木。宜在庭院、池旁、路旁、草坪等处栽植，亦可作花篱，盛花时宛若锦带。叶、果含有鞣质，可提取栲胶，用作饲料；根、果实可入药。

50. 粉花绣线菊 *Spiraea japonica* L.（图 3-44）

别名：日本绣线菊、蚂蝗梢、火烧尖　科属：蔷薇科 Rosaceae　绣线菊属 *Spiraea* L.

图3-44　粉花绣线菊

(1)形态特征

落叶灌木，株高达1.5m。枝干光滑，或幼时具细毛。单叶互生，叶卵形至卵状长椭圆形，长2～8cm，先端尖，叶缘有缺刻状重锯齿，叶背灰蓝色，脉上常有短柔毛。花两性，淡粉红色至深粉红色，偶有白色，复伞房花序，雄蕊较花瓣长。蓇葖果半开张。花期6～7月，果期8～9月。

(2)分布与习性

原产于日本，我国华东有栽培。喜光，略耐阴，耐寒，耐旱，耐贫瘠，喜冷凉，忌高温潮湿，生长强健，适应性强。夏季力求阴凉通风，梅雨季节应避免长期潮湿或排水不良。分蘖能力强。

(3)繁殖方法

分株、扦插、播种繁殖。

(4)观赏与应用

粉花绣线菊花色娇艳，花朵繁多，可在花坛、花境、草坪及园路角隅处构成夏日美景，亦可作基础种植之用。全株入药，通经、通便、利尿。

51. 白鹃梅 *Exochorda racemosa*（**Lindl.**）**Rehd.**（图3-45）

别名：茧子花、金瓜果　科属：蔷薇科 Rosaceae　白鹃梅属 *Exochorda* L.

(1)形态特征

落叶灌木，全株无毛。单叶互生，叶椭圆形或倒卵状椭圆形，长3.5～6.5cm，先端钝或具短尖，背面粉蓝色，全缘或上部有疏齿。花两性，白色，径约4cm，6～10朵成总状花序；花萼、花瓣5；雄蕊15～20。蒴果倒卵形。花期4～5月，果9月成熟。

(2)常见变种

① 匍枝白鹃梅 var. *prostrata*　枝条匍匐状。

② 毛白鹃梅 var. *dentata*　幼枝、叶背中脉、花序、花轴、均疏生短柔毛。

(3)分布与习性

产于江苏、浙江、江西、湖南、湖北等地。喜光，耐半阴，喜肥沃、深厚土壤，耐寒性颇强。萌芽力强，耐修剪。

(4)繁殖方法

以播种繁殖为主，也可扦插繁殖。

图3-45　白鹃梅

(5)观赏与应用

白鹃梅姿态秀美，花繁，花色洁白如雪，叶色叶形优美，清丽动人，为优美的野生观赏树种。在园林中适于草坪、林缘、路边及假山岩石间配置，亦可作花篱栽植。若在常绿树丛边缘群植，开花时宛若层林点雪，十分动人，饶有雅趣，如散植林间或庭院建筑物附近也极适宜，也是制作树桩盆景的优良素材。

52. 华北珍珠梅 *Sorbaria kirilowii*(Reqel)Maxim.(图 3-46)

别名：吉氏珍珠梅、珍珠梅　科属：蔷薇科 Rosaceae　珍珠梅属 *Sorbaria* A. Br.

图 3-46　华北珍珠梅

(1)形态特征

落叶灌木，高 2～3m。枝条开展，小枝圆柱形，稍有弯曲；冬芽卵形，先端急尖，红褐色。奇数羽状复叶互生，小叶 13～21，卵状披针形，长 4～7cm，重锯齿。花两性，白色，花蕾时似珍珠，大型密集的圆锥花序顶生；雄蕊 20，与花瓣等长或稍短。蓇葖果。花期 6～8 月，果期 9～10 月。

(2)分布与习性

河北、山西、山东、河南、陕西、甘肃、内蒙古均有分布。喜光又耐阴，耐寒，性强健，不择土壤。萌蘖性强，耐修剪，生长迅速。

(3)繁殖方法

分蘖、扦插繁殖为主，也可播种繁育。

(4)观赏与应用

华北珍珠梅树姿秀丽，叶片幽雅，花序大而茂盛，小花洁白如雪而芳香，花期长，可达 3 个月，陆续开花，花蕾圆润如粒粒珍珠，花开似梅，是夏季优良的观花灌木。在园林绿化中可丛植或列植于阴凉湿润处，具有很高的观赏价值。

53. 贴梗海棠 *Chaenomeles speciosa*(Sweet)Nakai(*C. lagenaria* Koidz.)(图 3-47)

别名：铁角海棠、贴梗木瓜、皱皮木瓜　科属：蔷薇科 Rosaceae　木瓜属 *Chaenomeles* Lindl.

(1)形态特征

落叶灌木，高达 2m。枝开展，有枝刺。单叶互生，叶卵形至椭圆形，长 3～8cm，先端尖，基部楔形，表面有光泽，背面无毛或脉上稍有毛，缘有尖锐锯齿；托叶大，肾形或半圆形，缘有尖锐重锯齿。花两性，3～5 朵簇生于 2 年生老枝上，朱红、粉红或白色，径 3～5cm。梨果卵形至球形，径 4～6cm，黄色或黄绿色，芳香，萼片脱落。花期 3～4 月，果熟期 9～10 月。

(2)分布与习性

产于我国陕西、甘肃、四川、贵州、云南、广东等地，缅甸也有分布。喜光，有一定耐寒能力，北京小气候良好处可露地越冬；对土壤要求不严，但喜排水良好的肥厚壤土，不宜在低洼积水处栽植。

(3)繁殖方法

分株、扦插、压条繁殖，也可播种繁殖。

(4)观赏与应用

贴梗海棠早春叶前开花，簇生枝间，鲜艳美丽，且有重瓣及半重瓣品种，秋天又有黄色芳香的硕果，是一种很好的观花、观果灌木。宜于草坪、庭院或花坛内丛植或孤植，又可作为绿篱及基础种植材料，还是盆栽和切花的好材料。

图3-47 贴梗海棠　　**图3-48 西府海棠**

54. 西府海棠 *Malus micromalus* Mak.（图3-48）

别名：小果海棠　科属：蔷薇科 Rosaceae　苹果属 *Malus* Mill.

(1)形态特征

西府海棠为山荆子与海棠花之杂交种。落叶小乔木，树态峭立，小枝紫褐色或暗褐色，幼时有短柔毛。单叶互生，叶长椭圆形，长5~10cm，先端渐尖，基部广楔形，表面有光泽，背面幼时有毛，锯齿尖细。花两性，淡红色，径约4cm，花柱5，花梗及花萼均具柔毛，萼片短，有时脱落。梨果红色，径1~1.5cm，萼洼梗洼均下陷。花期4月，果熟期8~9月。

(2)分布与习性

原产于我国北部，现辽宁、河北、山西、山东、陕西、甘肃、云南等地均有栽培。喜光，耐寒，忌水涝，忌空气过湿，较耐干旱，对土质和水分要求不高，最适生于肥沃疏松、排水良好的沙质壤土。

(3)繁殖方法

嫁接(以山荆子或海棠为砧木)、分株繁殖，亦可播种、压条、根插繁殖。

(4)观赏与应用

西府海棠春天开花粉红美丽，秋季红果缀满枝头，果味甜而带酸，可鲜食及加工成蜜饯，是良好的庭园观赏兼果用树种。

55. 垂丝海棠 *Malus halliana*（Voss.）Koehne(图 3-49)

图 3-49 垂丝海棠

科属：蔷薇科 Rosaceae 苹果属 *Malus* Mill.

(1)形态特征

落叶小乔木，高 5m，树冠疏散。枝开展，幼时紫色。单叶互生，叶卵形至长卵形，长 3.5 ~ 8cm，基部楔形，表面有光泽，锯齿细钝或近全缘；叶柄及中肋常带紫红色。花两性，4 ~ 7 朵簇生于小枝端，玫瑰红色，径 3 ~ 3.5cm，花柱 4 ~ 5，花萼紫色；花梗细长下垂，紫色，花序中常有 1 ~ 2 朵花无雌蕊。梨果倒卵形，径 6 ~ 8mm，紫色。花期 4 月，果熟期 9 ~ 10 月。

(2)常见变种

① 重瓣垂丝海棠 var. *parkmanii* Rehd. 花复瓣，花梗深红色。

② 白花垂丝海棠 var. *spontanea* Rehd. 花较小，花梗较短，花白色。

(3)分布与习性

产于江苏、浙江、安徽、陕西、四川、云南等地，各地广泛栽培。喜光，亦耐阴，喜温暖湿润气候，耐寒性不强，喜肥沃湿润的土壤，稍耐湿。耐修剪。对有害气体抗性较强。

(4)繁殖方法

嫁接繁殖，常以湖北海棠作砧木，也可扦插或压条繁殖。

(5)观赏与应用

垂丝海棠春日繁花满树，娇艳美丽，是点缀春景的主要花木。常作主景树种，以常绿树丛为背景，配置各种花灌木装饰公园或庭园；或丛植于草坪、池畔、坡地，列植于园路旁；对植于门、厅出入处；窗前、墙边、阶前、院隅孤植效果都好。花枝可切花插瓶，树桩可制作盆景。

56. 梨 *Pyrus bretschneideri* Rehd.(图 3-50)

别名：白梨 科属：蔷薇科 Rosaceae 梨属 *Pyrus* L.

(1)形态特征

落叶乔木，高 5 ~ 8m。小枝粗壮，幼时有柔毛。单叶互生，叶卵形或卵状椭圆形，长 5 ~ 11cm，基部广楔形或近圆形，幼时有绒毛，叶缘有刺芒状尖锯齿，齿端微向内曲。花两性，白色，花柱 5，罕为 4，伞形总状花序；花梗长 1.5 ~ 7cm。梨果卵形或近球形，

黄色或黄白色，花萼脱落，富含石细胞。花期4月，果熟期8~9月。

(2)分布与习性

原产于我国北部，河北、河南、山东、山西、陕西、甘肃、青海等地皆有分布。栽培遍及华北、东北南部、西北及江苏北部、四川等地。喜光，耐寒，喜干冷气候，对土壤要求不严，耐干旱瘠薄，以深厚、疏松、地下水位较低的肥沃沙质壤土最好，开花期忌寒冷和阴雨。

(3)繁殖方法

嫁接繁殖为主，砧木常用杜梨。

(4)观赏与应用

梨春天开花，满树雪白，树姿也美，是观赏结合生产的好树种。宜成丛成片栽成观果园，或列植于道路两侧、池畔、篱边，亦可丛植于居民区、街头绿地。

图3-50 梨　　**图3-51 多花蔷薇**

57. 多花蔷薇 *Rosa multiflora* Thunb.（图3-51）

别名：蔷薇、野蔷薇　科属：蔷薇科 Rosaceae　蔷薇属 *Rosa* L.

(1)形态特征

落叶蔓性灌木。枝细长，具皮刺。奇数羽状复叶互生，小叶5~9，卵形或椭圆形，缘具锐齿，先端钝圆具小尖，基部宽楔形或圆形，叶表绿色有疏毛，叶背密被灰白绒毛；托叶与叶轴基部合生，边缘篦齿状分裂。花两性，白色或略带粉晕，圆锥状伞房花序，单瓣或半重瓣，花径2~3cm，微芳香。蔷薇果球形，径约6mm，熟时褐红色，萼脱落。花期4~5月，果熟9~10月。

(2)常见变种、品种

① 粉团蔷薇 var. *cathyensis* Rehd. et Wils.　小叶较大，通常5~7。花较大，径3~

4cm，单瓣，粉红至玫瑰红色，数朵成平顶之伞房花序。

② 荷花蔷薇 f. *carnea* Thory　花重瓣，粉红色，多朵成簇，甚美丽。

③ 七姊妹 f. *platyphyll* Thory　叶较大。花重瓣，深红色，常 6～7 朵成扁伞房花序。

④‘白玉棠’‘Albo－Plena’　皮刺较少。花白色，重瓣，多朵簇生，有淡香。

(3)分布与习性

原产于我国，主产黄河流域以南各地的平原和低山丘陵，现全国普遍栽培。喜光，耐寒，耐干旱，不耐积水，怕干风，略耐阴，对土壤要求不严，以肥沃、疏松的微酸性土壤最好。对有毒气体的抗性强。

(4)繁殖方法

分株、扦插、压条繁殖，也可播种繁殖。

(5)观赏与应用

多花蔷薇疏条纤枝，横斜披展，叶茂花繁，色香四溢，是良好的春季观花树种，适用于花架、长廊、粉墙、门侧、假山石壁的垂直绿化，点缀斜坡、水池坡岸，装饰建筑物墙面或植花篱。是嫁接月季的砧木。

58. 月季 *Rosa chinensis* Jacq.（图 3-52）

别名：月月红、长春花、月季花　科属：蔷薇科 Rosaceae　蔷薇属 *Rosa* L.

(1)形态特征

常绿或半常绿灌木。茎直立，小枝绿色，具钩状皮刺。奇数羽状复叶互生，小叶 3～5，宽卵形至卵状椭圆形，先端尖，基部圆形或宽楔形，锯齿尖锐，表面有光泽；托叶大部分与叶轴连合。花两性，常数朵簇生，稀单生，径约 5cm，深红、粉红、近白色，微香；花柱分离，萼片常羽裂，缘有腺毛。蔷薇果卵形至球形，红色，花萼宿存。花期 4～10 月，果期 9～11 月。

图 3-52　月　季

(2)常见变种、变型

① 月月红 var. *semperflorens* Koehne. 茎较纤细，常带紫红晕，有刺或近无刺。小叶较薄，常带紫晕。花多单生，紫色至深粉红色，花梗细长，常下垂。品种有‘大红’月季、‘铁把红’等。

② 小月季 var. *minima* Voss.　植株矮小，多分枝，高一般不过 25cm。叶小而狭。花较小，径约 3cm，玫瑰红色，单瓣或重瓣。宜作盆景材料。栽培品种不多，但在小花月季矮化育种中起着重要作用。

③ 绿月季 var. *viridiflora* Dipp.　花淡绿色，花瓣呈带锯齿之狭绿叶状。

④ 变色月季 f. *mutabilis* Rehd.　花单瓣，初开时硫黄色，继变橙色、红色，最后呈暗红色，径 4.5～6cm 。

(3)分布与习性

原产于我国中部的贵州、湖北、四川等地，现遍布世界各地。为阜阳市、北京市、天津市、石家庄市、南阳市、常州市、淮安市、柳州市等城市的市花，为伊拉克、美国、卢森堡的国花。喜光，但强光直射对花蕾发育不利，夏季高温对开花不利，气温在22～25℃为花生长的最适宜温度。耐寒，耐旱，适应性强，对土壤要求不严格，但以富含有机质、排水良好的微酸性沙壤土最好。

(4)繁殖方法

扦插繁殖，亦可分株、压条繁殖。

(5)观赏与应用

月季花色艳丽，花期长，是重要的观花树种，是园林布置的好材料。宜作花坛、花境及基础栽植，在草坪、园路、角隅、庭院、假山等处配置也很合适，又可作盆栽及切花材料。

59. 玫瑰 *Rosa rugosa* Thunb.（图3-53）

别名：刺玫花、徘徊花　科属：蔷薇科 Rosaceae　蔷薇属 *Rosa* L.

(1)形态特征

落叶直立丛生灌木。茎灰褐色，密生刚毛与倒钩状皮刺。奇数羽状复叶互生，小叶5～9，椭圆形至椭圆状倒卵形，锯齿钝，表面多皱，背面有柔毛及刺毛；托叶大部与叶轴连合。花两性，常紫红色，单生或数朵聚生，芳香，径6～8cm。蔷薇果扁球形，径2～2.5cm，砖红色，具宿存萼片。花期5～6月，7～8月零星开放；果期9～10月。

图3-53 玫 瑰

(2)常见变种

① 紫玫瑰 var. *typical* Reg.　花玫瑰紫色。

② 白玫瑰 var. *alba* W. Robins.　花白色。

③ 红玫瑰 var. *rosea* Rehd.　花玫瑰红色。

④ 重瓣紫玫瑰 var. *plena* Reg.　花玫瑰紫色，重瓣，多不结实或种子瘦小。各地栽培最多。

⑤ 重瓣白玫瑰 var. albo－plena Rehd.　花白色，重瓣。

(3)分布与习性

原产于亚洲东部地区；主要分布于我国东北、华北、西北和西南，日本、朝鲜等地均有分布，在其他许多国家也被广泛种植。喜光，耐旱，耐涝，耐寒冷，适应性强，适宜生长在较肥沃的沙质土壤中。

(4)繁殖方法

分株、扦插繁殖为主，也可播种、嫁接(以多花蔷薇为砧)繁殖。

(5)观赏与应用

玫瑰色艳花香，是著名的观花、闻香灌木，宜植为花篱、花境、花坛，也可丛植于草坪，点缀坡地，布置专类园。是园林生产相结合的良好树种。

60. 黄刺玫 *Rosa xanthina* Lindl.（图 3-54）

别名：黄刺梅、刺玫花、硬皮刺　科属：蔷薇科 Rosaceae　蔷薇属 *Rosa* L.

图 3-54　黄刺玫

(1)形态特征

落叶丛生灌木。小枝褐色，皮刺硬直，基部扁平。奇数羽状复叶互生，小叶 7～13，宽卵形至近圆形，先端钝或微凹，锯齿钝，背面幼时微有柔毛；托叶条状披针形。花两性，黄色，单生，重瓣或单瓣。蔷薇果近球形，红褐色，径约 1cm。花期 4～5 月，果期 7～9 月。

(2)分布与习性

原产于我国东北、华北至西北地区，生于向阳坡或灌木丛中，现各地广为栽培。喜光，稍耐阴，耐寒力强。对土壤要求不严，耐干旱和瘠薄，在盐碱土中也能生长，以疏松、肥沃土地为佳。不耐水涝。

(3)繁殖方法

分株繁殖，也可播种、扦插、压条繁殖。

(4)观赏与应用

黄刺玫花金黄色，花期长，开花时金黄一片，光彩耀人，甚为壮观，是北方常见的观花灌木。宜丛植于草坪、林缘、园路旁，或植为花篱、基础种植。

61. 鸡麻 *Rhodotypas scandens*（Thunb.）Mak.（图 3-55）

别名：双珠母　科属：蔷薇科 Rosaceae　鸡麻属 *Rhodotypas* Sieb. et zucc.

(1)形态特征

落叶灌木，高 2～3m。枝开展，紫褐色，无毛。单叶对生，叶卵形至卵状椭圆形，长 4～8cm，先端锐尖，基部圆形，表面皱，背面至少幼时有柔毛，缘具尖锐重锯齿；叶柄长 3～5mm。花两性，白色，径 3～5cm，单生新枝顶端。核果 4，倒卵形，长约 8mm，亮黑色。花期 4～5 月。

(2)分布与习性

产于辽宁、山东、河南、陕西、甘肃、安徽、江苏、浙江、湖北等地；日本也有分布。生于海拔 800m 以上山坡疏林下。喜光，耐半荫，耐寒、怕涝，适生于疏松肥沃、

排水良好的土壤。

(3)繁殖方法

播种、分株、扦插繁殖。

(4)观赏与应用

鸡麻花叶清秀美丽，适宜丛植草地、路缘、角隅或池边，也可植于山石旁。果及根可药用，治血虚肾亏。

图3-55 鸡 麻

图3-56 棣 棠

62. 棣棠 *Kerria japonica*（L.）DC.（图3-56）

别名：黄度梅 黄榆梅 科属：蔷薇科 Rosaceae 棣棠属 *Kerria* DC.

(1)形态特征

落叶灌木，高1～2m。小枝绿色，有棱。单叶互生，叶三角状卵形或卵圆形，长2～10cm，宽1.5～4cm，先端长渐尖，基部圆形、截形或微心形，叶缘有尖锐重锯齿，下面沿脉或脉腋有柔毛。花两性，金黄色，直径3～4.5cm，单生在当年生侧枝顶端。瘦果倒卵形至半球形，褐色或黑褐色。花期4～6月，果期6～8月。

(2)常见变种

重瓣棣棠 var. *pleniflora* Wille. 花重瓣。观赏价值更高，可作切花材料。

(3)分布与习性

产于河南、湖北、湖南、江西、浙江、江苏、四川、云南、广东等地。喜温暖湿润和半荫环境，耐寒性较差，对土壤要求不严，以肥沃、疏松的沙壤土生长最好。

(4)繁殖方法

分株、扦插、播种繁殖。

(5)观赏与应用

棣棠柔枝垂条，金花朵朵，宜作花篱、花径，群植于常绿树丛之前、古木之旁、山石缝隙之中或池畔、水边、溪流及湖沼沿岸成片栽种，均甚相宜；若配置疏林草地或山坡林下，则尤为雅致，野趣盎然，盆栽观赏也可。

63. 李 *Prunus salicina* Lindl.（图 3-57）

别名：李子　科属：蔷薇科 Rosaceae　李属 *Prunus* L.

图 3-57　李

(1)形态特征

落叶乔木，高达 12m。单叶互生，叶倒卵状椭圆形，长 6～10cm，先端突尖，叶基楔形，叶背脉腋有簇毛，叶缘重锯齿细钝；叶柄长 1～1.5cm，近端处有 2～3 腺体。花两性，白色，常 3 朵簇生；花梗无毛；萼筒钟状，无毛，裂片有细齿。核果卵球形，径 4～7cm，黄绿色至紫色，无毛，外被蜡粉。花期 3～4 月，果熟期 7 月。

(2)分布与习性

东北、华北、华东、华中均有分布。喜光，也能耐半荫，耐寒，能耐 －35℃的低温，喜肥沃湿润的黏质壤土，在酸性土、钙质土中均能生长，不耐干旱和瘠薄，不耐积水。浅根性，根系较广。

(3)繁殖方法

嫁接(以桃、梅、山桃、杏实生苗为砧)、分株、播种繁殖。

(4)观赏与应用

李花丰盛繁茂，果实量多，是园林生产相结合的优良树种。可植于庭院、宅旁、村旁、风景区。我国栽培李树已逾 3000 年。

64. 杏 *Prunus armeniaca* L.（图 3-58）

别名：杏子、甜梅　科属：蔷薇科 Rosaceae　李属 *Prunus* L.

(1)形态特征

落叶乔木，高达 10m，树冠圆整。小枝红褐色或褐色，侧芽单生或 2～3 枚并生。单叶互生，叶广卵形或圆卵形，长 5～10cm，先端短尖，基部圆形或近心形，锯齿细钝，无毛或背面脉腋有簇毛；叶柄多带红色，常顶端有 2 个腺体。花两性，单生，花瓣 5，白色至淡粉红色；花萼 5，鲜绛红色；雄蕊多数。核果球形，径 2.5～3cm，黄色，常一边带红晕，表面有细柔毛；核略扁而平滑。花期 3～4 月，果熟期 6 月。

(2)常见变种、变型

① 垂枝杏 var. *pendula* Jaeq.　枝条下垂，供观赏用。

② 斑叶杏 f. *variegata* Schneid. 叶有斑纹，观叶及观花。

(3)分布与习性

东北、华北、西北、西南及长江中下游各地均有分布。喜光，耐寒，能耐－40℃的低温，耐高温，耐旱，不耐涝，对土壤要求不严，喜深厚、排水良好的沙壤土或砾沙壤土。根系发达，寿命长，成枝力较差，不耐修剪。

(4)繁殖方法

播种、嫁接(山杏作砧木)繁殖。

(5)观赏与应用

“一枝红杏出墙来”，杏早春开花宛若烟霞，繁茂美观，是我国北方主要的早春花木，又称“北梅”。宜群植或片植于山坡，则漫山遍野红霞尽染；植于水畔、湖边则“万树江边杏，照在碧波中”，或植于草坪、建筑物前、路旁等，也可作大面积沙荒及荒山造林树种。

图3-58　杏

65. 梅 *Prunus mume* Sieb. et Zucc.(图3-59)

别名：梅子、梅花　科属：蔷薇科 Rosaceae　李属 *Prunus* L.

(1)形态特征

落叶乔木。树干褐紫色，有纵驳纹。小枝多绿色。单叶互生，广卵形至卵形，长4～10cm，先端渐长尖或尾尖，基部广楔形或近圆形，锯齿细尖。花两性，1～2朵，具短梗，淡粉或白色，芳香，冬季或早春叶前开放。核果球形，绿黄色，密被细毛，径2～3cm，核面有凹点甚多，果肉黏核，味酸。果熟期5～6月。

(2)常见变种、品种

梅花品种达323种，我国著名梅花专家、中国工程院院士陈俊愉教授对我国梅花品种的分类如下：

① 真梅系

直脚梅类　是梅花的典型变种，枝直伸或斜展。花型、花色、单瓣、重瓣、花期迟早等有多种变化。常见的有：‘江梅’、‘宫粉’梅、‘朱砂’梅、‘绿萼’梅、‘玉碟’梅等。

垂枝梅类　枝下垂，形成独特的伞形树冠，花开时花朵向下。宜植于水边，在水中映出其花容，别有风趣。

龙游梅类　不经人工扎制，枝条自然扭曲如游龙。为梅中之珍品，适合孤植或盆栽。

② 杏梅系　是梅与杏的天然杂交种。枝、叶均似山杏或杏，花型复瓣花，色似杏花，花期较晚，春末开花，花托肿大，微香。抗寒性较强。

③ 樱李梅系　为19世纪末法国人用紫叶李与宫粉型梅花远缘杂交而成，我国已引

图 3-59 梅

入栽培数个品种。

④ 山桃梅系 是最新建立的系，1983年用山桃与梅花远缘杂交而成，现仅有‘山桃白’梅一个品种，花白色，单瓣。抗寒性强。

(3)分布与习性

野生于西南山区。华北以北则只见盆栽；日本、朝鲜亦有栽培。喜光，喜温暖而略潮湿的气候，有一定耐寒力，对土壤要求不严格，较耐瘠薄土壤，亦能在轻碱性土中正常生长。寿命长，可达数百年至千年。

(4)繁殖方法

以嫁接为主，亦可扦插、播种繁殖。嫁接以桃、山桃、杏、山杏及梅的实生苗作砧木。

(5)观赏与应用

梅树姿古朴，花色素雅，花态秀丽；果实丰盛，为中国传统的果树和名花，栽培历史逾2500年，为历代著名文人所讴歌。在配置上，梅花最宜植于庭院、草坪、低山丘陵，可孤植、丛植及群植。传统的用法常是以松、竹、梅为“岁寒三友”而配置成景色。梅树又可盆栽观赏或加以整剪做成各式桩景，或作切花瓶插供室内装饰用。

66. 桃 *Prunus persica*（L.）Batsch(图 3-60)

科属：蔷薇科 Rosaceae 李属 *Prunus* L.

(1)形态特征

落叶小乔木。小枝红褐色或褐绿色，无毛；芽密被灰色绒毛。单叶互生，椭圆状披针形，长7～15cm，先端渐尖，基部阔楔形，缘有细锯齿，无毛或背面脉腋有毛；叶柄有腺体。花两性，单生，粉红色，萼外被毛。核果近球形，径5～7cm，表面密被绒毛。花期3～4月，先叶开放；果6～9月成熟。

(2)常见变种、变型

① 食用桃 常见有以下变种与变型：

油桃 var. *nectarina* Maxim 果实成熟时光滑无毛，较小。叶片锯齿较尖锐。如新疆的‘黄李光’桃，甘肃的‘紫胭’桃等。

蟠桃 var. *compressa* Bean 果实扁平，两端均凹入，核小而不规则。品种以江、浙一带为多，华北略有栽培。

黏核桃 f. *scleropersica* Voss. 果肉黏核，品种甚多，如北方的‘肥城佛’桃，南方的‘上海水蜜’等。

离核桃 f. *aganopersica* Voss. 果肉与核分离，如北方的‘青州蜜’桃，南方的‘红心离核’等，其他还有‘黄肉’桃、‘冬桃’等。

② 观赏桃 常见有以下变型：

白桃 f. *alba* Schneid. 花白色，单瓣。

白碧桃 f. *albo - plena* Schneid. 花白色，复瓣或重瓣。

碧桃 f. *duplex* Rehd. 花淡红，重瓣。

绛桃 f. *camelliaeflora* Dipp. 花深红色，复瓣。

红碧桃 f. *rubro - plena* Schneid. 花红色，复瓣，萼片常为10。

复瓣碧桃 f. *dianthiflora* Dipp. 花淡红色，复瓣。

绯桃 f. *magnifica* Schneid. 花鲜红色，重瓣。

洒金碧桃 f. *versicolor* Voss. 花复瓣或近重瓣，白色或粉红色，同一株上花有三色，或同朵花上有二色，乃至同一花瓣上有粉、白二色。

图3-60 桃

紫叶桃 f. *atropurpurea* Schneid. 叶为紫红色；花为单瓣或重瓣，淡红色。

寿星桃 f. *densa* Mak. 树形矮小紧密，节间短，花多重瓣。

(3)分布与习性

原产于我国甘肃、陕西高原地带，全国各地均有栽培，栽培历史悠久。喜光，不耐阴，耐干旱气候，有一定的耐寒力，对土壤要求不严，耐贫瘠、盐碱、干旱，须排水良好，不耐积水及地下水位过高。在黏重土壤栽种易发生流胶病。浅根性，根蘖性强，生长迅速，寿命短。

(4)繁殖方法

以嫁接为主，砧木北方多用山桃，南方多用毛桃，也可用播种、压条繁殖。

(5)观赏与应用

桃花芳香艳丽，妩媚可爱，是园林中重要的春季观花树木。宜孤植、列植、群植于山坡、墙际、山石旁、庭院、草坪等，构成三月桃花满树红的春景。我国园林中习惯以桃、柳配置于水边、湖畔，形成“绿丝映碧波，桃枝更妖艳”，“桃红柳绿”的动人春色。也可配置成专类景点，可盆栽制作桩景，切花观赏。

67. 山桃 *Prunus davidiana* (Carr.) Franch(图3-61)

别名：花桃、野山桃、野桃、山毛桃 科属：蔷薇科 Rosaceae 李属 *Prunus* L.

(1)形态特征

落叶小乔木。树皮紫褐色，有光泽，皮孔横生。小枝紫褐色，有顶芽，侧芽常2~3

图3-61 山 桃

并生。单叶互生，叶卵状披针形，先端长渐尖，基部宽楔形，锯齿细尖；叶柄顶端有时有2个腺体。花两性，单生，淡粉红色，花萼无毛，先叶开放。核果球形，径约3cm，果核近球形。花期3~4月，果期7~8月。

(2)分布与习性

主要分布于黄河流域各地，西南也有分布。喜光，耐寒，对土壤适应性强，耐干旱瘠薄，怕涝。山桃原野生于各大山区及半山区，对自然环境适应性很强，一般土质都能生长，对土壤要求不严。

(3)繁殖方法

播种繁殖。在北方多用作梅、杏、李、樱的砧木。

(4)观赏与应用

山桃花期早，花时美丽可观，并有曲枝、白花、柱形等变异类型。园林中宜成片植于山坡并以苍松翠柏为背景，方可充分显示其娇艳之美。在庭院、草坪、水际、林缘、建筑物前零星栽植也很合适。

68. 榆叶梅 *Prunus triloba* Lindl.(图3-62)

别名：小桃红、鸾枝、榆梅　科属：蔷薇科 Rosaceae　李属 *Prunus* L.

(1)形态特征

落叶灌木。小枝细，无毛或幼时稍有柔毛。单叶互生，叶椭圆形至倒卵形，长3~5cm，先端尖或有时3浅裂，基部阔楔形，缘具粗重锯齿，两面多少有毛。花两性，粉红色，径2~3cm，1~2朵腋生。核果球形，径1~1.5cm，红色。花期4月，先叶或与叶同放；果7月成熟。

(2)常见变种、变型

① 鸾枝榆叶梅 var. *atropurpurea* Hort. 小枝紫红色。花1~2朵，罕3朵，单瓣或重瓣，紫红色，萼片5~10；雄蕊25~35。

② 单瓣榆叶梅 f. *normalis* Rehd. 花单瓣，萼瓣各5，近野生种，少栽培。

③ 复瓣榆叶梅 f. *muitiplex* Rehd. 花复瓣，粉红色；萼片多为10，有时5；花

图3-62 榆叶梅

瓣10或更多。

④ 重瓣榆叶梅 f. *plena* Dipp.　花大，径达3cm或更大，深粉红色，雌蕊1～3，萼片通常10，花瓣很多，花梗与花萼皆带红晕。花朵密集艳丽，观赏价值很高，北京常见栽培。

(3)分布与习性

原产于我国北部，黑龙江、河北、山西、山东、江苏、浙江等地均有分布，华北、东北庭园多有栽培。喜光，耐寒，耐旱，对轻碱土也能适应，不耐水涝。

(4)繁殖方法

播种、嫁接(以山桃、杏的实生苗为砧)、分蘖繁殖。

(5)观赏与应用

榆叶梅花团锦簇，花感强烈，以反映春光明媚、花团锦簇的欣欣向荣景象，是北方常见的观花灌木。在园林或庭院中最好以苍松翠柏作背景丛植，或与连翘配植。还可作盆栽、切花或插花材料。

69. 郁李 *Prunus japonica* Thunb.（图3-63）

别名：爵梅、秧李、小桃红　科属：蔷薇科 Rosaceae　李属 *Prunus* L.

(1)形态特征

落叶灌木。枝细密，冬芽3枚，并生。单叶互生，叶卵形至卵状椭圆形，长4～7cm，先端长尾状，基部圆形，缘有锐重锯齿，无毛或仅背脉有短柔毛。花两性，粉红或近白色，单生或2～3朵簇生；花梗长5～10mm。核果近球形，径约1cm，深红色。花期4～5月，春天与叶同放；果熟期6月。

图3-63　郁　李

(2)常见变种

① 北郁李 var. *engleri* Koehne　叶基心形，背脉有短硬毛。花梗长7～13mm。果径1～1.5cm。产于东北各地，庭园栽培观赏。

② 重瓣郁李 var. *kerii* Koehne　叶背无毛。花半重瓣，花梗短。产于东南地区，又名南郁李，观赏价值较高，常作盆栽及切花材料。

(3)分布与习性

产于我国华北、华中至华南，日本、朝鲜也有分布。喜光，耐寒，耐干旱。对土壤要求不严，以石灰岩山地生长最好，耐瘠薄，耐湿。根蘖性、萌芽力强。

(4)繁殖方法

分株、播种繁殖。重瓣品种可用毛桃或山桃作砧木嫁接繁殖。

(5)观赏与应用

郁李花朵繁茂，在庭园中多丛植赏花用。其果实可生食，核仁可供药用，有健胃润肠、利水消肿之效。

70. 冬樱花 *Prunus cerasoides* D. Don.（图3-64）

别名：高盆樱桃、云南欧李、箐樱桃　科属：蔷薇科 Rosaceae　李属 *Prunus* L.

图3-64　冬樱花

(1)形态特征

落叶乔木。树皮古铜色。小枝幼时有短柔毛。单叶互生，叶倒卵状长椭圆形至椭圆状卵形，长5～12cm，先端长尾尖，缘有尖锐重锯齿或单锯齿，无毛；叶柄近端处有2～3个腺体。花两性，伞形花序有1～3花，花瓣粉红色，略下垂，花梗、萼筒无毛；先叶或与叶同时开放。核果紫黑色，卵形，长1.2～1.5cm。花期(11)12月至翌年1月，果期3～4月。

(2)分布与习性

产于云南和西藏东南部。喜光，喜温暖湿润气候及肥沃土壤，忌水涝，耐干热。

(3)繁殖方法

播种、嫁接繁殖。

(4)观赏与应用

冬樱花冬季红彤彤满树繁花，花后长出"鹅黄嫩绿"的新叶，给人们带来春的信息和希望的喜悦，3～4月当其他樱花绽放时，它已是"绿叶成荫子满枝"了，是冬季难得的观赏花木，适宜在城市绿化和园林风景中孤植、列植或作行道树。

71. 樱花 *Prunus serrulata* Lindl.（图3-65）

别名：山樱桃　科属：蔷薇科 Rosaceae　李属 *Prunus* L.

(1)形态特征

落叶乔木。树皮暗栗褐色，光滑。小枝赤褐色；冬芽在枝端丛生数个或单生，芽鳞密生，黑褐色，有光泽。单叶互生，叶卵形至卵状椭圆形，长6～12cm，先端尾状，叶缘具尖锐重锯齿或单锯齿，齿端短刺芒状；叶柄常有2～4腺体。花两性，白色或淡红色，稀黄绿色，径2.5～4cm，苞片大小不等，常3～5朵成短伞房总状花序。核果球形，径6～8mm，红变紫褐色。花期4月，与叶同时开放；果7月成熟。

(2)常见变种、变型

① 重瓣白樱花 f. *albo－plena* Schneid.　花白色，重瓣。在华南有悠久的栽培历史。100多年前即被引种至欧美。

② 红白樱花 f. *albo－rosea* Wils.　花重瓣，花蕾淡红色，开后变白色，有二叶状心皮。

③ 垂枝樱花 f. *pendula* Bean. 枝开展而下垂。花粉红色，瓣数多达50以上，花萼有时为10片。

④ 重瓣红樱花 f. *rosea* Wils. 花粉红色，极重瓣。

⑤ 瑰丽樱花 f. *superba* Wils. 花甚大，淡红色，重瓣，有长梗。

⑥ 毛樱花 var. *pubescens* Wils. 与山樱花相似，但叶两面、叶柄、花梗及萼均多少有毛，花瓣长1.2～1.6cm。产于长江流域、黄河下游，朝鲜、日本亦有分布。

⑦ 山樱花 var. *spontanea* Wils. 花单瓣，形较小，径约2cm，白色或粉红色，花梗及萼均无毛，2～3朵排成总状花序。产于长江流域，朝鲜、日本亦有分布。

图3-65 樱 花

(3)分布与习性

原产于北半球温带环喜马拉雅山地区，包括我国长江流域、日本、印度北部、朝鲜及中国台湾地区，世界各地都有栽培，以日本樱花最为著名。喜光，喜温暖湿润的气候，对土壤的要求不严，以深厚肥沃的沙质土壤生长最好，根系浅，对烟尘、有害气体及海潮风的抵抗力均较弱。

(4)繁殖方法

扦插、嫁接繁殖为主，也可播种繁殖。

(5)观赏与应用

樱花花色鲜艳亮丽，枝叶繁茂旺盛，是早春重要的观花树种，被广泛用于园林观赏。可群植成林，也可植于山坡、庭院、路边、建筑物前。盛开时节花繁艳丽，满树烂漫，如云似霞，极为壮观。可大片栽植造成“花海”景观，或三五成丛点缀于绿地形成锦团，也可孤植、列植。

72. 日本樱花 *Prunus yedoensis* Matsun.(图3-66)

别名：东京樱花、江户樱花　科属：蔷薇科 Rosaceae　李属 *Prunus* L.

(1)形态特征

落叶乔木。树皮暗褐色，平滑。小枝幼时有毛。单叶互生，叶卵状椭圆形至倒卵形，长5～12cm，先端急渐尖，叶基圆形至广楔形，叶缘有细尖重锯齿，叶背脉上及叶柄有柔毛。花两性，白色至淡粉红色，径2～3cm，常为单瓣，微香；萼筒管状，有毛；花梗长约2cm，有短柔毛；3～6朵排成短总状花序。核果近球形，黑色。花期4月，果期8～9月。

(2)分布与习性

原产于日本，我国引种栽培。喜光，喜温暖湿润气候，对土壤要求不严，以深厚肥沃的沙质壤土生长最好，根系浅，对烟及风抗力弱。

(3)繁殖方法

嫁接繁殖，以樱桃、山樱花、尾叶樱及桃、杏实生苗为砧木。

(4)观赏与应用

日本樱花花朵极其美丽，盛开时节，满树烂漫，如云似霞，是著名的早春观赏树种。宜群植、列植或孤植于草坪、湖边、庭院、公园里，或片植作专类园。

图 3-66　日本樱花　　　图 3-67　日本晚樱

73. 日本晚樱 ***Prunus lannesiana* Wils.**（图 3-67）

科属：蔷薇科 Rosaceae　李属 *Prunus* L.

(1)形态特征

落叶乔木。干皮淡灰色，较粗糙，小枝无毛。单叶互生，叶倒卵形，长 5～15cm，宽 3～8cm，新叶略带红褐色，先端渐尖，长尾状，叶缘锯齿单或重锯齿，齿端有长芒；叶柄上部有 2 腺体。花两性，单瓣或重瓣，常下垂，粉红或近白色，1～5 朵排成伞房花序，小苞片叶状；花梗长 1.5～2cm，无毛；萼筒无毛。核果卵形，黑色。花期 4 月，果期 7 月。

(2)常见变种

日本晚樱的原始种是单瓣花，但变种及栽培品种多为重瓣花，栽培种的花期较原始种更迟。

① 白花晚樱 var. *albida* Wils.　花单瓣，白色，数十年前已引种于南京。

② 绯红晚樱 var. *hatazakura* Wils.　花半重瓣，白色而染有绯红色，很美丽，数十年前已引入南京。

③ 大岛晚樱(拟) var. *specfosa* (Koidz.) Makino 叶缘为重锯齿，新叶绿色。花梗淡绿色，花形大，径3～4cm，白色或偶带微红色，芳香。果实大，广椭圆形，无苦味，可食。

(3)分布与习性

原产于日本，在伊豆半岛有野生，日本庭园中常栽培。我国引入栽培。喜温暖气候，较耐寒，不耐盐碱，对有害气体抗性差。

(4)繁殖方法

扦插、嫁接(樱桃、桃、杏为砧)、分蘖繁殖。

(5)观赏与应用

日本晚樱新叶红色，花叶同放，花期长，花大而芳香，盛开时繁花似锦，是春季观花树种。适宜丛植、群植、列植等，作庭园观赏、风景林、行道树。

74. 合欢 *Albizzia julibrissin* Durazz.(图3-68)

别名：绒花树、合昏、夜合花、洗手粉　科属：含羞草科 Mimosaceae　合欢属 *Albizzia* Durazz.

(1)形态特征

落叶乔木，树冠扁圆形，常呈伞状。树皮褐灰色，主枝较低。2回偶数羽状复叶互生，羽片4～12对，各有小叶10～30对；小叶镰刀状长圆形，长6～12mm，中脉紧靠上部叶缘，昼开夜合，叶背中脉有毛，全缘。花两性，头状花序排成伞房状；萼及花瓣均黄绿色；雄蕊多数，花丝细长粉红色，如绒缨状。荚果扁条形，不开裂。花期6～7月，果9～10月成熟。

(2)分布与习性

产于亚洲及非洲，分布于自黄河流域至珠江流域之广大地区。喜光，但树干皮薄畏暴晒，否则易开裂。耐寒性略差，对土壤要求不严，能耐干旱瘠薄，但不耐水涝。生长迅速，枝条开展。

(3)繁殖方法

播种繁殖。

(4)观赏与应用

合欢树姿优美，叶形雅致，盛夏绒花满树，有色有香，能形成轻柔舒畅的气氛，宜作庭荫树、行道树，植于林缘、建筑前、草坪、山坡等地。

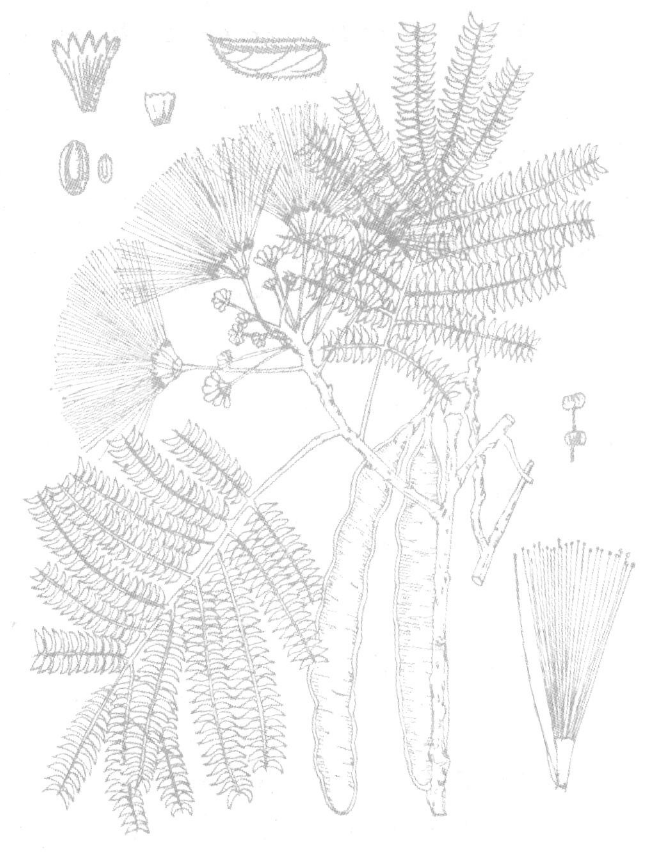

图3-68　合　欢

75. 滇合欢 *Albizia mollis*（Wall.）Boiv.

别名：毛叶合欢、大毛毛花　科属：含羞草科 Mimosaceae　合欢属 *Albizzia* Durazz.

(1)形态特征

落叶乔木。小枝有毛，皮孔小而不明显。2 回偶数羽状复叶互生，羽片 4 ~ 10 对，各羽片具小叶 10 ~ 30 对；小叶长 1.5 ~ 1.8cm，中脉常偏于一边，先端钝，背面密被长柔毛，全缘，叶柄具腺体。花两性，头状花序生于上部叶腋或在枝顶排成伞房状；花丝长，基部合生，粉红色；花冠 5 裂至中部以上。荚果扁平，带状。花期 5 ~ 6 月，果期 8 ~ 12 月。

(2)分布与习性

产于我国西南地区。耐干旱瘠薄，也耐水湿，抗性强。

(3)繁殖方法

播种繁殖。

(4)观赏与应用

滇合欢树形优美，就像一把绿色的遮阳花伞，羽叶雅致，5 ~ 6 月盛花时，细长花丝组成的粉红色绒球挂满枝头，随风飘拂，如丝状红云，到 9 ~ 10 月荚果挂满枝头，一派秋收丰产景象。是优良的城乡绿化及观赏树种，尤宜作庭荫树。

76. 朱缨花 *Calliandra haematocephala* Hassk.

别名：红绒球、美蕊花　科属：含羞草科 Mimosaceae　朱缨花属 *Calliandra* Benth.

(1)形态特征

落叶灌木或小乔木。2 回偶数羽状复叶互生，羽片 1 ~ 2 对，小叶 5 ~ 8 对，斜卵状披针形，顶生小叶最大，长达 8cm，叶基偏斜，中脉略偏上部，全缘，嫩叶红褐色；托叶卵状三角形。花两性，球形头状花序，径 3 ~ 5cm；花冠发红，雄蕊约 25，花丝基部白色，渐向顶端变红色。荚果线状倒披针形，长达 12cm。花期 8 ~ 9 月，果期 10 ~ 11 月。

(2)分布与习性

原产于南美洲；广东、海南、台湾、福建、云南等地均有栽培。喜光，喜暖热湿润气候和排水良好的土壤，不耐积水，稍耐阴，对大气污染有较强抗性。

(3)繁殖方法

扦插、播种繁殖。

(4)观赏与应用

朱缨花花丝红艳似绒球，叶形秀美，二者相配，既秀雅又艳丽，非常惹人喜爱。春季初发的嫩叶呈红色并随生长而渐变粉红、淡绿至正绿色，有较强的动态季相效果，是很好的庭园、道路绿化树种，宜丛植、作花篱或植林缘处；株形采用自然式或整形式均可。

77. 紫荆 *Cercis chinensis* Bunge.（图 3-69）

别名：满条红　科属：苏木科(云实科)Caesalpiniaceae　紫荆属 *Cercis* L.

(1)形态特征

落叶乔木，栽培时多呈灌木状。单叶互生，叶近圆形，长 6 ~ 14cm，先端急尖，叶

图 3-69 紫 荆

基心形，掌状脉，全缘。花两性，紫红色，花冠假蝶形，上部 1 瓣较小，下部 2 瓣较大；雄蕊 10，花丝分离；4～10 朵簇生于老枝上。荚果褐色，扁带状，沿腹缝线有窄翅。花期 4 月，叶前开放，果 10 月成熟。

(2)常见变种、品种

白花紫荆 f. *alba* P. S. Hsu. 花纯白色。

(3)分布与习性

紫荆在湖北西部、辽宁南部、河北、陕西、河南、甘肃、广东、云南、四川等均有分布。喜光，有一定耐寒性，喜肥沃、排水良好土壤，不耐淹。萌蘖性强，耐修剪。

(4)繁殖方法

播种、分株、扦插、压条繁殖。

(5)观赏与应用

紫荆早春叶前开花，繁花簇生，满枝嫣红，艳丽可爱。宜丛植于庭院、建筑物前及草坪边缘，宜与常绿之松柏配植为前景或植于浅色的物体前面，如白粉墙之前或岩石旁。

78. 云南紫荆 *Cercis glabra* Pamp.（图 3-70）

别名：馍馍叶、马藤、巨紫荆、湖北紫荆 科属：苏木科（云实科）Caesalpiniaceae 紫荆属 *Cercis* L.

(1)形态特征

落叶乔木。单叶互生，叶心形或卵圆形，长 6～13cm，先端短尖，基部心形，掌状脉，背面无毛或近基部脉腋有簇毛，全缘。花两性，7～14(24)朵成短总状花序；花冠假蝶形，淡紫红色，叶前开花。荚果扁条形，紫红色，沿腹缝线有狭翅，长 9～14cm。花期 3～4 月，果期 9～11 月。

(2)分布与习性

产于我国东部、中部至西南部，在云南常见于干旱的石灰岩山地。喜光，耐干旱；萌芽力强，耐修剪，有一定的耐寒性，不耐水淹。

(3)繁殖方法

播种、分蘖、压条繁殖。

(4)观赏与应用

云南紫荆树姿优美，叶形美丽，早春紫红别致的花朵密生枝干，艳丽夺目，秋天荚果满树，也十分美观，是优良的观花、观果树种。适宜在各类园林绿地的草坪、路缘、角隅或建筑物前栽植，也可与常绿树丛或山石等配置造景。

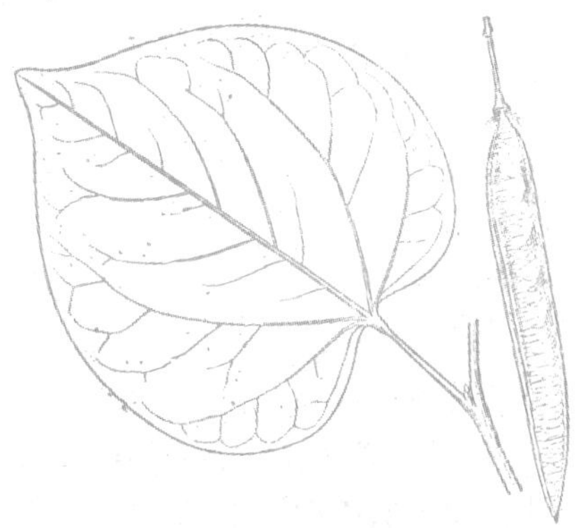

图 3-70 云南紫荆

79. 黄槐 *Cassia surattensis* Burm. f.（图 3-71）

别名：粉叶决明、黄槐决明、凤凰花　科属：苏木科（云实科）Caesalpiniaceae　决明属 *Cassia* L.

（1）形态特征

落叶小乔木或灌木状。偶数羽状复叶互生，小叶6～10对，倒卵状椭圆形，长2～3.5cm，先端圆，基部稍偏斜，全缘；叶轴下部2或3对小叶之间有一棒状腺体。花两性，大，花瓣5，鲜黄色，雄蕊10；总状花序伞状。荚果扁，条形，长7～12cm，种子间有时略缢缩。几乎全年开花，但主要集中在3～12月，果期9～10月。

（2）分布与习性

产于亚洲热带至大洋洲，我国云南有分布。喜光，要求深厚而排水良好的土壤，生长快；繁殖、栽培都较容易。

（3）繁殖方法

播种繁殖。

图3-71　黄　槐

（4）观赏与应用

黄槐因其叶似槐，花金黄而得名。树形美观，绿叶黄花，鲜艳明快，在南方城镇，多用作街道行道树，也可点缀在葱郁林木之间，令人感觉明亮一新。

80. 双荚决明 *Cassia bicapsularis* L.

别名：双荚黄槐、金边黄槐　科属：苏木科（云实科）Caesalpiniaceae　决明属 *Cassia* L.

（1）形态特征

落叶或半常绿蔓性灌木，多分枝。偶数羽状复叶互生，小叶3～5对，倒卵形至长圆形，长2.5～3.5cm，先端圆钝，叶面灰绿色，叶缘常金黄色，全缘；有托叶；第1～2对小叶间有一突起的腺体。花两性，金黄色，花瓣5，径约2cm，能育雄蕊7（其中3枚特大）；伞房状总状花序。荚果细圆柱形，长达15cm。种子褐黑色。花期9月至翌年1月，果期11月至翌年3月。

（2）分布与习性

原产于热带美洲，世界热带地区广泛栽培。喜光，喜暖热气候，耐干旱瘠薄和轻盐碱土；生长快。

（3）繁殖方法

播种、扦插繁殖。

（4）观赏与应用

双荚决明分枝茂密，花期较长，花色鲜艳，盛花期，花团锦簇，灿烂夺目，常作为工厂、校园或城市道路绿化的观花树种。

81. 光叶决明 *Cassia floribunda* Cavan.

别名：大花黄槐　科属：苏木科（云实科）Caesalpiniaceae　决明属 *Cassia* L.

（1）形态特征

常绿或半常绿灌木。小枝绿色。偶数羽状复叶互生，小叶3～4对，卵形至卵状披针形，长4～6cm，基部有时略偏斜，无毛，背面有白粉，小叶全缘；有托叶；叶轴上于每对小叶间有一腺体。花两性，金黄色；花瓣5，广倒卵形，先端圆或微凹，发育雄蕊7；总状或伞房花序。荚果圆柱形，长5～10cm。花期3～4(5)月，果期11～12月。

（2）分布与习性

原产于热带美洲，我国云南南部、海南、广西等地有栽培。喜光，喜高温，耐干旱。

（3）繁殖方法

播种繁殖。

（4）观赏与应用

光叶决明花繁叶茂，色彩明快，为优良的观赏树种。

82. 凤凰木 *Delonix regia*（Boj. ex Hook.）Raf.（图3-72）

别名：红花楹树、凤凰树、火树、红花楹　科属：苏木科（云实科）Caesalpiniaceae　凤凰木属 *Delonix* Raf.

（1）形态特征

落叶乔木，树冠开展。2回偶数羽状复叶互生，羽片10～20对，对生；小叶20～40对，长椭圆形，长5～8mm，宽2.5～3mm，先端钝圆，基部歪斜，两面有毛。花两性，花瓣5，大，鲜红色，有长爪；总状花序伞房状。荚果带状，木质，长30～50cm。花期5～8月，果期11月。

（2）分布与习性

原产于非洲马达加斯加。华南及滇南有栽培。喜光，为热带树种，很不耐寒，要求排水良好的土壤。生长快，根系发达，抗风力强，且抗空气污染，移栽易活。

（3）繁殖方法

播种繁殖。

（4）观赏与应用

凤凰木因“叶如飞凰之羽，花若丹凤之冠”而名。树冠伞形开展，枝叶茂密，叶形秀丽轻柔，花大色艳，初夏满树红花，如火如荼，极为美观，是热带地区优美的庭园观赏树及行道树。

图3-72　凤凰木

83. 刺桐 *Erythrina variegata* L.

别名：象牙红　科属：蝶形花科 Fabaceae　刺桐属 *Erythrina* L.

(1)形态特征

落叶乔木。小枝粗壮，有皮刺。三出复叶互生，小叶全缘，顶生小叶宽卵形或卵状三角形，长 8～15cm，先端渐钝尖，基部截形或广楔形，无毛，侧生小叶较狭。花两性，鲜红色，长 6～7cm，旗瓣卵状椭圆形；花萼佛焰苞状，上部深裂达基部；成密集的顶生总状花序，长约 15cm。荚果肿胀，长 15～30cm。种子暗红色。花期 2～3 月，叶前开花，9 月果熟。

(2)常见变种

黄脉刺桐 var. *orientalis*（L.）Merr.　叶脉黄色，偶见栽培观赏。

(3)分布与习性

原产于亚洲热带。喜光，耐干旱瘠薄，不耐寒，抗风。生长快，耐修剪。扦插、移植易活。

(4)繁殖方法

扦插、播种繁殖。

(5)观赏与应用

刺桐树冠宽广，枝叶苍翠浓密，花色鲜红艳丽，远看花序，好似一串熟透了的红辣椒。可作行道树及庭荫树。

84. 乔木刺桐 *Erythrina arborescens* Roxb.（图 3-73）

别名：鹦哥花、刺木通　科属：蝶形花科 Fabaceae　刺桐属 *Erythrina* L.

图 3-73　乔木刺桐

(1)形态特征

落叶乔木。三出复叶互生，顶生小叶肾状扁圆形，长 9～20cm，先端短渐尖，全缘。花两性，花冠红色，长约 4cm，翼瓣长为旗瓣长的 1/4，花萼二唇形；总状花序腋生，花密集生于长总花梗上端。荚果梭形，稍弯，两端尖。花期 8～9 月，果期 10～11 月。

(2)分布与习性

产于我国西南部。喜光，耐旱也耐湿，对土壤要求不严，喜肥沃排水良好的沙壤土，不甚耐寒。

(3)繁殖方法

扦插或播种繁殖。

(4)观赏与应用

乔木刺桐枝叶苍翠，花绯红美丽，可在庭园栽培观赏或作行道树。

85. 紫薇 *Lagerstroemia indica* L.（图3-74）

别名：痒痒树、百日红　科属：千屈菜科 Lythraceae　紫薇属 *Lagerstroemia* L.

（1）形态特征

落叶灌木或小乔木，树冠不整齐，枝干多扭曲。树皮淡褐色，薄片状剥落后树干特别光滑。小枝四棱。单叶对生或近对生，叶椭圆形至倒卵状椭圆形，长3～7cm，先端尖或钝，基部广楔形或圆形，全缘，具短柄。花两性，鲜淡红色，径3～4cm，花瓣6，波状皱缩；圆锥花序顶生。蒴果近球形，6瓣裂，基部有宿存花萼。花期6～9月，果10～11月成熟。

图3-74　紫　薇

（2）常见变种

① 银薇 var. *alba* Nichols.　花白色或微带淡堇色，叶色淡绿。

② 翠薇 var. *rubra* Lav.　花紫堇色，叶色暗绿。

（3）分布与习性

产于亚洲南部及大洋洲北部；我国华东、华中、华南及西南均有分布，各地普遍栽培。喜光，稍耐阴，耐寒性不强，耐旱，怕涝；喜温暖气候及肥沃湿润、排水良好的石灰性土壤。萌蘖性强，生长较慢，寿命长。

（4）繁殖方法

分蘖、扦插、播种繁殖。

（5）观赏与应用

紫薇树姿优美，树干光滑洁净，花色艳丽，开花时正当夏秋少花季节，花期极长，由6月开至9月，故有“百日红”之称，色丽而花穗繁茂，如火如荼，令人振奋精神、青春常在，故有“谁道花无红百日，此树常放半年花”的诗句，这是乐观主义者的赞歌。最适宜种在庭院及建筑前，也宜栽在池畔、路边及草坪上。又可盆栽观赏及作盆景。

86. 石榴 *Punica granatum* L.（图3-75）

别名：安石榴、海石榴　科属：石榴科 Punicaceae　石榴属 *Punica* L.

（1）形态特征

落叶灌木或小乔木，树冠常不整齐。小枝有棱，具枝刺。单叶对生或簇生，叶倒卵状长椭圆形，长2～8cm，先端尖或钝，叶基楔形，全缘。花两性，朱红色，径约3cm；花瓣红色，有皱折；花萼橙红色，革质，宿存；1～5朵集生。浆果近球形，径6～8cm，褐黄色或褐红色，具宿存花萼；种子多数，有肉质外种皮。花期5～6（～7）月，果9～10月成熟。

（2）常见变种

① 白石榴 var. *albescens* DC.　花白色，单瓣。

图 3-75 石 榴

② 黄石榴 var. *flavescens* Sweet. 花黄色。

③ 玛瑙石榴 var. *multiplex* Vanh. 花重瓣，红色，有黄白色条纹。

④ 重瓣白石榴 var. *multiplex* Sweet. 花白色，重瓣。

⑤ 月季石榴 var. *nana* Pers. 植株矮小，枝条细密而上升，叶、花皆小，重瓣或单瓣，花期长，5～7 月陆续开花不绝，故又称“四季石榴”。

⑥ 墨石榴 var. *nigra* Hort. 枝细柔。叶狭小。花小，多单瓣。果熟时紫黑色，果皮薄；外种皮味酸。

⑦ 重瓣红石榴 var. *pleniflora* Hayne 花红色，重瓣。

(3)分布与习性

原产于伊朗和阿富汗，我国黄河流域以南均有栽培。喜光，喜温暖气候，有一定耐寒力，喜肥沃湿润而排水良好之石灰质土壤，但可适于 pH 4.5～8.2 的范围，有一定耐旱力。寿命较长。

(4)繁殖方法

播种、扦插、压条、分株繁殖。

(5)观赏与应用

石榴树姿优美，叶碧绿而有光泽，花色艳丽如火，花期极长，又正值花少的夏季，更加引人注目，最宜成丛配置于茶室、露天舞池、剧场及游廊外或民族建筑所形成的庭院中，又可大量配置于自然风景区。石榴还宜盆栽观赏，或做成各种桩景和供瓶养插花观赏。

87. 珙桐 *Davidia involucrate* Baill.（图 3-76）

别名：鸽子树 科属：蓝果树科 Nyssaceae 珙桐属 *Davidia* Baill.

(1)形态特征

落叶乔木。单叶互生，叶广卵形，长 7～16cm，先端突尖，基部心形，缘有粗尖齿，背面密生丝状绒毛。花杂性，紫红色的头状花序(仅一朵两性花，其余为雄花)下有 2 枚白色叶状大苞片，椭圆状卵形，长 8～15cm，中上部有锯齿。核果椭球形，长 3～4cm，具3～5 核。花期4 月，果期 10 月。

(2)常见变种

光叶珙桐 var. *vilmoriniana*（Dode）Wanger. 叶背仅脉腋处有毛。

(3)分布与习性

我国特产，分布于湖北西部、四川中部及南部、贵州东北部、云南北部高山上。喜温凉湿润气候及肥沃土壤，不耐寒。

(4)繁殖方法

播种繁殖。

(5)观赏与应用

珙桐枝叶繁茂，叶大如桑，花序苞片奇特美丽，盛花期，如满树白鸽栖息，微风过处，其苞片飘动，如群鸽振翅欲飞，蔚为奇观，是举世瞩目的珍贵稀有树种。被列为国家一级保护植物。常植于池畔、溪旁及疗养所、宾馆、展览馆附近，并有和平的象征意义。

图3-76 珙 桐

图3-77 灯台树

88. 灯台树 ***Cornus controversa* Hemsl.**（图3-77）

别名：女儿木、六角树、瑞木 科属：山茱萸科 Cornaceae 梾木属 *Cornus* L.

(1)形态特征

落叶乔木。侧枝轮生，层次明显。单叶互生，叶卵形至卵状椭圆形，长7～16 cm，羽状弧形侧脉6～7(9)对，背面灰绿色，全缘；叶常集生枝端。花两性，白色，花萼、花瓣、雄蕊各为4；伞房状聚伞花序顶生。核果球形，成熟时由紫红变蓝黑色。花期5～6月，果期9～10月。

(2)分布与习性

产于辽宁、华北、西北至华南、西南地区。喜光，喜湿润。生长快。

(3)繁殖方法

播种繁殖。

(4)观赏与应用

灯台树树形整齐美观，大侧枝层层宛若灯台，花白素雅，叶绿繁茂，是优良的集观形、观花、观叶为一体的彩叶树种，适宜在草地孤植、丛植，或于夏季湿润山谷或山坡、湖(池)畔与其他树木混植营造风景林，亦可作庭荫树或行道树，更适于森林公园和自然风景区作秋色叶树种片植营造风景林。

89. 头状四照花 *Dendrobenthamia capitata*（Wall.）Hutch.（图 3-78）

别名：鸡嗉子果、野荔枝　科属：山茱萸科 Cornaceae　四照花属 *Dendrobenthamia* Hutch.

(1)形态特征

图 3-78　头状四照花

落叶乔木。小枝幼时密被白色柔毛。单叶对生，叶椭圆形或卵状椭圆形，长 5.5～10cm，基部楔形，侧脉 4～5 对，背面密被丁字毛，脉腋有明显的凹窝，全缘。头状花序近球形，有 4 枚黄白色大型总苞片。聚花果扁球形，熟时紫红色，形似鸡嗉子；果梗较粗，长 4～7cm。花期 5～6 月，果期 9～10 月。

(2)分布与习性

产于我国西南部及湖南、湖北、浙江、广西等地。喜光，稍耐阴，喜温凉湿润气候及排水良好的沙质土壤，适应性强，较耐寒，较耐干旱瘠薄。

(3)繁殖方法

播种繁殖为主，亦可扦插繁殖。

(4)观赏与应用

头状四照花树形美观整齐，枝繁叶茂，初夏开花，白色总苞片覆盖满树，入秋果实累累，是极佳的观花观果树种。可孤植或列植庭园观赏，也可丛植于草坪、路边、林缘、池畔作庭荫树。

90. 文冠果 *Xanthoceras sorbifolia* Bunge.（图 3-79）

别名：文官果　科属：无患子科 Sapindaceae　文冠果属 *Xanthoceras* Bunge.

(1)形态特征

落叶小乔木或灌木。树皮灰褐色，粗糙条裂。奇数羽状复叶互生，小叶 9～19，长椭圆形至披针形，长 3～5cm，先端尖，基部楔形，缘有锯齿，背面疏生星状柔毛。花杂性，白色，基部有黄色或红色斑点，花盘 5 裂，裂片各有一橙黄色角状附属物，总状花序。蒴果椭球形，径 4～6cm，果皮厚，木质，3 裂。种子球形，径约 1cm，暗褐色。花期 4～5 月，果 8～9 月成熟。

(2)分布与习性

原产于我国北部，河北、山东、山西、陕西、河南、甘肃、辽宁及内蒙古等均有分布。喜光，也耐半阴，耐严寒，耐干旱，不耐涝；对土壤要求不严，在沙荒，石砾地、黏土及轻盐碱土上均能生长，但以深厚肥沃、湿润而通气良好的土壤生长最好。深根性，主根发达，萌蘖力强，生长快。

(3)繁殖方法

播种繁殖，也可分株、压条、根插繁殖。

(4)观赏与应用

文冠果花序大而花朵密，春天白花满树，且有秀丽光洁的绿叶相衬，更显美观，花期长，是优良的观赏兼重要木本油料树种。在园林中配置于草坪、路边、山坡、假山旁或建筑物前都很合适，也适于山地种植，水库周围风景区大面积绿化造林，能起到绿化、护坡固土作用。种仁含油50%～70%，油质好，可供食用和医药、化工用。

图3-79 文冠果

91. 醉鱼草 *Buddleja lindleyana* Fort.(图3-80)

别名：鱼尾草、醉鱼儿草、闹鱼花、羊脑髓 科属：马钱科 Loganiaceae 醉鱼草属 *Buddleja* L.

(1)形态特征

落叶灌木。小枝4棱形，略有翅，嫩枝、叶背及花序均有褐色星状毛。单叶对生，叶卵形至卵状长椭圆形，长5～10cm，全缘或疏生波状齿。花两性，紫色，顶生花序穗状，长达20cm，扭向一侧；花萼、花冠4裂，雄蕊4。蒴果2裂，椭球形。种子无翅。花期6～7月，果熟期10月。

(2)分布与习性

产于长江流域及其以南各地。抗干旱能力强，对土质要求不严，管理粗放，喜阳光充足，在肥沃、排水良好处开花最为繁茂。

(3)繁殖方法

扦插繁殖。

(4)观赏与应用

醉鱼草枝叶婆娑，花朵繁茂，花开于夏季少花季节，常栽培于庭院中观赏，可在路边、墙隅及草坪边缘等处丛植。花、叶有毒，尤其对鱼类，不宜栽植于鱼池边。

图 3-80 醉鱼草

图 3-81 雪 柳

92. 雪柳 *Fontanesia fortunei* Carr.（图 3-81）

别名：花曲柳　科属：木犀科 Oleaceae　雪柳属 *Fontanesia* Labill.

(1)形态特征

落叶灌木，高可达 5m。树皮灰黄色。小枝细长，四棱形。单叶对生，叶披针形或卵状披针形，长 3～12cm，先端渐尖，基部楔形，全缘；叶柄短。花两性，绿白色，微香，圆锥花序；花瓣 4，仅基部合生；雄蕊花丝较花瓣长。翅果扁平，倒卵形。花期 5～6 月。

(2)分布与习性

分布于我国中部至东部，尤以江苏、浙江一带最为普遍，辽宁、广东也有栽培。喜光，稍耐阴，颇耐寒，喜湿，耐涝，也耐干旱；喜温暖湿润气候，对土壤要求不严，碱性、中性、酸性土壤均能生长。抗烟尘，对二氧化硫、氯气、氟化氢抗性较强。萌芽、萌蘖力均强，耐修剪；生长较快，寿命较长。

(3)繁殖方法

播种、扦插繁殖。

(4)观赏与应用

雪柳枝条稠密柔软，叶细如柳，晚春白花满树，宛如积雪，颇为美观。可丛植于庭园，群植于森林公园，效果甚佳；散植于溪谷沟边，更显潇洒自然。目前多栽作自然式绿篱或防风林之下木，以及作隔尘林带用。也是良好的蜜源植物。

93. 连翘 *Forsythia suspense*（Thunb.）Vahl（图 3-82）

别名：黄寿丹、黄花杆　科属：木犀科 Oleaceae　连翘属 *Forsythia* Vahl.

(1)形态特征

落叶灌木。干丛生，直立；枝开展，拱形下垂；小枝黄褐色，稍四棱，皮孔明显，髓中空。单叶对生，有时3裂为3小叶状，叶卵形、宽卵形或椭圆状卵形，长3～10cm，先端锐尖，基部圆形至宽楔形，缘有粗锯齿。花两性，黄色，先叶开放，通常单生，稀3朵腋生；花萼4裂；花冠4裂。蒴果卵圆形，表面散生疣点。花期3～4月，果期8～9月。

(2)常见变种

① 垂枝连翘 var. *sieboldii* Zabel. 枝较细而下垂，通常匐地面，而在枝梢生根。花冠裂片较宽，扁平，微开展。

② 三叶连翘 var. *fortunei* Rehd. 叶通常为3小叶或3裂。花冠裂片窄，常扭曲。

(3)分布与习性

产于我国北部、中部及东北各地，现各地均有栽培。喜光，稍耐阴，耐寒，耐干旱瘠薄，怕涝，对土壤适应性强；抗病虫害能力强。

(4)繁殖方法

扦插、压条、分株、播种繁殖。

图3-82 连 翘

(5)观赏与应用

连翘枝条拱形开展，早春花先叶开放，满枝金黄，艳丽可爱，是北方常见优良的早春观花灌木，宜丛植于草坪、角隅、岩石假山下、路缘、转角处、阶前、篱下及作基础种植，或作花篱；以常绿树作背景，与榆叶梅、绣线菊等配置，更能显出金黄夺目之色彩；大面积群植于向阳坡地、森林公园，效果也佳。

94. 金钟花 *Forsythia viridissima* Lind.（图3-83）

别名：黄金条、狭叶连翘、迎春条　科属：木犀科 Oleaceae　连翘属 *Forsythia* Vahl.

(1)形态特征

落叶灌木。枝直立，小枝黄绿色，四棱形，髓薄片状。单叶对生，椭圆状矩圆形，长3.5～11cm，先端尖，中部以上有粗锯齿。花两性，深黄色，先叶开放，1～3朵腋生。蒴果卵圆状。花期3～4月，果期8～9月。

(2)分布与习性

分布于我国中部、西南，北方都有栽培。喜光，稍耐阴，耐寒，耐干旱瘠薄，怕涝，对土壤适应性强；抗病虫害能力强。

(3)繁殖方法

扦插、压条、分株、播种繁殖。

图 3-83　金钟花

图 3-84　紫丁香

(4)观赏与应用

金钟花早春花先叶开放，满枝金黄，艳丽可爱，是北方常见优良的早春观花灌木，宜丛植于草坪、角隅、岩石假山下、路缘、转角处、阶前、篱下及作基础种植，或作花篱。

95. 紫丁香 *Syringa oblata* Lindl.（图 3-84）

别名：丁香、华北紫丁香　科属：木犀科 Oleaceae　丁香属 *Syringa* L.

(1)形态特征

落叶灌木或小乔木。枝条粗壮无毛。单叶对生，叶广卵形，通常宽度大于长度，先端锐尖，叶基心形或截形，两面无毛，全缘。花两性，紫色或淡粉红色，芳香，圆锥花序；花萼钟状，4 裂；花冠 4 裂。蒴果长圆形，顶端尖，平滑，2 裂。花期 4~5 月，果期 9~10 月。

(2)常见变种

① 白丁香 var. *alba* Rehd.　花白色。叶较小，背面微有柔毛。

② 紫萼丁香 var. *giraldii* Rehd.　花序轴和花萼紫蓝色。叶先端狭尖，背面微有柔毛。

③ 佛手丁香 var. *plena* Hort.　花白色，重瓣。

(3)分布与习性

吉林、辽宁、内蒙古、河北、山东、陕西、甘肃、四川均有分布，朝鲜也有。生于海拔300~2600m山地或山沟。喜光，稍耐阴，耐寒性较强，耐干旱，忌低湿，喜湿润肥沃、排水良好的土壤。

(4)繁殖方法

播种、扦插、嫁接、分株、压条繁殖。

(5)观赏与应用

紫丁香枝叶茂密，花丛庞大，花色艳丽，花香四溢，是我国北方园林中应用最普遍的花木之一。广泛栽植于庭园、机关、厂矿、居民区等地。常丛植于建筑前、茶室凉亭周围；散植于园路两旁、草坪之中；与其他种类丁香配置成专类园，形成美丽、清雅、芳香、青枝绿叶、花开不绝的景区，效果极佳；也可盆栽、促成栽培、切花等用。种子入药，花提制芳香油，嫩叶代茶。

96. 四季丁香 ***Syringa microphylla* Diels.**（图3-85）

别名：小叶丁香、绣球丁香　科属：木犀科 Oleaceae　丁香属 *Syringa* L.

(1)形态特征

落叶灌木。幼枝具茸毛。单叶对生，叶卵形至椭圆状卵形，长1~4cm，两面及缘具毛，老时仅背脉有柔毛，全缘。花两性，淡紫红色，芳香，圆锥花序紧密。蒴果小，先端稍弯，有瘤状突起。花期4~5月及9月，果期6~8月。

图3-85　四季丁香

(2)分布与习性

产于我国中部及北部。喜光，耐半阴，适应性较强，耐寒，耐旱，耐瘠薄，忌积涝、湿热，以排水良好、疏松的中性土壤为宜，忌酸性土。病虫害较少。

(3)繁殖方法

播种、压条、嫁接繁殖。

(4)观赏与应用

四季丁香花美而香，枝叶茂密，广泛栽植于庭园、机关、厂矿、居民区等地。常丛植于建筑前、茶室凉亭周围，散植于园路两旁、草坪之中；与其他种类丁香配植成专类园，形成美丽、清雅、芳香、青枝绿叶、花开不绝的景区，效果极佳；也可盆栽、促成栽培、切花等用。

97. 北京丁香 ***Syringa pekinensis* Rupr.**（图3-86）

别名：臭多萝、山丁香　科属：木犀科 Oleaceae　丁香属 *Syringa* L.

(1)形态特征

落叶小乔木或灌木。树皮褐色或灰褐色，纵裂。单叶对生，叶卵形至卵状披针形，先端长渐尖，基部圆形、截形，全缘。花两性，白色，圆锥花序腋生；花萼4裂；花冠4裂，花冠筒短，与萼裂片近等长；花丝与花冠裂片近等长。蒴果长椭圆形至披针形，顶端尖，褐色。花期5~6月，果期10月。

(2)分布与习性

原产于中国，分布于河北、河南、山西、陕西、青海、甘肃、内蒙古等地。喜光，较耐阴，建筑物北侧及大乔木冠下均能正常生长。耐寒性较强，也耐高温，耐干旱，对土壤要求不严，适应性强。

(3)繁殖方法

播种繁殖，亦可扦插繁殖。

(4)观赏与应用

北京丁香是优良丁香品种嫁接繁殖的首选砧木，是晚花丁香种，园林中广泛栽植于庭园、机关、厂矿、居民区等地，也可作景观树和行道树。

图3-86　北京丁香

98. 暴马丁香 *Syringa reticulata*(Bl.) Hara var. *mandshurica* (Maxim.) Hara.(图3-87)

别名：暴马子、阿穆尔丁香　科属：木犀科 Oleaceae　丁香属 *Syringa* L.

(1)形态特征

落叶灌木至小乔木。树皮灰暗褐色，粗糙。单叶对生，叶卵形至卵圆形，长5~10cm，先端尖，基部常圆形或截形，全缘。花两性，白色，圆锥花序大而疏散；花冠4裂，筒短；雄蕊花丝细长，长为花冠裂片的2倍。蒴果矩圆形，先端钝。花期5~6月，果期8~10月。

(2)分布与习性

分布于东北、华北、西北东部；朝鲜、日本、俄罗斯也有。喜光，耐寒冷，喜潮湿土壤。

图3-87　暴马丁香

(3)繁殖方法

播种繁殖。可作其他丁香的乔化砧。

(4)观赏与应用

暴马丁香花期较晚，在丁香园中有延长观花期的效果。宜植于建筑物周围、草坪、路旁、林缘等，或配置专类园。也可作切花材料。

99. 流苏树 *Chionanthus retusus* Lindl. et paxt.（图3-88）

别名：茶叶树、乌金子　科属：木犀科 Oleaceae　流苏树属 *Chionanthus* L.

(1)形态特征

落叶灌木或乔木。树干灰色，大枝树皮常纸状剥裂，小枝初有毛。单叶对生，叶卵形至倒卵状椭圆形，长3～10cm，先端钝圆或微凹，全缘或有时有小齿；叶柄基部带紫色。花两性，白色，圆锥花序；花冠4深裂，花冠筒极短。核果卵圆形，蓝黑色，长1～1.5cm。花期4～5月，果期9～10月。

(2)分布与习性

产于河北、山东、山西、河南、甘肃及陕西，南至云南、福建、广东、台湾等地；日本，朝鲜也有。生海拔200～3300m间的河边和山坡。喜光，耐寒，抗旱，花期怕干旱风，生长较慢。

(3)繁殖方法

播种、扦插、嫁接繁殖。

(4)观赏与应用

流苏树花密优美，花形奇特，秀丽可爱，花期长，是优美的观赏树种，栽植于安静休息区，或以常绿树衬托列植，都十分相宜。嫩叶代茶。

图3-88　流苏树

图3-89　迎　春

100. 迎春 *Jasminum nudiflorum* Lindl.（图3-89）

别名：金腰带　科属：木犀科 Oleaceae　茉莉属 *Jasminum* L.

（1）形态特征

落叶灌木。枝细长拱形，绿色，4棱。三出复叶对生，小叶卵形至长圆状卵形，长1～3cm，先端急尖，缘有短睫毛，表面有短刺毛，全缘。花两性，黄色，单生于去年生枝叶腋，先叶开放，苞片小；花萼裂片5～6；花冠6裂，约为花冠筒长度的1/2。通常不结果。花期2～4月。

（2）分布与习性

产于我国北部、西北、西南各地。喜光，稍耐阴，较耐寒，喜湿润，也耐干旱，怕涝，耐碱，对土壤要求不严。根部萌发力很强，枝端着地部分也极易生根。

（3）繁殖方法

扦插、压条、分株繁殖。

（4）观赏与应用

迎春植株铺散，枝条鲜绿，冬季绿枝婆娑，早春黄花可爱，对我国冬季漫长的北方地区，装点冬春之景意义很大，各处园林和庭园都有栽培。其开花极早，南方可与蜡梅、山茶、水仙同植一处，构成新春佳景，与银芽柳、山桃同植，早报春光，种植于碧水萦回的柳树池畔，增添波光倒影，为山水生色，或栽植于路旁、山坡及窗下墙边，或作花篱密植；或作开花地被、或植于岩石园内，观赏效果极好，也可作盆景，或枝条编成各种形状，还可作切花插瓶。

101. 滇楸 *Catalpa fargesii* Bureau f. *duclouxii*（Dode）Gilmour

别名：光灰楸、紫花楸、楸木、紫楸　科属：紫葳科 Bignoniaceae　梓树属 *Catalpa* Scop.

（1）形态特征

落叶乔木。树皮片状开裂。小枝、叶、花序均无毛。单叶对生，叶三角状卵形，厚纸质，长12～20cm，宽10～13 cm，先端尖，基部圆形至微心形，三出脉，全缘，背部基部脉腋间有紫色腺斑。花两性，顶生伞房花序，7～15花；萼齿2；花冠淡紫色，二唇形。蒴果圆柱状细长下垂，长可达60～70cm。花期3～5月，果期6～11月。

（2）分布与习性

产于云南、贵州、四川、湖南、湖北等地。喜光，深根性，喜温暖湿润的气候；适宜在土层深厚肥沃、疏松湿润而又排水良好的中性、微酸性和钙质土壤生长。生长快，萌芽性强。

（3）繁殖方法

播种繁殖。

（4）观赏与应用

滇楸树干端直，枝叶浓密，花紫白相间，艳丽悦目。是优良的庭荫树和行道树。

102. 蓝花楹 *Jacaranda mimosifolia* D. Don.（图3-90）

别名：含羞草叶蓝花楹　科属：紫葳科 Bignoniaceae　蓝花楹属 *Jacaranda* Juss.

(1)形态特征

落叶乔木，树冠伞形。二回奇数羽状复叶对生，羽片常15对以上，每羽片有小叶10～24对，小叶长椭圆形，长约1cm，两端尖，全缘，略有毛。花两性，花冠二唇形，5裂，蓝色，长约5cm，二强雄蕊；圆锥花序。蒴果木质，卵球形，径约5.5cm。种子小而有翅。花期4～7月，果期10～12月。

(2)分布与习性

原产于热带南美洲，我国广东、广西、云南等地引入栽培。喜光，喜暖热多湿气候，耐寒性差。

(3)繁殖方法

播种、扦插繁殖。

(4)观赏与应用

蓝花楹树冠绿荫如伞，叶纤细似羽，秀丽清雅，盛花期满树紫蓝色花朵，十分雅丽清秀，为美丽的观叶、观花树种。宜作庭荫树、园景树、行道树。

图3-90　蓝花楹

103. 锦带花 *Weigela florida*（Bunge）A. DC.（图3-91）

别名：五色海棠、锦带、海仙　科属：忍冬科 Caprifoliaceae　锦带花属 *Weigela* Thunb.

(1)形态特征

落叶灌木。枝条开展，小枝细弱，幼时具二列柔毛。单叶对生，叶椭圆形或卵状椭圆形，长5～10cm，先端锐尖，基部圆形至楔形，缘有锯齿，表面脉上有毛，背面尤密。花两性，1～4朵成聚伞花序；萼片5裂，下半部连合；花冠漏斗状钟形，玫瑰红色，裂片5；雄蕊5，短于花冠。蒴果柱形。种子无翅。花期4～6月，果期10月。

(2)常见变型、品种

① 白花锦带花 f. *alba* Rehd.　花近白色。

② ‘红花’锦带花(‘红王子’锦带花)‘Red Prince’　花鲜红色，繁密而下垂。

(3)分布与习性

原产于华北、东北及华东北部。喜光，耐寒，对土壤要求不严，能耐瘠薄土壤，但以深厚湿润、腐殖质丰富土壤中生长最好，怕水涝。对氯化氢抗性较强。萌芽力、萌蘖力强，生长迅速。

(4)繁殖方法

扦插、压条、分株繁殖。为选育新品种可采用播种繁殖。

(5)观赏与应用

锦带花枝叶繁茂，花色艳丽，花期长达两个月之久，是华北地区春季主要花灌木之一。适于庭园角隅、湖畔群植，也可在树丛、林缘作花篱、花丛，点缀于假山、坡地，也甚适宜。

图 3-91　锦带花　　**图 3-92　海仙花**

104. 海仙花 *Weigela coraeensis* Thunb.（图 3-92）

科属：忍冬科 Caprifoliaceae　锦带花属 *Weigela* Thunb.

(1)形态特征

落叶灌木。小枝粗壮。单叶对生，叶阔椭圆形或倒卵形，长 8 ~ 12cm，先端尾状，基部阔楔形，边缘具钝锯齿，脉间稍有毛。花两性，聚伞花序；萼片线状披针形，裂达基部；花冠漏斗状钟形，初时白色、黄白色或淡玫瑰红色，后变为深红色。蒴果柱形。种子有翅。花期 5 ~ 6 月，果期 9 ~ 10 月。

(2)分布与习性

产于华东一带，朝鲜、日本也有。喜光，也耐阴，耐寒，适应性强，对土壤要求不严，能耐瘠薄，在深厚湿润、富含腐殖质的土壤中生长最好，忌水涝。生长迅速强健，萌芽力强。病虫害很少。

(3)繁殖方法

扦插、压条、分株繁殖。选育新品种可采用播种繁殖。

(4)观赏与应用

海仙花枝叶较粗大，着花较少，花色浅淡，故观赏价值不及锦带花。江浙一带栽培较普遍。

105. 猬实 *Kolkwitzia amabilis* Graebn.（图 3-93）

科属：忍冬科 Caprifoliaceae　猬实属 *Kolkwitzia* Graebn.

（1）形态特征

落叶灌木。干皮薄片状剥裂。小枝幼时有疏毛。单叶对生，叶卵形至卵状椭圆形，长 3 ~ 7cm，先端渐尖，基部圆形，缘疏生浅齿或近全缘，两面有疏毛。花两性，伞房状聚伞花序，小花梗具 2 花，2 花萼筒下部合生，萼筒外部生长柔毛；花冠粉红色至紫色，5 裂片，其中 2 片稍宽而短；雄蕊 4。核果 2 个合生，有时 1 个不发育，外面有刺刚毛。花期 5 ~ 6 月，果期 8 ~ 9 月。

（2）分布与习性

产于我国中部及西北部。喜光，有一定耐寒力，喜肥沃排水良好的土壤，有一定耐干旱瘠薄能力。

（3）繁殖方法

播种、扦插、分株繁殖。

（4）观赏与应用

猬实着花茂密，花色娇艳，是国内外著名的观花灌木。宜丛植于草坪、角隅、径边、屋侧及假山旁，也可盆栽或作切花用。

图 3-93　猬　实

图 3-94　鞑靼忍冬

106. 鞑靼忍冬 *Lonicera tatarica* L.（图 3-94）

别名：新疆忍冬　科属：忍冬科 Caprifoliaceae　忍冬属 *Lonicera* L.

（1）形态特征

落叶灌木。小枝中空，老枝皮灰白色。单叶对生，叶卵形或卵状椭圆形，长 2 ~ 6cm，先端尖，基部圆形或近心形，无毛，全缘。花两性，成对腋生，总花梗长 1 ~

2cm，相邻两花的萼筒分离；花冠唇形，粉红色或白色，里面有毛；雄蕊5，短于花冠。浆果红色，常合生。花期5月，果9月成熟。

(2)分布与习性

原产于欧洲及西伯利亚、中国新疆北部。各地有栽培。喜光，耐半阴，耐寒，耐干旱瘠薄，适应性强，喜温暖湿润，喜肥沃疏松的中性土壤。

(3)繁殖方法

播种、扦插繁殖。

(4)观赏与应用

鞑靼忍冬分枝均匀，冠形紧密，花美叶秀，是花果俱佳的观赏灌木，常丛植于草坪、角隅、径边、屋侧及假山旁。

107. 陕西荚蒾 *Viburnum schensianum* Maxim.（图3-95）

别名：土兰条　科属：忍冬科 Caprifoliaceae　荚蒾属 *Viburnum* L.

图3-95　陕西荚蒾

(1)形态特征

落叶灌木。幼枝具星状毛，老枝灰黑色，裸芽。单叶对生，叶卵状椭圆形，长3～6cm，先端钝或略尖，边缘有浅齿，上面或疏生短毛，下面疏生星状毛，侧脉5～6对，侧脉近叶缘前网结或部分伸至齿端。花两性，伞房状聚伞花序；花冠白色；雄蕊5，稍长于花冠。核果短椭圆形，熟时红黑色。花期5～7月，果期8～9月。

(2)分布与习性

分布于四川(北部)、甘肃、陕西、山西、河南、河北。生长于海拔700～2200m的地区，见于松林下、山谷混交林以及山坡灌丛中。

(3)繁殖方法

扦插、压条、分株繁殖。

(4)观赏与应用

陕西荚蒾树形美观，树叶质感好，是较好的园林绿化树种，可孤植或丛植于林缘、草坪等地。

108. 天目琼花 *Viburnum sargentii* Koehne.（图3-96）

别名：鸡树条荚蒾　科属：忍冬科 Caprifoliaceae　荚蒾属 *Viburnum* L.

(1)形态特征

落叶灌木。树皮暗灰色，浅纵裂，略带木栓质。单叶对生，叶广卵形至卵圆形，长6～12cm，通常3裂，裂片具不规则锯齿；生于分枝上部的叶常为椭圆形至披针形，不裂，掌状三出脉；叶柄顶端有2～4腺体。花两性，聚伞花序复伞形，边缘为白色大型不孕花，中间为乳白色小型可孕花；花冠乳白色；雄蕊5，花药紫色。核果近球形，红色。花期5～6月，果期8～9月。

(2)分布与习性

东北南部、华北至长江流域均有分布。喜光又耐阴，耐寒，多生于夏凉湿润多雾的灌丛中；对土壤要求不严，微酸性及中性土都能生长。根系发达，移植容易成活。

(3)繁殖方法

播种、扦插繁殖。

(4)观赏与应用

天目琼花姿态清秀，叶形美丽，花开似雪，果赤如丹，是春季观花、秋季观果的优良树种。植于草地、林缘均适宜，也是植于建筑物北面的好树种。

图3-96 天目琼花

单元4 观叶类树种

学习目标

【知识目标】

(1)了解各类观叶树种在园林中的作用及用途；

(2)掌握常见观叶树种的识别要点及观赏特性，能熟练识别各树种；

(3)掌握各树种的叶色、叶形、变色期等特性；

(4)了解各树种的分布、习性及繁殖方法；

(5)学会正确选择、配置各类观叶树种的方法。

【技能目标】

(1)具备识别常见园林树种的能力，能识别本地常见观叶树木(包括冬态识别)；

(2)具备利用工具书及文献资料鉴定树种的方法和技能，能用专业术语描述观叶树种的形态特征；

(3)具备在园林建设中正确合理地选择和配置观叶树木的能力。

4.1 常绿树类

1. 月桂 *Laurus nobilis* L. （图4-1）

别名：月桂树、香叶子　科属：樟科 Lauraceae　月桂属 *Laurus* L.

(1)形态特征

常绿小乔木或灌木，树冠卵形。小枝绿色，具纵向细条纹。单叶互生，叶长椭圆形至广披针形，长4～10cm，先端渐尖，基部楔形，全缘，常呈波状，羽状脉，表面暗绿色，有光泽，背面淡绿色，革质，揉碎有醇香；叶柄带紫色。花单性异株或两性，花小，黄色，聚伞状花序簇生于叶腋。核果椭圆形，有宿存花被筒，黑色或暗紫色。花期4月，果9～10月成熟。

(2)常见品种

‘金叶’月桂‘Aurea’　叶黄色。

(3)分布与习性

浙江、江苏、福建、台湾、四川、云南等地有引种栽培，上海、南京一带常见栽作庭园绿化树种。喜光，稍耐阴；喜温暖湿润气候及疏松肥沃的土壤，对土壤酸碱度要求

不严，在酸性、中性及微碱性土上均能适应；耐干旱，并有一定耐寒能力，短期 -8℃低温不受冻害。萌芽力强。

(4)繁殖方法

播种、扦插繁殖。

(5)观赏与应用

月桂树形圆整，枝叶茂密，四季常青，春天又有黄花缀满枝间，颇为美丽，是良好的庭园绿化树种。孤植、丛植于草坪，列植于路旁、墙边，或对植于门旁都很合适。叶有芳香，用作调味香料或罐头调味剂。

图4-1 月 桂

2. 十大功劳 *Mahonia fortunei*(Lindl.) Fedde(图4-2)

别名：狭叶十大功劳 科属：小檗科 Berberidaeae 十大功劳属 *Mahonia* Nutt.

(1)形态特征

常绿灌木，高达2m。奇数羽状复叶互生，小叶5~9(11)，狭披针形，长8~12cm，缘有刺齿6~13对，硬革质，有光泽，无叶柄。花两性，黄色，总状花序集生枝端。浆果蓝黑色，有白粉。花期7~8月，果期11月。

图4-2 十大功劳

(2)分布与习性

产于四川、湖北、浙江等省。耐阴，喜温暖湿润气候，不耐寒。

(3)繁殖方法

播种、扦插及分株繁殖。

(4)观赏与应用

十大功劳枝干挺直，花序簇生枝顶，金黄灿烂；叶形奇特，典雅美观；果实紫红褐色，密集成穗状，挂满枝头，是优良的观叶、观花、观果木本花卉。常植于庭院、林缘及草地边缘，或作绿篱及基础种植。华北常盆栽观赏，温室越冬。

3. 马蹄荷 *Exbucklandia populnea*（R. Br.）R. W. Br.（图 4-3）

别名：白克木　科属：金缕梅科 Hamamelidaceae　马蹄荷属 *Exbucklandia* R. W. Brown.

（1）形态特征

常绿乔木。小枝具环状托叶痕，有柔毛。单叶互生，叶心状卵形或卵圆形，长 10～17cm，全缘，偶有 3 浅裂，基部心形，革质；托叶椭圆形，长 2～3cm，合生，宿存，包被冬芽。花杂性，头状花序腋生。蒴果卵形，长 7～9mm，表面平滑；头状果序径约 2cm。花期 10～3 月，果期 4～10 月。

（2）分布与习性

产于亚洲南部，我国西南部有分布。喜光，耐半阴，喜温暖湿润气候，不耐寒，根系发达，喜土层深厚、排水良好、微酸性的红黄土壤。

（3）观赏与应用

马蹄荷树形优美，树冠浓密，叶大而有光泽。宜作庭荫树或盆栽观赏。

图 4-3　马蹄荷

图 4-4　大果马蹄荷

4. 大果马蹄荷 *Exbucklandia tonkinensis*（Lec.）Steenis（图 4-4）

别名：合掌木　科属：金缕梅科 Hamamelidaceae　马蹄荷属 *Exbucklandia* R. W. Brown.

（1）形态特征

常绿乔木，树高可达 30m。本种与马蹄荷区别点为：叶较小，长 7～13cm，基部宽楔形。蒴果较大，长 1～1.5 cm，表面有瘤点。花期 5～9 月，果期 8～11 月。

（2）分布与习性

产于我国江西、福建、湖南的南部，广东、海南、广西及云南的东南部的山地林中。

（3）观赏与应用

与马蹄荷相近。

5. 檵木 *Loropetalum chinense*（R. Br.）Olive.（图4-5）

别名：檵花　科属：金缕梅科 Hamamelidaceae　檵木属 *Loropetalum* R. Br.

（1）形态特征

常绿灌木或小乔木。小枝、嫩叶及花萼均有锈色星状短柔毛。单叶互生，叶卵形或椭圆形，长2～5cm，先端短尖，基部不对称，全缘。花两性，花瓣4，带状条形，长1～2cm，黄白色，3～8朵簇生小枝端。蒴果2裂，每片又2浅裂。花期4～5月，果期8月。

（2）常见变种

红花檵木（红檵木）var. *rubrum* Yieh.　叶暗紫色，花紫红色。产于湖南，是南方优良的常年紫叶和观花树种，广泛用于绿地中的色块构建，适于群植、列植和片植，也可密植作绿篱和盆栽，或嫁接在白檵木大树桩上作风景树或盆景。

（3）分布与习性

产于我国华东、华南及西南各地。稍耐阴，喜温暖气候及酸性土壤，不耐寒。

图4-5　檵　木

（4）繁殖方法

播种或扦插繁殖。

（5）观赏与应用

檵木枝繁叶茂，初夏开花繁密而显著，如覆雪，美丽可爱。常丛植于草地、林缘或与石山相配合，也可用作风景林之下层灌木；老树枝干苍老，是制作盆景的上等材料。

6. 交让木 *Daphniphyllum macropodum* Miq.（图4-6）

别名：山黄树、豆腐头　科属：虎皮楠科 Daphniphyllaceae　交让木属 *Daphniphyllum* Bl.

（1）形态特征

常绿乔木，栽培常灌木状。枝叶无毛。单叶互生，叶长椭圆形，长10～20cm，先端短渐尖，基部楔形，全缘，侧脉16～19对，厚革质；嫩枝、叶柄及中肋均带红紫色。花单性异株，无花萼和花瓣，柱头2裂，短总状花序腋生。核果红黑色，椭球形，有宿存柱头。

（2）分布与习性

产于云南、四川、贵州、广西、广东、台湾、湖南、湖北、江西、浙江、安徽等地。亚热带树种，中性偏阴性，适于荫蔽之下种植。

（3）繁殖方法

播种繁殖。

（4）观赏与应用

交让木树冠及叶柄美丽，庭园栽培观赏。可植于庭前及草坪中，或与其他树种相群

图 4-6　交让木

图 4-7　印度橡皮树

植，均蔚然可爱；与南天竹同植于房屋北侧，则浓荫丹实相映成趣，溢显调和之美。新叶集生枝端，老叶在春天新叶长出后齐落，故名“交让木”。其树皮有毒。

7. 印度橡皮树 *Ficus elastica* Roxb. ex. Hornem.（图 4-7）

别名：印度榕、印度胶榕、缅树　科属：桑科 Moraceae　榕属 *Ficus* L.

(1)形态特征

常绿乔木，高可达 30m 以上，富含乳汁。单叶互生，叶厚革质，长椭圆形，长 10～30cm，全缘，羽状侧脉多而细，平行且直伸；托叶大，红色，包被顶芽，脱落后在枝上留下环状托叶痕。花单性同株，隐头花序。隐花果成对生于叶腋。花期 3～4 月，果期 5～7 月。

(2)常见品种

①‘美丽’胶榕(‘红肋’胶榕)‘Decora’　叶较宽而厚，幼叶背面中肋、叶柄及枝端托叶皆为红色。

②‘三色’胶榕‘Decora Tricolor’　灰绿叶上有黄白色和粉红色斑，背面中肋红色。

③‘蓝紫’胶榕(‘黑金刚’)‘Decora Burgundy’　叶黑紫色。

④‘斑叶’胶榕‘Variegata’　绿叶面有黄或黄白色斑。

⑤‘大叶’胶榕‘Robusta’　叶较宽大，长约 30cm，芽及幼叶均为红色。热带地区广为栽植。

(3)分布与习性

原产于印度及缅甸，我国各地多有栽培。喜光，喜暖热气候，不耐寒，耐干旱，萌芽力强，易移栽，生长适温为 20～25℃，北方温室越冬。

(4)繁殖方法

播种、扦插、高压繁殖。

(5)观赏与应用

印度橡皮树叶大，光洁亮绿，托叶长尖淡红，为优美的观叶树，室内盆栽也别具风格，温暖地区可露地栽培作行道树、庭荫树或观赏树。

8. 菩提树 *Ficus religiosa* L.(图4-8)

别名：菩提树、思维树　科属：桑科 Moraceae　榕属 *Ficus* L.

(1)形态特征

常绿大乔木，有乳汁，树冠波状圆形，冠幅广展。树皮黄白色光滑，具悬垂气根。枝上有环状托叶痕。单叶互生，叶薄革质，卵圆形或三角状卵形，长9~17cm，全缘，先端长尾尖，基部三出脉，无毛；叶柄长，叶常下垂。花单性同株，隐头花序。隐花果。花期3~4月，果期5~7月。

(2)分布与习性

原产于印度，分布于东南亚潮湿的热带到亚热带。国内分布于西南部，以及中南半岛。喜光，不耐阴，喜高温，耐寒，抗污染能力强。对土壤要求不严，但以肥沃、疏松的微酸性沙壤土为好。

(3)繁殖方法

播种、扦插繁殖。

(4)观赏与应用

菩提树叶片宽大而有光泽，叶形优雅别致，树冠丰茂，浓荫覆地，是世界著名的观赏树种，适作寺院、道路栽植。它在《梵书》中被称为“觉树”，被虔诚的佛教徒视为圣树，万分敬仰，传说佛祖释迦牟尼是在菩提树下修成正果(佛)，故别名“思维树”。

图4-8　菩提树

图4-9　高山榕

9. 高山榕 *Ficus altissima* Bl.（图 4-9）

别名：高榕　科属：桑科 Moraceae　榕属 *Ficus* L.

（1）形态特征

常绿乔木，高达 25～30m，树冠开展。有白色乳汁，干皮银灰色，老树常有支柱根。枝上有环状托叶痕。单叶互生，叶椭圆形或卵状椭圆形，长 10～20（30）cm，先端钝，基部圆形，全缘，半革质，无毛，侧脉 4～5 对。花单性同株，隐头花序。隐花果红色或黄橙色，径约 2cm，腋生。花期 3～4 月，果期 5～7 月。

（2）常见品种

'斑叶'高山榕（'富贵榕'）'Golden Edged'　叶缘有不规则浅绿及黄色斑纹。

（3）分布与习性

产于东南亚地区，我国两广及滇南有分布。喜光，喜高温多湿气候，耐湿，耐干旱瘠薄，不耐寒冷，抗风，抗大气污染。

（4）繁殖方法

播种、扦插繁殖。

（5）观赏与应用

高山榕树形高大，冠大荫浓，枝叶繁盛，宜作庭荫树、行道树及孤赏树。

10. 榕树 *Ficus microcarpa* L. f.（图 4-10）

别名：细叶榕，小叶榕　科属：桑科 Moraceae　榕属 *Ficus* L.

（1）形态特征

常绿乔木，高 20～25m。枝上有环状托叶痕，有白色乳汁，具须状气生根。单叶互生，叶椭圆形至倒卵形，长 4～8cm，先端钝尖，基部楔形，全缘，侧脉 5～7 对，在近叶缘处网结，革质，无毛。花单性同株，隐头花序。隐花果。花期 5 月，果期 7～8 月。

图 4-10　榕　树

（2）常见变种、品种

① '黄金'榕 'Golden Leaves'（'Aurea'）　嫩叶金黄色，日照愈强烈，叶色愈明艳，老叶渐转绿色。

② '乳斑'榕 'Milky Stripe'　叶边有不规则的乳白或乳黄色斑，枝下垂。

③ '黄斑'榕 'Yellow Stripe'　叶大部分为黄色，间有不规则绿斑纹。

④ 厚叶榕（卵叶榕，金钱榕）var. *crassilolia*（Shieh）Liao.　叶倒卵状椭圆形，先端钝或圆，厚革质，有光泽。产于我国台湾，近年福建、广东、深圳等地有引种。常盆栽观赏。

(3)分布与习性

产于华南、西南、台湾。生长快，寿命长，喜暖热多雨气候及酸性土壤。

(4)繁殖方法

播种、扦插繁殖。

(5)观赏与应用

榕树树冠庞大而圆整，枝叶茂密，常栽作行道树及庭荫树。

11. 垂叶榕 *Ficus benjamina* L.（图4-11）

别名：垂榕、吊丝榕 科属：桑科 Moraceae 榕属 *Ficus* L.

(1)形态特征

常绿乔木，高20～25m。干皮灰色，光滑或有瘤。枝有环状托叶痕，有白色乳汁，常无气生根；枝常下垂，顶芽细尖，长达1.5cm。单叶互生，叶卵状长椭圆形，长达10cm，先端尾尖，革质而光亮，侧脉平行且细而多，全缘。花单性同株，隐头花序。隐花果近球形，径约1cm，成对腋生，鲜红色。

图4-11 垂叶榕

(2)常见品种

①‘斑叶’垂叶榕‘Variegata’ 绿叶有大块黄白色斑。

②‘金叶’垂叶榕‘Golden Leaves’ 新叶金黄色，后渐变黄绿。

③‘金公主’垂叶榕‘Golden Princess’ 叶有乳黄色窄边。

④‘星光’垂叶榕‘Starlight’ 叶边有不规则黄白色斑块。

⑤‘月光’垂叶榕‘Reginald’ 叶黄绿色，有少量绿斑。

(3)分布与习性

分布于我国华南和西南。喜光，亦耐阴，喜高温湿润气候，适应性强，不耐寒，耐湿而不耐干旱，耐瘠薄，对土质要求不严，但喜肥沃和排水良好。抗风，抗大气污染。生长快，萌发力强，耐强度修剪，可作各种造型，移植易成活。

(4)繁殖方法

扦插、播种、高压繁殖。

(5)观赏与应用

垂叶榕枝叶优雅美丽，在暖地可作庭荫树、园景树、行道树和绿篱栽培；在温带地区常盆栽观赏。

12. 杨梅 *Myrica rubra*（Lour.）Sieb. et Zucc.（图4-12）

别名：圣生梅、白蒂梅、树梅 科属：杨梅科 Myricaceae 杨梅属 *Myrica* L.

(1)形态特征

常绿乔木，枝叶茂密，树冠球形。树皮黄灰黑色，老时浅纵裂。幼枝及叶背具黄色小油腺点。单叶互生，叶倒披针形，长6~11cm，全缘或于端部有浅齿。花单性异株，雄花序紫红色。核果球形，深红色，被乳头状突起。花期3~4月，果期6~7月。

(2)常见品种

杨梅是南方重要水果之一。品种很多，有红种、粉红种、白种和乌种4个品种群。

(3)分布与习性

分布于长江以南各地，以浙江栽培最多。稍耐阴，不耐烈日直射，喜温暖湿润气候及酸性土壤，不耐寒；深根性，萌芽性强。对二氧化硫、氯气等有毒气体抗性较强。

(4)繁殖方法

播种、扦插繁殖。

(5)观赏与应用

杨梅枝叶繁密，树冠圆整，也宜植为庭园观赏树种。孤植或丛植于草坪、庭院，或列植于路边都很合适；若适当密植，用来分隔空间或屏障视线也很理想。

[附] 矮杨梅 *Myrica nana* Cheval.　常绿灌木，高达1~2m。叶长椭圆状倒卵形至倒卵形，长2.5~8cm，先端钝圆或尖，基部楔形，叶缘中部以上有粗浅齿。雄蕊1~3，雌花具2小苞片。果球形，径约1.5cm，熟时紫红色。产于云南中部、西部、东北部及贵州西部，在昆明郊区山上常见。

13. 滇青冈 *Cyclobalanopsis glaucoides* Schott.(图4-13)

别名：滇椆　科属：壳斗科(山毛榉科)Fagaceae　青冈属 *Cyclobalanopsis* Qerst.

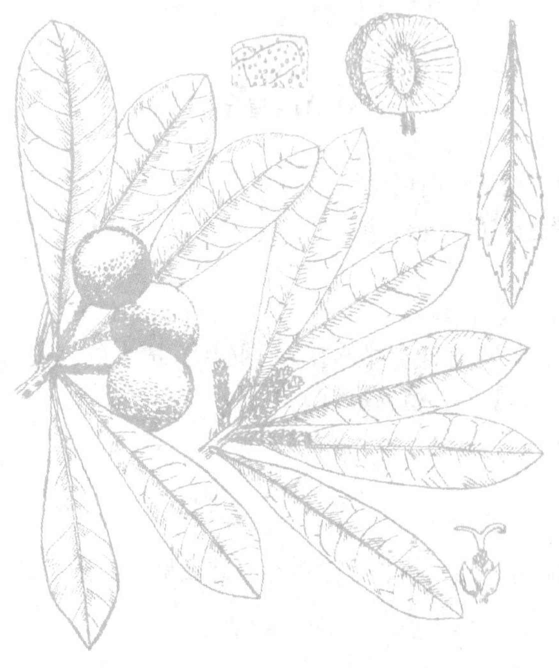

图4-12　杨　梅

图4-13　滇青冈

(1)形态特征

常绿乔木，高达20m。小枝灰绿色，幼时有绒毛，后渐脱落。单叶互生，叶长椭圆形至倒卵状披针形，长5～10cm，先端渐尖或尾尖，基部常楔形，叶缘中下部以上有粗齿，叶背具绒毛。花单性同株，雄花序下垂；总苞碗状或碟状，其鳞片结合成多条环带。坚果当年成熟。花期4月，果熟期10月。

(2)分布与习性

产于我国西南部山地。耐干旱瘠薄，深根性；常在石灰岩山地组成纯林。

(3)繁殖方法

播种繁殖。

(4)观赏与应用

滇青冈枝叶茂密，树姿优美，是良好的绿化、观赏及造林树种。

14. 厚皮香 *Ternstroemia gymnanthera*（Wight et Arn.）Beddome(图4-14)

别名：猪血柴　科属：山茶科 Theaceae　厚皮香属 *Ternstroemia* Mutis ex L. f.

(1)形态特征

常绿灌木或小乔木，高3～8m。近轮状分枝。单叶互生(常集生枝端)，叶倒卵状长椭圆形，长5～10cm，全缘或上半部有疏钝齿，先端尖，基部楔形，薄革质有光泽，无毛；叶柄短而红色。花两性，淡黄色，浓香。浆果球形至扁球形，红色，径0.7～1cm；果柄长1～1.2cm。花期7月，果期10月。

图4-14　厚皮香

(2)分布与习性

产于我国南部及西南部。厚皮香适应性强，喜光，较耐阴，不耐寒。抗风力强，萌芽力弱，不耐强度修剪，生长缓慢，抗污染力强。

(3)繁殖方法

播种、扦插繁殖。

(4)观赏与应用

厚皮香树冠浑圆整齐，枝叶平展成层，叶厚而有光泽，入冬叶色绯红，开花芳香扑鼻，果熟时红果绿叶相间，是以观叶为主，又可观花、观果的好树种。宜丛植于林缘、门庭两旁及道路转角处等，也可作厂矿区的绿化树种。

15. 杜英 *Elaeocarpus decipiens* Hemsl.(图4-15)

别名：胆八树　科属：杜英科 Elaeocarpaceae　杜英属 *Elaeocarpus* L.

图4-15 杜 英

(1)形态特征

常绿乔木，干皮不裂。嫩枝被微毛。单叶互生，叶倒披针形至披针形，长7～12cm，宽2～3.5cm，侧脉7～9对，先端尖，基部狭而下延，缘有钝齿，革质；绿叶丛中常存有少量鲜红的老叶。花两性，下垂，花瓣4～5，白色，先端细裂如丝；总状花序腋生，长5～10cm。核果椭球形，长2～3cm。花期6～7月。

(2)分布与习性

主产于我国南部及东南部各地。稍耐阴，喜温暖湿润气候及排水良好的酸性土壤；根系发达，萌芽力强，耐修剪；对二氧化硫抗性强。

(3)繁殖方法

播种、扦插繁殖。

(4)观赏与应用

杜英枝叶茂密，一年四季碧绿叠翠的树冠叶片中，总有数片成为绯红色，可为“万绿叶中几片红”；开花时乳白色的花序，挂满枝头，颇为美丽。宜于草坪、坡地、林缘、庭前、路口丛植，也可栽作其他花木的背景树，还可作工矿区绿化和防护林带树种。

16. 海桐 *Pittosporum tobira* (Thunb) Ait.(图4-16)

别名：海桐花、山矾　科属：海桐科 Pittosporaceae Banks.　海桐属 *Pittosporum* Banks. et Soland

(1)形态特征

常绿灌木。单叶聚生枝顶，革质，倒卵形，长4～10cm，宽2～3cm，全缘；叶柄长达2cm。花两性，白色后变黄色，有香气，花梗长2cm；伞形或伞房花序顶生。蒴果球形，长1～1.3cm，3瓣裂，黄色。种子橘红色。花期4～5月，果期9～10月。

(2)分布与习性

产于我国江苏南部、浙江、福建、台湾、云南、广东等地。喜光，也能耐阴，对土壤的酸碱度要求不严，萌芽力强，耐修剪。

(3)繁殖方法

播种、扦插繁殖。

图4-16 海 桐

(4)观赏与应用

海桐株形圆整，叶深绿密集，花白色而带黄绿，雅致芳香，秋天果实挂满枝头，绽出鲜红种子，点缀在绿叶碧枝间，颇为美丽，为著名的观叶、观花、观果树种。可孤植于草坪、花坛之中，或列植成绿篱，或丛植于草坪丛林之间，亦可植于建筑物入口两侧及四周等，或作为广场区绿化树种。

17. 石楠 *Photinia serrulata* Lindl.（图 4-17）

别名：石楠千年红　科属：蔷薇科 Rosaceae　石楠属 *Photinia* Lindl.

(1)形态特征

常绿小乔木，高达 12m，树冠圆形。全体几无毛。单叶互生，叶长椭圆形至倒卵状长椭圆形，长 8～20cm，先端尖，基部圆形或广楔形，缘有细尖锯齿，革质有光泽，幼叶带红色。花两性，白色，径 6～8mm；复伞房花序顶生。梨果球形，径 5～6mm，红色。花期 5～7 月，果熟期 10 月。

(2)常见品种

‘斑叶’石楠‘Variegata’　叶有不规则的白或黄色斑纹。

(3)分布与习性

产于中国中部及南部。喜光，稍耐阴；喜温暖，耐寒，能耐短期的 -15℃低温；喜排水良好的肥沃壤土，也耐干旱瘠薄，不耐水湿。生长较慢。

(4)繁殖方法

播种为主，亦可扦插、压条繁殖。

图 4-17　石　楠

(5)观赏与应用

石楠树冠圆整，叶片光绿，初春嫩叶紫红，春末白花点点，秋日红果累累，极富观赏价值，是著名的庭园绿化树种，适宜作行道树、庭荫树。抗烟尘和有毒气体，且具隔音功能。

18. 光叶石楠 *Photinia glabra*（Thunb.）Maxim.

别名：扇骨木　科属：蔷薇科 Rosaceae　石楠属 *Photinia* Lindl.

(1)形态特征

常绿小乔木。枝通常无刺。单叶互生，叶长椭圆形至椭圆状倒卵形，长 5～10cm，先端渐尖，基部楔形，边缘具细锯齿。花两性，白色；复伞房花序顶生，花序梗和花柄光滑。梨果卵形，长 5mm，红色。花期 4～5 月，果期 9～10 月。

(2)分布与习性

分布于长江流域及以南地区；日本、泰国、缅甸也有分布。喜光，稍耐阴；喜深厚、湿润、肥沃的中性土壤，也耐干旱瘠薄。

(3)繁殖方法

播种繁殖。

(4)观赏与应用

光叶石楠树冠圆整，枝叶浓密，早春嫩叶红色，入秋红果满枝，是极佳的观叶、观果树种，适宜作行道树、庭荫树及绿篱材料。

19.‘红叶’石楠 *Photinia* × *fraseri* ‘Red robin’

别名：红罗宾　科属：蔷薇科 Rosaceae　石楠属 *Photinia* Lindl.

(1)形态特征

‘红叶’石楠是光叶石楠与石楠的杂交种。常绿灌木或小乔木，高可达6m。单叶互生，叶革质，长椭圆形或卵状椭圆形，长12～20cm，先端渐尖或尾尖，基部楔形，叶缘有锯齿；新梢及叶片亮红色。花两性，白色；复伞房花序。梨果红色。花期3～4月，果期6～9月。

(2)分布与习性

主产于亚洲东部和东南部、北美洲的亚热带和温带地区。我国引种栽培，适宜在大部分地区种植。耐瘠薄、盐碱、干旱，喜温暖、潮湿、阳光充足的环境，在强光下更为鲜艳；对二氧化硫、氯气具有较强的抗性；萌芽能力强，生长速度快，耐修剪，适于各种造型和各种绿篱的促成栽培。

(3)繁殖方法

组织培养、扦插繁殖。

(4)观赏与应用

‘红叶’石楠枝叶繁茂，初春叶色红艳如火，因其新梢和嫩叶鲜红而得名。适宜作绿篱、修剪造景。被誉为“红叶绿篱之王”。

20. 牛筋条 *Dichotomanthes tristaniaecarpa* Kurz.

别名：红眼睛、白牛筋　科属：蔷薇科 Rosaceae　牛筋条属 *Dichotomanthes* Kurz.

(1)形态特征

常绿灌木或小乔木。树皮光滑，密被皮孔。单叶互生，叶卵状椭圆形至倒卵形、倒披针形，长3～6cm，全缘，表面无毛，背面被白色绒毛；托叶丝状，脱落。花两性，白色；花多而密集，复伞房花序顶生。梨果圆柱形，大部为宿存的红色肉质萼筒所包。花期4～5月，果期8～11月。

(2)分布与习性

产于云南和四川西南部。喜光，稍耐阴，不耐寒，耐干旱瘠薄。

(3)繁殖方法

播种繁殖。

(4)观赏与应用

牛筋条树形优美，枝叶浓密，春天满树白花，秋天红果累累，是极佳的园林绿化及观赏树种。枝条可作绳索，故名“牛筋条”。

21. 胡颓子 *Elaeagnus pungens* Thunb.（图4-18）

别名：羊奶子、甜枣 科属：胡颓子科 Elaeagnaceae 胡颓子属 *Elaeagnus* L.

(1)形态特征

常绿灌木，高达3～4m。小枝有锈色鳞片，枝刺较少。单叶互生，叶革质，椭圆形，长5～7cm，全缘而常波状，背面银白色并有锈褐色斑点。花银白色，芳香，1～3朵腋生，下垂。坚果椭球形，长约1.5cm，红色。花期9～11月，翌年5月果熟。

(2)常见品种

①'金边'胡颓子'Aureo-marginata'：叶边缘黄色。②'银边'胡颓子'Albo-marginata'：叶边缘白色。③'金心'胡颓子'Fredricii'：叶片中脉周围黄色。④'金斑'胡颓子'Maculata'：叶片上有黄色斑点。

(3)分布与习性

产于我国长江中下游及其以南各地。喜光，耐半阴，喜温暖气候，对土壤适应性强，耐干旱，也耐水湿；对有害气体抗性较强，耐修剪。

图4-18 胡颓子　　图4-19 '金叶'红千层

(4)繁殖方法

播种、扦插繁殖。

(5)观赏与应用

胡颓子株形自然，花香果红，银白色腺鳞在阳光照射下银光点点。适于草地丛植，也用于林缘、树群外围作自然式绿篱，点缀于池畔、窗前、石间亦甚适宜。

22. '金叶'红千层 *Callistemon* × *hybridus* 'Golden Ball'（图4-19）

科属：桃金娘科 Myrtaceae 红千层属 *Callistemon* R. br.

(1)形态特征

常绿灌木或小乔木，高2~5m。单叶紧密互生，叶线形，长2~2.5cm，嫩叶金黄色，老叶黄绿色，揉之有香味，全缘。花两性，穗状花序长圆柱形，下垂；雄蕊多数，红色。蒴果。花期夏至秋季。

(2)分布与习性

‘金叶’红千层是杂交品种，热带地区多有栽培；华南有引种栽培。不耐寒冷，喜温暖湿润气候及肥沃而排水良好的沙质壤土。

(3)繁殖方法

播种、扦插繁殖。

(4)观赏与应用

‘金叶’红千层树形优美，花叶美观，是暖地优良的观叶、观花树种。

23. 东瀛珊瑚 *Aucuba japonica* Thunb. (图4-20)

别名：桃叶珊瑚、青木　科属：山茱萸科 Cornaceae　桃叶珊瑚属 *Aucuba* Thunb.

图4-20　东瀛珊瑚

(1)形态特征

常绿灌木，高达5m。小枝粗壮，无毛。单叶对生，叶薄革质，缘疏生粗齿，两面油绿有光泽。花单性异株，圆锥花序密生刚毛，花小，紫红色或者暗紫色。浆果状核果，鲜红色。花期3~4月，果期11~2月。

(2)常见变型

洒金东瀛珊瑚 f. *variegata* (D. Omb.) Rehd.　叶面散生大小不等的黄色斑点。栽培普遍。

(3)分布与习性

原产于我国台湾以及日本，长江流域以南可以露地栽培。喜温暖气候，耐阴，夏季怕日灼，不耐寒。不耐干旱，喜欢湿润、排水良好、肥沃的土壤，生长势旺盛，耐修剪，病虫害少。对烟害和大气污染抗性强。

(4)繁殖方法

扦插繁殖，也可播种繁殖。

(5)观赏与应用

东瀛珊瑚枝繁叶茂，经冬不凋，是珍贵的耐阴观叶灌木。常栽植于林缘树下、丛植庭院一角、假山石背阴面或者点缀庭院阴湿处，可以作为绿篱，也可以盆栽布置厅堂、会场等，叶片可以用于切花。

24. 大叶黄杨 *Euonymus japonicus* Thunb.（图4-21）

别名：冬青卫矛、正木　科属：卫矛科 Celastraceae　卫矛属 *Euonymus* L.

(1)形态特征

常绿灌木。小枝绿色，近四棱形。单叶对生，叶革质而有光泽，椭圆形至倒卵形，长3～6cm，先端尖或钝，基部广楔形，缘有细钝齿；叶柄长6～12mm。花两性，淡绿色，4数，聚伞花序腋生。蒴果近球形，径8～10mm，熟后淡红色，4瓣裂；假种皮橘红色。花期5～6月，果期9～10月。

(2)常见品种

①'金边'大叶黄杨'Ovatus Aureus'　叶缘金黄色。

②'金心'大叶黄杨'Aureus'　叶中脉附近金黄色，有时叶柄及枝端也变为黄色。

③'银边'大叶黄杨'Albo－marginatus'　叶缘有窄白条边。

④'宽叶银斑'大叶黄杨'Latifolius Albo－marginatus'　叶阔椭圆形，银边甚宽。

图4-21　大叶黄杨

(3)分布与习性

我国各地均有栽培，长江流域各城市尤多。喜光，亦能耐阴，喜温暖湿润气候及肥沃土壤；耐寒性较差。极耐修剪整形；生长较慢，寿命长。对各种有毒气体及烟尘有很强的抗性。

(4)繁殖方法

扦插繁殖为主，也可嫁接、压条、播种繁殖。

(5)观赏与应用

大叶黄杨枝叶茂密，四季常青，叶色亮绿，且有许多花叶、斑叶变种，是美丽的观叶树种。园林中常用作绿篱及背景种植材料，亦可丛植草地边缘或列植于园路两旁；常将其修剪成圆球形或半球形，用于花坛中心或对植于门旁，也是基础种植、街道绿化和工厂绿化的好材料。其花叶、斑叶变种更宜盆栽，用于室内绿化及会场装饰等。

25. 胶东卫矛 *Euonymus kiautshovicus* Loes.（图4-22）

科属：卫矛科 Celastraceae　卫矛属 *Euonymus* L.

(1)形态特征

半常绿直立或蔓性灌木，基部枝条匍地并生根。单叶对生，叶薄革质，椭圆形至倒卵形，长5~8cm，先端渐尖或钝，基部楔形，缘有锯齿。花两性，浅绿色，花梗较长，聚伞花序疏散。蒴果扁球形，粉红色，径约1cm，4纵裂，有浅沟。花期8~9月，果10月成熟。

(2)分布与习性

产于山东，江苏、安徽、江西、湖北等地有分布，常生于山谷林中岩石旁。性耐阴，喜温暖，耐寒性不强，对土壤要求不严，能耐干旱、瘠薄。

(3)繁殖方法

扦插繁殖，也可播种、压条繁殖。

(4)观赏与应用

胶东卫矛叶色油绿光亮，入秋红艳可爱，又有较强之攀缘能力，在园林中用以掩覆墙面、坛缘、山石或攀缘于老树、花格之上，均极优美；也可盆栽观赏，将其修剪成悬崖式、圆头形等，用作室内绿化颇为雅致。

图4-22　胶东卫矛

图4-23　冬　青

26. 冬青 *Ilex purpurea* Hassk.(图4-23)

别名：紫花冬青　科属：冬青科 Aquifoliaceae　冬青属 *Ilex* Linn.

(1)形态特征

常绿乔木。树皮灰绿色而平滑。单叶互生，叶长椭圆形至披针形，长5~11cm，先端尖，基部下延成狭翅，缘有钝齿，薄革质，干后红褐色。花单性异株，淡紫色，聚伞花序有总梗；萼片、花瓣及雄蕊各4或5。浆果状核果球形，红色。花期5月，果11月成熟。

(2)分布与习性

产于长江流域及其以南地区。喜光，稍耐阴，喜温暖气候及肥沃之酸性土，不耐寒。萌芽力强，耐修剪，生长慢。

(3)繁殖方法

播种、扦插繁殖。

(4)观赏与应用

冬青绿叶常青，红果经冬不落。宜作庭园观赏树及绿篱栽植。

27. 黄杨 *Buxus sinica*（Rehd et Wils.）Cheng ex M. Cheng(图 4-24)

别名：瓜子黄杨　科属：黄杨科 Buxaceae　黄杨属 *Buxus* L.

(1)形态特征

常绿灌木或小乔木，高达 7m。枝叶较疏散，小枝及冬芽外鳞均有短柔毛。单叶对生，叶倒卵形、倒卵状椭圆形至广卵形，长 1.3 ~ 3.5cm，先端圆或微凹，仅表面侧脉明显，背面中脉基部及叶柄有毛，全缘。花单性同株，黄绿色，簇生叶腋或枝端。蒴果。花期 3 ~ 4 月，果期 5 ~ 6 月。

(2)常见变种、亚种

① 珍珠黄杨 var. *margaritacea* M. Cheng　灌木，高达 2.5m。分枝密集，节间短。叶细小，椭圆形，长不及 1cm，叶面略作龟背状凸起，深绿而有光泽，入秋渐变红色。产于浙江临安、江西庐山、安徽黄山及大别山等地，姿态优美，是制作盆景及点缀假山的好材料。

图 4-24　黄　杨

② 尖叶黄杨 ssp. *aemulans*（Rehd. et Wils.）M. Cheng　叶常呈卵状披针形，质较薄，先端渐尖或急尖。分布与黄杨相近。

(3)分布与习性

产于我国中部及东部地区。较耐阴，在无荫蔽处叶常发黄；有一定的耐寒性，北京可露地栽培。浅根性，生长极慢，耐修剪。抗烟尘。

(4)繁殖方法

播种、扦插繁殖。

(5)观赏与应用

黄杨枝叶虽较疏散，但清翠可爱，各地广泛植于庭园观赏。在草坪、庭前孤植、丛植，或于路旁列植、点缀山石都很合适，也可作绿篱及基础种植材料，还可盆栽或制作盆景。

28. 雀舌黄杨 *Buxus bodinieri* Lévl.（图 4-25）

别名：匙叶黄杨、细叶黄杨　科属：黄杨科 Buxaceae　黄杨属 *Buxus* L.

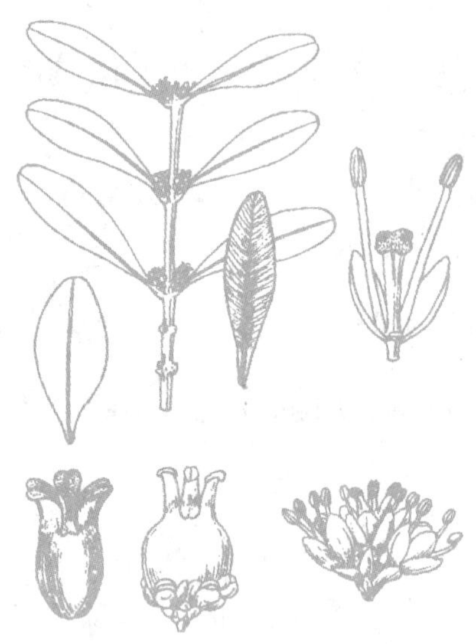
图 4-25　雀舌黄杨

(1)形态特征

常绿灌木，高达 4m。单叶对生，叶较狭长，倒披针形或倒卵状长椭圆形，长 2.5 ~ 4cm，两面中脉明显凸起，侧脉与中脉约成 45°夹角，背面中脉密被白色钟乳体，全缘。花单性同株，黄绿色。蒴果。花期2 ~ 5 月，果期 6 ~ 10 月。

［附］华南黄杨 *Buxus harlandii* Hance　与雀舌黄杨相似，主要区别：枝较细，分枝较疏，叶侧脉与中脉约成 30°夹角，背面中脉无钟乳体。产于华南地区，很少栽培。

(2)分布与习性

产于长江流域至华南、西南地区。喜温暖湿润和阳光充足环境，耐干旱和半阴，要求疏松、肥沃和排水良好的沙壤土。喜弱光，耐修剪，较耐寒，抗污染。

(3)繁殖方法

以扦插繁殖为主，也可压条、播种繁殖。

(4)观赏与应用

雀舌黄杨枝叶繁茂，叶形别致，四季常青。常栽作绿篱或布置花坛边缘用，也是盆栽观赏的好材料。

29. 变叶木 *Codiaeum variegatum* (L.) A Juss.(图 4-26)

别名：洒金榕　科属：大戟科 Euphorbiaceae　变叶木属 *Codiaeum* A. Juss.

(1)形态特征

常绿灌木或小乔木。枝上有大而明显的圆叶痕。单叶互生，叶形变化大，披针形、椭圆形或匙形，不分裂或叶中部中断，绿色、红色、黄色或杂色等；由于叶变化多，因此得名为“变叶木”。花单性同株，总状花序腋生；雄花花萼 5 裂，花瓣 5；雌花花萼 5 裂，无花瓣。蒴果球形，白色。

图 4-26　变叶木

(2)分布与习性

原产于马来半岛及大洋洲，现广泛栽培于热带地区。喜光，喜暖热气候，不耐霜冻，不耐干旱，耐阴性较弱。

(3)繁殖方法

扦插、压条或播种繁殖。

(4)观赏与应用

变叶木叶色斑斓，五彩缤纷，具有独特

的色彩美，叶形多样，具有奇特的姿态美，是木本观赏植物中的珍品，各地常见温室盆栽观赏，华南可露地栽培。叶可作花环、花篮和插花材料。

30. 红背桂 *Excoecaria cochinchinensis* Lour.（图4-27）

别名：紫背桂、青紫木　科属：大戟科 Euphorbiaceae　海漆属 *Excoecaria* L.

（1）形态特征

常绿小灌木，株高0.5～1m，有乳汁，多分枝。单叶对生，叶长椭圆形或矩圆形，长7～12cm，表面深绿色，背面紫红色，缘有细浅齿。花单性异株；无花瓣，穗状花序腋生。蒴果球形，由3个小干果合成，红色，径约1cm。花期6～8月。

（2）常见变种

绿背桂 var. *viridis*（Pax et Hoffm.）Merr.　叶背浅绿色，叶片稍宽。产于海南。

（3）分布与习性

产于亚洲东南部，我国广西南部有分布。中性树种，耐半阴，忌阳光暴晒，喜温暖湿润环境，不耐严寒，要求肥沃、排水好的沙质壤土，较耐干旱瘠薄。

图4-27　红背桂

（4）繁殖方法

扦插繁殖。

（5）观赏与应用

红背桂株形矮小，枝条柔软自然弯曲成一弧度，叶片表面绿色，背面紫红色，微风吹拂，红绿相间，蔚然美观，是优良的室内外观叶植物。南方常用于庭院、公园和居住小区绿化，植于庭园、屋隅、墙旁以及阶下等处。也可盆栽作室内厅堂、居室点缀。

31. 清香木 *Pistacia weinmannifolia* J. Poiss. ex Franch.（图4-28）

别名：细叶树、细叶楷木、清香树　科属：漆树科 Anacardiaceae　黄连木属 *Pistacia* L.

（1）形态特征

常绿乔木，高达15～20m，常成灌木状。小枝、嫩叶及花序密生锈色绒毛。偶数羽状复叶互生，叶轴有窄翅，小叶3～8对，长椭圆形，长2～4cm，全缘，先端圆钝或微凹。花单性异株，圆锥花序腋生；花小，紫红色。核果熟时红色。花期3～4月，果期8～10月。

图 4-28　清香木

(2)分布与习性

产于云南、四川、广西及西藏东南部。喜光，喜温暖，耐干旱瘠薄，对土壤要求不严，以肥沃、湿润而排水良好的石灰岩山地生长最好。

(3)繁殖方法

播种繁殖，也可扦插繁殖。

(4)观赏与应用

清香木春天嫩叶红艳美丽，夏天绿叶秀丽清香，入秋红色的果序也极美观，是美丽的春季色叶树种。宜作庭荫树或植于林下作配景植物，幼树密植可作绿篱或地被。

32. 八角金盘 *Fatsia japonica* (Thunb.) Decne. et Planch. (图 4-29)

别名：八手、手树　科属：五加科 Araliaceae　八角金盘属 *Fatsia* Dcne. et Planch.

(1)形态特征

常绿灌木或小乔木，高达 5m，常呈丛生状。幼嫩枝叶多易脱落褐色毛。单叶互生，叶近圆形，宽 12 ~ 30cm，革质，表面深绿色而有光泽，掌状 7 ~ 11 深裂，裂片有齿；叶柄长，基部膨大。花小，乳白色，球状伞形花序聚生成顶生圆锥状复花序。浆果球形，黑色。夏秋开花，翌年 5 月果熟。

(2)常见品种

①‘银边’八角金盘‘Albomarginata’：叶边缘白色；②‘金斑’八角金盘‘Aureo-variegata’：叶片上有黄色斑点；③‘银斑’八角金盘‘Variegata’：叶片上有白色斑点；④‘金网’八角金盘‘Aureoreticulata’：叶脉黄色。

(3)分布与习性

原产于日本；我国南方庭园中有栽培。性耐阴，喜温暖湿润气候，不耐干旱，耐寒性不强。

(4)繁殖方法

播种、扦插繁殖。

(5)观赏与应用

八角金盘四季青翠碧绿，叶大光亮，形似手掌，奇特美丽，是理想的耐阴观叶植物。长江以南城市可露地栽培，北方常

图 4-29　八角金盘

温室盆栽观赏。

33. 鹅掌柴 *Schefflera heptaphylla*（L.）Frodin（图4-30）

别名：鸭脚木　科属：五加科 Araliaceae　鹅掌柴属 *Schefflera* J. R. & G. Forster

(1)形态特征

常绿乔木或灌木状。掌状复叶互生，小叶6～9，长椭圆形或倒卵状椭圆形，长9～17cm，全缘，老叶无毛；总叶柄长达30cm，基部膨大并包茎。花小，白色，有香气；伞形花序集成大圆锥花序；花萼5～6裂；花瓣5，肉质，长2～3mm；花柱极短。浆果球形，径3～4cm。花期在冬季。

图4-30　鹅掌柴

(2)分布与习性

鹅掌柴是热带、亚热带地区常绿阔叶林习见树种。我国东南部地区常见栽培。喜光，性喜暖热湿润气候和深厚肥沃的酸性土，生长快。

(3)繁殖方法

播种、扦插繁殖。

(4)观赏与应用

鹅掌柴四季常绿，叶面光亮，植株紧密，树冠整齐优美。可植于园林绿地或盆栽观赏。

34. 灰莉 *Fagraea ceilanica* Thunb.（图4-31）

别名：非洲茉莉、华灰莉　科属：马钱科 Loganiaceae　灰莉属 *Fagraea* Thunb.

(1)形态特征

常绿小乔木，全体无毛。单叶对生，叶椭圆形至长倒卵形，长7～15cm，先端突尖，基部楔形，全缘，革质，有光泽。花两性，花冠白色，漏斗状，5裂；雄蕊5；1～3朵聚伞状。浆果卵球形，径3～5cm。花期4～6(8)月，果期7月～翌年3月。

(2)常见品种

‘斑叶’灰莉‘Variegata’　叶有斑纹。

(3)分布与习性

产于印度及东南亚，我国台湾、华南及云南有分布。喜光，耐半阴，喜暖热气候及肥沃和排水良好土壤，不耐寒。萌发力强，耐修剪。

(4)繁殖方法

扦插繁殖。

图 4-31　灰　莉　　　　图 4-32　女　贞

(5)观赏与应用

灰莉枝条色若翡翠，叶片浓绿光洁，花色洁白而有清香。在暖地宜植于庭园观赏或栽作绿篱；近年多被用作大型盆栽于建筑物内外摆设观赏。

35. 女贞 *Ligustrum lucidum* Ait.(图 4-32)

别名：冬青、蜡树　科属：木犀科 Oleaceae　女贞属 *Ligustrum* L.

(1)形态特征

常绿乔木。小枝无毛。单叶对生，叶卵形或卵状长椭圆形，长 6 ~ 12cm，先端尖，革质而有光泽，无毛，侧脉 6 ~ 8 对，全缘。花两性，白色，圆锥花序长 10 ~ 20cm；花萼、花冠各 4 裂，花冠裂片与筒部等长；雄蕊 2。核果椭球形，蓝黑色。花期 6 ~ 7 月，果期 11 ~ 12 月。

(2)常见变型、品种

①'金斑'女贞'Aureo - variegatum'　叶有黄斑。

② 落叶女贞 f. *latifolium*(Cheng) Hsu.　冬季落叶，产于南京地区。

(3)分布与习性

产于我国长江流域及其以南地区。稍耐阴，喜温暖湿润气候，有一定耐寒性，抗多种有害气体，耐修剪。

(4)繁殖方法

播种、扦插繁殖。

(5)观赏与应用

女贞树形美观，四季常青。常于庭园栽培观赏或作绿篱用，是街道、工矿区绿化观赏的理想树种。

36. 小蜡 *Ligustrum sinense* Lour.（图4-33）

别名：山指甲　科属：木犀科 Oleaceae　女贞属 *Ligustrum* L.

（1）形态特征

半常绿灌木或小乔木，高3～6m。小枝密生短柔毛。单叶对生，叶薄革质，椭圆形，长3～5cm，叶尖锐尖或钝，叶基阔楔形或圆形，背面沿中脉有短柔毛，全缘。花两性，白色，芳香，圆锥花序长4～10cm，花轴有短柔毛；花萼、花冠各4裂，花冠裂片长于筒部；雄蕊2，超出花冠裂片；花梗细而明显。核果近圆形。花期4～5月。

图4-33　小　蜡

（2）常见品种

①‘红药’小蜡‘Multiflorum’　花药红色，开花时红色花药配以白色花冠，十分美丽。

②‘银边’小蜡‘Variegatum’　叶灰绿色，边缘白色或黄白色。

③‘垂枝’小蜡‘Pendulum’　小枝下垂。

（3）分布与习性

分布于长江以南各地。喜光，稍耐阴，较耐寒，抗二氧化硫等多种有毒气体，耐修剪。

（4）繁殖方法

播种、扦插繁殖。

（5）观赏与应用

小蜡枝叶繁茂，萌芽力强。宜作绿篱，或修剪造型丛植于林缘、池边、石旁等，也常栽植于工矿区；其干老根古，虬曲多姿，宜作树桩盆景。

37. 尖叶木犀榄 *Olea europaea* L. ssp. *cuspidata*（Wall.）Ciferri

别名：锈鳞木犀榄　科属：木犀科 Oleaceae　木犀榄属 *Olea* L.

（1）形态特征

常绿灌木或小乔木。嫩枝具纵槽，密被锈色鳞片。单叶对生，叶狭披针形，长4～8cm，先端尖，表面深绿光亮，背面灰绿色，密生锈色鳞片全缘，边缘略反卷。花白色，花冠裂片长于筒部。核果小，长7～8mm。花期4～8月，果期8～11月。

（2）分布与习性

产于云南及四川西部。适应性强，有较强的抗热性和耐寒性；萌芽力强，生长快，耐修剪，宜造型。

（3）繁殖方法

扦插繁殖。

（4）观赏与应用

尖叶木犀榄枝叶细密，叶面光亮，嫩叶淡黄色，可修剪成千姿百态的观赏树形，颇为美观。是很好的园林绿化树种，也可作嫁接油橄榄的砧木。

38. 珊瑚树 *Viburnum awabuki* K. Koch.（图 4-34）

别名：法国冬青、极香荚蒾、旱禾树　科属：忍冬科 Caprifoliaceae　荚蒾属 *Viburnum* L.

（1）形态特征

常绿灌木，树冠倒卵形，树干挺直。单叶对生，叶长椭圆形或倒披针形，表面暗绿色，背面淡绿色，边缘波状或具有粗钝齿，近基部全缘。花两性，白色，有香味，圆锥伞房花序顶生。核果卵状椭圆形，先红色后黑色。花期 4～6 月，果期 9～10 月。

图 4-34　珊瑚树

（2）分布与习性

原产于日本及朝鲜南部，我国长江流域有栽培。喜温暖湿润气候及潮湿肥沃的中性壤土，对酸性和微酸性土也能适应，喜光亦耐阴。根系发达，萌芽力强，耐修剪，极易整形，耐移植，生长较快。对氯气、二氧化硫的抗性较强，对汞和氟有一定的吸收能力，耐烟尘，抗火力强，病虫害少。

（3）繁殖方法

以扦插繁殖为主，也可播种繁殖。

（4）观赏与应用

珊瑚树枝繁叶茂，终年碧绿光亮，春日开以白花，深秋果实鲜红，累累垂于枝头，状如珊瑚，甚为美观。江南城市及园林中普遍栽作绿篱或绿墙，也作基础栽植或丛植装饰墙角；是工厂绿化的好树种。

4.2 落叶树类

39. 鹅掌楸 *Liriodendron chinense*（Hemsl.）Sarg.（图 4-35）

别名：马褂木　科属：木兰科 Magnoliaceae　鹅掌楸属 *Liriodendron* L.

（1）形态特征

落叶乔木，高 40m，树冠圆锥状。1 年生枝灰色或灰褐色。单叶互生，叶马褂形，长 12～15cm，各边 1 裂，向中腰部缩入，老叶背部有白色乳状突点。花两性，单生枝顶；萼片 3；花瓣 6，黄绿色，外面绿色较多而内方黄色较多，长 3～4cm；花丝短。聚合果，长 7～9cm，翅状小坚果先端钝。花期 5～6 月，果 10 月成熟。

（2）分布与习性

浙江、江苏、安徽、江西、湖南、湖北、四川、贵州、广西、云南等地有分布。喜光，喜温和湿润气候，有一定耐寒性，能耐 －15℃低温。喜深厚肥沃、湿润而排水良好

图4-35　鹅掌楸

的酸性或微酸性土壤（pH 4.5～6.5），在干旱土地上生长不良，亦忌低湿水涝。生长快。

(3)繁殖方法

播种繁殖，亦可扦插繁殖。

(4)观赏与应用

鹅掌楸树形端正，叶形奇特，秋叶黄色，是优美的庭荫树和行道树种。花淡黄绿色，美而不艳，最宜植于安静休息区的草坪上，可独植或群植，在江南自然风景区可与木荷、山核桃、板栗等混植。

40. 北美鹅掌楸 *Liriodendron tulipifera* L.（图4-36）

别名：美国鹅掌楸　科属：木兰科 Magnoliaceae　鹅掌楸属 *Liriodendron* L.

(1)形态特征

落叶大乔木，高达60m，树冠广圆锥形。干皮光滑，小枝褐色或紫褐色。单叶互生，叶鹅掌形，长7～12cm，两侧各有1～2裂，偶有3～4裂者，裂凹浅平，不向中部缩入，老叶背无白粉。花两性，单生枝顶；花瓣长4～5cm，浅黄绿色，在内方近基部有佛焰状橙黄色斑；花丝长。聚合果，长6～8cm，翅状小坚果先端尖。花期5～6月，果10月成熟。

(2)分布与习性

原产于北美，世界各国多有栽培；青岛、南京、上海、杭州等地有栽培。喜光，耐寒，成年树能耐短期－30～－25℃的严寒，但幼年期耐寒性较弱，在－12℃时会枯梢。喜湿润而排水良好的土壤，在干旱或过湿处均生长不良。生长快，寿命长，能达500年左右。对病虫的抗性极强。根系深大。

(3)繁殖方法

播种繁殖。

(4)观赏与应用

北美鹅掌楸花朵较鹅掌楸美丽，树形更高大，为著名的行道树，每当秋季叶变金黄色，是秋色叶树种之一。

图4-36　北美鹅掌楸

41. ‘紫叶’小檗 *Berberis thunbergii* DC. ‘Atropurpurea’（图 4-37）

别名：‘红叶’小檗　科属：小檗科 Berberidceae　小檗属 *Berberis* L.

（1）形态特征

落叶灌木，高 2～3m。枝丛生，小枝通常红褐色，有沟槽；叶刺通常不分叉。单叶互生或簇生，紫红到鲜红，叶背色稍淡，叶倒卵形或匙形，长 0.5～2cm，先端钝，基部急狭，全缘。花两性，浅黄色，1～5 朵成簇生状伞形花序。浆果椭圆形，长约 1cm，熟时亮红色。花期 5 月，果 9 月成熟。

图 4-37　‘紫叶’小檗

（2）分布与习性

原产于日本及中国，各大城市有栽培。喜光，稍耐阴，耐寒，对土壤要求不严，而以肥沃而排水良好的沙质壤土生长最好。萌芽力强，耐修剪。

（3）繁殖方法

以扦插繁殖为主，也可分株、播种繁殖。

（4）观赏与应用

‘紫叶’小檗春开黄花，夏叶鲜红，秋缀红果，是叶、花、果俱美的观赏花木。适宜在园林中作花篱、在园路角隅丛植、大型花坛镶边或剪成球形对称状配置，或点缀在岩石间、池畔，也可制作盆景。园林绿化中，应用广泛，绿化效果好，移栽成活率高，深受人们的喜爱。

42. 枫香 *Liquidambar formosana* Hance（图 4-38）

别名：枫树　科属：金缕梅科 Hamamelidaceae　枫香属 *Liquidambar* L.

（1）形态特征

落叶乔木，高可达 40m，树冠广卵形或略扁平。树皮灰色，浅纵裂，老时深裂。单叶互生，常掌状 3 裂，萌芽枝叶常 5～7 裂，长 6～12cm，基部心形或截形，裂片先端尖，幼叶有毛，缘有锯齿。花单性同株，雄花无花被，头状花序常数个排成总状，花间有小鳞片混生；雌花常有数枚刺状萼片，头状花序单生。蒴果，果序较大，径 3～4cm，宿存花柱长达 1.5cm；刺状萼片宿存。花期 3～4 月，果 10 月成熟。

（2）常见变种

① 短萼枫香 var. *brevicalycina* Cheng et P. C. Huang　蒴果之宿存花柱粗短，长不足 1cm，刺状萼片也短。产于江苏。

② 光叶枫香 var. *monticola* Rehd. et Wils.　幼枝及叶均无毛，叶基截形或圆形。产于湖北西部、四川东部一带。

（3）分布与习性

产于我国长江流域及其以南地区，西至四川、贵州，南至广东，东到台湾，日本亦

图 4-38　枫　香

有分布。喜光，幼树稍耐阴，喜温暖湿润气候及深厚湿润土壤，耐干旱瘠薄，不耐水湿。萌蘖性强，可天然更新。深根性，主根粗长，抗风力强。对二氧化硫、氯气等有较强抗性。

（4）繁殖方法

播种繁殖，扦插亦可。

（5）观赏与应用

枫香树高干直，树冠宽阔，气势雄伟，秋叶红艳，美丽壮观，是南方著名的秋色叶树种。在我国南方低山、丘陵地区营造风景林很合适，亦可在园林中栽作庭荫树，或于草地孤植、丛植，或于山坡、池畔与其他树木混植。与常绿树丛配合种植，秋季红绿相衬，会显得格外美丽，陆游即有“数树丹枫映苍桧”的诗句，还可用于厂矿区绿化。

43. 珊瑚朴 *Celtis julianae* Schneid.（图 4-39）

别名：大果朴　科属：榆科 Ulmaceae　朴属 *Celtis* L.

（1）形态特征

落叶乔木，高达 27m，树冠圆球形。单叶互生，叶宽卵形或倒卵状椭圆形，长 6～14cm，3 主脉，侧脉不伸入齿端，上面较粗糙，背面网脉隆起，密被黄绒毛，基部全缘。核果卵球形，较大，熟时橙红色，单生叶腋。花期 4 月，果熟期 9～10 月。

（2）分布与习性

主产于长江流域及河南、陕西等地。喜光，略耐阴，耐寒，耐旱，喜肥沃湿润的土壤，深根性，生长较快。

（3）繁殖方法

播种繁殖。

（4）观赏与应用

珊瑚朴树高干直，冠大荫浓，姿态优美，冬季及早春枝上生满红褐色花序，状如珊瑚，颇为美丽。宜作庭荫树、行道树和“四旁”绿化的树种。

图 4-39　珊瑚朴

44. 黄葛榕 *Ficus virens* Ait. var. *sublanceolata* (Miq.) Corner(图 4-40)

别名：黄葛树、大叶榕　科属：桑科 Moraceae　榕属 *Ficus* L.

(1)形态特征

落叶乔木。枝有环状托叶痕，有白色乳汁。单叶互生，叶卵状长椭圆形，长 8 ~ 16cm，先端急尖，基部心形或圆形，侧脉 7 ~ 10 对，无毛，全缘；叶柄长 2 ~ 3cm；托叶长带形。花单性同株，隐头花序。隐花果球形，单生或成对生于落叶枝叶腋，径 5 ~ 7mm，无梗，基部苞片 3，宿存。花果期 4 ~ 8 月。

图 4-40　黄葛榕

附：绿黄葛树 *Ficus virens* Ait.　与黄葛树主要区别：隐头花序梗长 2 ~ 5mm。

(2)分布与习性

产于华南及西南地区。喜光，喜暖湿气候及肥沃土壤；生长快，萌芽力强，抗污染。

(3)繁殖方法

播种、压条、扦插繁殖。

(4)观赏与应用

黄葛榕树冠广展，板根延伸，支柱根形成“树干”，有时有气根；发新叶时，大量苞叶状托叶从树上落下，营造出一种“落英缤纷”的氛围；夏天树荫浓密，为人们提供一个极佳的庇荫空间，宜作园景树、庭荫树及行道树，栽植于湖畔、草坪、河岸、风景区，孤植或群植供人们休憩、纳凉、十分相宜。

45. 柽柳 *Tamarix chinensis* Lour. (图 4-41)

别名：三春柳、西湖柳、观音柳　科属：柽柳科 Tamaricaceae L.　柽柳属 *Tamarix* L.

(1)形态特征

落叶灌木或小乔木。树皮红褐色。枝细长，常下垂，带紫色，非木质化小枝纤细，冬季凋落。单叶互生，叶鳞形，抱茎。花两性，粉红色，总状花序，有时组成圆锥状；萼片、花瓣及雄蕊各为 5。蒴果。花期春、夏季，有时 1 年 3 次开花；果 10 月成熟。

(2)分布与习性

原产于我国，分布极广，自华北至长江中下游各地，南达华南及西南地区。喜光，耐寒，耐热，耐烈日暴晒，耐干旱，耐水湿，抗风，耐盐碱，能在含盐量达 1% 的重盐碱地上生长。深根性，根系发达，萌芽力强，耐修剪，生长较速。

(3)繁殖方法

播种、扦插、分株、压条繁殖。

(4)观赏与应用

柽柳姿态婆娑，枝叶纤秀，花期长，可作篱垣，又是优秀的防风固沙植物，也是良好的改良盐碱土树种，亦可植于水边观赏。萌条有弹性和韧性，不易折断，可供编织用。

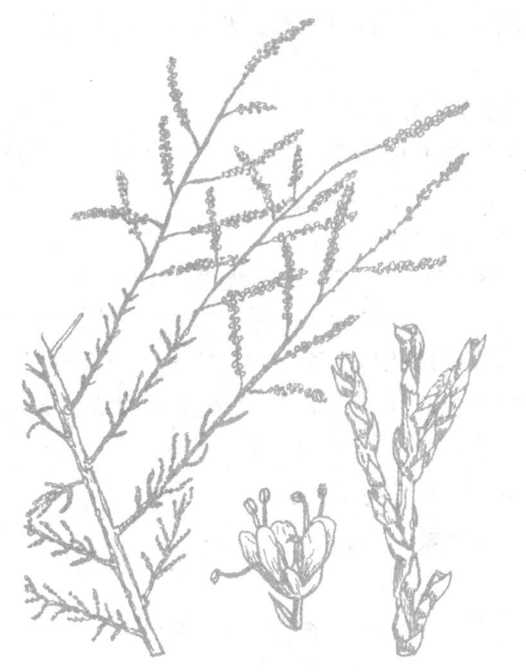

图4-41 柽 柳

图4-42 ‘紫叶’李

46.‘紫叶’李 *Prunus cerasifera* Ehrh. ‘Atropurpurea’ Jacq.(图4-42)

别名：‘红叶’李　科属：蔷薇科 Rosaceae　李属 *Prunus* L.

(1)形态特征

落叶小乔木，高达8m。小枝光滑。单叶互生，叶紫红色，卵形至倒卵形，长3～4.5cm，先端尖，基部圆形，重锯齿尖细，背面中脉基部有柔毛。花两性，淡粉红色，径约2.5cm，单生或2～3簇生，花梗长1.5～2cm。核果球形，暗酒红色。花期4～5月，果期7～8月。

(2)分布与习性

原产于亚洲西南部，我国华北及其以南地区广为种植。喜温暖湿润气候。

(3)繁殖方法

以桃、李、梅或山桃为砧木嫁接繁殖。

(4)观赏与应用

‘紫叶’李叶紫红色，宜于建筑物前及园路旁或草坪角隅处栽植，唯须慎选背景之色泽，方可充分衬托出它的色彩美。可孤植、丛植或群植片植。

47.‘紫叶’桃 *Prunus persica*（L.）Batsch.‘Atropurpurea’（图 4-43）

别名：紫叶碧桃　科属：蔷薇科 Rosaceae　李属 *Prunus* L.

(1)形态特征

落叶乔木，高约 3m。单叶互生，叶紫红色，椭圆状披针形，叶缘有锯齿。花两性，单瓣或重瓣，花色丰富，单生或 2 朵并生，花径 4cm。核果球形。花期 4～5 月，果期 6～8 月。

图 4-43 ‘紫叶’桃

(2)分布与习性

东北南部至广东、西北、西南有栽培。喜光，较耐寒，不耐水湿。

(3)繁殖方法

以嫁接繁殖为主，播种繁殖存在变异性。

(4)观赏与应用

‘紫叶’桃叶色美丽，观赏期长，是重要的园林彩叶树种，具有很高的园林应用价值，孤植、丛植均可。

48. 紫叶矮樱 *Prunus × cistena*

科属：蔷薇科 Rosaceae　李属 *Prunus* L.

(1)形态特征

紫叶矮樱是紫叶李和矮樱的杂交种。落叶灌木或小乔木。枝条幼时紫褐色。单叶互生，叶紫色，长卵形或长椭圆形，先端渐尖，基部广楔形，叶缘有不整齐的细钝齿。花两性，淡粉红色，单生，花瓣 5，雄蕊多数。核果球形，暗酒红色。花期 4～5 月，果期 7～8 月。

(2)分布与习性

我国广泛栽培。喜光，耐寒能力较强，适应性强，对土壤要求不严格，根系特别发达，吸收力强，在排水良好、肥沃的沙壤土、轻黏度土上生长良好。生长快，耐修剪。

(3)繁殖方法

嫁接(以山桃、杏为砧木)、扦插繁殖。

(4)观赏与应用

紫叶矮樱叶紫红色，亮丽别致，树形紧凑，叶片稠密，整株色感表现好。孤植、丛植的观赏效果都很理想，也是制作绿篱、色带、色球等的上选之材。

49.‘美人’梅 *Prunuss blireana*‘Meiren’

科属：蔷薇科 Rosaceae　李属 *Prunus* L.

(1)形态特征

‘美人’梅是宫粉型梅花和‘紫叶’李的杂交种。落叶小乔木。枝直上或斜伸，生长势旺盛，小枝细长，紫红色。单叶互生，叶紫红色，卵圆形，长 5～9cm，被生有短柔毛，叶缘有细锯齿。花两性，粉红色，繁密。花期 3～4 月，先叶开放。

(2)分布与习性

引栽于全国各地，喜阳光充足、通风良好、开阔的环境；要求土层深厚、排水良好、富含有机质的土壤；抗寒性强，适应性强，抗旱和耐高温。

(3)繁殖方法

以桃、杏、梅实生苗为砧木嫁接繁殖。

(4)观赏与应用

‘美人’梅花多艳丽，花期早，花色浓而不艳，冷而不淡，其亮红的叶色和紫红的枝条是其他梅花品种中少见的，可供一年四季观赏。可布置庭园，开辟专类园，于梅园、梅溪等大片栽植，又可制作盆景，还可作切花等其他装饰用。

50. 紫穗槐 *Amorpha fruticosa* L.（图4-44）

别名：棉槐　科属：蝶形花科 Fabaceae　紫穗槐属 *Amorpha* L.

(1)形态特征

落叶丛生灌木。枝条直伸，青灰色，幼时有毛；芽常2个叠生。奇数羽状复叶互生，小叶11~25，长椭圆形，长2~4cm，具透明油腺点，全缘，幼叶密被毛，老叶毛稀疏。花两性，蓝紫色，穗状花序；旗瓣包雄蕊，翼瓣及龙骨瓣均退化；雄蕊10。荚果短镰形，密被隆起油腺点，1粒种子。花期5~6月，果9~10月成熟。

图4-44　紫穗槐

(2)分布与习性

原产于北美。我国东北中部以南，华北、西北，南至长江流域均有栽培。喜光，喜干冷气候，耐寒性强，耐干旱，较耐水淹，能耐盐碱，对土壤要求不严，但以沙质壤土较好。生长迅速，萌芽力强，侧根发达。

(3)繁殖方法

播种、扦插、分株繁殖。

(4)观赏与应用

紫穗槐枝叶繁密，常用作绿篱，或作防护林带的下木，又常作荒山、荒地、盐碱地、低湿地、沙地、河岸、坡地、工业区的绿化树种。又为蜜源植物；叶为良好的绿肥，可改良土壤。

51. 蓝果树 *Nyssa sinensis* Oliv.（图4-45）

别名：紫树　科属：蓝果树科 Nyssaceae　蓝果树属 *Nyssa* Gronov. ex L.

(1)形态特征

落叶乔木，高达30m。树干分枝处具眼状纹；小枝有毛。单叶互生，叶纸质，卵状椭圆形，长8~16cm，全缘或微波状，基部楔形，先端渐尖或突渐尖，叶柄及背脉有毛。

图 4-45 蓝果树

花单性异株；雄花序伞形，雌花序头状。核果椭球形，长1～1.5cm，熟时蓝黑色。花期4～5月，果期8～9月。

(2)分布与习性

产于长江以南地区。喜光，喜温暖湿润气候及深厚、肥沃而排水良好的酸性土壤，耐干旱瘠薄，生长快。

(3)繁殖方法

播种繁殖。

(4)观赏与应用

叶色缤纷是蓝果树最大的特点，春季嫩叶紫红色，秋日金黄与鲜红相衬的树冠仿佛把人带到了美妙的童话世界，因而成为国外园林造景中一颗璀璨的明星，有"童话树"之称。适于作行道树和庭园观赏，也可与常绿阔叶树混植，作为上层骨干树种，构成林丛，秋季红绿相映，格外美丽，也适宜在草地孤植、丛植或群植，营造风景林。

52. 山茱萸 *Macrocarpium officinale* (S. et Z.) Nakai.（图 4-46）

科属：山茱萸科 Cornaceae　山茱萸属 *Macrocarpium* Nakai.

(1)形态特征

落叶灌木或小乔木。老枝黑褐色，嫩枝绿色。单叶对生，叶卵状椭圆形，长5～12cm，先端渐尖，基部圆或楔形，两面有毛，弧形侧脉6～8对，脉腋有黄褐色簇毛，全缘。花两性，伞形花序腋生，总苞片4，卵圆形，褐色；花萼4裂；花瓣4，黄色；花盘环状。核果椭圆形，熟时红色。花期5～6月，果8～10月成熟。

(2)分布与习性

产于山东、山西、河南、河北、陕西、甘肃、浙江、安徽、湖南等地，江苏、四川等地有栽培。喜温暖气候及湿润而排水良好的土壤，在自然界多生于山沟、溪旁。

(3)繁殖方法

播种、扦插、压条繁殖。

图 4-46 山茱萸

(4)观赏与应用

山茱萸叶形美观，花金黄色，可孤植、丛植于草坪中，也适宜在假山石旁或建筑前配置。果可入药。

53. 青荚叶 *Helwingia japonica*（Thunb.）Dietr.（图4-47）

别名：叶上花、叶上珠、绿叶托红珠　科属：山茱萸科 Cornaceae　青荚叶属 *Helwingia* Willd.

(1)形态特征

落叶灌木，高达2~3m。单叶互生，叶卵形至卵状椭圆形，长3~12cm，先端渐尖或尾尖，缘有刺状细尖齿；托叶撕裂状，长4~6mm。花单性异株；雄花5~10朵成密聚伞花序，雌花1~3朵簇生。浆果状核果，近球形，黑色。花期4~5月，果期7~9月。

(2)分布与习性

产于长江流域至华南、西南各地。喜阴湿凉爽环境，要求腐殖质含量高的森林土，忌高温、干燥气候。

(3)繁殖方法

播种、扦插繁殖。

(4)观赏与应用

青荚叶株形优美，花绿白色，花、果着生部位奇特，具有较高的观赏价值，可植于庭园或盆栽观赏。

图4-47　青荚叶

图4-48　乌桕

54. 乌桕 *Sapium sebiferum*（L.）Roxb.（图4-48）

别名：桕树、木蜡树　科属：大戟科 Euphorbiaceae　乌桕属 *Sapium* P. Br.

(1)形态特征

落叶乔木。小枝细。单叶互生，叶菱状广卵形，长5~9cm，先端尾尖，基部广楔形，全缘，无毛；叶柄细长，顶端有2个腺体。花单性同株，无花瓣；穗状花序顶生，基部为雌花，上部为雄花。蒴果3瓣裂，径约1.3cm；种子外被白蜡层。花期5～7，果期10～11月。

(2)分布与习性

主要分布于中国黄河以南各地，北达陕西、甘肃，其中以我国浙江最多。喜光，不耐阴，喜温暖环境，不甚耐寒。适生于深厚肥沃、含水丰富的土壤，对酸性、钙质土、盐碱土均能适应。主根发达，抗风力强，耐水湿。寿命较长。

(3)繁殖方法

播种、扦插繁殖。

(4)观赏与应用

乌桕树冠整齐，叶菱状卵形，秀丽可爱，秋叶红艳，有“乌桕赤于枫，园林二月中”之赞名，冬日白色的乌桕籽挂满枝头，经久不凋，颇为美观，是优良的园林绿化及观赏树种。植于水边、湖畔、山坡、草坪都很合适，也可栽作庭荫树及行道树，还可与常绿或秋景树种混植。

55. 山麻杆 *Alchornea davidii* Franch.（图4-49）

别名：桂圆树、红荷叶、桐花杆　科属：大戟科 Euphorbiaceae　山麻杆属 *Alchornea* Sw.

(1)形态特征

落叶丛生灌木。茎直立而分枝少，常紫红色，幼枝密被绒毛。单叶互生，叶广卵形或圆形，长7～17cm，表面绿色，有短毛疏生，背面紫色，叶缘有齿牙状锯齿，3出脉；叶柄被短毛，并有2个以上腺体。花单性同株，雄花成短穗状花序，萼4裂；雌花成总状花序，位于雄花序的下面，无花瓣，萼4裂、紫色。蒴果扁球形，密生短柔毛。种子球形。花期3～4月，果熟6～7月。

图4-49　山麻杆

(2)分布与习性

主产于中国秦岭地区以南地区。暖温带树种，喜光，稍耐阴，喜温暖湿润的气候环境，对土壤要求不严，以深厚肥沃的在沙质壤土生长最佳。萌蘖性强，抗旱能力低。

(3)繁殖方法

分株、扦插、播种繁殖。

(4)观赏与应用

山麻杆茎干丛生，茎皮紫红，早春嫩叶及秋叶紫红，醒目美观，平时叶也常红褐色，是一个良好的观茎、观叶树种。常植于庭园观赏。

56. 重阳木 *Bischofia polycarpa*（Lévl.）Airy – Shaw（图4-50）

别名：乌杨、茄冬树、洪桐　科属：大戟科 Euphorbiaceae　重阳木属 *Bischofia* Bl.

(1)形态特征

落叶乔木，高达15m。树皮褐色，纵裂。3出复叶互生，小叶卵形至椭圆状卵形，长5～11cm，先端突尖或突渐尖，基部圆形或近心形，缘有细钝齿。花单性异株；总状花序，无花瓣，雌花具2(3)花柱。浆果球形，径5～7mm，熟时红褐色。花期4～5月，果期9～11月。

(2)分布与习性

产于秦岭、淮河以南至两广北部，长江中下游平原习见。暖温带树种。喜光，稍耐阴，喜温暖气候，耐寒性较弱。对土壤要求不严，但在湿润、肥沃的土壤中生长最好。耐旱，也耐瘠薄，且能耐水湿。根系发达，抗风力强。

(3)繁殖方法

播种繁殖。

(4)观赏与应用

重阳木树姿优美，冠如伞盖，宜作庭荫树和行道树，也可用作堤岸、溪边、湖畔和草坪周围的点缀树种。

图4-50　重阳木

57. 俏黄栌 *Euphorbia cotinifolia* L.

别名：紫锦木　科属：大戟科 Euphorbiaceae　大戟属 *Euphorbia* L.

(1)形态特征

半常绿灌木，多分枝，具乳汁。小枝及叶片均红褐色或紫红色。单叶对生或3叶轮生，叶薄纸质，三角状卵形至卵圆形，长约11cm，先端钝尖，基部宽圆形；叶柄长。花小，黄白色，顶生圆锥花序松散。花期4～6月。

(2)分布与习性

原产于热带非洲和西印度群岛，我国近年有引种栽培。喜阳光充足、温暖、湿润的环境。要求疏松肥沃、排水良好的土壤。不耐寒，北方需盆栽，温室越冬。

(3)繁殖方法

扦插、压条繁殖。

(4)观赏与应用

俏黄栌叶形美观，枝叶常年紫红色，是极好的常年观红叶树种。宜丛植于庭园观赏，由于其耐修剪，分枝能力强，也可在园林中修剪成各种造型。

58. 无患子 *Sapindus mukurossi* Gaertn. （图 4-51）

别名：皮皂子　科属：无患子科 Sapindaceae　无患子属 *Sapindus* L.

(1)形态特征

落叶或半常绿乔木，树冠广卵形或扁球形。树皮灰白色，平滑不裂。枝开展，侧芽2个叠生。偶数羽状复叶互生，小叶8～14，卵状披针形或卵状长椭圆形，长7～15cm，无毛，先端尖，基部不对称，全缘。花杂性，黄白色或带淡紫色，圆锥花序顶生。核果近球形，径1.5～2cm，熟时黄色或橙黄色。种子球形，黑色。花期5～6月，果9～10月成熟。

图 4-51　无患子

(2)分布与习性

产于长江流域及其以南各地。喜光，稍耐阴，喜温暖湿润气候，耐寒性不强；对土壤要求不严，在酸性、中性、微碱性及钙质土上均能生长，而以土层深厚、肥沃而排水良好之地生长最好。深根性，抗风力强；萌芽力弱，不耐修剪。生长快，寿命长。对二氧化硫抗性较强。

(3)繁殖方法

播种繁殖。

(4)观赏与应用

无患子树体高大，树冠广展，绿荫稠密，秋叶金黄，颇为美观，宜作庭荫树及行道树。孤植、丛植在草坪、路旁或建筑物附近都很合适，若与其他秋色叶树种及常绿树种配置，更可为园林秋景增色。

59. 七叶树 *Aesculus chinensis* Bunge. (图 4-52)

别名：梭椤树　科属：七叶树科 Hippocastanaceae　七叶树属 *Aesculus* L.

(1)形态特征

落叶乔木。树皮灰褐色，片状剥落。小枝粗壮，栗褐色；冬芽具树脂。掌状复叶对生，小叶5～7，倒卵状长椭圆形至长椭圆状倒披针形，长8～10cm，先端渐尖，基部楔形，锯齿细，背面脉上疏生柔毛。花两性，圆锥花序直立密集，近圆柱形，长20～25cm；花瓣4，白色，上面2瓣常有橘红色或黄色斑纹。蒴果球形或倒卵形，径3～4cm，黄褐色，粗糙。种子形如板栗，种脐大。花期5月，果9～10月成熟。

(2)分布与习性

我国黄河流域及东部各地均有栽培，仅秦岭有野生，自然分布在海拔700m以下山地。喜光，稍耐阴，也能耐寒，喜温暖气候及深厚、肥沃、湿润而排水良好之土壤。深

根性，萌芽力不强，生长速度中等偏慢，寿命长。

(3)繁殖方法

以播种繁殖为主，也可扦插、高压繁殖。

(4)观赏与应用

七叶树树干耸直，树冠开阔，姿态雄伟，叶大而形美，遮阴效果好，初夏又有白花开放，蔚然可观，是世界著名的观赏树种之一。最宜栽作庭荫树及行道树，在建筑前对植、路边列植，或孤植、丛植于草坪、山坡都很合适。

图4-52　七叶树　　　　图4-53　五角槭

60. 五角槭 ***Acer mono* Maxim.**（图4-53）

别名：色木、五角枫　科属：槭树科 Aceraceae　槭树属 *Acer* L.

(1)形态特征

落叶乔木。单叶对生，叶掌状5裂，长4～9cm，基部常心形，裂片卵状三角形，全缘，无毛或背面脉腋有簇毛。花杂性，黄绿色，伞房花序顶生；萼片5，花瓣5。双翅果，果核扁平或微隆起，果翅展开成钝角，长约为果核的2倍。花期4月，果9～10月成熟。

(2)分布与习性

广布于东北、华北及长江流域各地。喜弱光，稍耐阴；喜温凉湿润气候，过于干冷及高温处均不见分布。对土壤要求不严，中性、酸性及石灰性土均能生长，但以土层深厚、肥沃及湿润之地生长最好。生长速度中等，深根性；少病虫害。

(3)繁殖方法

播种繁殖。

(4)观赏与应用

五角槭树形优美，叶、果秀丽，秋叶红色或黄色，宜作山地及庭园绿化树种，与其他秋色叶树种或常绿树配置，彼此衬托掩映，可增加秋景色彩之美，也可用作庭荫树、行道树或防护林。

61. 元宝槭 *Acer truncatum* Bunge.（图 4-54）

别名：华北五角枫、元宝枫　科属：槭树科 Aceraceae　槭树属 *Acer* L.

(1)形态特征

图 4-54　元宝槭

落叶小乔木，树冠伞形或倒广卵形。干皮灰黄色，浅纵裂。小枝浅土黄色。单叶对生，叶掌状 5 裂，长 5 ~ 10cm，有时中裂片又 3 裂，裂片先端渐尖，叶基通常截形。花两性，黄绿色，伞房花序顶生；萼片 5，花瓣 5。双翅果，扁平，两翅展开约成直角，翅较宽，其长度等于或略长于果核。花期 4 月，叶前或稍前于叶开放，果 10 月成熟。

(2)分布与习性

主产于黄河中、下游各地，东北南部及江苏北部、安徽南部也有分布。喜弱光，耐半阴，喜温凉气候及肥沃、湿润而排水良好之土壤，酸性、中性及钙质土均能生长；较耐旱，不耐涝，土壤太湿易烂根。萌蘖性强，深根性，有抗风雪能力。耐烟尘及有害气体，对城市环境适应性强。

(3)繁殖方法

播种繁殖。

(4)观赏与应用

元宝槭冠大荫浓，树姿优美，叶形秀丽，嫩叶红色，秋叶橙黄色或红色，是北方重要的秋色叶树种。广泛栽作庭荫树和行道树，在堤岸、湖边、草地及建筑附近配置皆甚雅致，也可在荒山造林或营造风景林中作伴生树种。春天叶前满树开黄绿色花朵，颇为美观，且是良好的蜜源植物。

62. 茶条槭 *Acer ginnala* Maxim.（图 4-55）

别名：北茶条　科属：槭树科 Aceraceae　槭树属 *Acer* L.

(1)形态特征

落叶小乔木。树皮灰色，粗糙。单叶对生，叶卵状椭圆形，长 6 ~ 10cm，常 3 裂，中裂片特大，有时不裂或具不明显羽状 5 浅裂，缘有不整齐重锯齿，背面脉有柔毛。花

杂性，黄绿色，伞房花序顶生；子房密生柔毛。双翅果，果翅张开成锐角或近于平行，紫红色。花期 5 ~ 6 月，果 9 月成熟。

(2)分布与习性

产于东北、内蒙古、华北及长江中下游各地。喜弱光，耐半阴，耐寒，也喜温暖，在烈日下树皮易受灼害；喜深厚而排水良好的沙质壤土。萌蘖性强，深根性，抗风雪；耐烟尘，较能适应城市环境。

(3)繁殖方法

播种繁殖。

(4)观赏与应用

茶条槭树干直而洁净，花清香，夏季果翅红色美丽，秋叶鲜红色，宜植于庭园观赏，尤其适合作为秋色叶树种点缀园林及山景，也可栽作行道树及庭荫树。

图 4-55　茶条槭　　　　**图 4-56　三角枫**

63. 三角枫 *Acer buergerianum* Miq.（图 4-56）

科属：槭树科 Aceraceae　槭树属 *Acer* L.

(1)形态特征

落叶乔木。树皮暗褐色，薄条片状剥落。小枝细，幼时有短柔毛，稍有白粉。单叶对生，叶常 3 浅裂，有时不裂，长 4 ~ 10cm，基部圆形或广楔形，3 主脉，裂片全缘，或上部疏生浅齿，背面有白粉，幼时有毛。花杂性，黄绿色，伞房花序顶生，有短柔毛；子房密生长柔毛。双翅果，果核两面凸起，果翅张开成锐角或近于平行。花期 4 月，果 9 月成熟。

(2)分布与习性

主产于长江中下游各地，北到山东，南至广东、台湾均有分布，日本也产。喜弱光，稍耐阴；喜温暖湿润气候及酸性、中性土壤，较耐水湿，有一定耐寒能力，在北京可露地越冬。萌芽力强，耐修剪；根系发达，根萌性强。

(3)繁殖方法

播种繁殖。

(4)观赏与应用

三角枫枝叶茂密，夏季浓荫覆地，秋叶红色，颇为美观。宜作庭荫树、行道树及护岸树栽植，在湖岸、溪边、谷地、草坪配置，或点缀于亭廊、山石间都很合适。其老桩常制成盆景，主干扭曲隆起，颇为奇特。

64. 羽叶槭 *Acer negundo* L.(图 4-57)

别名：复叶槭、糖槭　科属：槭树科 Aceraceae　槭树属 *Acer* L.

(1)形态特征

落叶乔木。树冠圆球形。小枝粗壮，绿色，有时带紫红色，有白粉。奇数羽状复叶对生，小叶常 3～5，卵形或长椭圆状披针形，缘有不规则缺刻，叶背沿脉或脉腋有毛，顶生小叶常 3 浅裂。花单性异株，黄绿色，雄花有长梗，下垂簇生状；雌花为下垂总状花序。双翅果，果翅狭长，展开成锐角。花期3～4 月，叶前开放；果 8～9 月成熟。

图 4-57　羽叶槭

(2)分布与习性

原产于北美东南部，我国东北、华北、内蒙古、新疆及华东一带都有栽培。喜光，喜冷凉气候，耐干冷，喜深厚肥沃、湿润土壤，稍耐水湿。在东北地区生长良好，华北尚可生长，但在湿热的长江下游却生长不良，且多遭病虫危害。生长较快，寿命较短。抗烟尘能力强。

(3)繁殖方法

播种繁殖，也可扦插、分蘖繁殖。

(4)观赏与应用

羽叶槭枝叶茂密，入秋叶色金黄，颇为美观，宜作庭荫树、行道树及防护林树种。因具有速生优点，在北方也常用作“四旁”绿化树种。

65. 野漆树 *Toxicodendron succedaneum*(L.)O. Kuntze(图 4-58)

科属：漆树科 Anacardiaceae　漆树属 *Toxicodendron*(Tourn.)Mill.

(1)形态特征

落叶乔木。嫩枝及冬芽具棕黄色短柔毛。奇数羽状复叶互生，小叶 7～13，卵状长椭圆形至卵状披针形，长 4～10cm，宽 2～3cm，全缘，表面多少有毛，背面密生黄色短柔毛。花杂性，黄色，圆锥花序腋生，密生棕黄色柔毛。核果偏斜扁圆形，宽约 8mm，光滑无毛。花期 5～6 月，果 9～10 月成熟。

(2)分布与习性

产于长江中下游各地，多生于海拔1000m以下的山野阳坡林中。喜光，喜温暖，不耐寒，耐干旱、瘠薄的砾质土，忌水湿。萌蘖性极强。

(3)繁殖方法

分蘖繁殖，也可播种繁殖。

(4)观赏与应用

野漆树秋叶深红色，鲜艳可爱，可在园林及风景区种植，以增添秋天景色。江西庐山秋日之红叶，野漆树占重要地位。种子榨油可制肥皂及油墨等。

图4-58 野漆树　　图4-59 火炬树

66. 火炬树 *Rhus typhina* L.（图4-59）

别名：鹿角漆　科属：漆树科 Anacardiaceae　盐肤木属 *Rhus* L.

(1)形态特征

落叶小乔木。小枝粗壮，密生长绒毛，体内含白色乳液。奇数羽状复叶互生，小叶19~23，长椭圆状披针形，长5~13cm，缘有锯齿，先端长渐尖，背面有白粉；叶轴无翅。花单性异株，圆锥花序顶生，密生毛。核果深红色，密生绒毛，密集成火炬形。花期6~7月，果8~9月成熟。

(2)分布与习性

原产于北美洲，现欧洲、亚洲及大洋洲许多国家都有栽培。我国华北、西北等多地有栽培。喜光，适应性强，抗寒，抗旱，耐盐碱。根系发达，萌蘖力特强。生长快，但寿命短，约15年后开始衰老。

(3)繁殖方法

播种繁殖，也可分蘖、埋根繁殖。

(4)观赏与应用

火炬树雌花序和果序均红色，且形似火炬而得名，即使在冬季落叶后，在雌株树上仍可见到满树“火炬”，颇为奇特；秋叶红艳或橙黄，是著名的秋色叶树种。宜植于园林观赏，或点缀山林秋色。在华北、西北山地推广作水土保持及固沙树种。

67. 黄栌 *Cotinus coggygria* Scop.（图4-60）

科属：漆树科 Anacardiaceae　黄栌属 *Cotinus* Adans.

图4-60　黄　栌

(1) 形态特征

落叶灌木或小乔木，树冠圆形。树皮暗灰褐色。小枝紫褐色，被蜡粉。单叶互生，叶常倒卵形，长3～8cm，先端圆或微凹，全缘，无毛或仅背面脉上有短柔毛，侧脉顶端常二叉状；叶柄长1～4cm。花杂性，黄绿色，圆锥花序顶生。果序有多数不育花的紫绿色羽毛状细长花梗宿存；核果肾形，扁平，红色，径3～4mm。花期4～5月，果6～7月成熟。

(2) 常见变种

① 毛黄栌 var. *pubescens* Engl.　小枝有短柔毛，叶近圆形，两面脉上密生灰白色绢状短柔毛。

② 垂枝黄栌 var. *pendula* Dipp.　枝条下垂，树冠伞形。

③ 紫叶黄栌 var. *purpurens* Rehd.　叶紫色，花序有暗紫色毛。

(3) 分布与习性

产于我国西南、华北和浙江，多生于海拔500～1500m之向阳山林中。喜光，也耐半阴，耐寒，耐干旱瘠薄和碱性土壤，不耐水湿，以深厚肥沃、排水良好之沙质壤土生长最好。生长快，根系发达。萌蘖性强，砍伐后易形成次生林。对二氧化硫有较强抗性，对氯化物抗性较差。

(4) 繁殖方法

以播种繁殖为主，也可压条、根插、分株繁殖。

(5) 观赏与应用

黄栌秋叶红色，鲜艳夺目，著名的北京香山红叶即为本种，每值深秋，层林尽染，游人云集。初夏花后有淡紫色羽毛状的伸长花梗宿存树梢，成片栽植时，远望宛如万缕罗纱缭绕林间，故有“烟树”之称。在园林中宜丛植于草坪、土丘或山坡，亦可混植于其他树群尤其是常绿树群中，能为园林增添秋色。此外，可在郊区山地、水库周围营造大面积的风景林，或作为荒山造林先锋树种。

68. 黄连木 *Pistacia chinensis* Bunge.（图4-61）

别名：楷木　科属：漆树科 Anacardiaceae　黄连木属 *Pistacia* L.

(1)形态特征

落叶乔木。树冠近圆球形。树皮薄片状剥落。通常为偶数羽状复叶互生，小叶10～14，披针形或卵状披针形，长5～9cm，先端渐尖，基部偏斜，全缘。花单性异株，圆锥花序，雄花序淡绿色，雌花序紫红色。核果径约6mm，初为黄白色，后变红色至蓝紫色，若红而不紫多为空粒。花期3～4月，先叶开放，果9～11月成熟。

(2)分布与习性

黄连木在我国分布很广，北自黄河流域，南至两广及西南各地均有。喜光，幼时稍耐阴，喜温暖，畏严寒，耐干旱瘠薄，对土壤要求不严，微酸性、中性和微碱性的沙质、黏质土均能适应，而以肥沃、湿润而排水良好的石灰岩山地生长最好。深根性，主根发达，抗风力强；萌芽力强。生长较慢，寿命长。对二氧化硫、氯化氢和煤烟的抗性较强。

(3)繁殖方法

以播种繁殖为主，亦可扦插、分蘖繁殖。

(4)观赏与应用

黄连木树冠浑圆，枝叶繁茂而秀丽，早春嫩叶红色，入秋叶又变成深红或橙黄色，红色的雌花序也极美观。宜作庭荫树、行道树及山林风景树，也常作"四旁"绿化及低山区造林树种。园林中可植于草坪、坡地、山谷或于山石、亭阁之旁配置。若要构成大片秋色红叶林，可与槭类、枫香等混植，效果更好。

图4-61　黄连木　　　　图4-62　花　椒

69. 花椒 *Zanthoxylum bungeanum* Maxim.（图4-62）

科属：芸香科 Rutaceae　花椒属 *Zanthoxylum* L.

(1)形态特征

落叶灌木或小乔木。具宽扁而尖锐皮刺。奇数羽状复叶互生，小叶5～9(11)，卵形至卵状椭圆形，长1.5～5cm，先端尖，基部近圆形或广楔形，锯齿细钝，齿缝处有大透明油腺点，叶面有透明油腺点，背面中脉基部两侧常簇生褐色长柔毛；叶轴具窄翅。花单性，黄绿色，聚伞状圆锥花序顶生。蓇葖果球形，红色或紫红色，密生疣状腺体。花期3～5月，果7～10月成熟。

(2)分布与习性

原产于我国北部及中部，尤以黄河中下游为主要产区。喜光，喜较温暖气候及肥沃湿润而排水良好的壤土。不耐严寒，对土壤要求不严，酸性、中性及钙质土均能生长，不耐涝，但过分干旱瘠薄、冲刷严重处生长不良。萌蘖性强，寿命长，耐修剪。

(3)繁殖方法

播种、扦插、分株繁殖。

(4)观赏与应用

花椒是荒山、荒滩造林、“四旁”绿化及庭园栽植结合生产的良好树种。因枝干多刺，耐修剪，也是刺篱、绿篱好材料。为北方著名香料及油料树种。

70. 刺五加 *Acanthopanax senticosus* (Rupr. et Maxim.) Maxim. (图4-63)

别名：刺拐棒、坎拐棒子、一百针、老虎潦　科属：五加科 Araliaceae　五加属 *Acanthopanax* Miq.

图4-63　刺五加

(1)形态特征

落叶灌木，高达3～5m，具皮刺。掌状复叶互生，小叶常为5，有时3，椭圆状倒卵形至长椭圆形，长6～12cm，缘具尖锐重锯齿。雄花紫黄色，雌花绿色，花柱联合，花梗长1～2cm；伞形花序。浆果黑色，卵状球形，花柱宿存。花期6～7月，果期8～10月。

(2)分布与习性

产于辽、吉、黑、蒙、冀、晋、陕、甘、青、川、滇等地。喜温暖湿润气候，耐寒，稍耐阴，宜选向阳、腐殖层深厚、微酸性的沙质壤土。

(3)繁殖方法

播种、扦插、分株繁殖。

(4)观赏与应用

刺五加春天新叶嫩枝紫红色，夏天叶绿光亮，是园林结合生产的好树种，园林上可露地栽培或盆栽观赏。其根、茎药用；嫩枝作蔬菜食用。

71. 黄荆 *Vitex negundo* L. (图4-64)

别名：五指枫　科属：马鞭草科 Verbenaceae　牡荆属 *Vitex* L.

(1)形态特征

落叶灌木或小乔木。小枝四棱形，密生灰白色绒毛。掌状复叶对生，小叶5，间有

3，卵状长椭圆形至披针形，全缘或疏生浅齿，背面密生灰白色细绒毛。花两性，圆锥状聚伞花序顶生；花萼5裂；花冠淡紫色，外面有绒毛，5裂，二唇形。核果球形，黑色。花期4～6月，果9～10月成熟。

图4-64 黄 荆

(2)常见变种

① 牡荆 var. *cannabifolia* Hand. – Mazz. 小叶边缘有多数锯齿，表面绿色，背面淡绿色，无毛或稍有毛。分布于华东各地及华北、中南以至西南各地。

② 荆条 var. *heterophylla* Fehd. 小叶边缘有缺刻状锯齿、浅裂以至深裂。我国东北、华北、西北、华东及西南各地均有分布。

(3)分布与习性

主产于长江流域以南各地，分布遍及全国。喜光，耐干旱瘠薄，适应性强，常生于山坡路旁、石隙林边。

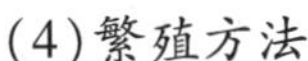

(4)繁殖方法

播种、分株繁殖。

(5)观赏与应用

黄荆叶秀丽，花清雅，是装点风景区的极好材料，植于山坡、路旁，增添无限生机；也是树桩盆景的优良材料。枝、叶、种子入药，花含蜜汁，是极好的蜜源植物，枝可编筐。

72. ‘金叶’莸 *Caryopteris clandonensis* ‘Worcester Gold’

科属：马鞭草科 Verbenaceae 莸属 *Caryopteris* Bunge

(1)形态特征

落叶小灌木，株高约1.5m。单叶对生，叶楔形，长3～6cm，叶黄色，先端尖，基部钝圆形，边缘有粗齿。花两性，聚伞花序；花冠蓝紫色，高脚碟状；花萼5裂，下裂片大而有细条状裂；雄蕊4。花期7～9月。

(2)分布与习性

西北、东北、华北、华中地区均有栽培。喜光，也耐半阴，耐旱，耐热，耐寒，在–20℃以上的地区能够安全露地越冬。越是天气干旱，光照越强烈，叶片越金黄；长期处于半阴条件下，叶片则呈淡黄绿色。

(3)繁殖方法

以播种繁殖为主，也可扦插繁殖。

(4)观赏与应用

‘金叶’莸花紫色，花期长，又在夏末初秋的少花季节，是点缀夏秋景色的好材料。植于草坪边缘、假山等园林小品旁及路边都很适宜，也可与‘紫叶’小檗、黄杨等组合，栽成各种图案的色块，效果极佳。

73. 海州常山 *Clerodendrum trichotomum* Thunb.（图 4-65）

别名：臭梧桐　科属：马鞭草科 Verbenaceae　赪桐属 *Clerodendrum* L.

（1）形态特征

落叶灌木或小乔木。幼枝、叶柄、花序轴等有黄褐色柔毛。单叶对生或轮生，叶阔卵形至三角状卵形，长 5 ~ 16cm，先端渐尖，基部多截形，全缘或有波状齿。花两性，伞房状聚伞花序；花萼紫红色，5 裂几达基部；花冠白色或带粉红色，筒细长，顶端 5 裂；花丝与花柱同伸出花冠外。核果近球形，包藏于增大的宿萼内，成熟时呈蓝紫色。花果期 6 ~ 11 月。

（2）分布与习性

产于华北、华东、中南、西南各地。喜光，稍耐阴，有一定耐寒性，北京在小气候条件好的地方能露地越冬。

（3）繁殖方法

播种、扦插繁殖。

（4）观赏与应用

海州常山花果美丽，是良好的观赏花木，花时白色花冠后衬紫红花萼，果熟时增大的紫红宿存萼托以蓝紫色亮果，极为美丽，且花果期长，是布置园林景色的极好材料，水边栽植也很适宜。

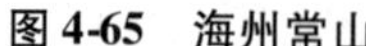

图 4-65　海州常山

图 4-66　小叶女贞

74. 小叶女贞 *Ligustrum quihoui* Carr.（图 4-66）

科属：木犀科 Oleaceae　女贞属 *Ligustrum* L.

（1）形态特征

落叶或半常绿灌木，高 2 ~ 3m。枝条铺散，小枝具短柔毛。单叶对生，叶薄革质，椭圆形至倒卵状长圆形，长 1.5 ~ 5cm，无毛，先端钝，基部楔形，全缘，边缘略向外反

卷；叶柄有短柔毛。花两性，白色，芳香，无梗，圆锥花序长7～21cm；花冠裂片与筒部等长。核果宽椭圆形，紫黑色。花期6～7月，果9～10月成熟。

(2)分布与习性

产于我国中部、东部和西南部。喜光，稍耐阴，较耐寒，北京可露地栽植。对二氧化硫、氯气、氟化氢、氯化氢、二氧化碳等有毒气体抗性均强。性强健，萌枝力强，叶再生能力强，耐修剪。

(3)繁殖方法

播种、扦插繁殖。

(4)观赏与应用

小叶女贞枝叶紧密，树冠圆整，园林中主要作绿篱栽植，庭园中常栽植观赏。对有毒气体有抗性，是优良的抗污染树种。果实可榨油，也可入药；叶焙干可代茶。

75. 金叶女贞 *Ligustrum* × *vicaryi* Hort.

别名：黄叶女贞　科属：木犀科 Oleaceae　女贞属 *Ligustrum* L.

(1)形态特征

金叶女贞是加州金边女贞与欧洲女贞的杂交种。落叶或半常绿灌木，高1～2m。单叶对生，叶椭圆形或卵状椭圆形，长2～5 cm，金黄色，尤其在春秋两季色泽更加璀璨亮丽。花两性，白色，圆锥花序。核果宽椭圆形，紫黑色。花期6～7月，果9～10月成熟。

(2)分布与习性

全国各地均有栽培。适应性强，对土壤要求不严格，在长江以南及黄河流域等地的气候条件均能适应，生长良好。喜光，稍耐阴，耐寒能力较强，不耐高温高湿。抗病力强，很少有病虫危害。

(3)繁殖方法

扦插、嫁接繁殖。

(4)观赏与应用

金叶女贞叶金黄色，鲜丽可爱，大量应用在园林绿化中，主要用来组成图案和建造绿篱。可与‘紫叶’小檗、红花檵木、龙柏、黄杨等组成灌木状色块，形成强烈的色彩对比，具极佳的观赏效果，也可修剪成球形观赏。

76. 梓树 *Catalpa ovata* D. Don.(图4-67)

别名：河楸、面条树　科属：紫葳科 Bignoniaceae　梓树属 *Catalpa* Scop.

(1)形态特征

落叶乔木，树冠开展。树皮灰褐色，纵裂。单叶对生或3枚轮生，叶广卵形或近圆形，长10～30cm，通常3～5浅裂，五出脉，有毛，背面基部脉腋有紫斑。花两性，圆锥花序顶生，长10～20cm；花萼绿色或紫色，花冠淡黄色，内面有黄色条纹及紫色斑纹。蒴果细长如筷，长20～30cm，种子具毛。花期5月，果11月成熟。

(2)分布与习性

分布于东北、华北，南至华南北部，以黄河中下游为分布中心。喜光，稍耐阴，耐寒，适生于温带地区，在暖热气候下生长不良；喜深厚肥沃、湿润土壤，不耐干旱瘠薄，耐轻盐碱。对氯气、二氧化硫和烟尘的抗性均强。

(3)繁殖方法

播种繁殖，也可扦插、分蘖繁殖。

(4)观赏与应用

梓树树冠宽大，可作行道树、庭荫树及村旁、宅旁绿化材料。古人在房前屋后种植桑树、梓树，“桑梓”即意故乡。

图4-67 梓 树　　图4-68 楸 树

77. 楸树 *Catalpa bungei* C. A. Mey(图4-68)

别名：金丝楸　科属：紫葳科 Bignoniaceae　梓树属 *Catalpa* Scop

(1)形态特征

落叶乔木，树冠倒卵形。树皮灰褐色，浅细纵裂。树干耸直，主枝开阔伸展，多弯曲，老年树干具瘤状突起；小枝灰绿色。单叶对生或3枚轮生，叶三角状卵形，长6～16cm，三出脉，先端尾尖，全缘或有时近基部有3～5对尖齿，无毛，背面脉腋有紫色腺斑。花两性，伞房状总状花序顶生；花冠浅粉色，内面有紫红色斑点。蒴果长25～50cm。种子扁平，具长毛。花期4～5月，果10～11月成熟。

(2)分布与习性

主产于黄河流域和长江流域，北京、河北、内蒙古、安徽、浙江等地也有分布。喜光，幼树耐荫蔽，喜温暖湿润气候，不耐严寒，不耐干旱和水湿；喜深厚湿润，肥沃、疏松的中性、微酸性及钙质土，耐轻度盐碱；对二氧化硫及氯气有抗性，吸滞灰尘、粉尘能力较强。根系发达，根蘖、萌芽力强。

(3)繁殖方法

播种、分蘖、埋根、嫁接繁殖。

(4)观赏与应用

楸树树姿挺拔，干直荫浓，花紫白相间，艳丽悦目。宜作庭荫树及行道树，也适宜孤植于草坪，与建筑配置更显古朴、苍劲，点缀于山石岩际、假山石旁，亦甚可观。

78. 接骨木 *Sambucus williamsii* Hance(图4-69)

别名：公道老、扦扦活　科属：忍冬科 Caprifoliaceae　接骨木属 *Sambucus* L.

(1)形态特征

落叶灌木或小乔木。枝条黄棕色。奇数羽状复叶对生，小叶5～7(11)，卵状椭圆形或椭圆状披针形，长5～12cm，先端渐尖，基部宽楔形，有锯齿。花两性，圆锥状聚伞花序顶生；花冠5裂，白色至淡黄色。浆果状核果近球形，黑紫色或红色，小核2～3。花期4～5月，果熟期6～7月。

图4-69　接骨木

(2)分布与习性

我国南北各地广泛分布。喜光，稍耐阴，耐寒冷，耐干旱，不耐水涝，对气候要求不严，适应性强，喜肥沃疏松的沙壤土。根系发达，萌蘖性强。

(3)繁殖方法

扦插、分株、播种繁殖。

(4)观赏与应用

接骨木枝叶繁茂，春季白花满树，夏秋红果累累，是良好的观赏树种。宜植于草坪、林缘或水边，也可用于城市、工厂防护林。

4.3　苏铁、棕榈、百合类

79. 苏铁 *Cycas revoluta* Thunb.(图4-70)

别名：铁树、金代、辟火蕉　科属：苏铁科 Cycadaceae　苏铁属 *Cycas* L.

(1)形态特征

常绿灌木，茎干圆柱状。营养叶1回羽状裂，基部两侧具有刺状尖头，裂片条形，边缘向下反卷。球花单性异株，单生茎顶；雄球花圆柱形，长达70cm，小孢子叶窄楔形，被黄褐色绒毛；雌球花扁球形，大孢子叶宽卵形，长达22cm，先端羽状分裂，密生黄褐色绒毛，胚珠2～6，生于大孢子叶柄的两侧，被绒毛。种子核果状，红褐色或橘红色。球花期6～7月，种子10月成熟。

(2)分布与习性

原产于我国南部，福建、广东、云南等地普遍栽培。喜光，不耐寒，喜温暖湿润气候，生长缓慢。

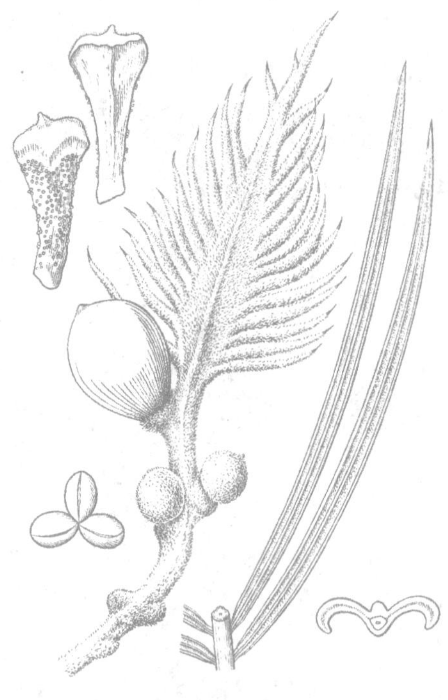
图 4-70 苏 铁

(3)繁殖方法

播种、分蘖、埋插繁殖。

(4)观赏与应用

苏铁树形古雅，羽状叶如孔雀开屏，叶色墨绿并具有光泽，四季常青，极具观赏性。可盆栽布置大型会场，也可在园林绿地中孤植、丛植。

80. 华南苏铁 *Cycas rumphii* Miq.

别名：刺叶铁树 科属：苏铁科 Cycadaceae 苏铁属 *Cycas* L.

(1)形态特征

常绿灌木，高 2 ~ 4m。营养叶 1 回羽状裂，羽叶长达 1.5 ~ 2.5m，小叶长 20 ~ 35cm，宽 1.2 ~ 1.6cm，边缘平或微反卷，无毛，中脉两面隆起，基部下延；叶柄两侧有刺。球花单性异株，单生茎顶；大孢子叶球松散，后期下垂，大孢子叶顶端披针形或菱形，具细尖短齿。种子核果状。球花期春夏。

(2)分布与习性

产于印度尼西亚、澳大利亚北部、马来西亚至非洲马达加斯加等地；世界热带和亚热带地区常见栽培，我国华南的一些植物园有少量栽培。喜光，不耐寒，要求温暖干燥及通风良好，喜肥沃、微酸性的沙质壤土。生长缓慢。适应性较强。

(3)繁殖方法

播种、分蘖、埋条繁殖。

(4)观赏与应用

华南苏铁树形优美，四季常青，能反映热常风光。可盆栽布置大型会场，也可在园林绿地中孤植、丛植。

81. 棕榈 *Trachycarpus fortunei* (Hook.) H. Wendl. (图 4-71)

别名：棕树、棕 科属：棕榈科 Palmaceae 棕榈属 *Trachycarpus* H. Wendl.

(1)形态特征

常绿乔木。树干圆柱形，不分枝，具纤维网状叶鞘。单叶簇生茎端，掌状深裂至中部以下，顶端浅 2 裂不下垂；叶柄两边有细齿。花单性异株，肉穗花序排成圆锥状，花小，黄白色。核果肾状球形，径约 1cm，蓝黑色。花期 4 ~ 5 月，果期 10 ~ 12 月。

(2)分布与习性

原产于我国，长江流域及其以南地区常见栽培。较耐阴，抗寒性较强，浅根性，生长慢，寿命长。喜温暖湿润气候及肥沃、排水良好的石灰性、中性或微酸性土壤，抗大气污染，适应性强。

(3)繁殖方法

播种繁殖。

(4)观赏与应用

棕榈树形优美，树干通直，叶形如扇，颇具热带风韵。常列植于庭园、园路两侧，也可于滨河湖畔配置等。

图4-71 棕 榈

图4-72 蒲 葵

82. 蒲葵 *Livistona chinensis* (Jacq.) R. Br. ex Mart. (图4-72)

别名：扇叶葵、葵树 科属：棕榈科 Palmaceae 蒲葵属 *Livistona* R. Br.

(1)形态特征

常绿乔木，高10~20m，茎不分枝。外形似棕榈，主要区别：叶裂较浅，裂片先端2裂并柔软下垂；叶柄两边有倒刺。花两性。春夏开花，11月果熟。

(2)分布与习性

原产于华南，广东、广西、福建普遍栽培，湖南、江西、四川、云南亦多有引种。喜暖热多湿气候，适应性强，不耐寒，抗风，抗大气污染；生长慢，寿命长。

(3)繁殖方法

播种繁殖。

(4)观赏与应用

蒲葵树形优美，可丛植、列植、孤植。大型叶片可制葵扇等，是华南地区园林结合生产的优良树种。长江流域及其以北城市常于温室盆栽观赏。

83. 老人葵 *Washingtonia fiilifera* H. Wendl.

别名：加州蒲葵、丝葵、华盛顿棕 科属：棕榈科 Palmaceae 丝葵属 *Washingtonia* H. Wendl.

(1)形态特征

常绿乔木，高达25m以上，干近基部径可达1.3m。单叶大型，径达1.8m，掌状50~70中裂，裂片边缘有垂挂的纤维丝。花两性，乳白色，几无梗，生于细长肉穗花序的小分支上。浆果状核果球形，熟时黑色。夏季开花，冬季果熟。

［附］大丝葵(墨西哥蒲葵) *W. robusta* H. Wendl.　茎干较丝葵细。叶较小，亮绿色，裂片间的丝状纤维通常仅见于幼龄植株，先端通常不下垂；叶柄边缘红褐色，密生钩刺。原产于墨西哥北部，华南有引种。比老人葵耐寒性稍强，而且生长更高，可在华南地区栽作行道树及园景树。

(2)分布与习性

原产于美国加利福尼亚州、亚利桑那州以及墨西哥等地。我国华南、东南、西南地区有引种。生长良好，适应性较强。喜温暖、湿润、向阳的环境。较耐寒，在－5℃的短暂低温下，不会造成冻害，较耐旱和耐瘠薄土壤，不宜在高温、高湿处栽培。

(3)繁殖方法

播种繁殖。

(4)观赏与应用

老人葵树冠优美，叶大如扇，生长快，四季常青，是热带、亚热带地区重要的绿化树种。尤其是干枯叶下垂覆盖于茎干之上形似裙子，而叶裂片间特有的白色纤维丝，犹如老翁的白发，奇特有趣。宜作行道树、园景树，常孤植于庭院中或列植于大型建筑物前及道中两旁，是极好的绿化树种。

84. 棕竹 *Rhapis excelsa* (Thunb.) Henry ex Rehd.(图4-73)

别名：观音竹、筋头竹、棕榈竹、矮棕竹　科属：棕榈科 Palmaceae　棕竹属 *Rhapis* L.

(1)形态特征

常绿丛生灌木，高2~3m。干细而有节，色绿如竹，上部包有褐色网状叶鞘。叶5~10掌状深裂，裂片较宽，有细锯齿；叶柄顶端的小戟突常半圆形。花单性异株，肉穗花序松散。浆果近球形。花期4~5月，果10~12月成熟。

图4-73　棕　竹

(2)常见变种、品种

① 山棕竹 var. *angustifolius*　叶较窄。

② 大叶棕竹 var. *vastifolius*　叶较大。

③ '花叶'棕竹 'Variegata'　叶裂片有黄色条纹。

④ '成都'棕竹 'Chengdu'　叶裂片7~16(21)，宽窄不等，几无光泽，横脉非龟甲状隆起。四川成都平原多栽培。

(3)分布与习性

分布于我国东南部及西南部，广东较多，野生于林下、林缘、溪边等阴湿处。生长强壮，适应性强。喜温暖湿润的环境，耐阴，不耐寒，适宜湿润而排水良好的微酸性土。

(4)繁殖方法

播种、分株繁殖。

(5)观赏与应用

棕竹秀丽青翠，叶形优美，株丛饱满，剥去叶鞘纤维，杆如细竹，叶掌状如棕，故名棕竹，为优良的富含热带风光的观赏植物。在植物造景时可作下木，常植于建筑庭院及小天井中，栽于建筑角隅可缓和建筑生硬的线条。盆栽供室内观赏。

85. 多裂棕竹 *Rhapis mutifida* Burr.

别名：金山棕竹　科属：棕榈科 Palmaceae　棕竹属 *Rhapis* L.

(1)形态特征

常绿丛生灌木，高1～1.5(3)m，干径1～2cm。叶鞘纤维较粗；叶长18～25cm，掌状(20)25～30深裂，裂片狭条形，先端渐尖，缘有细齿，两侧及中间之一裂片较宽(约2cm)，并有两条纵脉，其余裂片仅1条纵脉，宽1cm。花单性异株，肉穗花序。浆果近球形。

(2)分布与习性

产于广西西部及云南东南部。耐阴，不耐寒，避免强光，喜温暖湿润气候和肥沃的沙壤土。

(3)繁殖方法

播种、分株繁殖。

(4)观赏与应用

多裂棕竹树形优美，株丛饱满，叶细裂而清秀，深受人们喜爱，适合于我国南方庭园栽培观赏。常植于庭院、窗前、路旁等半阴处，也是室内装饰的良好观叶盆栽植物，适宜配置廊隅、厅堂、会议室等。

86. 鱼尾葵 *Caryota ochlandra* Hance(图4-74)

别名：假桄榔　科属：棕榈科 Palmaceae　鱼尾葵属 *Caryota* L.

(1)形态特征

常绿乔木，高达20m，干具环状叶痕。大型2回羽状复叶集生干端，小叶有不规则啮齿状齿缺，酷似鱼鳍，端延长成长尾尖。花单性同株，圆锥状肉穗花序，长达1.5～3 m。浆果近球形，熟时淡红色。花期6～7月，一生中能多次开花。

(2)分布与习性

产于广东、广西、云南、福建等地。耐阴，喜暖热湿润气候及酸性土壤，抗风，抗大气污染。

(3)繁殖方法

播种繁殖。

(4)观赏与应用

鱼尾葵树干通直，树形美观，叶形奇特，可作行道树、庭荫树。

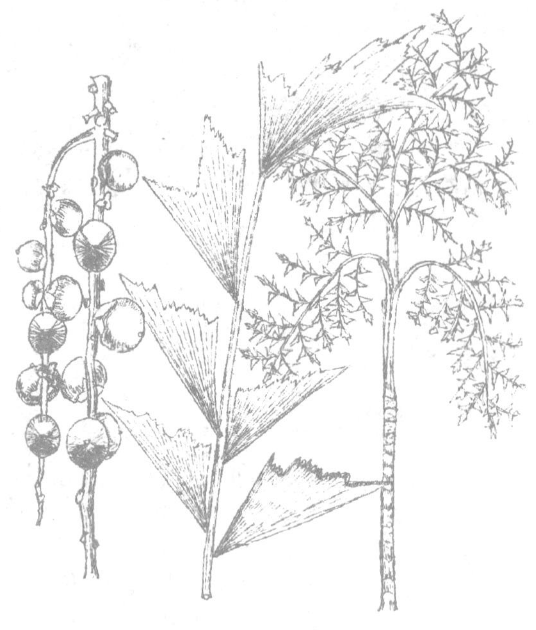

图 4-74　鱼尾葵

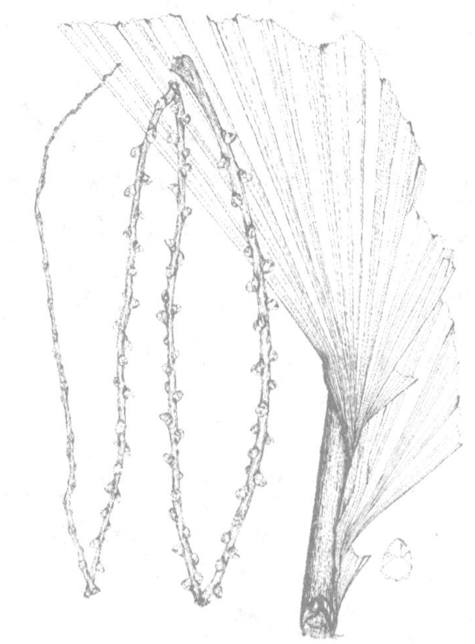

图 4-75　董　棕

87. 董棕 *Caryota obtuse* Griff.（图 4-75）

别名：钝叶鱼尾葵　科属：棕榈科 Palmaceae　鱼尾葵属 *Caryota* L.

（1）形态特征

常绿乔木，高达 25m。茎具环状叶痕，有时中下部增粗成瓶状。大型 2 回羽状复叶集生干端，叶长5～7m，宽 3～5m；小叶斜菱形，长 15～25cm，宽11～15cm，内缘有圆齿，先端无尾尖。花单性同株，圆锥状肉穗花序下垂，长达 3m。浆果球形，径 2～2.5cm，黑色。花期 6～10 月，果期 5～12 月。

（2）分布与习性

产于我国云南、广西、西藏。喜阳光充足、高温、湿润的环境，较耐寒，要求疏松肥沃、排水良好土壤。

（3）繁殖方法

播种繁殖。

（4）观赏与应用

董棕树形美观，植株高大，树干挺直，四季常绿，叶片排列整齐，是热带地区优良的行道树及庭荫观赏树，常于公园、绿地中孤植能体现热带、亚热带风情。

88. 江边刺葵 *Phoenix roebelenii* O'Brien.（图 4-76）

别名：软叶刺葵、美丽针葵　科属：棕榈科 Palmaceae　刺葵属 *Phoenix* L.

（1）形态特征

常绿灌木，高 1～3m。茎单生或丛生，具宿存三角状叶柄基部。羽状复叶长 1～2m，常拱垂，小叶较柔软，二列，近对生，长 20～30cm，宽约 1cm，先端长尖，基部内折，下部小叶成刺状。花单性异株，黄色，肉穗花序。浆果黑色，长圆形。夏季开花，秋季果熟。

(2)分布与习性

原产于东南亚，现热带地区广为栽培。喜光，耐阴，喜湿润、肥沃土壤。

(3)繁殖方法

播种繁殖。

(4)观赏与应用

江边刺葵叶片柔软而弯垂，树形优美，可丛植、列植、盆栽或与景石配置等。

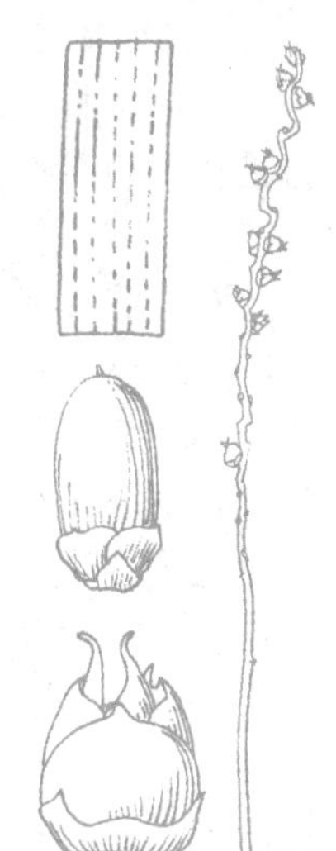
图4-76　江边刺葵

89. 加那利海枣 *Phoenix canariensis* Hort. ex Chabaud

别名：长叶刺葵、加岛枣椰　科属：棕榈科 Palmaceae　刺葵属 *Phoenix* L.

(1)形态特征

常绿乔木，高达10～15m。干径达90cm，干上有整齐的鱼鳞状叶痕。羽状复叶长达4～5(6)m，小叶基部内折，长20～40cm，宽1.5～2.5cm，基部小叶成刺状，小叶在中轴上排成数行。花单性异株，肉穗花序长约2m。浆果球形，长约1.8cm。花期4～5月与10～11月，果期7～8月与翌年春季。

(2)分布与习性

原产于非洲西部加那利群岛。20世纪80年代引入我国大陆，我国华南、东南、西南地区引种栽培多。喜光，不耐阴，耐高温，耐干旱，耐寒性均较强，也能抗一定程度的污染。

(3)繁殖方法

播种繁殖。

(4)观赏与应用

加那利海枣单干粗壮，直立雄伟，树形优美舒展，美丽壮观，富有热带风情，可用于公园造景、行道绿化，是世界著名的景观树。

90. 银海枣 *Phoenix sylvestris*（L.）Roxb.

别名：林刺葵、中东海枣　科属：棕榈科 Palmaceae　刺葵属 *Phoenix* L.

(1)形态特征

常绿乔木，高10～16m。干径30～33cm，密被狭长的叶柄基部。羽状复叶长3～5m，灰绿色；小叶剑形，长15～45cm，宽1.7～2.5cm，先端尾状渐尖，排成2～4列；叶轴下部针刺长约8cm，常2枚簇生。花单性异株，白色，肉穗花序长60～100cm；佛焰苞开裂成二舟状瓣。核果椭球形，径约1.5cm，熟时橙黄色。花期3～4月，果期7～8月。

(2)分布与习性

原产于印度、缅甸，我国台湾、华南及云南有引种栽培。喜高温和阳光充足环境，有较强的抗旱力，耐霜冻。

(3)繁殖方法

播种繁殖。

(4)观赏与应用

银海枣树干高大挺拔，树冠婆娑优美，富有热带气息，可孤植作景观树，或列植为行道树，也可三五丛植造景。为优美的热带风光树。

91. 散尾葵 *Chrysalidocarpus lutescens* H. Wendl.（图4-77）

别名：黄椰子 科属：棕榈科 Palmaceae 散尾葵属 *Chrysalidocarpus* H. Wendl.

(1)形态特征

常绿丛生灌木，高7～8m。茎干如竹，有环纹。羽状复叶长约1m，小叶条状披针形，二列，先端渐尖，背面光滑；叶柄和叶轴常呈黄绿色，上部有槽；叶鞘光滑。花单性同株，肉穗花序圆锥状，生于叶鞘下，多分枝。核果近球形，橙黄色。

(2)分布与习性

产于马达加斯加。我国广州、深圳等地多用于庭园栽植。喜温暖湿润、半阴且通风良好的环境，不耐寒，较耐阴，畏烈日，喜疏松、排水良好、富含腐殖质的土壤。

(3)繁殖方法

播种或分株繁殖。

(4)观赏与应用

散尾葵姿态优美，是热带著名的观叶植物，适合于室内绿化装饰。华南庭园常栽培

图4-77 散尾葵

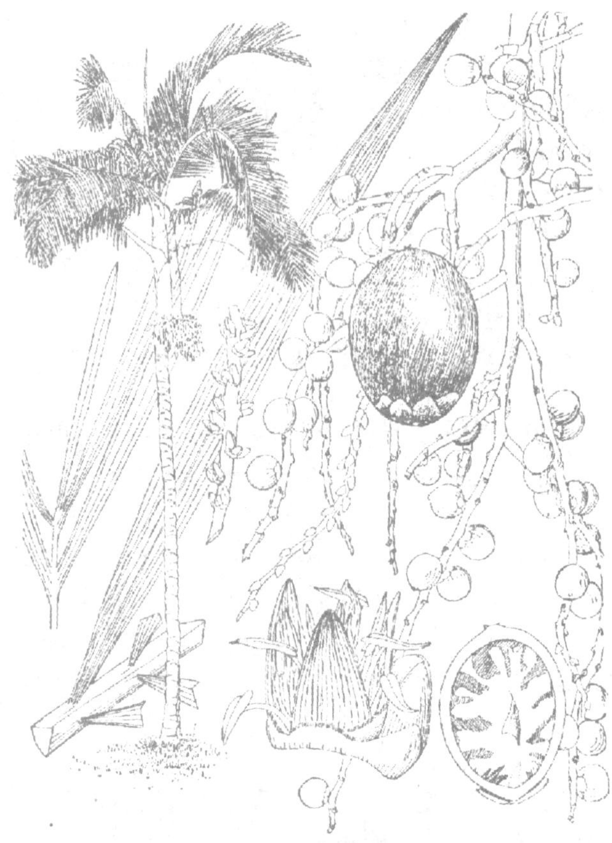

图4-78 假槟榔

观赏；长江流域及北方城市常盆栽观赏，宜布置厅堂、会场。其切叶是插花的好材料。

92. 假槟榔 *Archontophoenix alexandrae* H. Wendl. et Drude（图 4-78）

别名：亚历山大椰子　科属：棕榈科 Palmaceae　假槟榔属 *Archontophoenix* H. Wendl. et Drude

（1）形态特征

常绿乔木，高达 20（30）m。干径 15～25cm，幼时绿色，老则灰白色，光滑而有梯形环纹，基部略膨大。羽状复叶簇生干端，长达 2～3m，小叶二列，条状披针形，长 30～35cm，宽约 5cm，背面有灰白色鳞秕状覆被物，侧脉及中脉明显；叶鞘筒状包干，绿色光滑。花单性同株，肉穗花序生于叶丛之下。坚果卵球形，长约 1.2cm，红色。1 年开花结果两次。

（2）分布与习性

原产于澳大利亚，我国福建、台湾、广东、海南、广西、云南有栽培。喜光，喜高温多湿气候，不耐寒，抗风，抗大气污染。

（3）繁殖方法

播种繁殖。

（4）观赏与应用

假槟榔植株高大，茎干通直，叶冠广展如伞，树姿秀雅优美，是著名热带风光树种，常栽作庭园风景树或行道树。在香港，与皇后葵并列为棕榈科植物的王者。

93. 假叶树 *Ruscus aculeatus* L.（图 4-79）

别名：百劳金霍花、瓜子松、铁观音　科属：百合科 Liliaceae　假叶树属 *Ruscus* L.

（1）形态特征

常绿灌木，高 30～70cm。茎绿色，多分枝。叶退化成小鳞片状；腋生叶状枝，硬革质，绿色，卵形至卵状披针形，长 1～2cm，先端尖，全缘。花单性异株，绿白色，生于叶状枝中脉之中下部。浆果球形，红色或黄色。花期 3～4 月，果熟期 10 月。

（2）分布与习性

原产于北非和南欧，我国有引种栽培。喜温暖、潮湿及半阴环境，怕烈日暴晒，不耐寒，耐干旱，要求微酸性的沙壤土。

（3）繁殖方法

分株繁殖，也可播种繁殖。

（4）观赏与应用

假叶树枝叶浓绿，北方城市常于温室盆栽观赏，布置居室、厅堂等，素雅大方，也可庭园配置。枝叶干燥后还可染色，作装饰品。

图 4-79　假叶树

94. 香龙血树 *Dracaena fragrans*（L.）Ker－Gawl.

别名：巴西木、巴西铁　科属：百合科 Liliaceae　龙血树属 *Dracaena* Vand. ex L.

(1)形态特征

常绿直立单茎灌木。根白色。叶集生茎端，狭长椭圆形，长 40～90cm，宽 5～10cm，无柄，叶缘具波纹，深绿色，革质。花两性，淡黄色，芳香；子房每室有数胚珠。浆果球形。

(2)常见品种

①‘金心’香龙血树‘Massangeana’　叶有宽的绿边，中央为黄色宽带，新叶更明显。

②‘金边’香龙血树‘Victoria’　叶大部分为金黄色，中间有黄绿色条带。

③‘黄边’香龙血树‘Lindenii’　叶有黄白色的宽边条。

④‘银边’香龙血树‘Rothiana’　叶有白色边条。

⑤‘金叶’香龙血树‘Golden leaves’　叶黄色。

(3)分布与习性

原产于非洲几内亚和阿尔及利亚，现是常见的室内观叶植物。喜湿，怕涝。对光照适应性较强，在阳光充足或半阴情况下，茎叶均能正常生长，但斑叶种类长期在低光照条件下，色彩变浅或消失。土壤以肥沃、疏松而排水良好的沙质壤土为宜。

(4)繁殖方法

扦插繁殖。

(5)观赏与应用

香龙血树植株挺拔、清雅，富有热带情调，几株高低不一的茎干组栽成大型盆栽植株，用来布置会场、客厅和大堂，显得端庄素雅，充满自然情趣。小型盆栽或水养植株，点缀居室窗台、书房和卧室，更显清丽、高雅。

95. 富贵竹 *Dracaena sanderiana* Sander ex Mast.

别名：万年竹、水竹、开运竹、竹叶龙血树　科属：百合科 Liliaceae　龙血树属 *Dracaena* Linn.

(1)形态特征

常绿灌木，盆栽株高 30～40cm，地栽可达 2m。根白色。茎有节，皮坚韧如藤状。单叶互生，叶披针形，长 10～15(23) cm，宽 1.8～3.2cm，形似竹叶，但较丰润，叶面绿色；叶柄长 7～9cm，基部抱茎。子房每室有数胚珠。

(2)常见品种

①‘金边’富贵竹‘Celica’　叶片中央绿色，边缘金黄色。

②‘银边’富贵竹‘Margaret’　叶片中央绿色，边缘银白色。

③‘青叶’富贵竹(万年竹)‘Virens’　叶片全部浓绿色。

(3)分布与习性

原产于刚果、喀麦隆和缅甸等热带地区，现我国已广泛栽培。性喜阴湿高温，耐涝，耐肥力强，畏寒，适宜在明亮散射光下生长。

(4)繁殖方法

扦插繁殖。

(5)观赏与应用

富贵竹茎叶纤秀，柔美优雅，极富竹韵，是美丽的室内观叶植物。可盆栽欣赏，也常以其茎枝作瓶插或扎成塔状、笼形水养供室内装饰之用。

96. 朱蕉 *Cordyline fruticosa*（L.）A. Cheval.（图4-80）

别名：红叶铁树　科属：百合科 Liliaceae　朱蕉属 *Cordyline* Comm. ex Juss.

(1)形态特征

常绿灌木，单干或少分枝，高1～3m，径1～3cm。根黄色或橙红色。单叶互生，聚生茎端，叶披针状长椭圆形，长30～50cm，宽5～10cm，有中脉和多数斜出侧脉，先端渐尖，基部狭成一有槽而抱茎的叶柄，叶片绿色或染紫红色。花两性，花被管状，6裂，淡红色至青紫色，稀淡黄色；雄蕊6；子房每室有1个胚珠；顶生圆锥花序由总状花序组成。浆果。花期11～3月。

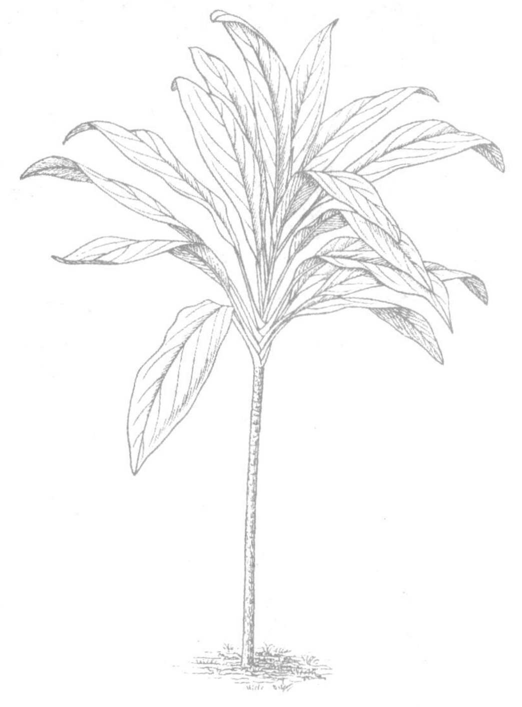

图4-80 朱　蕉

(2)常见品种

①‘亮红’朱蕉(‘爱知赤’)‘Aichia-ka’(‘Rubra’)　叶红色亮丽，后渐变绿色或紫褐色，有艳红色边缘。

②‘彩叶’朱蕉‘Amabilis’　叶绿色，部分叶片黄白色并有红色条纹。

③‘狭叶’朱蕉‘Bella’　叶较狭，暗绿而杂有紫红色条纹。

④‘白马’朱蕉‘Hakuba’　绿叶上杂有不规则的乳白至乳黄色的斑条纹。

⑤‘斜纹’朱蕉‘Baptistii’　绿叶的边缘及侧脉橙黄色。

⑥‘暗红’朱蕉‘Cooperi’　叶暗红紫色。

⑦‘黑扇’朱蕉‘Purple Compacta’　叶较宽短，密生，深紫至暗绿紫色。

⑧‘三色’朱蕉‘Tricolo’　叶中间绿色，两侧黄色，边缘红色。

⑨‘翡翠’朱蕉‘Crstal’　叶色彩丰富，绿中具淡黄、粉红、淡绿色条纹，幼叶边缘红色。

⑩‘基维’朱蕉‘Kiwi’　叶较宽，绿色杂以黄绿色条纹，叶边为粉红色。

⑪‘五彩’朱蕉‘Goshikiba’　绿叶杂有红、粉、黄、白等多色条纹。

⑫‘梦幻’朱蕉‘Dreamy’　叶片有红、绿、粉红和白等色彩。

⑬‘红条’朱蕉‘Rubro-striata’　绿叶有红色条纹。

⑭‘黄条’朱蕉‘Crystal’　绿叶有黄色条纹。

⑮‘红肋’朱蕉‘Ferrea’ 叶暗褐色，中脉发红。

⑯‘红边’朱蕉‘Red Edge’ 叶暗绿或紫褐色，边缘桃红色。

⑰‘小朱蕉’(‘微型’朱蕉)‘Minima’ 体型小，叶较狭。

⑱‘绿叶’朱蕉‘Ti’ 叶全为绿色。

⑲‘银边翠绿’朱蕉‘Youmeninsihiki’ 叶绿色，边缘乳白色。

⑳‘银边狭叶’朱蕉‘Angusta－marginata’ 叶细长，绿色，边缘乳白色。

(3)分布与习性

原产于大洋洲和我国热带地区，华南各地常见栽培。喜高温多湿气候，属半阴植物，喜光但忌强光直射，不耐寒，要求富含腐殖质和排水良好的酸性土壤，忌碱土。

(4)繁殖方法

扦插繁殖为主，也可播种、压条繁殖。

(5)观赏与应用

朱蕉株形美观，色彩华丽高雅，可露地栽植于庭园、公园、花坛、花带中，也可盆栽室内装饰，优雅别致，或布置大型室内场所，端庄整齐，清新悦目。

97. 剑叶铁树 ***Cordyline stricta* Endl.**（图 **4-81**）

别名：细叶朱蕉、细叶千年木　科属：百合科 Liliaceae　朱蕉属 *Cordyline* Comm. ex Juss.

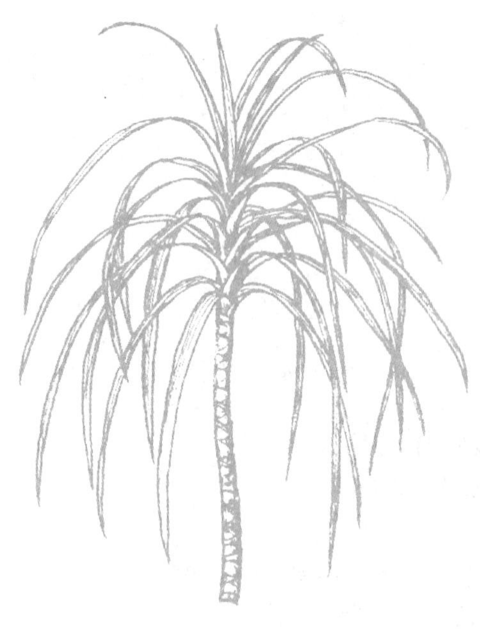

图 4-81　剑叶铁树

(1)形态特征

常绿灌木，高达 2～3m，单干或有分枝。根黄色或橙红色。单叶互生，叶剑形，螺旋状着生茎端，长 30～60cm，宽 2～3.5cm，缘有不明显的细锯齿，两面绿色而光亮，无柄。花两性，圆锥花序；花小，淡紫色。浆果紫红色。花期 5～7 月。

(2)分布与习性

原产于澳大利亚，我国各地常温室盆栽观赏。喜光，喜暖热气候，不耐寒。

(3)繁殖方法

扦插繁殖为主。

(4)观赏与应用

剑叶铁树株形优雅，叶色美丽，华南城市常植于庭园观赏，长江流域及其以北地区常温室盆栽观赏。

98. 旅人蕉 ***Ravenala madagascariensis* Sonn.**（图 **4-82**）

别名：扇芭蕉　科属：旅人蕉科 Strelitziaceae　旅人蕉属 *Ravenala* Adans.

(1)形态特征

常绿乔木状大型草本植物，高达 10m 左右。茎直立，常丛生。叶大型，具长柄及叶鞘，在茎端二列互生，呈折扇状；叶片长椭圆形，长 3～4m，酷似芭蕉。花两性，白色，

萼片3，离生，花瓣3；蝎尾状聚伞花序腋生。蒴果木质，熟时3瓣裂。

(2)分布与习性

原产于非洲马达加斯加，现热带及暖亚热带各地有栽培。喜光照充足及高温多湿气候，不耐寒，是典型的热带树种，宜栽于疏松、肥沃而排水良好的土壤，忌低洼积水。

(3)繁殖方法

分株繁殖。

(4)观赏与应用

旅人蕉叶硕大奇异，姿态优美，树形别致，是极富热带风光的观赏植物。适宜在公园、风景区栽植观赏。栽植时要注意叶子的排列方向，以便于观赏。叶柄内藏有许多清水，可解游人之渴，故有"旅人蕉"之名。

图4-82　旅人蕉

学习目标

【知识目标】

(1)了解各类观果树种在园林中的作用及用途；
(2)掌握常见观果树种的形态特征及观赏特性，能熟练识别各树种；
(3)掌握各树种的果期、果色等特性；
(4)了解各树种的分布、习性及繁殖方法；
(5)学会正确选择、配置各类观果树种的方法。

【技能目标】

(1)具备识别常见园林树种的能力，能识别本地常见观果树木(包括冬态识别)；
(2)具备利用工具书及文献资料鉴定树种的方法和技能，能用专业术语描述观果树种的形态特征；
(3)具备在园林建设中正确合理地选择和配置观果树木的能力。

5.1 常绿树类

1. 南天竹 *Nandina domestica* Thunb.(图5-1)

科属：小檗科 Berberidaceae　南天竹属 *Nandina* Thunb.

(1)形态特征

常绿丛生灌木。幼枝常红色。2~3回奇数羽状复叶互生，叶轴有关节，小叶椭圆状披针形，长3~10cm，先端渐尖，基部楔形，全缘。花两性，白色，圆锥花序顶生。浆果球形，鲜红色。花期5~7月，果期9~10月。

(2)分布与习性

原产于我国及日本。我国黄河流域以南可露地栽植。喜半阴，耐寒性不强，不耐干旱瘠薄，耐微碱性土壤，喜温暖气候及肥沃、湿润而排水良好的土壤，是钙质土的指示植物。萌芽、萌蘖性强，生长较慢，寿命较长。

(3)繁殖方法

播种、扦插、分株繁殖。

(4)观赏与应用

南天竹茎干丛生，枝叶扶疏，秋冬叶色变红，累累红果，经久不落，为赏叶观果佳品。宜丛植于建筑物前、草地边缘或园路转角处，也可制作盆景、桩景，或剪取枝叶、果序插瓶观赏。

图5-1　南天竹　　　图5-2　木波罗

2. 木波罗 *Artocarpus heterophyllus* Lam.（图5-2）

别名：树波罗、波罗蜜　科属：桑科 Moraceae　桂木属 *Artocarpus* Forst.

(1)形态特征

常绿乔木。有乳汁，有时具板状根，小枝具环状托叶痕。单叶互生，叶椭圆形至倒卵形，厚革质，长7~15cm，背面粗糙，全缘，幼树叶有时3裂。花单性同株，柔荑花序；雄花序圆柱形，雌花序椭球形，生于树干或大枝上。聚花果近球形，熟时黄色，长25~60cm，重可达20kg，外皮有六角形瘤状突起。花期2~3月，果期7~8月。

(2)分布与习性

原产于印度及马来西亚，现广泛栽植于热带各地，我国华南地区有栽培。喜光，喜湿润气候及深厚排水良好的微酸性土壤。

(3)繁殖方法

播种、扦插繁殖。

(4)观赏与应用

木波罗树冠开阔，枝叶茂密，老干结果，果形奇特，是热带果树之一，是良好的园林生产相结合树种。可作行道树、庭荫树、独赏树等。果肉香甜可食。

3. 杨梅 *Myrica rubra* Sieb. et Zucc.（图5-3）

科属：杨梅科 Myricaceae　杨梅属 *Myrica* L.

(1)形态特征

常绿乔木，树冠近球形。树皮黄灰黑色，老时浅纵裂。幼枝及叶背具黄色小油腺点。单叶互生，叶倒披针形，长6～11cm，先端钝，基部狭楔形，全缘或近端部有浅齿，叶柄短。花单性异株，柔荑花序；雄花序紫红色，圆柱形；雌花序卵形或球形。核果球形，多汁，深红色，也有紫、白等色，外被瘤状突起。花期3～4月，果期6～7月。

(2)分布与习性

分布于长江以南各地，以浙江栽培最多。稍耐阴，不耐烈日直射，喜温暖湿润气候及酸性土壤，不耐寒。深根性，萌芽性强。对有害气体抗性较强。果味酸甜，是南方重要的果树之一。

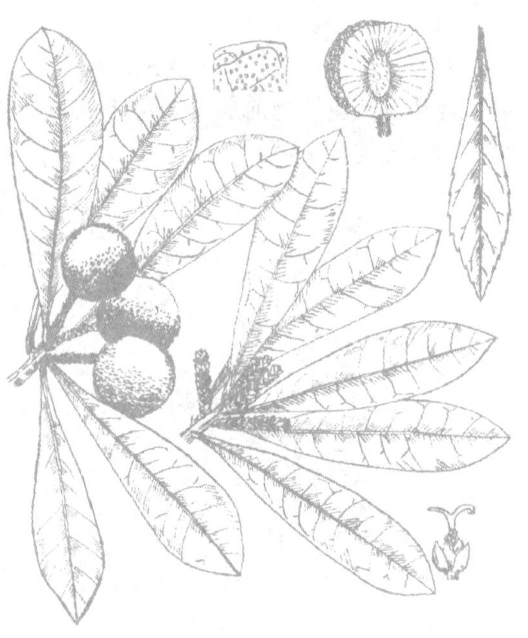

图5-3　杨　梅

(3)繁殖方法

播种、压条、嫁接(以实生苗为砧)繁殖。

(4)观赏与应用

杨梅枝叶繁密，树冠圆整，初夏红果累累，鲜艳可爱，是良好的园林生产相结合树种。宜植为庭园观赏树种，孤植或丛植于草坪、庭园，或列植于路边都很合适；若适当密植，用来分隔空间或屏障视线也很理想。

4. 人心果 *Manilkara zapota*(L.)VanRoyen(图5-4)

科属：山榄科 Sapotaceae　铁线子属 *Manilkara* Adans.

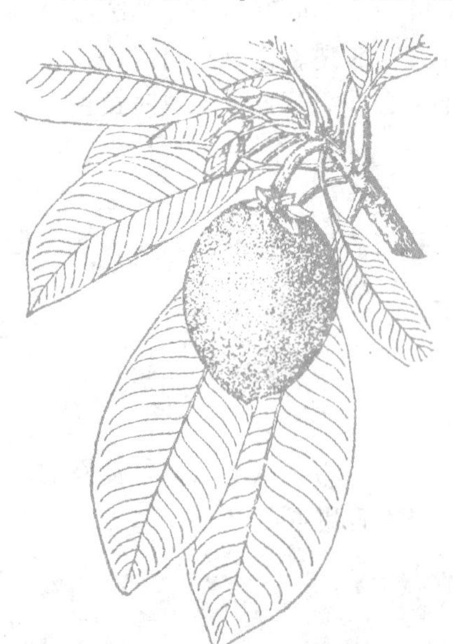

图5-4　人心果

(1)形态特征

常绿乔木，有乳汁，幼嫩部常具锈色毛。单叶互生，叶长圆形至卵状长椭圆形，革质，长6～13cm，先端短尖或钝，有时微缺，基部楔形，羽状侧脉多而平行，全缘。花两性，黄白色，腋生；萼片6；花冠6裂；雄蕊6，退化雄蕊6、花瓣状。浆果卵形或近球形，长4～8cm，褐色。花果期4～9月。

(2)分布与习性

原产于热带美洲，现广植于全球热带，我国华南有栽培。喜光，喜暖热湿润气候及深厚湿润的沙壤土。

(3)繁殖方法

播种、压条、嫁接繁殖。

(4)观赏与应用

人心果树形整齐，四季常青，果实诱人，是热带果树之一，品种多，是良好的园林生产相结合树种。园林中宜孤植、丛植于公园、风景区、庭园观赏。果可生食，味美可口；树干流出的乳汁为制口香糖的原料。

5. 枇杷 *Eriobotrya japonica*(Thunb.)Lindl.(图5-5)

科属：蔷薇科 Rosaceae　枇杷属 *Eriobotrya* Lindl.

(1)形态特征

常绿小乔木。小枝粗壮，密生锈黄色绒色。单叶互生，叶革质，倒披针形至长圆形，长12～30cm，先端尖，叶面褶皱，有光泽，背面及叶柄密生灰棕色绒毛，基部全缘，上部有粗钝锯齿。花两性，白色，芳香，圆锥花序。梨果长圆形至球形，橙黄色或橙红色。花期10～12月，果期翌年5～6月。

图5-5　枇　杷

(2)分布与习性

为亚热带常绿果树，我国四川、湖北有野生，长江流域以南均有栽培，江苏洞庭东西山、浙江塘栖、福建莆田、湖南沅江地区都是枇杷的著名产区。喜光，稍耐侧荫，不耐严寒，耐积水，喜温暖湿润气候及肥沃湿润土壤。冬季干旱生长不良，花期忌风。深根性，生长慢，寿命长，抗烟尘。

(3)繁殖方法

播种、嫁接(实生苗或石楠作砧木)繁殖为主，亦可高枝压条繁殖。

(4)观赏与应用

枇杷树形整齐，叶大荫浓，冬日白花盛开，初夏果实金黄。常植于庭园，也可丛植于草坪，公园列植作园路树，或与各种落叶花灌木配置作背景。江南园林中，常配置于亭、台、院落之隅，点缀山石，富诗情画意。

6. 火棘 *Pyracantha fortuneana*(Maxim.)Li.(图5-6)

别名：火把果、救兵粮　科属：蔷薇科 Rosaceae　火棘属 *Pyracantha* Roem.

(1)形态特征

常绿灌木。枝条拱形下垂，幼时有锈色短柔毛，短侧枝常成刺状。单叶互生，叶倒卵形至倒卵状长椭圆形，长1.5～6cm，先端圆钝微凹，有时有短尖头，基部楔形，锯齿圆钝，齿尖内弯，近基部全缘。花两性，白色，复伞房花序。梨果近球形，红色，径约5mm。花期5月，果期9～10月。

(2)分布与习性

产于我国华东、中南、西南、西北等地。喜光，稍耐阴，有一定耐寒性，耐干旱，

图 5-6　火　棘

对土壤要求不严，喜湿润疏松、排水良好的微酸性或中性土壤。萌芽力强，耐修剪。主根长，侧根少，不耐移栽。

(3)繁殖方法

播种、扦插繁殖。

(4)观赏与应用

火棘枝叶茂盛，初夏白花繁密，入秋果红如火，经久不落，美丽可爱，是优良的观果树种。在庭园中常作绿篱及基础种植，或丛植、孤植于草坪、林缘、路旁、水旁，或配置于岩石园，果枝还是瓶插的好材料。

7. 桃叶珊瑚 *Aucuba chinensis* Benth.（图 5-7）

科属：山茱萸科 Cornaceae　桃叶珊瑚属 *Aucuba* Thunb.

(1)形态特征

常绿灌木。小枝绿色，有柔毛。单叶对生，叶长椭圆形或倒披针形，薄革质，长 10 ~20cm，先端尾尖，基部楔形，背面有硬毛，全缘或中上部有疏齿。花单性异株，花瓣 4，紫色，先端长尾尖，反曲；雄蕊 4，很短，大花盘四角形；雄花成总状圆锥花序，被硬毛。浆果状核果，深红色。

(2)分布与习性

产于我国台湾、广东、广西、云南、四川、湖北等地。耐阴，不耐寒，喜温暖湿润气候及肥沃湿润、排水良好的土壤。

(3)繁殖方法

扦插繁殖。

(4)观赏与应用

桃叶栅瑚是良好的耐阴观叶、观果树种。宜孤植、丛植、配置于林下、建筑物背阴面，亦可盆栽供室内摆放观赏。

图 5-7　桃叶珊瑚

8. 枸骨 *Ilex cornuta* Lindl.（图 5-8）

别名：鸟不宿、猫儿刺　科属：冬青科 Aquifoliaceae　冬青属 *Ilex* L.

(1)形态特征

常绿灌木或小乔木。小枝无毛。单叶互生，叶矩圆形，硬革质，长 4 ~ 8cm，先端扩大并有 3 枚尖硬大刺齿，两侧各有 1 ~ 2 枚尖硬大刺齿，基部圆形或平截。花单性异株，黄绿色，簇生于 2 年生枝叶腋。核果球形，鲜红色，径 8 ~ 10mm。花期 4 ~ 5 月，果期

9～10月。

(2)常见变种、品种

①'黄果'枸骨'Luteocarpa' 核果熟时暗黄色。

② 无刺枸骨 var. *fortunei S.* Y. Hu. 叶全缘，仅先端1枚刺齿。

(3)分布与习性

产于我国长江流域及以南各地。喜光，稍耐阴，耐湿，稍耐寒，喜温暖湿润气候及肥沃深厚、排水良好的酸性土壤。萌芽力强，耐修剪，生长缓慢，深根性，须根少，移植较困难。颇能适应城市环境，对有害气体抗性较强。

(4)观赏方法

播种繁殖，也可扦插繁殖。

(5)观赏与应用

图5-8 枸 骨

枸骨枝叶稠密，叶形奇特，浓绿光亮，入秋红果累累，经久不落，鲜艳美丽，是优良的观果、观叶树种。宜作基础种植及岩石园材料，孤植配假山石或花坛中心，丛植于草坪或道路转角处，也可在建筑门庭两侧或路口对植，或作刺绿篱，盆栽作室内装饰，老桩作盆景，观赏自然树形，也可修剪造型。叶、果枝可插花。

9. 冬青 *Ilex chinensis* Sims. (*I. Purpurea* Hassk.)(图5-9)

科属：冬青科 Aquifoliaceae 冬青属 *Ilex* L.

(1)形态特征

常绿乔木。树干通直，树形整齐。单叶互生，叶长椭圆形至披针形，薄革质，长5～11cm，先端渐尖，基部楔形，叶缘疏生浅齿，叶干后红褐色；叶柄常为淡紫红色。花单性异株，淡紫红色，聚伞花序生于当年生枝叶腋。核果椭圆形，深红色。花期5～6月，果期9～11月。

(2)分布与习性

产于我国长江流域及以南地区。喜光，稍耐阴，不耐寒，较耐湿，但不耐积水，喜温暖湿润气候及肥沃的酸性土。深根性，抗风能力强，萌芽力强，耐修剪。对有害气体有抗性。

(3)繁殖方法

播种繁殖。

(4)观赏与应用

冬青树体高大，树形整齐，四季常青，秋冬季节红果累累，十分美观。宜作庭荫树、园景树，亦可孤植于草坪、水边，列植于门庭、墙际、甬道，或作绿篱、盆景，枝可插瓶观赏。

图5-9　冬　青

图5-10　大叶冬青

10. 大叶冬青 ***Ilex latifolia*** **Thunb.**（图 **5-10**）

别名：波罗树、苦丁茶　科属：冬青科 Aquifoliaceae　冬青属 *Ilex* L.

（1）形态特征

常绿乔木，树冠阔卵形。小枝粗壮有棱。单叶互生，叶矩圆形或椭圆状矩圆形，厚革质，长 10～20cm，锯齿细尖而硬；叶柄粗。花单性异株，黄绿色，聚伞花序生于 2 年生枝叶腋。核果球形，熟时深红色。花期 4～5 月，果期 11 月。

（2）分布与习性

产于我国南方。喜光，亦耐阴，耐寒性不强，不耐积水，喜暖湿气候及深厚肥沃的土壤。生长缓慢，适应性较强。

（3）繁殖方法

播种、扦插繁殖。

（4）观赏与应用

大叶冬青冠大荫浓，枝叶亮泽，红果艳丽。大树可孤植于道路转角、草坪、水边，亦可配置于建筑物背面或假山背阴处，或列植于门庭、墙际、甬道两侧。

11. 铁冬青 ***Ilex rotunda*** **Thunb.**（图 **5-11**）

科属：冬青科 Aquifoliaceae　冬青属 *Ilex* L.

（1）形态特征

常绿乔木。小枝具棱，红褐色，无毛，幼枝及叶柄均带紫黑色。单叶互生，叶卵形或倒卵状椭圆形，革质，长 4～10cm，全缘。花单性异株，黄白色，伞形花序腋生，花梗近无毛。浆果状核果椭圆形，有光泽，深红色。花期 4～6 月，果期 9～11 月

（2）分布与习性

分布于长江流域以南至台湾、西南。耐阴，不耐寒，对土壤要求不太严格。

(3)繁殖方法

播种、扦插繁殖。

(4)观赏与应用

铁冬青绿叶红果，果实累累，鲜艳可爱，是美丽的庭园观赏树种。适合公园、绿地孤植、列植，也可作切花材料。

图5-11　铁冬青

12. 龟甲冬青 *Ilex crenata* var. *convexa* Makino.

别名：豆瓣冬青　科属：冬青科 Aquifoliaceae　冬青属 *Ilex* Linn.

(1)形态特征

常绿灌木，多分枝。小枝被灰色细毛。单叶互生，叶椭圆形至长倒卵形，革质，长约1cm，先端钝，叶面突起，缘有浅钝齿。花单性异株，白色，雄花3～7朵成聚伞花序，生于当年生枝叶腋；雌花单生。浆果状核果球形，黑色。花期5～6月，果熟10月。

(2)分布与习性

产于日本、朝鲜及我国福建、广东、山东等地。江南有栽培。喜光，稍耐阴，较耐寒，喜温暖气候，适应性较强，以湿润、肥沃的微酸性黄土最为适宜。

(3)繁殖方法

扦插繁殖。

(4)观赏与应用

龟甲冬青枝叶密集，四季常青，宜作绿篱、造型，可植于庭园、建筑物周围、路旁、山石边观赏，也是良好的盆景材料。

13. 荔枝 *Litchi chinensis* Sonn.（图5-12）

科属：无患子科 Sapindaceae　荔枝属 *Litchi* Sonn.

(1)形态特征

常绿乔木。树皮灰褐色，不裂。偶数羽状复叶互生，小叶2～4对，长椭圆状披针形，长6～12cm，表面侧脉不明显，全缘。花杂性同株，花小，无花瓣，顶生圆锥花序。核果球形或卵形，熟时红色，果皮有明显瘤状突起。种子棕褐色，具白色肉质、半透明多汁的假种皮。花期3～4月，果熟期5～8月。

(2)分布与习性

原产于华南，福建、广东、广西、云南均有分布，四川、台湾有栽培。喜光，喜暖热湿润气候及富含腐殖质的深厚酸性土壤，怕霜冻。

(3)繁殖方法

插种、嫁接(以实生苗为砧木)、高压繁殖。

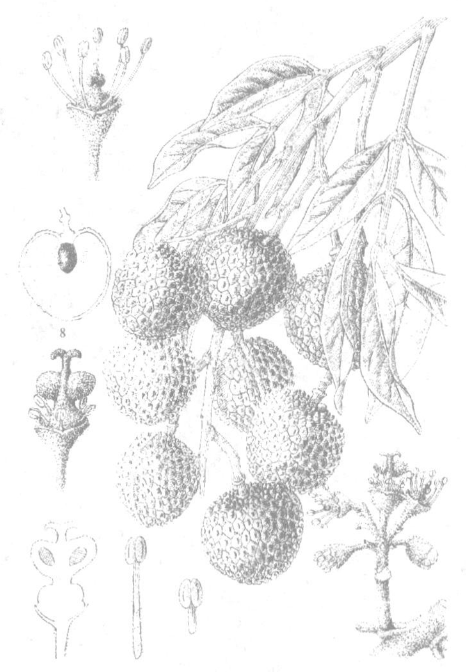

图 5-12　荔　枝

图 5-13　龙　眼

(4)观赏与应用

荔枝是华南重要的果树，品种很多，树冠广阔，枝叶茂密，也常种植于庭园观赏。果除鲜食外可制成果干或罐头，每年有大量出口。

14. 龙眼 *Dimocarpus longan* Lour.（*Euphoria longan* Stend.）(图 5-13)

别名：桂圆　科属：无患子科 Sapindaceae　龙眼属 *Dimocarpus* Lour.

(1)形态特征

常绿乔木。树皮粗糙，薄片状剥落。幼枝及花序被星状毛。偶数羽状复叶互生，小叶 3～6 对，长椭圆状披针形，长 6～17cm，基部稍歪斜，表面侧脉明显，全缘。花杂性同株，黄色，圆锥花序。核果球形，黄褐色，果皮幼时具瘤状突起，熟时较平滑。种子黑褐色，具白色肉质、半透明多汁的假种皮。花期 4～5 月，果熟期 7～8 月。

(2)分布与习性

产于台湾、福建、广东、广西、四川等地。稍耐阴，喜暖热湿润气候，稍比荔枝耐寒和耐旱。

(3)繁殖方法

扦插繁殖。

(4)观赏与应用

龙眼是华南地区的重要果树，栽培品种甚多，也常植于庭园观赏。种子假种皮味甜可食用。

15. 金橘 *Fortunella margarita* Swingle.（图 5-14）

别名：金枣、罗浮、牛奶橘　科属：芸香科 Rutaceae　金橘属 *Fortunella* Swingle

(1)形态特征

常绿灌木，树冠半圆形。枝细密，通常无刺，嫩枝有棱角。单身复叶互生，叶披针形至长圆形，长4～9cm；叶柄有狭翼。花两性，白色，芳香，单生或2～3朵集生于叶腋。柑果椭圆形或倒卵形，长约3cm，金黄色，果皮厚，有香气，果肉多汁。花期6～8月，果熟期11～12月。

(2)分布与习性

分布于华南，各地盆栽观赏。喜光，较耐阴，耐干旱瘠薄，喜温暖湿润气候，喜pH 6～6.5、富含有机质的沙壤土。

(3)繁殖方法

扦插、嫁接(枸橼扦插作砧木)繁殖。

(4)观赏与应用

金橘为重要的园林观赏花木和盆景材料。盆栽者常控制在春节前后果实成熟，供室内摆设观赏。

图5-14　金　橘

16. 柑橘 *Citrus reticulata* Blanco.（图5-15）

科属：芸香科 Rutaceae　柑橘属 *Citrus* L.

(1)形态特征

常绿小乔木或灌木。小枝较细，有枝刺。单身复叶互生，叶长卵状披针形，革质，长4～8cm，先端渐尖，基部楔形，全缘或有细锯齿，叶柄近无翼。花两性，黄白色，单生或簇生叶腋。柑果扁球形，橙黄或橙红色；果皮薄，易剥离。春季开花，果熟期10～12月。

(2)分布与习性

原产于中国，广布于长江流域以南各地。喜温暖湿润气候，耐寒性较强，喜排水良好、含有机质不多的赤色黏质壤土。

(3)繁殖方法

播种、嫁接繁殖。

(4)观赏与应用

“一年好景君须记，正是橙黄橘绿时”。柑橘四季常青，枝叶茂密，树姿整齐，春季满树白花，芳香宜人，秋季黄果累累，极为美丽，是我国著名果树之一。除作果树栽培外，可用于庭院、园林绿地及风景区栽植观赏。

图5-15　柑　橘

17. 华南珊瑚树 *Viburnum odoratissimum* Ker.（图 5-16）

别名：早禾树、珊瑚树　科属：忍冬科 Caprifoliaceae　荚蒾属 *Viburnum* L.

（1）形态特征

常绿小乔木。枝有小瘤体。单叶对生，叶长椭圆形，革质，长 7～15（20）cm，先端短尖或钝，背面脉腋有小孔，孔口有簇毛，全缘或中上部有钝齿。花两性，白色，芳香，圆锥花序顶生；花冠筒长不足 2mm，裂片长于筒部；花柱较粗短，柱头不高出萼裂片。核果卵状椭圆形，红色，熟后转黑色。花期 5 月，果熟期 9～10 月。

（2）分布与习性

产于我国广东、广西、湖南南部及福建东南部，长江流域城市栽培。稍耐阴，不耐寒，喜温暖气候。耐烟尘，对有害气体有抗性及吸收能力。抗火力强，耐修剪。

（3）繁殖方法

扦插繁殖为主，也可播种繁殖。

图 5-16　华南珊瑚树

（4）观赏与应用

华南珊瑚树枝繁叶茂，红果形如珊瑚，绚丽可爱。在规则式庭园中可修剪成绿篱、绿墙、绿门、绿廊；在自然式园林中宜孤植、丛植等，用于隐蔽遮挡。也是工厂绿化及防火隔离的好树种。

18. 珊瑚树 *Viburnum awabuki* K. Koch.（图 5-17）

别名：法国冬青　科属：忍冬科 Caprifoliaceae　荚蒾属 *Viburnum* L.

图 5-17　珊瑚树

（1）形态特征

常绿小乔木。单叶对生，叶倒卵状长椭圆形，革质，长 6～16cm，先端钝尖，全缘或上部有疏钝齿。花两性，白色，芳香，圆锥状聚伞花序顶生；花冠筒长 3.5～4mm，裂片短于筒部；花柱较纤细，柱头高出萼裂片。核果倒卵形或倒卵状椭圆形，红色，似珊瑚，经久不变，后转蓝黑色。花期 5～6 月，果熟期 9～11 月。

（2）分布与习性

产于浙江和台湾，长江流域以南广泛栽培，黄河以南各地也有栽培。喜光，稍耐阴，不耐寒。耐烟尘，对有害气体抗性较强。根系发达，萌芽力强，耐修剪，易整形。

(3) 繁殖方法

扦插繁殖为主，亦可播种繁殖。

(4) 观赏与应用

珊瑚树枝叶繁密紧凑，树叶终年碧绿而有光泽，秋季红果累累盈枝头，状若珊瑚，极为美丽，是良好的观叶、观果树种。可作为绿墙、绿门、绿廊、高篱，或丛植装饰墙角，特别作高篱更优于其他树种，亦可修剪成各种几何图形；也可用于厂矿及街道绿化，或成行栽植作防火树种。与大叶黄杨、大叶罗汉松，同为海岸绿篱三大树种。

5.2 落叶树类

19. 番荔枝 *Annona squamosa* L.（图5-18）

别名：佛头果、香梨、释迦果　科属：番荔枝科 Annonaceae　番荔枝属 *Annona* L.

(1) 形态特征

落叶灌木或小乔木，树冠球形或扁球形。树皮灰白色。单叶互生，叶长椭圆状披针形，近革质，长6～12cm，先端尖或钝，基部圆形或宽楔形。花两性，淡黄绿色，1～4朵聚生枝顶或与叶对生；花瓣6，内轮3片退化成鳞片状；雄蕊花丝肉质。聚合浆果近球形，黄绿色，肉质，有白粉，径5～10cm。花期5～6月，果期8～10月。

图5-18　番荔枝

(2) 分布与习性

原产于热带美洲，现广泛栽植于热带各地，我国华南有栽培，目前台湾栽植最多。喜光，不耐寒，喜温暖湿润气候及深厚肥沃、排水良好的沙壤土。

(3) 繁殖方法

播种、嫁接繁殖。

(4) 观赏与应用

番荔枝果味香甜，为热带著名果树之一，也适宜在公园、庭园、绿地栽植观赏，孤植或成片栽植效果均佳。

20. 桑树 *Morus alba* L.（图5-19）

别名：家桑　科属：桑科 Moraceae　桑属 *Morus* L.

(1) 形态特征

落叶乔木，树冠倒宽卵形。树皮灰黄或黄褐色，浅纵裂。有乳汁。单叶互生，叶卵形或卵圆形，长5～10cm，先端尖，基部圆形或心形，表面光滑，有光泽，背面脉腋有簇毛，三出脉，锯齿粗钝，有裂或无裂。花单性异株，柔荑花序。聚花果圆柱形，紫黑色、红色或近白色。花期4月，果期6～7月。

(2)常见品种

'龙爪'桑'Tortuosa'　枝条扭曲向上。

(3)分布与习性

原产于我国中部，现全国各地广泛栽培，以长江流域及黄河中、下游最多。喜光，耐寒冷，耐干旱瘠薄，不耐积水，耐轻盐碱，喜温暖湿润气候，对土壤适应性强，喜肥沃深厚、湿润的沙壤土。深根性，根系发达，萌芽力强，耐修剪，易更新，生长快。对烟尘及有害气体有抗性。

(4)繁殖方法

播种、扦插、压条、分根、嫁接(以实生苗为砧)繁殖。

(5)观赏与应用

桑树树冠开阔，枝叶茂密，秋叶黄色。宜作庭荫树、独赏树、防护林及"四旁"绿化树种。果实吸引鸟类，构成鸟语花香的自然景观。

图 5-19　桑　树

21. 构树 *Broussonetia papyrifera* L′Her. ex Vent.（图 5-20）

别名：楮树　科属：桑科 Moraceae　构属 *Broussonetia* L′ Hert. ex Vent.

(1)形态特征

落叶乔木。树皮浅灰色，平滑，有细纵裂纹。有乳汁，小枝密被灰白色绒毛。单叶互生兼对生，叶卵形，长 8 ~ 20cm，两面密被柔毛，先端渐尖，基部圆形或近心形，3 出脉，锯齿粗，有裂或不裂；叶柄密生粗毛。花单性异株，雄花为柔荑花序，雌花为头状花序。聚花果球形，橙红色。花期 4 ~ 5 月，果期 8 ~ 9 月。

图 5-20　构　树

(2)分布与习性

主产于华东、华中、华南、西南及华北。喜光，耐干旱瘠薄，耐水湿，能耐干冷及温热气候，对土壤要求不太严格，适应性强，喜钙质土。根系较浅，侧根发达，生长快，萌芽力强。对烟尘及有害气体抗性较强。

(3)繁殖方法

播种、埋根、扦插、分蘖繁殖。

(4)观赏与应用

构树树冠开阔，枝叶茂密。可作庭荫树、独赏树、防护林及"四旁"绿化树种。是城乡绿化的重要树种，尤其适合工矿区及荒山坡地绿化。

22. 无花果 *Ficus carica* L.（图5-21）

别名：蜜果、映日果　科属：桑科 Moraceae　榕属 *Ficus* L.

(1)形态特征

落叶小乔木，常呈灌木状。枝粗壮，托叶痕圆环状。单叶互生，叶宽卵形，长10～20cm，3～5掌状裂，基部心形或截形，表面有粗糙，背面有绒毛，有粗钝锯齿或波状缺刻。花单性同株，隐头花序。隐花果梨形，径5～8cm，绿黄色，熟后黑紫色。一年可多次开花结果。

图5-21　无花果

(2)分布与习性

原产于地中海沿岸、西南亚地区。我国引种历史悠久，长江流域及以南较多。喜光，喜温暖气候，不耐寒，冬季－12℃时小枝受冻。对土壤适应性强，喜深厚肥沃湿润的土壤，耐干旱瘠薄。耐修剪，根系发达，生长快，病虫少，寿命长。抗污染，耐烟尘。

(3)繁殖方法

扦插、分蘖、压条繁殖。

(4)观赏与应用

无花果果味甜美，栽培容易，是园林生产相结合的理想树种。园林中可栽植于庭院、绿地，或盆栽观赏。果实营养丰富，可鲜食或加工。

23. 胡桃 *Juglans regia* L.（图5-22）

别名：核桃　科属：胡桃科 Juglandaceae　胡桃属(核桃属) *Juglans* L.

(1)形态特征

落叶乔木，树冠宽卵形或扁球形。树皮淡灰色至灰白色。小枝粗壮，髓心片状分隔。奇数羽状复叶互生，小叶5～9，椭圆形、卵状椭圆形至倒卵形，长6～14cm，全缘，幼树及萌条叶有锯齿。花单性同株，雄花成柔荑花序；雌穗状花序具花1～3朵。核果球形。花期4～5月，果期9～11月。

(2)分布与习性

原产于中亚，我国有2000多年的栽培历史，以西北、华北最多。喜光，耐干冷，不耐温热，不耐盐碱，喜温暖凉爽气候及深厚肥沃、湿润的壤土或沙壤土。深根性，不耐移栽，萌蘖性强，寿命长。

(3)繁殖方法

播种繁殖为主，也可嫁接(以胡桃楸、枫杨为砧)、分蘖繁殖。

(4)观赏与应用

胡桃树冠庞大雄伟，枝叶茂密，绿荫覆地，树干洁白。可用作庭荫树、独赏树、行道树(应选择干性较强的品种)等。因其枝、叶、花、果分泌物有杀菌、杀虫的保健功能，也可成片、成林植于风景疗养区。种仁富含油分及多种营养素，材质优良，是重要的木本油料及用材树种，是很好的园林生产相结合树种。

图5-22　胡　桃　　　　图5-23　板　栗

24. 板栗 ***Castanea mollissima* Bl.**（图5-23）

别名：栗　科属：壳斗科 Fagaceae　栗属 *Castanea* Mill.

(1)形态特征

落叶乔木，树冠扁球形。树皮灰褐色，纵裂。小枝有灰色绒毛。单叶互生，叶椭圆形至椭圆状披针形，长9～18cm，先端渐尖，基部圆形或宽楔形，锯齿芒状，背面有灰白色柔毛。花单性同株，雄柔荑花序直立，雌花2～3朵生于总苞内；总苞(壳斗)球形，密被长针刺。坚果褐色，2～3生于闭合壳斗内，壳斗常4裂。花期5～6月，果期9～10月。

(2)分布与习性

我国特产，产于辽宁以南各地，以华北和长江流域栽培较集中，其中河北省是著名产区。喜光，耐寒冷，较耐干旱瘠薄，较耐涝，对气候及土壤的适应性强，喜深厚湿润、排水良好富含有机质的沙壤或砾质壤土。深根性，根系发达，生长快，寿命长，萌芽性、根蘖性较强，耐修剪。对有害气体有抗性。

(3)繁殖方法

播种为主，嫁接(以实生苗为砧)、分蘖繁殖。

(4)观赏与应用

板栗树冠宽圆，枝叶稠密，是园林生产相结合的优良树种。园林中可作独赏树、风景林树种，亦可作山区造林绿化和水土保持树种。果实富含淀粉，为著名的木本粮食及重要干果，被称为“铁杆庄稼”。叶可饲养柞蚕。

25. 山桐子 *Idesia polycarpa* Maxim.（图5-24）

别名：山梧桐　科属：大风子科 Flacourtiaceae　山桐子属 *Idesia* Maxim.

(1)形态特征

落叶乔木。树皮灰白色，平滑。枝红褐色。单叶互生，叶宽卵形或卵圆形，长10~20cm，先端短渐尖，基部心形，背面灰白色，被白粉，脉腋密生黄色簇毛，掌状脉5~7，锯齿疏钝；叶柄上部具1~3腺体。花单性异株或杂性，黄绿色，芳香，圆锥花序顶生；无花瓣，萼片5，黄绿色。浆果球形，径7~9mm，熟时红色。花期5~6月，果期9~10月。

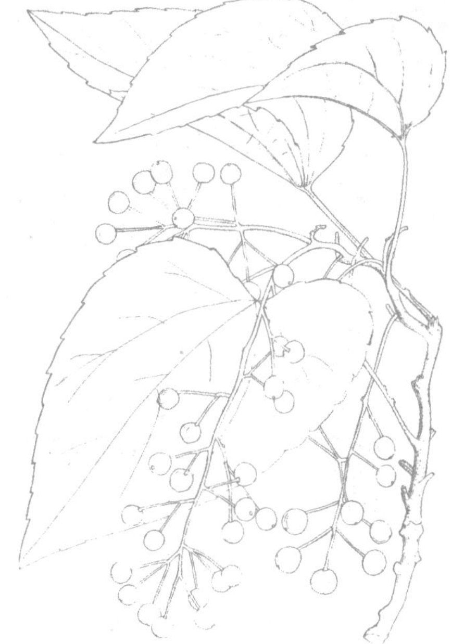
图5-24　山桐子

(2)分布与习性

产于我国华东、华中、西北及西南各地，朝鲜、日本也有分布。喜光，稍耐阴，较耐寒，耐干旱，对土壤要求不太严格，喜深厚肥沃、湿润的沙壤土。生长快。

(3)繁殖方法

播种繁殖。

(4)观赏与应用

山桐子树冠整齐，树形优美，秋季红果累累下垂，且能留存较久，鲜艳可爱。宜栽作行道树、庭荫树、独赏树。

26. 柿树 *Diospyros kaki* Thunb.（图5-25）

别名：朱果、猴枣　科属：柿树科 Ebenaceae　柿树属 *Diospyros* L.

(1)形态特征

落叶乔木，树冠宽卵形。树皮暗灰色，长方块状裂。幼枝密生柔毛，侧芽扁三角形。单叶互生，叶椭圆形、宽椭圆形或倒卵形，近革质，长6~18cm，先端渐尖，基部宽楔形或近圆形，全缘。花单性或杂性同株，黄白色；雄花为聚伞花序；雌花及两性花常单生；萼常4深裂，绿色；花冠4裂。浆果卵圆形或扁球形，径2.5~8cm，橙红色或橙黄色，基部有增大的宿萼。花期5~6月，果期9~10月。

(2)分布与习性

我国特有树种，各地均有栽培，华北栽培最多。喜光，略耐阴，耐寒冷，能耐-20℃的低温，耐干旱瘠薄，不耐水湿，不耐盐碱，喜温暖湿润气候，对土壤要求不严，喜富含腐殖质的深厚肥沃、排水良好的中性壤土或黏壤土。深根性，寿命长。对有害气体有抗性。

(3)繁殖方法

嫁接(以君迁子为砧)繁殖。

(4)观赏与应用

柿树树形优美，叶大荫浓，秋叶红色，果实似火，高挂枝头，极为美观，是优良的园林生产相结合树种。可作庭荫树、行道树、独赏树、风景林树种。果实食用，加工成柿酒、柿醋、柿饼等。柿蒂、柿霜、柿叶入药。

图 5-25 柿 树

图 5-26 君迁子

27. 君迁子 ***Diospyros lotus* L.**（图 5-26）

别名：黑枣、软枣　科属：柿树科 Ebenaceae　柿树属 *Diospyros* L.

(1)形态特征

落叶乔木。树皮暗灰色，方块状裂。幼枝被毛，侧芽尖卵形。单叶互生，叶长椭圆形、长椭圆状卵形，长 6～12cm，先端渐尖，基部楔形或圆形，背面有毛，全缘。花单性异株，淡橙色或绿白色；雄花为聚伞花序；雌花及两性花常单生；萼常 4 深裂，绿色。浆果球形或圆卵形，径 1.2～1.8cm，幼时橙色，熟时蓝黑色，被白粉，基部有增大的宿萼。花期 5～6 月，果期 9～10 月。

(2)分布与习性

我国特有树种。产于我国东北南部、华北至中南、西南各地。喜光，耐半阴，耐寒冷，耐干旱瘠薄，耐水湿，不耐盐碱，适应性强，对土壤要求不严。根系发达，生长快，寿命长。对有害气体有抗性。

(3)繁殖方法

播种繁殖。

(4)观赏与应用

君迁子树干挺直，树冠圆整，叶大荫浓。可作庭荫树、行道树、独赏树、园景树等。果实食用、酿酒、制醋。

28. 平枝栒子 *Cotoneaster horizontalis* Decne.（图5-27）

别名：铺地蜈蚣　科属：蔷薇科 Rosaceae　栒子属 *Cotoneaster*(B. Ehrh)Medik.

(1)形态特征

落叶或半常绿匍匐灌木。枝条水平开张成整齐二列，宛如蜈蚣。单叶互生，叶近圆形或倒卵形，长5~15mm，先端急尖，基部宽楔形，背面有柔毛，全缘。花两性，粉红色，1~2朵，近无梗，花瓣直立，倒卵形。梨果近球形，径4~6mm，鲜红色，常有3小核。花期5~6月，果期9~10月。

(2)分布与习性

产于湖北西部和四川山地。喜光，稍耐阴，较耐寒，耐干旱瘠薄，不耐水涝，喜空气湿润，对土壤要求不严，适应性强。

(3)繁殖方法

播种、扦插繁殖为主，也可压条繁殖。

(4)观赏与应用

平枝栒子树姿低矮，春天小花粉红色，入秋红果累累，经冬不落，极为美丽。宜作基础种植材料、地面覆盖材料，或布置岩石园、装饰建筑物，红果平铺墙壁，经冬至春不落，甚为夺目，也可植于斜坡、路边、假山石旁观赏。

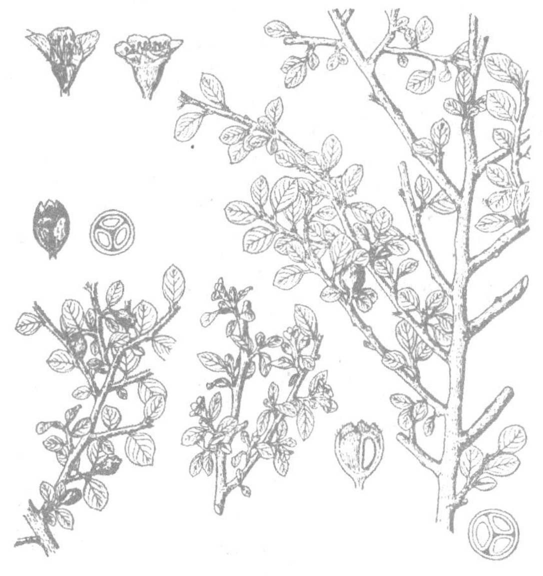

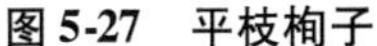
图5-27　平枝栒子

图5-28　多花栒子

29. 多花栒子 *Cotoneaster multiflorus* Bunge.（图 5-28）

别名：水栒子　科属：蔷薇科 Rosaceae　栒子属 *Cotoneaster*(B. Ehrh) Medik.

(1)形态特征

落叶灌木。小枝细长拱形，紫褐色，幼时有毛。单叶互生，叶卵形，长 2 ~ 5cm，先端常钝圆，基部宽楔形或近圆形，幼时背面有柔毛，全缘。花两性，白色，花瓣开展，近圆形；聚伞花序有花 6 ~ 21 朵。梨果近球形或倒卵形，径约 8mm，红色，具 1 ~ 2 核。花期 5 月，果期 9 月。

(2)分布与习性

广布于我国东北、华北、西北和西南。喜光，稍耐阴，耐寒冷，耐干旱瘠薄，对土壤要求不严，适应性强。萌芽力强，耐修剪。

(3)繁殖方法

播种、扦插、分株繁殖。

(4)观赏与应用

多花栒子夏季白花满树，秋季红果累累，鲜艳可爱，是北方常见的观花、观果树种。宜植于草坪、林缘、园路拐角处、建筑物周围。

30. 百华花楸 *Sorbus pohuashanensis*(Hance.) Hedl.（图 5-29）

别名：花楸树、臭山槐　科属：蔷薇科 Rosaceae　花楸属 *Sorbus* L.

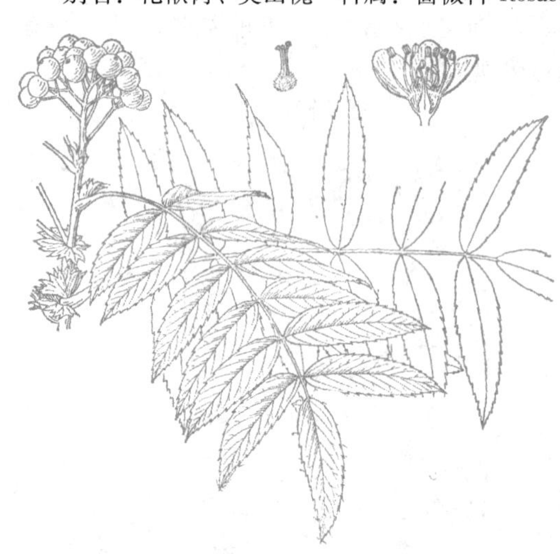

图 5-29　百华花楸

(1)形态特征

落叶乔木。小枝灰褐色，幼枝、冬芽有灰白色绒毛。奇数羽状复叶互生，小叶 11 ~ 15，长椭圆形至长椭圆状披针形，长 3 ~ 5cm，先端尖，基部圆形，中部以上有锯齿，有绒毛。花两性，白色，复伞房花序顶生，总花梗和花梗密生绒毛。梨果近球形，红色，径6 ~ 8mm；花萼宿存。花期 5 ~ 6 月，果期 9 ~ 10 月。

(2)分布与习性

产于东北、华北至甘肃一带。较耐阴，耐寒冷，喜湿润的酸性或微酸性土壤。

(3)繁殖方法

播种繁殖。

(4)观赏与应用

百华花楸花叶美丽，果实鲜艳，秋叶红色，是良好的观花、观叶、观果树种。宜植于庭园、公园、绿地及风景区观赏。

31. 北京花楸 *Sorbus discolor*(Maxim.) Maxim.（图 5-30）

别名：白果花楸　科属：蔷薇科 Rosaceae　花楸属 *Sorbus* L.

图 5-30　北京花楸

(1)形态特征

落叶乔木。树皮灰褐色，不裂。小枝紫褐色，无毛，冬芽无毛或疏生短毛。奇数羽状复叶互生，小叶 11～15，长圆形、长圆状椭圆形或长圆状披针形，长 3～6cm，先端尖，基部常圆形，无毛，基部或1/3 以下全缘，以上有锯齿。花两性，白色，复伞房花序顶生，无毛。梨果近球形，白色或黄色。花期5月，果期8～9月。

(2)分布与习性

分布于河南、河北、山西、山东、内蒙古、甘肃等地。稍喜光，耐寒冷，适应性强，喜深厚肥沃、湿润的土壤。

(3)繁殖方法

播种、扦插繁殖。

(4)观赏与应用

北京花楸花叶美丽，果实洁白，秋叶暗紫红色，是良好的观花、观叶、观果树种。宜植于庭园、公园、绿地及风景区观赏。

32. 山楂 *Crataegus pinnatifida* Bunge.（图 5-31）

科属：蔷薇科 Rosaceae　山楂属 *Crataegus* L.

(1)形态特征

落叶小乔木。树皮灰色。有枝刺。单叶互生，叶三角状卵形至菱状卵形，长 5～12cm，常 5～9 羽状深裂，基部 1 对裂片较深，裂片有不规则尖锐锯齿，两面沿脉疏生短柔毛；托叶大，边缘有腺齿。花两性，白色，伞房花序顶生；花梗、萼片均有毛。梨果近球形或梨形，红色，径约 1.5cm。花期 5～6 月，果期9～10 月。

(2)常见变种

山里红(大果山楂) var. *major* N. E. Br. 树形较大，枝刺不明显。叶较大、厚，常 3～5 羽状浅裂，托叶早落。果较大，径约 2.5cm，鲜红色，有光泽。嫁接(以山楂为砧)繁殖。

(3)分布与习性

产于东北、华北等地。喜光，稍耐阴，耐寒冷，耐干旱瘠薄，适应性强，喜湿润排水良好的沙壤土。根系发达，萌蘖性强，耐修剪。

图 5-31　山　楂

(4)繁殖方法

播种、嫁接、分株、压条繁殖。

(5)观赏与应用

山楂树形整齐，花繁叶茂，叶形美观，果实鲜艳，秋叶红色，是观花、观叶、观果和园林生产相结合的良好树种。园林中可作庭荫树、园路行道树、独赏树等。果食用、加工、入药。

33. 苹果 *Malus pumila* Mill.（图 5-32）

科属：蔷薇科 Rosaceae　苹果属 *Malus* Mill.

(1)形态特征

落叶乔木，树冠圆形或椭圆形。嫩枝、冬芽、叶背密生绒毛，小枝紫褐色。单叶互生，叶椭圆形至卵形，长 4.5～10cm，先端尖，基部宽楔形或圆形，锯齿圆钝，表面粗糙，幼时两面有毛，后表面光滑。花两性，白色带红晕，径 3～4cm，伞形总状花序；花柱 5。梨果扁球形，径 5cm 以上，两端均凹陷。花期 4～5 月，果期 7～10 月。

图 5-32　苹　果

(2)分布与习性

原产于欧洲、亚洲中部，我国东北南部及华北、西北广为栽培。喜光，耐寒冷，不耐湿热，不耐瘠薄，对土壤要求不严，喜干冷气候及深厚肥沃、排水良好的沙壤土。对有害气体有一定的抗性。

(3)繁殖方法

嫁接(以山荆子、海棠果为砧木)繁殖。

(4)观赏与应用

苹果树姿优美，春天花开满树雪白，秋季果实累累，色彩鲜艳，是园林生产相结合的优良树种。宜作庭荫树、独赏树等。果食用、加工。

34. 花红 *Malus asiatica* Nakai.（图 5-33）

别名：沙果、林檎　科属：蔷薇科 Rosaceae　苹果属 *Malus* Mill.

(1)形态特征

落叶乔木。树皮灰褐色。小枝粗壮，幼时密被绒毛。单叶互生，叶椭圆形至卵形，长5～11cm，先端尖，基部圆形或宽楔形，锯齿细锐，背面密被短柔毛。花两性，粉红色，径3～4cm，伞形总状花序；花柱常4。梨果卵形或近球形，径4～5cm，黄色或带红色，基部凹陷；宿存花萼隆起。花期4～5月，果期8～9月。

(2)分布与习性

原产于东亚，我国北部及西南部有分布与习性。喜光，耐寒冷，耐干旱，对土壤要求不严，喜排水良好的土壤。

(3)繁殖方法

嫁接(以实生苗为砧木)、分株、播种繁殖。

(4)观赏与应用

花红春花满树，秋果累累，观花、观果，是园林生产相结合的优良树种。宜作庭荫树、独赏树等。果食用、加工、酿酒。

图5-33　花　红

35. 海棠果 *Malus prunifolia* (Willd.) Borkh.（图5-34）

别名：楸子　科属：蔷薇科 Rosaceae　苹果属 *Malus* Mill.

(1)形态特征

落叶小乔木。树皮灰褐色或绿褐色。小枝幼时有毛。单叶互生，叶长卵形或椭圆形，长5～9cm，先端尖，基部宽楔形，锯齿细锐。花两性，白色或稍带红色，径约3cm，伞形总状花序近伞形；萼片比萼筒长而尖，宿存。梨果近球形，红色，径2～2.5cm。花期4～5月，果期8～9月。

图5-34　海棠果

(2)分布与习性

主产于华北，东北南部、内蒙古及西北也有分布。喜光，耐寒冷，耐干旱，耐水湿，耐盐碱，对土壤要求不严，适应性强。深根性，生长快。

(3)繁殖方法

播种、嫁接(以山荆子为砧木)繁殖。

(4)观赏与应用

海棠果春花美丽，秋果鲜艳，观花、观果，是园林生产相结合的优良树种。宜作庭荫树、独赏树等。果可鲜食，或加工成蜜饯、果干等。

36. 山荆子 ***Malus baccata* Borkh.**（图 **5-35**）

别名：山定子、山丁子　科属：蔷薇科 Rosaceae　苹果属 *Malus* Mill.

(1)形态特征

落叶乔木，树冠近圆形。小枝细，暗褐色。单叶互生，叶卵状椭圆形，长 3 ~ 8cm，先端锐尖，基部楔形至圆形，锯齿细尖，背面疏生柔毛或无毛。花两性，白色，径 3 ~ 3.5cm，伞形总状花序，花梗细，长 1.5 ~ 4cm；花柱 5 或 4；萼片长于筒部。梨果近球形，径8 ~ 10mm，红色或黄色，萼片脱落。期 4 ~ 5 月，果期 9 ~ 10 月。

(2)分布与习性

产于我国华北、东北及内蒙古，朝鲜、蒙古、前苏联也有分布。喜光，较耐阴，耐寒冷，耐干旱瘠薄，不耐积水。深根性，生长快。

(3)繁殖方法

播种、扦插、压条繁殖。

(4)观赏与应用

山荆子春天白花满树，秋季红果累累，经久不凋，是观花、观果的优良树种。宜作庭荫树、独赏树等。果酿酒。

图 5-35　山荆子

图 5-36　木　瓜

37. 木瓜 ***Chaenomeles sinensis*（Thouin）Koehne.**（图 **5-36**）

科属：蔷薇科 Rosaceae　木瓜属 *Chaenomeles* Lindl.

(1)形态特征

落叶小乔木。树皮薄皮状剥落。具枝刺，小枝幼时有毛。单叶互生，叶卵形或卵状椭圆形，长 5 ~ 8cm，先端急尖，基部宽楔形或圆形，锯齿芒状，幼叶背面有毛；托叶有腺齿。花两性，粉红色，单生叶腋，径 2.5 ~ 3cm。梨果椭圆形，长 10 ~ 15cm，暗黄色，木质，芳香。花期4～5月，果期8～10月。

(2)分布与习性

原产于我国华东、中南、陕西等地，各地栽培。喜光，耐侧荫，有一定耐寒性，较耐干旱，不耐盐碱，不耐积水，适应性强，喜温暖。生长较慢，不耐修剪。

(3)繁殖方法

播种繁殖为主，也可嫁接(以海棠果为砧木)、压条繁殖。

(4)观赏与应用

木瓜树姿婆娑，树皮斑驳，花艳果香，是优良的观花、观果、观干树种。宜孤植、丛植于庭前院后、草坪，对植于建筑物前、入口处，或以常绿树为背景丛植，也可与其他树种混栽。

38. 毛樱桃 *Prunus tomentosa* Thunb.（图5-37）

别名：山豆子　科属：蔷薇科 Rosaceae　李属(樱属)*Prunus* L.

(1)形态特征

落叶灌木，幼枝密生绒毛。单叶互生，叶倒卵形至椭圆状卵形，长5～7cm，先端尖，表面皱，有柔毛，背面密生绒毛，锯齿常不整齐。花两性，白色或略带粉色，径1.5～2cm；花萼红色，有毛。核果近球形，红色，径约1cm。花期4月，果期6月。

(2)分布与习性

主要产于华北、东北，西南也有。喜光，也耐阴，耐寒冷，耐干旱瘠薄，耐轻碱土，适应性强，对土壤要求不严。

(3)繁殖方法

播种、分株繁殖为主，也可压条、嫁接繁殖。

(4)观赏与应用

毛樱桃春天白花满树，红果丰盛。宜片植于山坡，或孤植、丛植于草坪、建筑物前，列植于路旁。果食用、酿酒。

图5-37　毛樱桃

39. 樱桃 *Prunus pseudocerasus* Lindl.（图5-38）

科属：蔷薇科 Rosaceae　李属(樱属)*Prunus* L.

(1)形态特征

落叶小乔木。树皮暗褐色，平滑。侧芽单生。单叶互生，叶卵形至卵状椭圆形，长7～12cm，先端锐尖，基部圆形，背面疏生柔毛，尖锐重锯齿有腺点；叶柄顶端有2个腺体。花两性，白色，总状花序具花3～6朵；萼筒有毛。核果近球形，无沟，红色，

图 5-38　樱　桃

图 5-39　桃叶卫矛

径1 ~1.5cm。花期 3 ~4 月，果期 5 ~6 月。

(2)分布与习性

分布于河北、陕西、甘肃、山东、山西、江苏、江西、贵州、广西等地。喜光，较耐寒，耐干旱瘠薄，喜温暖湿润气候及肥沃、排水良好的沙壤土。萌蘖性强，生长快。

(3)繁殖方法

分株、扦插、压条繁殖。

(4)观赏与应用

樱桃新叶妖艳，花繁果艳。宜植于山坡、建筑物前、庭院、草坪及园路旁，或配置专类园。果食用、加工。

40. 桃叶卫矛 *Euonymus bungeanus* Maxim.（图 5-39）

别名：白杜、明开夜合　科属：卫矛科 Celastraceae　卫矛属 *Euonymus* L.

(1)形态特征

落叶乔木，树冠圆形或卵圆形。树皮灰色。小枝绿色，微具 4 棱，一年生枝冬季带紫色。单叶对生，叶卵形或卵状椭圆形，长 5 ~10cm，先端长尖，基部近圆形，锯齿细。花两性，淡绿色，花部 4 数，聚伞花序。蒴果粉红色，4 深裂。种子具橘红色肉质假种皮。花期 5 ~6 月，果期 9 ~10 月。

(2)分布与习性

产于华东、华中、华北各地。喜光，稍耐阴，耐寒冷，耐干旱，耐水湿，适应性强，对土壤要求不严，喜肥沃湿润、排水良好的土壤。深根性，根系发达，生长较慢，根蘖性强。对烟尘有抗性，对二氧化硫的抗性中等。

(3)繁殖方法

播种繁殖为主，也可分株、扦插繁殖。

(4)观赏与应用

桃叶卫矛枝叶秀丽，果粉红色，开裂后露出红色肉质假种皮，分外艳丽。宜植于林缘、草坪、路旁、湖边及溪畔，作独赏树、庭荫树、行道树、防护林树种，也可用作工厂绿化树种，或作绿篱。

41. 枣树 *Ziziphus jujuba* Mill.（图5-40）

别名：大枣、红枣　科属：鼠李科 Rhamnaceae　枣属 *Ziziphus* Mill.

(1)形态特征

落叶乔木，树冠卵形。树皮灰褐色，条裂。枝有长枝、短枝和脱落性枝，长枝“之”字形曲折，红褐色，有托叶刺长短各1，长刺直，短刺倒钩；短枝互生于长枝；脱落性枝无芽，簇生于短枝。单叶互生，叶卵形或卵状椭圆形，长3～7cm，先端钝尖，基部宽楔形，锯齿细钝，3出脉。花两性，黄绿色，短聚伞花序。核果椭圆形，暗红色；果核两端尖。花期5～6月，果期8～9月。

图5-40　枣　树

(2)常见品种

‘龙枣’‘Tortuosa’　枝条、叶柄扭曲。核果小。生长慢。常以酸枣为砧木嫁接繁殖。

(3)分布与习性

我国各地均有分布，以黄河中下游、华北平原栽培最普遍。喜光，耐寒冷，耐热，耐干旱瘠薄，耐水湿，对气候、土壤适应性较强，喜干冷气候及中性或微碱性沙壤土，黄河流域的冲积平原是枣树的适生地区。根系发达，根蘖性强。对烟尘及有害气体抗性较强。

(4)繁殖方法

分株、根插繁殖为主，也可嫁接(以实生苗或酸枣为砧)、播种繁殖。

(5)观赏与应用

枣树是我国北方重要的果树及林、粮间作树种，有“铁杆庄稼”的称号，品种多，是园林结合相生产的良好树种。干枝苍劲，枝叶扶疏，红果累累，别具特色。园林中宜栽作庭荫树、园路行道树，或丛植、群植于草坪、建筑物前、庭院、路边及矿区，或片植于坡地，幼树可作刺篱材料。

42. 野鸦椿 *Euscaphis japonica* Dippel.（图5-41）

科属：省沽油科 Staphyleaceae　野鸦椿属 *Euscaphis* Sieb. et Zucc.

(1)形态特征

落叶灌木或小乔木。小枝及芽红紫色。奇数羽状复叶对生，小叶 7～11，长卵形，长 5～11cm，有细锯齿。花两性，黄白色，顶生圆锥花序。蓇葖果红色，有直皱纹，状如鸟类沙囊，内有黑亮种子 1～3。种子近球形，假种皮肉质，黑色。花期 5～6 月，果期 9～10 月。

(2)分布与习性

产于我国长江流域以南各地，日本、朝鲜也有分布。喜阴凉潮湿环境，不耐寒。

(3)繁殖方法

播种繁殖。

(4)观赏与应用

野鸦椿树形优美，冠形整齐，秋季红果满树，颇为美观。宜孤植、丛植、群植于庭园、公园观赏。

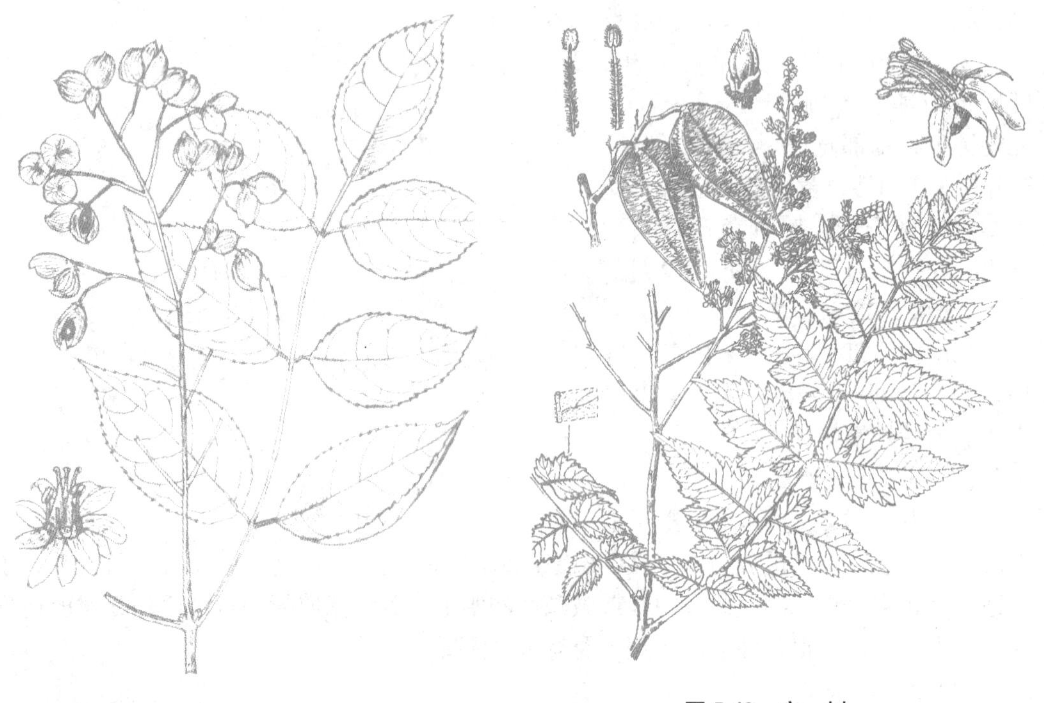

图 5-41　野鸦椿

图 5-42　栾　树

43. 栾树 *Koelreuteria paniculata* Laxm.（图 5-42）

别名：灯笼花　科属：无患子科 Sapindaceae　栾树属 *Koelreuteria* Laxm.

(1)形态特征

落叶乔木，树冠近圆球形。树皮灰褐色，细纵裂。1～2 回奇数羽状复叶互生，小叶 7～15，卵形或卵状椭圆形，有粗锯齿，近基部常有深裂片。花杂性，金黄色，顶生圆锥花序宽而疏散。蒴果三角状卵形，果皮膜质，顶端尖，红褐色或橘红色，3 瓣裂。种子球形，黑色。花期 6～7 月，果期9～10 月。

(2)分布与习性

主产于华北，东北南部至长江流域及福建，西至甘肃东南部及四川中部均有分布。喜光，耐半阴，耐寒冷，耐干旱瘠薄，耐轻盐碱，耐水湿，对土壤要求不严，喜石灰性土壤。深根性，萌蘖性较强。对烟尘及有害气体抗性较强。

(3)繁殖方法

播种繁殖为主，也可分蘖、根插繁殖。

(4)观赏与应用

栾树树形端正，枝叶秀丽，春叶红色，夏花金黄，秋叶鲜黄，果色艳丽，果形奇特，是理想的绿化、观赏树种。宜作庭荫树、行道树、独赏树及风景林树种，也可用作防护林、水土保持及荒山绿化树种。

44. 全缘叶栾树 *Koelreuteria bipinnata* var. *Integrifoliola* T. Chen.（图5-43）

别名：黄山栾树、山膀胱　科属：无患子科 Sapindaceae　栾树属 *Koelreuteria* Laxm.

(1)形态特征

落叶乔木，树冠宽卵形。树皮暗灰色，片状剥落。2回奇数羽状复叶互生，小叶7～11，长椭圆状卵形，先端渐尖，基部圆形或宽楔形，全缘或偶有锯齿。花杂性，金黄色，圆锥花序顶生。蒴果椭球形，果皮膜质，淡红色，顶端钝而有短尖，3瓣裂。种子球形，红褐色。花期8～9月，果期10～11月。

(2)分布与习性

分布于山东、河南、江南等地。喜光，稍耐阴，耐寒性较差，喜温暖湿润气候，对土壤要求不严。深根性，不耐修剪。

(3)繁殖方法

播种繁殖为主，也可分蘖、根插繁殖。

(4)观赏与应用

全缘叶栾树枝叶茂密，冠大荫浓，初秋开花，金黄夺目，淡红色灯笼似的果实挂满树梢，十分美丽。适宜作庭荫树、行道树及园景树，也可用于居民区、厂区及“四旁”绿化。

图5-43　全缘叶栾树

45. 火炬树 *Rhus typhina* L.（图5-44）

别名：鹿角漆　科属：漆树科 Anacardiaceae　盐肤木属 *Rhus* L.

(1)形态特征

落叶乔木，体内有乳汁。树皮黑褐色。小枝粗壮，密生灰褐色长绒毛，侧芽为柄下芽。奇数羽状复叶互生，小叶11～31，长椭圆状披针形，长5～13cm，先端渐尖，基部

圆形或宽楔形，背面灰白色，有白粉，幼时被毛，有粗锯齿。花单性异株，淡绿色，顶生圆锥花序密生绒毛，雌花序红色。核果扁球形，深红色，密生绒毛，密集成火柜形。花期6~7月，果期9~10月。

(2)分布与习性

原产于北美，我国华北、华东、西北均有栽培。喜光，耐寒冷，耐干旱，耐盐碱，耐水湿，适应性强。浅根性，侧根发达，萌蘖性强，生长快，但寿命短。

(3)繁殖方法

播种、分蘖、插根繁殖。

(4)观赏与应用

火炬树雌花序、果序红艳似火，秋叶红色或橙黄，是优良的观叶、观果、观花序树种，因雌花序和果序红色且形似火柜而得名。可植于公园、庭园、风景区、林缘、草坪、路旁观赏，或用以点缀山林秋色，也可作山地水土保持及固沙树种。

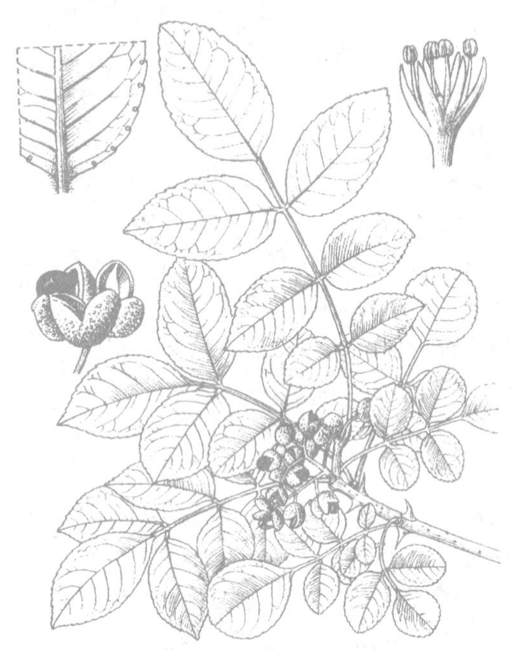

图5-44　火炬树

图5-45　花　椒

46. 花椒 ***Zanthoxylum bungeanum* Maxim.**（图5-45）

科属：芸香科 Rutaceae　花椒属 *Zanthoxylum* L.

(1)形态特征

落叶灌木或小乔木。树皮有瘤状突起，皮刺宽扁。奇数羽状复叶互生，小叶5~9(11)，卵形至卵状椭圆形，长1.5~5cm，先端尖，基部近圆形或宽楔形，背面中脉常簇生褐色长柔毛，叶轴具窄翅，锯齿细钝，齿间有透明油腺点。花单性异株，黄绿色，聚伞状圆锥花序。蓇葖果球形，红色或紫红色，密生瘤状腺体。花期4~5月，果期7~10月。

(2)分布与习性

原产于我国北部及中部，尤以黄河中下游为多。喜光，较耐阴，不耐严寒，大树在-25℃、小苗-18℃时受冻害，较耐干旱，不耐水涝，喜较温暖气候及肥沃湿润、排水良好的钙质土壤。根系发达，寿命长，萌芽力强，耐修剪。

(3)繁殖方法

播种繁殖为主，也可分株、扦插繁殖。

(4)观赏与应用

花椒老干瘤状突起，姿态奇异，入秋红果累累，为北方著名香料及油料树种，是园林生产相结合的优良树种。可植于草坪、建筑物前、假山、路旁等，或作刺篱、绿篱，也可作荒山、荒滩造林及“四旁”绿化树种。果实作调味香料。

47. 枸杞 *Lycium chinense* Mill.（图5-46）

别名：枸杞菜、枸杞头、地骨皮　科属：茄科 Solanaceae　枸杞属 *Lycium* L.

(1)形态特征

落叶灌木。分枝多，枝细长，常弯曲下垂，具枝刺。单叶互生或簇生，叶卵形或卵状披针形，长1.5～5cm，先端急尖，基部楔形，全缘。花两性，单生叶腋或簇生短枝；花萼常3中裂或4～5齿裂；花冠漏斗状，淡紫色，花冠筒稍短于或近等于裂片。浆果卵状，红色。花期6～9月，果期8～11月。

(2)分布与习性

广布全国各地。喜光，稍耐阴，较耐寒，耐干旱，耐盐碱，喜温暖，对土壤要求不严，忌黏质土及低湿环境。

(3)繁殖方法

播种、扦插、压条、分株繁殖。

图5-46　枸　杞

图5-47　宁夏枸杞

(4)观赏与应用

枸杞花紫色艳丽，花期长，入秋红果累累，缀满枝头，颇为美丽。可植于池畔、河岸、山坡、路旁、悬崖石隙以及林下等，老株可作树桩盆景，雅致美观，也可作沙地造林、水土保持树种。果实、根皮均入药。

48. 宁夏枸杞 *Lycium barbarum* L.（图5-47）

科属：茄科 Solanaceae　枸杞属 *Lycium* L.

(1)形态特征

落叶灌木。分枝密，开展，常弓曲，具枝刺。单叶互生或簇生，叶披针形或长椭圆状披针形，长2~3cm，先端渐尖，基部楔形，全缘。花两性，单生叶腋或簇生短枝；花萼常2中裂；花冠漏斗状，淡紫色，有时粉红色或紫红色，花冠筒长于裂片。浆果椭圆形，红色。花期5~6月，果期9~10月。

(2)分布与习性

产于我国西北部、北部，中部、南部也有栽培。喜光，耐寒冷，耐干旱，耐盐碱，耐沙荒，喜水肥。根系发达，萌蘖性强。

(3)繁殖方法

播种、扦插、压条、分株繁殖。

(4)观赏与应用

宁夏枸杞花紫色艳丽，花期长，入秋红果累累，缀满枝头，颇为美丽。可植于池畔、河岸、山坡、路旁、悬崖石隙以及林下等，老株可作树桩盆景，雅致美观，也可作沙地造林、水土保持树种。果实、根皮均入药。

图5-48　海州常山

49. 海州常山 *Clerodendrum trichotomum* Thunb.（图5-48）

别名：臭梧桐　科属：马鞭草科 Verbenaceae　赪桐属(大青属)*Clerodendrum* L.

(1)形态特征

落叶小乔木或灌木。幼枝、叶柄、花序轴有黄褐色柔毛。枝髓淡黄色，片状分隔，侧芽叠生。单叶对生，叶宽卵形至三角状卵形，长5~16cm，先端渐尖，基部截形或宽楔形，全缘或波状齿。花两性，伞房状聚伞花序；花萼紫红色，5深裂，宿存，花后增大；花冠白色或带粉红色。浆果状核果近球形，熟时蓝紫色，包于宿存增大的花萼内。花期6~9月，果期9~11月。

(2)分布与习性

产于华北、华东、中南、西南各地。喜光，稍耐阴，有一定耐寒性，较耐干旱，较耐盐碱，喜湿润气候，适应性强，对土壤要求不太严格。

(3)繁殖方法

播种、扦插繁殖。

(4)观赏与应用

海州常山花期白色花冠后衬以紫红色花萼，果期增大的紫红色花萼托以蓝紫色亮果，极为美丽，且花果期长，是良好的观花、观果树种，也是布置园林景色的极好材料，可在堤岸、悬崖、石隙、水边、林下栽植。

50. 小紫珠 *Callicatpa dichotoma* (Lour.) K. Koch.（图5-49）

别名：白棠子树　科属：马鞭草科 Verbenaceae　紫珠属 *Callicarpa* L.

(1)形态特征

落叶灌木。小枝带紫红色，微有毛。单叶对生，叶倒卵形或披针形，长3～7cm，先端急尖，基部楔形，背面密生黄色腺点，中部以上疏生锯齿；叶柄长2～5mm。花两性，聚伞花序腋生，总花梗长为叶柄3～4倍；花萼杯状，宿存；花冠紫红色。浆果状核果球形，蓝紫色。花期8月，果期10～11月。

(2)分布与习性

产于我国东部及中南部，华北栽培。喜光，喜肥沃湿润土壤。

(3)繁殖方法

扦插、播种繁殖。

(4)观赏与应用

小紫珠植株矮小，入秋紫果累累，有光泽，状如玛瑙，为美丽的观果灌木，宜植于草坪、假山旁、常绿树前，也可用于基础栽植，果枝可作切花。

图5-49　小紫珠

51. 紫珠 *Callicarpa japonica* Thunb.（图5-50）

别名：日本紫珠　科属：马鞭草科 Verbenaceae　紫珠属 *Callicarpa* L.

(1)形态特征

落叶灌木。小枝幼时有绒毛。单叶对生，叶卵形、倒卵形至卵状椭圆形，长7～15cm，先端急尖或长尾尖，基部楔形，有细锯齿；叶柄长5～10mm。花两性，聚伞花序短，总花梗与叶柄等长或稍短；花萼杯状，宿存；花冠白色或淡紫色。浆果状核果球形，紫色。花期7月，果期10～11月。

(2)常见变种、品种

①'白果'紫珠'Leucocarpa'　果白色。

②窄叶紫珠 var. *angustata* Rehd.　叶较狭，倒披针形至披针形。

图 5-50 紫　珠

(3)分布与习性

产于东北南部、华北、华东、华中等地。喜光，喜肥沃湿润土壤。

(4)繁殖方法

扦插、播种繁殖。

(5)观赏与应用

紫珠秋季紫果累累，有光泽，状如玛瑙，为美丽的观果灌木，宜植于草坪边缘、假山旁、常绿树前，也可用于基础栽植，果枝可作切花。

52. 金银木 *Loniccra maackii* (Rupr.) Maxim. (图 5-51)

别名：金银忍冬　科属：忍冬科 Caprifoliaceae　忍冬属 *Lonicera* L.

(1)形态特征

落叶灌木。小枝髓黑褐色，后中空，幼时具微毛。单叶对生，叶卵状椭圆形至卵状披针形，长 5 ~ 8cm，先端渐尖，基部宽楔形或圆形，两面疏生柔毛，全缘。花两性，成对腋生，总花梗短于叶柄，苞片线形；相邻两花的萼筒分离；花冠唇形，先白后黄，芳香，唇瓣长为花冠筒的 2 ~ 3 倍。浆果红色，合生。花期 5 月，果期 9 月。

(2)常见变型

红花金银木 f. *erubescens* Rehd.　花较大，淡红色，嫩叶带红色。

(3)分布与习性

产于东北，华北、华东、华中及西北东部、西南北部均有分布。喜光，耐阴，耐寒冷，耐干旱，耐水湿，对土壤要求不严，喜深厚湿润、肥沃排水良好的土壤。萌芽力、萌蘖性强。病虫害少。

(4)繁殖方法

播种、扦插繁殖。

(5)观赏与应用

金银木树势旺盛，枝叶丰满，初夏开花黄白相间，秋季红果缀满枝头，是优良的观花、观果树种。可孤植或丛植于林缘、草坪、水边、路旁、建筑物周围、假山石旁等；老桩可作盆景。

图5-51　金银木

图5-52　郁香忍冬

53. 郁香忍冬 ***Lonicera fragrantissima* Lindl. et Paxon.**（图5-52）

别名：香忍冬、香吉利子　科属：忍冬科 Caprifoliaceae　忍冬属 *Lonicera* L.

（1）形态特征

半常绿或落叶灌木。幼枝被刺刚毛。单叶对生，叶卵状椭圆形至卵状披针形，长4～10cm，先端尖，基部圆形，有硬毛，全缘。花两性，成对腋生，苞片条状披针形；花冠唇形，粉红色或白色，芳香。浆果椭圆形，长约1cm，鲜红色，两果合生过半。花期2～4月，果期5～6月。

（2）分布与习性

产于我国中部地区。喜光，耐阴，耐干旱，不耐涝，喜湿润肥沃、排水良好的土壤。萌蘖性强。

（3）繁殖方法

播种、扦插、分株繁殖。

（4）观赏与应用

郁香忍冬枝叶茂密，春季先叶开花，花态舒雅，浓香宜人，夏季红果。宜植于草坪、建筑物前、园路旁及转角处、假山石旁及亭子附近，老桩可作盆景。

54. 天目琼花 ***Viburnum sargentii* Koehne.**

别名：鸡树条荚蒾　科属：忍冬科 Caprifoliaceae　荚蒾属 *Viburnum* L.

（1）形态特征

落叶灌木。树皮暗灰色，浅纵裂。单叶对生，叶宽卵形至卵圆形，长6～10cm，常3裂，裂片有锯齿，枝上部叶椭圆形至披针形，不裂，三出脉；叶柄顶端有2～4腺体。

花两性，聚伞花序复伞形，边缘为白色大型不孕花，中间为乳白色小型可孕花；花冠乳白色，辐状5裂。浆果状核果近球形，红色。花期5～6月，果期8～9月。

(2)分布与习性

东北南部、华北至长江流域均有分布。喜光，耐阴，耐寒冷，对土壤要求不严。根系发达。

(3)繁殖方法

播种、分株繁殖。

(4)观赏与应用

天目琼花姿态清秀，叶绿花白果红，是春季观花、秋季观果的优良树种。宜植于草地、林缘、建筑物周围、路旁、假山石旁等。

55. 香荚蒾 *Viburnum farreri* Stearn.（图5-53）

别名：香探春　科属：忍冬科 Caprifoliaceae　荚蒾属 *Viburnum* L.

图5-53　香荚蒾

(1)形态特征

落叶灌木。小枝粗壮，褐色，幼时有柔毛。单叶对生，叶菱状倒卵形至椭圆形，长4～8cm，先端尖，背面脉腋有簇毛，叶脉及叶柄略带红色，有锯齿。花两性，花冠高脚碟状，5裂，花蕾时粉红色，开放后白色，芳香；聚伞花序圆锥状。浆果状核果椭球形，鲜红色。花期3～4月，果期8～10月。

(2)分布与习性

产于我国北部，华北有栽培。喜光，但不耐夏季强光直射，耐寒性强，不耐积水。萌芽力强，耐修剪。

(3)繁殖方法

扦插、压条繁殖。

(4)观赏与应用

香荚蒾树形优美，枝叶扶疏，早春开花，白色而浓香，秋季红果累累，挂满枝梢，是优良的观花、观果灌木。宜孤植、丛植于草坪、林缘、建筑物背阴面，亦可整形盆栽。

56. 双盾木 *Dipelta floribunda* Maxim.（图5-54）

科属：忍冬科 Caprifoliaceae　双盾木属 *Dipelta* Maxim.

(1)形态特征

落叶灌木或小乔木。单叶对生，叶卵形至椭圆状披针形，长约10cm，全缘。花两性，花冠筒状钟形，略二唇形，粉红色或白色，喉部橙黄色；花萼管具长柔毛；雄蕊4，芳香。核果包藏于宿存苞片和小苞片中，小苞片2，径约2.5cm，形如双盾。花期4～7，果期8～9月。

(2)分布与习性

产于陕西、甘肃、湖北、湖南、广西、四川等地。喜光，耐干旱瘠薄。

(3)繁殖方法

播种繁殖。

(4)观赏与应用

双盾木花美丽，果形奇特，可用于庭园观赏，孤植、丛植或列植。

图 5-54　双盾木

图 5-55　接骨木

57. 接骨木 *Sambucus williamsii* Hance.（图 5-55）

别名：公道老、扦扦活　科属：忍冬科 Caprifoliaceae　接骨木属 *Sambucus* L.

(1)形态特征

落叶灌木或小乔木。枝条黄棕色。奇数羽状复叶对生，小叶 5 ~ 7（11），卵状椭圆形或椭圆状披针形，长 5 ~ 12cm，先端渐尖，基部宽楔形，常不对称，有锯齿。花两性，圆锥状聚伞花序顶生；花冠辐状，5 裂，白色至淡黄色。浆果状核果近球形，黑紫色或红色。花期 4 ~ 5 月，果期 6 ~ 7 月。

(2)分布与习性

我国南北各地广泛分布。喜光，稍耐阴，耐寒冷，耐干旱，不耐水涝，对气候要求不严，适应性强，喜肥沃疏松的沙壤土。根系发达，萌蘖性强。

(3)繁殖方法

扦插、分株、播种繁殖。

(4)观赏与应用

接骨木枝叶繁茂，春季白花满树，夏秋红果累累，是良好的观赏树种。宜植于草坪、林缘或水边，也可用于城市、工厂防护林。

思考题

1. 列举出10种当地观果类树木，并说明其观赏特性。
2. 简述观果类树木在园林景观营造中选择配置的原则。
3. 结合园林景观设计，举例说明观果类树种在园林中的作用。
4. 谈谈在园林绿化中如何开发利用观果类树种资源?
5. 比较下列树种的异同点:

(1)华南珊瑚树和珊瑚树　(2)荔枝与龙眼
(3)冬青与铁冬青　(4)桑树与构树
(5)柿树与君迁子　(6)多花栒子与平枝栒子
(7)百华花楸和北京花楸　(8)苹果、花红、海棠果和山荆子
(9)栾树与全缘叶栾树　(10)枸杞与宁夏枸杞

6. 根据物候、观赏特性等写出下列种类的观果树种:

(1)夏天观果的树种　(2)秋季观果的树种
(3)适合丛植的树种　(4)适合配置岩石园的树种
(5)适合制作盆景的树种　(6)适合作绿篱的树种
(7)适合作行道树的树种　(8)适合作庭荫树的树种
(9)适合在风景区栽植的树种

7. 大枣是我国南北广布的果树，在园林中如何应用?
8. 调查当地观果树种资源及其应用现状(列表)。

单元6 藤蔓类树种

学习目标

【知识目标】

(1)了解各类藤蔓树种在园林中的作用及用途；

(2)掌握常见藤蔓类树种的形态特征及观赏特性，能熟练识别各树种；

(3)了解各树种的分布、习性及繁殖方法；

(4)学会正确选择、配置各类藤蔓树种的方法。

【技能目标】

(1)具备识别常见园林树种的能力，能识别本地常见藤蔓类树木(包括冬态识别)；

(2)具备利用工具书及文献资料鉴定树种的方法和技能，能用专业术语描述各藤蔓类树种的形态特征；

(3)具备在园林建设中正确合理地选择和配置藤蔓类树木的能力。

6.1 常绿树类

1. 薜荔 *Ficus pumila* L.（图6-1）

科属：桑科 Moraceae 榕属 *Ficus* L.

(1)形态特征

常绿藤本，借气生根攀缘。小枝有褐色绒毛，托叶痕圆环形。单叶互生，全缘，基部三主脉；营养枝叶薄而小，心状卵形或椭圆形，长约2.5cm，基部歪斜，叶柄短；果枝叶大而宽，卵状椭圆形，革质，长3～9cm，表面光滑，背面网脉隆起并构成小凹眼。花单性同株，隐头花序。隐花果单生，梨形或倒卵形，熟时暗绿色。花期4～5月，果期9～10月。

(2)常见品种

①‘小叶’薜荔‘Minima’ 叶特别细小。是点缀假山及矮墙的理想材料。

图6-1 薜 荔

②‘斑叶’薜荔‘Variegata’ 绿叶上有白斑。

(3)分布与习性

产于长江流域及其以南地区。喜温暖湿润气候，耐阴，耐干旱，不耐寒，对土壤要求不太严格。

(4)繁殖方法

播种、扦插、压条繁殖。

(5)观赏与应用

薜荔叶深绿有光泽，经冬不凋。可配置于岩坡、假山、墙垣上，或点缀于石矶、树干上，郁郁葱葱，可增强自然情趣。

2. 地石榴 *Ficus tikoua* Bur.

别名：地果、地琵琶、地瓜　科属：桑科 Moraceae　榕属 *Ficus* L.

(1)形态特征

常绿匍匐藤本。茎上有不定根，节膨大，托叶痕圆环形。单叶互生，叶倒卵状椭圆形，先端急尖，基部圆形至浅心形，叶缘具波状疏浅锯齿。花单性同株，隐头花序。隐花果成对或簇生于茎上，球形或卵球形，常埋于地中。花期5~6月，果期7月。

(2)分布与习性

产于湖南、湖北、广西、贵州、云南、四川、甘肃、陕西等地。喜光，喜湿润，耐阴，耐干旱，较耐寒，对土壤要求不太严格。

(3)繁殖方法

扦插、压条繁殖。

(4)观赏与应用

地石榴叶色翠绿，适宜公园、绿地作地被绿化，或林下、路旁、山石边、坡地栽植观赏。

3. 叶子花 *Bougainvillea spectabilis* Willd.(图6-2)

别名：三角花、九重葛、毛宝巾

科属：紫茉莉科 Nyctaginaceae　叶子花属 *Bougainvillea* Comm. ex Juss.

(1)形态特征

常绿攀缘灌木，具枝刺。枝条常拱形下垂，密生柔毛。单叶互生，叶卵形或卵状椭圆形，长5~10cm，先端渐尖，基部圆形或宽楔形，密生柔毛，全缘。花两性，顶生，常3朵簇生，各具1枚叶状大苞片，苞片卵圆形，红色；花被管状，淡绿色，5裂。瘦果具5棱。华南冬春间开花，长江流域6~12月开花。

(2)常见变种、品种

① 砖红叶子花 var. *lateritia* Lem.　苞片砖红色。

②‘粉红’叶子花‘Thomasii’　苞片粉红色。

③‘红白二色’叶子花‘Mary palmer’　苞片红色、白色兼有。

(3)分布与习性

原产于巴西，我国各地均有栽培，长江流域及其以北适宜温室盆栽观赏。喜充足光

图6-2　叶子花

图6-3　木　香

照，喜温暖湿润气候，不耐寒，在3℃以上方可安全越冬，15℃以上才能开花。对土壤要求不严，喜排水良好、含矿物质丰富的黏重壤土，耐干旱瘠薄，耐碱，忌积水。萌发力强，耐修剪。

(4)繁殖方法

扦插、压条、嫁接繁殖。

(5)观赏与应用

叶子花茎干千姿百态，左右旋转，或自己缠绕，打结成环；枝蔓较长，柔韧性强，可塑性好，常将其编织后用于花架、花柱、绿廊、拱门和墙面的装饰，或修剪成各种形状供观赏；苞片大，色彩鲜艳如花，南方宜庭园种植或作绿篱及修剪造型，老株可制作树桩盆景。

4. 木香 *Rosa banksiae* Ait.（图6-3）

科属：蔷薇科 Rosaceae　蔷薇属 *Rosa* L.

(1)形态特征

半常绿攀缘灌木。枝细长绿色，皮刺少或无。奇数羽状复叶互生，小叶3～5(7)，卵状长椭圆形至披针形，长2～6cm，先端尖或钝，表面有光泽，背面中脉微有毛，有细锐锯齿；托叶线形，与叶轴离生，早落。花两性，常白色，径约2.5cm，芳香；萼片全缘；伞形花序。蔷薇果近球形，红色，径3～4mm，萼片脱落。花期4～5月，果期9～10月。

(2)常见变种、变型

① 重瓣白木香 var. *albo-plena* Rehd.　小叶常为3。花白色，重瓣，香味浓。应用最广。

② 重瓣黄木香 var. *lutea* Lindl.　小叶常为5。花淡黄色，重瓣，香味甚淡。

③ 单瓣黄木香 f. *lutescens* Voss.　花黄色，单瓣，近无香。

(3)分布与习性

原产于我国西南部，现各地园林中多有栽培。喜光，较耐寒，不耐积水，喜肥沃、排水良好的沙壤土。生长快，萌芽力强，耐修剪。

(4)繁殖方法

压条、嫁接繁殖为主，也可扦插繁殖。

(5)观赏与应用

木香枝条万千，花繁密，芳香袭人，可用于大型棚架、花廊、花门、花墙等绿化，或作花篱，或做切花材料。

5. 常春油麻藤 *Mucuna sempervirens* Hemsl.（图6-4）

别名：常绿油麻藤　科属：蝶形花科 Fabaceae　黧豆属 *Mucuna* Adans.

图6-4　常春油麻藤

(1)形态特征

常绿或半常绿藤木。三出羽状复叶互生，顶端小叶卵状椭圆形，长7～12cm，先端尖尾状，基部宽楔形；侧生小叶斜卵形。花两性，花大，下垂，蜡质，有臭味；花冠暗紫色或紫红色；总状花序长10～35cm，常生于老茎。荚果长条形，长约40cm。种子扁圆形，棕色。花期4～5月，果期8～11月。

(2)分布与习性

产于我国西南至东南部，日本也有分布。喜温暖湿润气候，耐阴，耐干旱，要求排水良好土壤。生于林边，多攀附于大树上，藤蔓有时横跨沟谷。

(3)繁殖方法

播种、扦插、压条繁殖。

(4)观赏与应用

常春油麻藤叶片常绿，老茎开花，是美丽的棚荫及垂直绿化材料，在自然式庭园及森林公园中栽植更为适宜，可用于大型棚架、崖壁、沟谷等处绿化。

6. 鸡血藤 *Millettia reticulata* Benth.（图6-5）

科属：蝶形花科 Fabaceae　崖豆藤属 *Millettia* Wight. et Arn.

(1)形态特征

常绿藤本，花序及幼嫩部有黄褐色柔毛。奇数羽状复叶互生，小叶7～9，卵状长椭圆形或卵状披针形，长3～10cm，先端钝尖有小凹缺，基部圆形，全缘。花两性，花冠紫色或玫瑰红色，总状花序下垂，序轴有黄色疏毛，花多而密集。荚果长条形。种子扁圆形。花果期 7 ~ 10 月，果期 10 ~ 11 月。

(2) 分布与习性

我国华东、中南及西南均有分布。生于林中、灌丛或山沟。

(3) 繁殖方法

播种繁殖。

(4) 观赏与应用

鸡血藤枝叶青翠茂盛，紫红色圆锥花序成串下垂，色彩艳丽，极为美观。适用于花廊、花架、建筑物墙面等的垂直绿化，也可配置于亭榭、山石旁。鸡血藤花暗红紫色，其茎内含有一种特殊物质，当茎被切断后，其木质部就立即出现淡红棕色，不久慢慢变成鲜红色汁液流出来，很像鸡血，因此得名。

图 6-5　鸡血藤

图 6-6　扶芳藤

7. 扶芳藤 *Euonymus fortunei* (Turcz.) Hand. – Mazz. (图 6-6)

科属：卫矛科 Celastraceae　卫矛属 *Euonymus* L.

(1) 形态特征

常绿藤本。小枝绿色，微具 4 棱，密生小瘤状突起，能随处生根。单叶对生，叶长卵形至椭圆状倒卵形，革质，长 3 ~ 7cm，先端钝或微急尖，基部楔形，有细钝锯齿。花两性，绿白色，花部 4 数，聚伞花序。蒴果近球形，黄红色。种子具棕红色肉质假种皮。花期 6 ~ 7 月，果期 10 月。

(2) 常见变种、品种

① 爬行卫矛 var. *radicans* Rehd.　叶小，较厚，长椭圆形，先端较钝，锯齿尖，背

面叶脉不明显；匍匐地面，易生不定根。

②‘花叶爬行’卫矛‘Gracilis’　叶有白色、黄色或粉红色边缘；易生气生根。

③ 紫叶扶芳藤 f. *colorata* Rehd.　叶秋季变为紫色。

(3)分布与习性

我国长江流域及黄河流域以南多栽培。耐阴，喜温暖，耐寒性不强，耐干旱瘠薄，较耐水湿，对土壤要求不严。生长快，攀缘力强。

(4)繁殖方法

扦插繁殖为主，也可播种、压条繁殖。

(5)观赏与应用

扶芳藤叶色油绿，四季常青，秋叶经霜变红，又有较强的攀缘能力，在园林中可掩盖墙面、山石，攀缘枯树、花格、花架，或匍匐地面蔓延生长作地被，也可盆栽修剪成悬崖式、圆头形等。

8. 常春藤 *Hedera nepalensis* var. *sinensis* (Tobl.) Rehd. （图 6-7）

别名：中华常春藤、爬树藤　科属：五加科 Araliaceae　常春藤属 *Hedera* L.

图 6-7　常春藤

(1)形态特征

常绿藤本，借气生根攀缘。嫩枝上有锈色鳞片。单叶互生，营养枝叶三角状卵形或戟形，全缘或 3 浅裂；花果枝叶椭圆状卵形至卵状披针形，全缘。花两性，淡黄色或绿白色，芳香；伞形花序单生或 2～7 朵顶生。浆果状核果球形，径约 1cm，熟时橙红或橙黄色。花期 8～9 月，果期翌年 4～5 月。

(2)分布与习性

产于华中、华南、西南及陕西、甘肃等地。极耐阴，不耐寒，喜温暖湿润气候，能耐短暂 -15℃ 低温。对土壤要求不严，喜湿润肥沃、排水良好中性或酸性土壤。

(3)繁殖方法

扦插、压条繁殖。

(4)观赏与应用

常春藤四季常青，蔓枝密叶，是垂直绿化的主要树种之一，又是极好的木本地被植物，常用以攀缘假山石、陡坡、围墙、树干、建筑物，穿云裂石，别具一格。也可盆栽供室内及窗台绿化观赏。

9. 洋常春藤 *Hedera helix* L.（图6-8）

别名：常春藤、加那利常春藤　科属：五加科 Araliaceae　常春藤属 *Hedera* L.

(1)形态特征

常绿藤本，借气生根攀缘。嫩枝具星状柔毛。单叶互生，营养枝叶3~5浅裂，裂片全缘；花果枝叶卵状菱形，全缘。花两性，淡黄色或绿白色，微香；伞形花序单生。浆果状核果球形，径约1cm，熟时黑色。花期9~11月，果期翌年4~5月。

(2)常见品种

①‘金边’常春藤‘Aureo – variegata’叶边黄色。

②‘银边’常春藤‘Silves Queen’　叶边白色。

③‘斑叶’常春藤‘Argenteo – variegata’叶片有白色斑纹。

④‘金心’常春藤‘Goldheaart’　叶较小，中心黄色。

⑤‘彩叶’常春藤‘Discolor’　叶较小，乳白色，带红晕。

图6-8　洋常春藤

(3)分布与习性

原产于欧洲，现国内外普遍栽培。耐阴，不耐寒，喜温暖湿润气候。

(4)繁殖方法

扦插、压条繁殖。

(5)观赏与应用

洋常春藤四季常青，蔓枝密叶，是垂直绿化的主要树种之一，又是极好的木本地被植物，江南常用作攀缘墙垣、假山石绿化材料；北方常盆栽作室内及窗台绿化材料。

10. 络石 *Trachelospermum jasminoides*(Lindl.)Lem.（图6-9）

别名：万字茉莉、白花藤、石龙藤　科属：夹竹桃科 Apocynaceae　络石属 *Trachelospermum* Lem.

(1)形态特征

常绿藤木，借气生根攀缘，具白色乳汁。茎赤褐色，幼枝有黄色柔毛。单叶对生，叶椭圆形或卵状披针形，薄革质，长3~8cm，全缘，脉间常呈白色，背面有柔毛。花两性，聚伞花序腋生；萼5深裂，内面基部具腺体，花后反卷；花冠白色，芳香，高脚碟状，5裂，右旋形如风车。蓇葖果长圆柱形，双生。种子有白毛。花期4~5月，果期7~12月。

(2)分布与习性

主产于长江、淮河流域以南各地。喜光，耐阴，喜温暖湿润气候，耐寒性弱，对土壤要求不严，抗干旱，不耐积水。萌蘖性强。

(3)繁殖方法

播种、扦插、压条繁殖。

(4)观赏与应用

络石叶色浓绿，四季常青，冬叶红色，花繁色白，芳香袭人，是优美的垂直绿化和常绿地被植物。常植于枯树、假山、墙垣之旁，攀缘而上，优美自然；也可作林下或常绿孤立树下的常青地被，或温室盆栽观赏。

图6-9　络　石　　　　图6-10　蔓长春花

11. 蔓长春花 *Vinca major* L.（图6-10）

别名：长春花、长春蔓　科属：夹竹桃科 Apocynaceae　蔓长春花属 *Vinca* L.

(1)形态特征

常绿蔓性灌木。单叶对生，叶卵形，长3～8cm，先端钝，全缘。花两性，单生叶腋；花冠漏斗状，紫蓝色，径3～5cm，5裂；萼片5，线形；花梗长3～5cm。蓇葖果双生，直立，长约5cm。花期4～6月，果期7～12月。

(2)常见品种

‘花叶’长春蔓‘Variegata’　叶有黄白色斑及边。

(3)分布与习性

原产于欧洲中部及南部。我国南部有栽培。喜光，耐半阴，不耐寒，喜肥沃湿润的中性、微酸性土壤。

(4)繁殖方法

扦插繁殖。

（5）观赏与应用

蔓长春花叶色光亮，花色雅致美丽，是优美的垂直绿化和地被植物。可植于庭园、公园路边、坡地观赏，或盆栽装饰阳台、窗台等。

12. 素方花 *Jasminum officinale* L.（图6-11）

科属：木犀科 Oleaceae　茉莉属 *Jasminum* L.

（1）形态特征

常绿缠绕藤木。茎细弱，绿色，4棱。奇数羽状复叶对生，小叶通常5～7，卵状椭圆形至披针形，长1～3cm，全缘。花两性，花冠白色或带粉红色，径约2.5cm，4～5裂，裂片长约8mm，花冠筒长5～16mm；聚伞花序顶生。浆果椭圆形。花期5～8月，果期9月。

（2）常见变型

素馨花 f. *grandiflorum*（L.）Kobuski

花较大，径约4cm；花冠筒长1.5～2cm，花冠裂片长约1.3cm。

（3）分布与习性

产于我国西南部及印度北部、伊朗等地。不耐寒。

（4）观赏与应用

素方花花繁色白，芳香袭人，是攀缘绿化的好材料，也是重要的芳香植物。多植于庭园、假山、墙垣观赏。

图6-11　素方花

13. 炮仗花 *Pyrostegia venusta*（Ker－Gaml.）Miers.（图6-12）

别名：火把花、黄鳝藤　科属：紫葳科 Bignoniaceae　炮仗藤属 *Pyrostegia* Presl.

（1）形态特征

常绿藤木。茎粗壮，有棱，小枝有6～8纵棱。指状复叶对生，小叶3，卵状椭圆形，长4～10cm，全缘；顶生小叶成线形三叉卷须。花两性，花冠橙红色，稍二唇形，筒状，长约6cm，先端5裂，外反卷，有明显白色、被绒毛的边；顶生圆锥状聚伞花序下垂。蒴果线形，长达25cm。花期1～2月。

（2）分布与习性

原产于巴西，现温暖地区栽培，我国华南、云南南部等地有栽培。喜温暖湿润气候，不耐寒。

（3）繁殖方法

扦插、压条繁殖。

图 6-12 炮仗花

图 6-13 硬骨凌霄

(4)观赏与应用

炮仗花红花累累成串，状如炮仗，花期长，为美丽的观赏藤木，适合公园、庭院等棚架、墙垣、山石边栽植观赏。

14. 硬骨凌霄 *Tecomaria capensis* (Thunb.) Spach. (图 6-13)

别名：南非凌霄、四季凌霄　科属：紫葳科 Bignoniaceae　硬骨凌霄属 *Tecomaria* Spach.

(1)形态特征

常绿半藤状灌木。枝绿褐色，常有小痂状突起。奇数羽状复叶对生，小叶 7～9，卵形至宽椭圆形，长1～2.5cm，有不规则锯齿。花两性，总状花序顶生；花冠长漏斗形，橙红色，有深红色纵纹，5 裂，筒部弯曲。蒴果扁线形，先端钝。花期 6～9 月，果期 10 月。

(2)分布与习性

原产于南非好望角，我国华南有栽培。喜光，耐半阴，耐干旱，不耐寒。

(3)繁殖方法

扦插、压条繁殖。

(4)观赏与应用

硬骨凌霄枝条平卧铺地，花色艳丽，花期长，是美丽的观赏藤木。可植于庭园、公园、风景区路边、山石旁绿化观赏，或作地被植物，或盆栽观赏。

15. 贯月忍冬 *Lonicera sempervirens* L. (图 6-14)

科属：忍冬科 Caprifoliaceae　忍冬属 *Lonicera* L.

(1)形态特征

常绿或半常绿缠绕藤本。单叶对生，叶卵形至椭圆形，长3～8cm，先端钝或圆，背面灰白色，全缘；无柄或近无柄，抱茎；花序下1～2对叶片基部合生。花两性，轮生，每轮常6朵，数轮组成顶生穗状花序；花冠长筒状或漏斗形，橘红色至深红色。浆果球形，红色。花期5～8月，果期9～10月。

(2)分布与习性

原产于北美东南部，我国上海、杭州、北京等地均有栽培。喜光，稍耐寒，适应性强，喜疏松肥沃壤土。

(3)繁殖方法

播种繁殖为主，亦可扦插繁殖。

(4)观赏与应用

贯月忍冬晚春至秋季陆续开花，叶形奇特，花色艳丽，花期长，可攀附园墙、拱门或金属丝，形成美丽的花墙、花门、花篱，为良好的棚架垂直绿化观赏藤木。

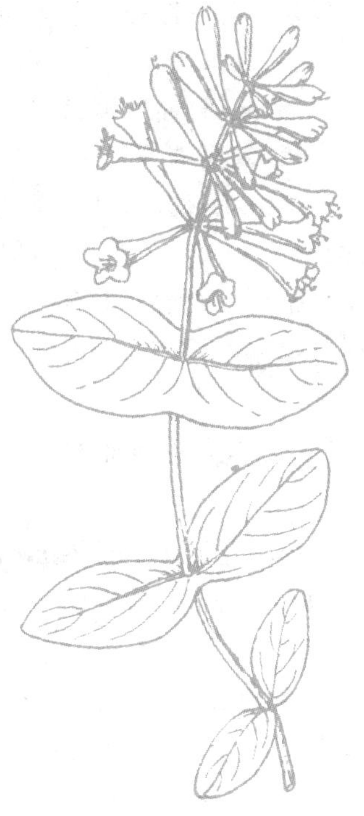
图6-14　贯月忍冬

16. 金银花 *Lonicera japonica* Thu nb.（图6-15）

别名：忍冬、金银藤　科属：忍冬科 Caprifoliaceae　忍冬属 *Lonicera* L.

图6-15　金银花

(1)形态特征

半常绿缠绕藤木。枝棕褐色，中空，条状剥落，幼时密被短柔毛。单叶对生，叶卵形或椭圆状卵形，长3～8cm，先端尖，基部圆形或近心形，幼时两面具柔毛，全缘；叶柄短。花两性，成对腋生，总花梗长于叶柄，苞片叶状；花冠二唇形，先白后黄色，芳香，花冠筒与裂片等长。浆果球形，离生，黑色。花期5～7月，果期8～10月。

(2)常见变种

① 红金银花 var. *chinensis* Baker　小枝、叶柄、嫩叶带紫红色，花冠淡紫红色。

② 黄脉金银花 var. *aureo - reticulata* Nichols.　叶较小，叶脉黄色。

(3)分布与习性

原产于我国，为我国特产树种，各地均有分布。喜光，耐阴，耐寒冷，耐干旱，耐水湿，对土壤要求不严，适应性强。根系发达，萌蘖性强，茎着地即能生根。

(4)繁殖方法

播种、扦插繁殖为主，压条、分株繁殖均可。

(5)观赏与应用

金银花植株轻盈，藤蔓缭绕，冬叶微红，经冬不凋，故名“忍冬”；花先白后黄，黄白相映，故名“金银花”；花期长，芳香，色香俱全，花叶皆美。可缠绕篱垣、花架、花廊、枯树，或附于山石，或植于沟边、爬于山坡用作地被，是庭园布置夏景的极好材料；植株体轻，也是美化屋顶花园的好树种；老桩作盆景，姿态古雅。

6.2 落叶树类

17. 五味子 *Schisandra chinensis* (Turcz.) Baill. (图 6-16)

别名：北五味子　科属：五味子科 Schisandraceae　北五味子属 *Schisandra* Michx.

(1)形态特征

落叶藤本。小枝灰褐色，稍有棱。单叶互生，叶倒卵形或椭圆形，长 5 ~ 10cm，先端尖，基部楔形，表面有光泽，背面中脉有毛，叶柄及叶脉常带红色，疏生细齿。花单性异株，花被片 6 ~ 9，乳白或带粉红色，芳香。浆果球形，熟时深红色，排成下垂的穗状聚合果。花期 5 ~ 6 月，果期 8 ~ 9 月。

(2)分布与习性

产于我国东北及华北地区。喜光，耐半阴，耐寒冷，不耐干旱及低湿地，喜肥沃湿

图 6-16　五味子

图 6-17　铁线莲

润、排水良好的土壤。浅根性。在自然界常缠绕他树而生。

(3)繁殖方法

播种、压条、扦插繁殖。

(4)观赏与应用

五味子果实成串，鲜红而美丽，可植于庭园作垂直绿化材料，或盆栽观赏。果肉甘酸，种子苦、辣、咸，五味俱全，故名“五味子”。

18. 铁线莲 *Clematis florida* Thunb.（图6-17）

科属：毛茛科 Ranunculaceae 铁线莲属 *Clematis* L.

(1)形态特征

落叶或半常绿藤木。2回三出复叶对生，小叶卵形或卵状披针形，长2～5cm，全缘或有少数浅缺刻。花两性，单生于叶腋，具二叶状苞片；无花瓣，花瓣状萼片6枚，白色、淡黄白色，背有绿条纹，径5～8cm；雄蕊紫色；结果时花柱无羽状毛。花期5～6月。

(2)常见品种

①‘重瓣’铁线莲‘Plena’ 花重瓣，雄蕊绿白色，外轮萼片较长。

②‘蕊瓣’铁线莲‘Sieboldii’ 部分雄蕊成紫色花瓣状。

(3)分布与习性

产于长江中下游至华南。喜光，耐寒冷，喜凉爽阴湿环境，喜疏松肥沃、排水良好的微酸性或中性土壤，忌冬季干冷、水涝或夏季干旱无保水力的土壤。

(4)繁殖方法

播种、分株、压条、扦插、嫁接繁殖。

(5)观赏与应用

铁线莲花大而美丽，为优良的垂直绿化植物及园林观赏植物，宜植于庭院、公园点缀园墙、棚架、围篱及凉亭等，亦可与假山、岩石配置，或盆栽观赏。

19. 木通 *Akebia quinata*(Thunb.)Decne.（图6-18）

科属：木通科 Lardizabalaceae 木通属 *Akebia* Decne.

(1)形态特征

落叶藤本，无毛。掌状复叶互生，小叶5，倒卵形或椭圆形，先端钝或微凹，全缘。花单性同株，淡紫色，芳香，总状花序腋生；雌花大，生于花序基部；雄花较小，生于花序上部；无花瓣，萼片3，淡紫色。浆果肉质，长椭圆形，长6～8cm，熟时紫色。种子多数。花期4～5月，果期10月。

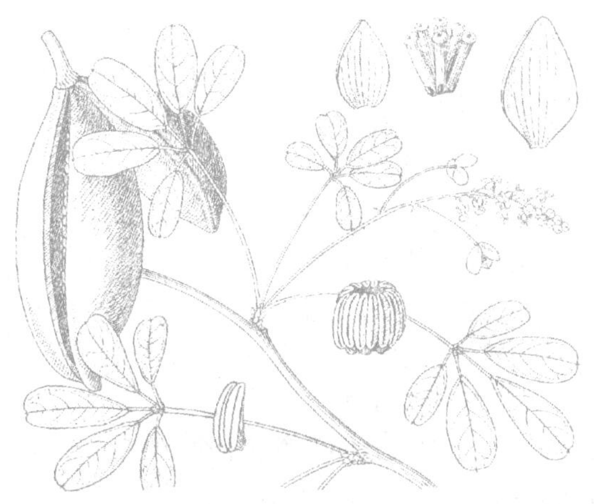
图6-18 木 通

(2)分布与习性

产于长江流域及东南、华南。稍耐

阴，喜温暖气候及湿润而排水良好的土壤。

(3)繁殖方法

播种、压条、分株、扦插繁殖。

(4)观赏与应用

木通花叶秀丽，宜作篱垣、荫棚、花架绿化材料，或缠绕树木、点缀山石，也可作盆栽桩景材料。

20. 三叶木通 *Akebia trifoliata*(Thunb.)Koldg.（图 6-19）

科属：木通科 Lardizabalaceae　木通属 *Akebia* Decne.

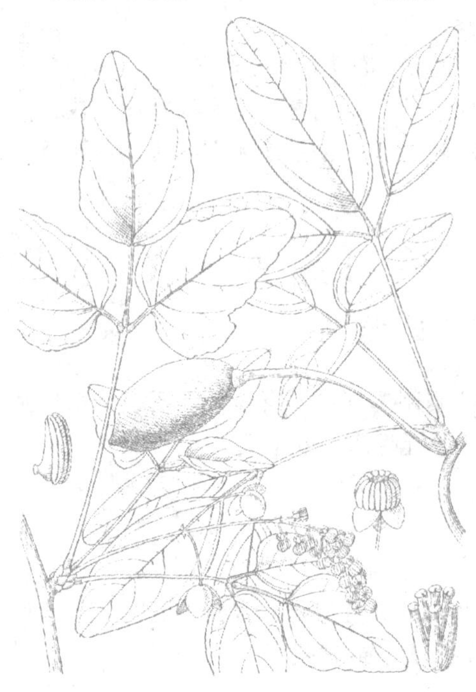

图 6-19　三叶木通

(1)形态特征

落叶藤本。茎蔓常匐地生长。掌状复叶互生，小叶 3，卵形，先端凹缺，基部圆形，边缘具不规则浅波齿。花单性同株，总状花序腋生；雌花褐红色，生于花序基部，雄花暗紫色，生于花序上端；无花瓣，萼片 3，花瓣状。浆果肉质，椭圆形，熟时紫色，长约 8cm，直径 4cm，成熟后沿腹缝线开裂，故称八月炸或八月瓜。花期 4 月，果期 8 ~ 9 月。

(2)分布与习性

产于华北及长江流域各地。喜阴湿，较耐寒，北京可露地越冬。在微酸、多腐殖质的黄壤中生长良好，也能适应中性土壤。

(3)繁殖方法

压条、分株、扦插繁殖。

(4)观赏与应用

三叶木通春夏季开花紫红色，叶形、叶色别有风趣，且耐阴湿环境。可配置荫木下、岩石间或叠石洞壑之旁，叶蔓纷披，野趣盎然。果实味甜可食。

21. 大血藤 *Sargentodoxa cuneata*(Oliv.)Rehd. et Wils.(图 6-20)

别名：红藤、血藤、大活血　科属：木通科 Lardizabalaceae　大血藤 *Sargentodoxa* Rehd. et Wils.

(1)形态特征

落叶藤本，茎褐色。三出掌状复叶互生，顶生小叶菱状倒卵形，先端尖，基部楔形，全缘；两侧小叶斜卵形，较大，基部不对称，全缘。花单性异株，黄色，芳香，腋生总状花序下垂，有木质苞片；萼片、花瓣均 6。聚合果肉质；单果为浆果，卵圆形。种子 1 粒，黑色。花期 3 ~ 5 月，果期 8 ~ 10 月。

(2)分布与习性

主产于湖北、四川、江西、河南、江苏等地。喜光。

(3)繁殖方法

播种繁殖。

(4)观赏与应用

大血藤花香叶美，可植于庭院、公园、绿地等，供花架、花格等垂直绿化。

图6-20　大血藤　　**图6-21　木藤蓼**

22. 木藤蓼 *Polygonum aubertii* L. Henry.(图6-21)

别名：山荞麦、奥氏蓼　科属：蓼科 Polygonaceae　蓼属 *Polygonum* L.

(1)形态特征

落叶半灌木状藤本。茎皮褐色，易剥离，茎节部膨大。单叶互生或簇生，叶卵形至卵状长椭圆形，长4~9cm，先端急尖，基部心形至箭形，全缘或波状；托叶鞘膜质，筒状，斜形。花两性，白色或绿白色，圆锥或总状花序；苞片膜质，褐色；花梗近基部有关节；花被外3片较厚，具翅，结果后增大，宿存，先端有凹缺。瘦果椭圆形，3棱，黑色，包于花被内。花果期7~10月。

(2)分布与习性

产于我国秦岭至四川、西藏地区。喜光，耐寒冷，耐干旱。生长快。

(3)繁殖方法

播种、扦插、分株繁殖。

(4)观赏与应用

木藤蓼开花时节一片雪白，有微香，是良好的垂直绿化及地面覆盖材料。

23. 猕猴桃 *Actinidia chinensis* Planch.（图 6-22）

别名：中华猕猴桃　科属：猕猴桃科 Actinidiaceae　猕猴桃属 *Actinidia* Lindl.

（1）形态特征

落叶缠绕藤本。小枝幼时密生灰棕色柔毛，髓白色，片状分隔。单叶互生，叶圆形、卵圆形或倒卵形，长 5～17cm，先端突尖、微凹或平截，有芒状细锯齿，表面脉上有疏毛，背面密生灰棕色星状绒毛。花单性异株，乳白色，后变黄色，径 3.5～5cm，芳香，聚伞花序。浆果椭圆形或卵形，黄褐绿色，长 3～5cm，密被棕色绒毛。花期 6 月，果期 9～10 月。

图 6-22　猕猴桃

（2）分布与习性

黄河及长江流域以南地区。喜光，稍耐阴，较耐寒，不耐干旱，不耐涝，喜温暖气候及深厚肥沃、湿润而排水良好土壤。根系发达，生长快，寿命长，萌芽力、萌蘖性强，耐修剪。

（3）繁殖方法

播种繁殖为主，也可扦插、压条、分株、嫁接繁殖。

（4）观赏与应用

猕猴桃花大美丽，芳香，硕果垂枝，是花、果并茂的优良棚架材料。适于花架、绿廊、绿门配置，也可任其攀附于树干或山石陡壁。既可观赏又有经济收益，是优良的园林生产相结合树种。

24. 木天蓼 *Actinidia polygama*（Sieb. et Zucc.）Miq.（图 6-23）

别名：葛枣猕猴桃　科属：猕猴桃科 Actinidiaceae　猕猴桃属 *Actinidia* Lindl.

图 6-23　木天蓼

（1）形态特征

落叶藤木。嫩枝稍有毛，枝髓实心，白色。单叶互生。叶宽卵形至卵状椭圆形，长 8～14cm，先端渐尖，基部圆形、宽楔形或近心形，有贴生细齿，背脉有疏毛，部分叶上部或几乎全部成白色或黄色。花单性异株，白色，径 1.5～2cm，1～3 朵腋生。浆果黄色，卵圆形，长 2～3cm，有尖头。花期 7 月，果期 9 月。

（2）分布与习性

产于我国东北、西北、西南、湖北、山东。耐寒冷，适应性强。

(3)繁殖方法

播种繁殖。

(4)观赏与应用

木天蓼部分叶银白色或黄色，可植于庭院、公园观赏，攀附树木、假山石、山坡、棚架等。果实食用、药用。

25. 多花蔷薇 *Rosa multiflora* Thunb.

别名：蔷薇、野蔷薇 科属：蔷薇科 Rosaceae 蔷薇属 *Rosa* L.

(1)形态特征

落叶攀缘灌木。茎细长，有钩状皮刺，托叶下有刺。奇数羽状复叶互生，小叶5～9(11)，倒卵形至椭圆形，长1.5～3cm，有锯齿；托叶与叶轴连生，边缘篦齿状裂。花两性，白色或略带粉晕，芳香，径约2cm，圆锥状伞房花序，萼片有毛。蔷薇果近球形，径约6mm，褐红色。花期5～6月，果期10～11月。

(2)常见变种、变型、品种

① 粉团蔷薇 var. *cathyensis* Rehd. et Wils. 小叶较小，通常5～7；花较大，单瓣，粉红至玫红色，平顶状伞房花序。

② 十姐妹(七姊妹) var. *platyphylla* Thory 叶较大；花重瓣，红色，常6～7朵成扁伞房花序。

③ 荷花蔷薇 f. *carnea* Thory 花重瓣，粉红色，多朵簇生。

④‘白玉棠’‘AIbo-Piena’ 皮刺较少；小叶倒宽卵形；花白色，重瓣，多朵簇生，芳香。

(3)分布与习性

产于我国华北、华东、华中、华南及西南。现全国普遍栽培。喜光，耐半阴，耐寒冷，耐干旱瘠薄，耐水湿，喜肥，适应性强，对土壤要求不严。萌蘖性强，耐修剪。抗污染。

(4)繁殖方法

播种、分株、扦插繁殖。

(5)观赏与应用

多花蔷薇花繁叶茂，花色艳丽、芳香。可用于布置花墙、花门、花廊、花架、花柱，或植为花篱，或植于草坪、林缘、园路旁、建筑物前、专类园等，也可盆栽或切花观赏。

26. 紫藤 *Wisteria sinensis* Sweet.（图6-24）

别名：藤萝 科属：蝶形花科 Fabaceae 紫藤属 *Wisteria* Nutt.

(1)形态特征

落叶藤本。枝条灰褐色，无毛。奇数羽状复叶互生，小叶7～13，通常11，卵状长圆形至卵状披针形，长4.5～11cm，先端突尖，基部宽楔形，全缘，幼时密生平贴白色细毛。花两性，蓝紫色，总状花序下垂。荚果扁平，长10～25cm，密生黄色绒毛。种子扁圆形。花期4～5月，果期9～10月。

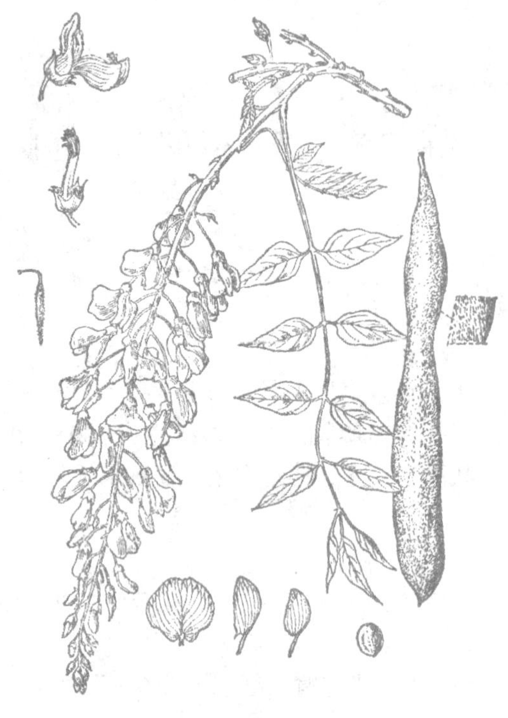
图6-24 紫 藤

(2)常见变种、品种

①‘银藤’var. *alba* Lindl. 花白色。耐寒性较差。

②‘重瓣’紫藤‘Plena’ 花重瓣，近堇色。

(3)分布与习性

原产于我国，华北、华东、华中、西北、西南普遍栽培。喜光，稍耐阴，较耐寒，较耐干旱瘠薄，较耐水湿，喜深厚肥沃、排水良好的土壤，对城市环境适应性较强。主根深，侧根少，不耐移植，生长快，寿命长。

(4)繁殖方法

播种繁殖为主，也可扦插、分株、压条、嫁接繁殖。

(5)观赏与应用

紫藤藤枝虬屈盘结，枝叶茂盛，春季先叶开花，紫花串串，穗大味香，荚果形大，为著名的观花藤本植物。园林中常作棚架、门廊；凉亭、枯树灯柱及山石绿化材料，或修整成灌木状，栽植于草坪、门庭两侧、假山石旁，或点缀于湖边池畔，别具风姿。也可用于厂矿区垂直绿化，或作树桩盆景。花枝可作插花材料。

27. 葛藤 *Pueraria lobata*(Willd.)Ohwi.（图6-25）

别名：野葛、葛根 科属：蝶形花科 Fabaceae 葛属 *Pueraria* DC.

(1)形态特征

落叶藤本，全株有黄色长硬毛。块根厚大。三出羽状复叶互生，顶生小叶菱状卵形，长5.5~19cm，先端渐尖，全缘，有时浅裂，背面有白粉；侧生小叶偏斜，深裂；托叶盾形。花两性，紫红色，总状花序腋生，总花梗具节，萼有黄毛。荚果扁平，密生黄色长硬毛。花期4~9月，果期8~11月。

(2)分布与习性

分布极广，除新疆、西藏外几遍全国。喜光，耐干旱瘠薄，适应性强，对土壤要求不严。生长快，蔓延力强。

(3)繁殖方法

播种、压条繁殖。

(4)观赏与应用

葛藤枝叶稠密，是良好的水土保持及地被植物，在自然风景区中可选择应用。

图6-25　葛　藤

图6-26　南蛇藤

28. 南蛇藤 *Celastrus orbiculatus* Thunb.（图6-26）

科属：卫矛科 Celastraceae　南蛇藤属 *Celastrus* L.

（1）形态特征

落叶藤木。枝条灰褐或黄褐色。单叶互生，叶近圆形或椭圆状倒卵形，长4～10cm，先端突尖或钝，基部宽楔形或近圆形，有细钝锯齿。花杂性异株，黄绿色，短总状花序。蒴果近球形，橙黄色，花柱宿存。种子白色，具红色或橘红色肉质假种皮。花期5～6月，果期9～10月。

（2）分布与习性

东北、华北、华东、西北、西南及华中均有分布。喜光，耐半阴，耐寒冷，耐干旱瘠薄，适应性强，对土壤要求不严，喜肥沃湿润、排水良好土壤。生长快。

（3）繁殖方法

播种繁殖为主，也可扦插、压条繁殖。

（4）观赏与应用

南蛇藤秋叶红色，果实橙黄色，开裂后露出红色的假种皮，艳丽美观。宜植于湖畔、溪边、坡地、林缘及假山、石隙等处，也可作棚架绿化及地被植物材料。此外，果枝可作瓶插材料。

29. 葡萄 *Vitis vinifera* L.（图6-27）

科属：葡萄科 Vitaceae　葡萄属 *Vitis* L.

（1）形态特征

落叶藤木。卷须与叶对生，枝髓褐色，茎皮红褐色，老时条状剥落。单叶互生，叶近圆形，长7～15cm，3～5掌状浅裂，裂片尖，具粗齿，基部心形。花杂性异株，黄绿色，圆锥花序与叶对生，花瓣顶部黏合成帽状，花时脱落。浆果球形或椭圆形，黄绿色、紫红色，绿色。花期5~6月，果期8~9月。

(2)分布与习性

原产于亚洲西部，现辽宁中部以南均有栽培。喜光，较耐寒，耐干旱，不耐涝，喜干燥及夏季高温的大陆性气候，对土壤要求不严，喜深厚湿润、排水良好的沙质或砾质壤土。深根性，生长快，寿命较长。

(3)繁殖方法

扦插繁殖为主，也可压条、嫁接、播种繁殖。

(4)观赏与应用

葡萄翠叶满架，硕果晶莹，为果、叶兼观的好材料，是世界著名的水果树种，也是园林垂直绿化结合生产的理想树种。除专类园作果树栽培外，可植于庭院、公园、疗养院及居民区，用于长廊、门廊、棚架、花架等绿化。

图6-27　葡　萄　　**图6-28　乌头叶蛇葡萄**

30. 乌头叶蛇葡萄 *Ampelopsis aconitifolia* Bunge.（图6-28）

科属：葡萄科 Vitaceae　蛇葡萄属(白蔹属) *Ampelopsis* Michx.

(1)形态特征

落叶藤木。卷须与叶对生，枝髓白色。掌状复叶互生，小叶3~5，披针形或菱状披针形，长4~9cm，常羽状裂，中央小叶羽裂深达中脉，裂片具粗锯齿，无毛或幼时背面沿脉有毛。花两性，黄绿色，聚伞花序与叶对生。浆果近球形，径约6mm，橙红色。花期6~7月，果期9~10月。

(2)常见变种

掌裂蛇葡萄 var. *glabra* Diels. 叶掌状3～5全裂，中裂片菱形，侧裂片卵形，有粗齿或浅裂，稀羽状裂。

(3)分布与习性

分布于东北、华北及陕西、甘肃、河南、湖北等地。

(4)繁殖方法

播种繁殖。

(5)观赏与应用

乌头叶蛇葡萄叶美果艳，可作垂直绿化材料，用于长廊、棚架、枯树等绿化，也可作地被植物。

31. 爬山虎 *Parthenocissus tricuspidata*(Sieb. et Zucc.)Planch.(图6-29)

别名：地锦、爬墙虎　科属：葡萄科 Vitaceae　爬山虎属(地锦属)*Parthenocissus* Planch.

(1)形态特征

落叶藤木。卷须顶端常扩大成吸盘，卷须短而多分枝。单叶互生，叶宽卵形，长8～18cm，常3裂，或深裂成3小叶，基部心形，背面脉上常有柔毛，三出脉，有粗锯齿。花两性，淡黄绿色，聚伞花序与叶对生。浆果球形，径约6mm，熟时蓝黑色，有白粉。花期6～7月，果期9～10月。

图6-29　爬山虎

(2)分布与习性

华南、华北至东北各地。喜光，耐阴，耐寒冷，耐干旱，耐热，耐水湿，对气候及土壤适应性较强，喜湿润肥沃土壤。根系发达，生长快，吸附能力强。对氯气抗性强。

(3)繁殖方法

扦插繁殖为主，也可播种、压条繁殖。

(4)观赏与应用

爬山虎枝叶茂密，藤蔓纵横，秋叶红色，是优良的垂直绿化材料及地被植物。可绿化建筑物墙壁、墙垣、庭园入口、假山、桥头石壁或老树干，或作地被，或绿化公路或高速公路挖方路段。

32. 五叶地锦 *Parthenocissus quinquefolia*(L.)Planch.(图6-30)

别名：美国爬山虎　科属：葡萄科 Vitaceae　爬山虎属(地锦属)*Parthenocissus* Planch.

(1)形态特征

落叶藤木，卷须顶端常扩大成吸盘。幼枝带紫红色，卷须具5～12分枝，吸盘大。掌状复叶互生，小叶5，卵状长椭圆形至倒长卵形，长4～10cm，先端尖，基部楔形，有粗锯齿，背面稍具白粉及毛。花两性，黄绿色，圆锥状聚伞花序与叶对生。浆果近球形，径约6mm，蓝黑色，稍带白粉，具1~3种子。花期6~7月，果期9~10月。

(2)分布与习性

原产于美国东部，我国栽培。喜光，耐阴，较耐寒，较耐干旱，较耐热，喜温暖气候。生长快。

(3)繁殖方法

以扦插繁殖为主，也可播种、压条繁殖。

(4)观赏与应用

五叶地锦生长旺盛，秋叶红艳，甚为美观，是优良的垂直绿化材料及地被植物。可绿化建筑墙面、山石及老树干等，也可用作地面覆盖材料。

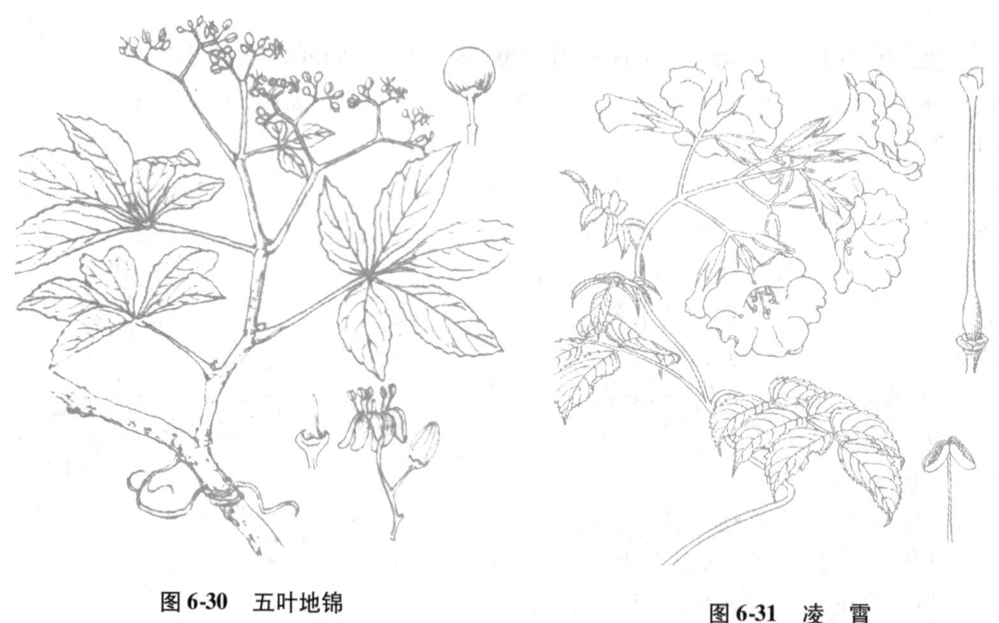

图6-30　五叶地锦

图6-31　凌　霄

33. 凌霄 *Campsis grandiflora* (Thunb.) Loisel.（图6-31）

别名：紫葳、女葳花　科属：紫葳科 Bignoniaceae　凌霄属 *Campsis* Lour.

(1)形态特征

落叶藤木，借气根攀缘。树皮灰褐色，细条状纵裂。小枝紫褐色。奇数羽状复叶对生，小叶7~9，卵形至卵状披针形，长3~7cm，先端长尖，基部不对称，疏生7~8齿。花两性，聚伞状圆锥花序疏松；花萼5裂至中部，革质；花冠唇状漏斗形，5裂，径5~7cm，鲜红色或橘红色。蒴果长如豆荚，先端钝。花期6~8月，果期10月。

(2)分布与习性

原产于我国中部、东部，各地有栽培。喜光，稍耐阴，喜温暖湿润，耐寒性较差，耐干旱，较耐水湿，不耐积水，耐轻盐碱，喜排水良好的微酸姓、中性土壤。萌蘖力、萌芽力强。

(3)繁殖方法

以扦插、埋根繁殖为主，播种、压条、分蘖繁殖均可。

(4)观赏与应用

凌霄柔条纤蔓，花大色艳，花期长，繁花艳彩，是理想的城市垂直绿化材料。为园林中夏秋主要观花棚架、花门的良好绿化材料，可搭棚架，作花门、花廊，攀缘墙垣、枯树、老树、石壁等，点缀假山间隙，还可作桩景材料。

34. 美国凌霄 *Campsis radicans*(L.)Seem.（图 6-32）

科属：紫葳科 Bignoniaceae　凌霄属 *Campsis* Lour.

(1)形态特征

落叶藤木，借气根攀缘。奇数羽状复叶对生，小叶 9 ~ 13，椭圆形至卵状长圆形，长 3 ~6cm，先端长尖，基部圆形或宽楔形，叶轴及叶背均生短柔毛，疏生 4 ~ 5 粗锯齿。花两性，短圆锥花序；萼裂较浅，深约 1/3，橘色，革质；花冠筒状漏斗形，5 裂，径约 4cm，外面橘红色，裂片红色。蒴果筒状长圆形，先端尖。花期 6 ~ 10 月，果期 9 ~ 11 月。

(2)分布与习性

原产于北美。我国各地栽培。喜光，稍耐阴，耐寒冷，耐干旱，耐水湿，较耐盐碱，对土壤要求不太严格，适应性强。深根性，萌蘖力、萌芽力强。

(3)繁殖方法

以扦插、埋根繁殖为主，播种、压条、分蘖繁殖均可。

图 6-32　美国凌霄

(4)观赏与应用

美国凌霄花大色艳，花期长，繁花艳彩，是理想的城市垂直绿化材料。为庭园中棚架、花门的良好绿化材料，可用以攀缘墙垣、枯树、石壁等，点缀假山间隙。

35. 盘叶忍冬 *Lonicera tragophylla* Hemsl.（图 6-33）

别名：叶藏花、大叶银花　科属：忍冬科 Caprifoliaceae 忍冬属 *Lonicera* L.

(1)形态特征

落叶藤木。小枝黄褐或灰黄色。单叶对生，叶长椭圆形，长 5 ~ 12cm，先端锐尖或钝，基部楔形，背面密生柔毛，全缘；花序下 1 ~ 2 对叶片基部合生成近圆形的盘。花两性，轮生，每轮 3 花，聚伞花序密集成头状，有花6 ~ 18 朵；花冠唇形，黄色至橙黄色，上部外面略带红色，冠筒稍弯，长为唇瓣的 2 ~ 3 倍。浆果近球形，熟时由黄色转红黄色，最后成红色，径约 1cm。花期 6 ~ 7 月，果期 9 ~ 10 月。

(2)分布与习性

产于我国中部及西部，沿秦岭各地均有分布。较耐寒，适应性强，对土壤要求不太

图6-33　盘叶忍冬

严格。

(3)繁殖方法

扦插、压条、播种繁殖。

(4)观赏与应用

盘叶忍冬花大色艳，优美独特。可植于各种造型的棚架、花廊、栅栏等处垂直绿化，也可孤植蔓生作地被植物。

36. 台尔曼忍冬 *Lonicera tellmanniana* Spaeth.

科属：忍冬科 Caprifoliaceae　忍冬属 *Lonicera* L.

(1)形态特征

落叶藤本。枝中空，小枝淡褐色。单叶对生，叶长椭圆形，先端钝或微尖，基部圆形或楔形，主脉基部橘红色，全缘；花序下1~2对叶片基部合生成近圆形或卵圆形的盘。花两性，轮生，每轮6花，由2~4轮组成具总梗的头状花序，花冠唇形，橙红色或橙黄色，冠筒长为裂片的2~3倍。浆果近球形，红色，通常无果实。花期5~10月，果期8月。

(2)分布与习性

原产于北美，是盘叶忍冬与美国盘叶忍冬杂交种。喜光，较耐阴，较耐寒，耐干旱，对土壤要求不太严格，喜湿润肥沃、疏松土壤。

(3)繁殖方法

扦插繁殖。

(4)观赏与应用

台尔曼忍冬花色明媚，花态娇美，花香怡人，藤蔓萦绕，为优良的观赏藤木。可植于各种造型的棚架、花廊、栅栏等处垂直绿化，也可孤植蔓生作地被植物。

思考题

1. 什么是藤蔓木类树种？藤蔓木类树种可分为哪些类型？在园林中如何应用？
2. 结合园林景观设计，举例说明藤蔓类树种在园林中的作用。
3. 谈谈在园林绿化中如何开发利用藤蔓类树种资源？
4. 列举出10种当地垂直绿化树种，并说明其观赏特性。
5. 简述藤蔓类树种在园林景观营造中选择配置的原则。
6. 比较下列树种的异同点：

(1)常春油麻藤与鸡血藤　(2)木通与三叶木通

(3)猕猴桃与木天蓼　(4)爬山虎与五叶地锦

(5)凌霄与美国凌霄　(6)盘叶忍冬与台尔曼忍冬

7. 根据物候、观赏特性等写出下列种类的观赏树种：

(1)春天观花的树种　　(2)夏天观花的树种

(3)秋天观果的树种　　(4)适合造型的树种

(5)适合墙壁绿化的树种

8. 调查当地藤蔓类树种资源及其应用现状(列表)。

单元7 观赏树木冬态

学习目标

【知识目标】

掌握常见观赏树种的冬态识别要点，能在落叶期熟练识别各树种。

【技能目标】

(1)具备落叶期识别园林树种的能力，能识别本地常见树种；

(2)具备利用工具书及文献资料鉴定树种的方法和技能，能用专业术语描述各种树种的形态特征。

1. 银杏 *Ginkgo biloba* L.（图 7-1）

别名：白果树、公孙树　科属：银杏科 Ginkgoaceae　银杏属 *Ginkgo* L.

［冬态特征］乔木，树冠广卵形或圆锥形。树皮灰褐色至灰色，具木栓质，触之较软，有不规则纵裂纹。主枝斜出，近轮生。有长枝、短枝之分，短枝矩形，灰黑色，与长枝近垂直；1 年生枝黄褐色，2 年生以上枝灰色，有细纵裂纹，皮孔稀疏，纵向裂。叶痕在长枝互生，短枝上簇生，半圆形，稍隆起，叶迹 2 个。冬芽圆球形、卵圆形或宽卵形，黄褐色，芽鳞多数。实心髓，白色或乳白色。

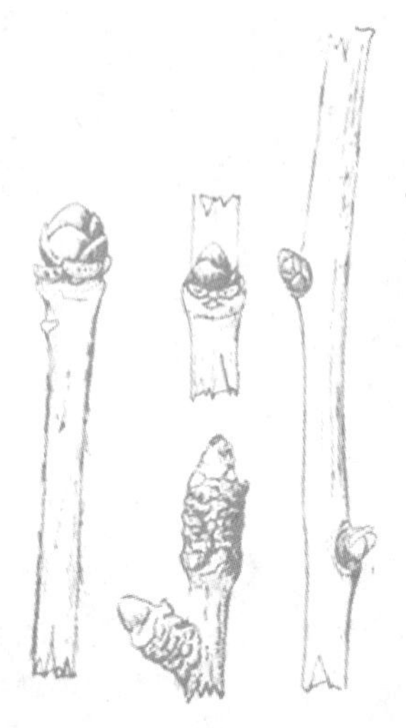

图 7-1　银杏冬态

图 7-2　春榆冬态

2. 春榆 *Ulmus japonica*（Rehd.）Sarg.（图 7-2）

别名：白皮榆　科属：榆科 Ulmaceae　榆属 *Ulmus* L.

［冬态特征］乔木，树冠卵圆形。树皮暗灰色，深纵裂，表层剥落。小枝较粗壮，黄褐色、红褐色至灰褐色，密生灰白色短柔毛，幼树及萌发枝上常具木栓质突起，皮孔圆形，灰色，隆起。叶痕互生，半圆形、盾形或心形，淡白色，叶迹3组。冬芽歪生，圆锥形或卵圆形，暗褐色，芽鳞多数，边缘有短睫毛。实心髓，淡褐色。

3. 大果榆 *Ulmus macrocarpa* Hance.（图 7-3）

别名：黄榆　科属：榆科 Ulmaceae　榆属 *Ulmus* L.

［冬态特征］乔木，树冠卵圆形。树皮灰褐色或灰黑色，浅纵裂。当年生枝褐绿色或褐色，有粗毛；幼树小枝常具对称扁平木栓质翅；老枝暗褐色，光滑无毛，皮孔椭圆形，灰白色。冬芽卵圆形，黑褐色，有灰白色短柔毛。

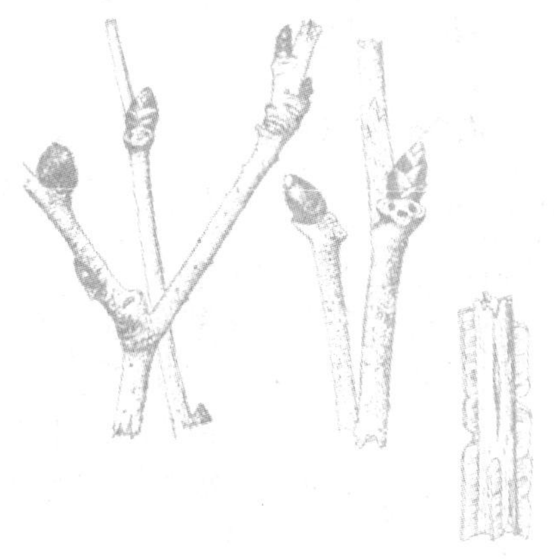

图 7-3　大果榆冬态

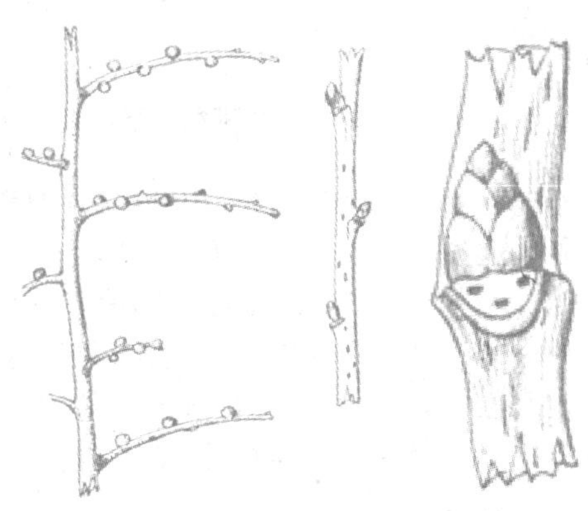

图 7-4　白榆冬态

4. 白榆 *Ulmus pumila* L.（图 7-4）

别名：家榆、榆树　科属：榆科 Ulmaceae　榆属 *Ulmus* L.

［冬态特征］乔木，树冠阔卵形至倒卵形。树皮灰黑色，粗糙，深纵裂。老枝灰褐色或灰白色，有横向连接的皮孔；小枝细长，柔软，羽状排列，灰色；1年生枝有短柔毛，皮孔多纵向排列，椭圆形或圆形，棕色，略隆起。叶痕互生，半圆形或近圆形，叶迹3个。冬芽歪生，近球形或扁卵形，黄褐色或黑紫色，芽鳞多数，边缘密生白色缘毛。实心髓，淡黄白色。

5. 核桃楸 *Juglans mandshurica* Maxim.（图 7-5）

别名：胡桃楸　科属：胡桃科 Juglandaceae　胡桃属 *Juglans* L.

［冬态特征］乔木，树冠宽卵形。树皮灰色或暗灰色，交叉细纵浅裂。分枝稀疏，1年生枝粗壮，灰色或黄棕色，有短柔毛，先端有星状毛，皮孔长椭圆形，灰色至棕色，略隆起。叶痕互生，猴脸形，叶迹3组。顶芽较大，卵形或卵圆形，黄褐色，有长柔毛，侧芽较小，宽卵形，单生或2枚叠生，生于叶痕的上方，芽鳞多数，密被黄褐色绒毛。片状髓，褐色。

6. 枫杨 ***Pterocarya stenoptera* C. DC.**（图 7-6）

别名：平柳、元宝树　科属：胡桃科 Juglandaceae　枫杨属 *Pterocarya* Kunth

［冬态特征］乔木，树冠宽广。幼树皮红褐色，平滑；老树皮灰褐色，深纵裂。1 年生枝灰绿色，先端有毛，皮孔近圆形，褐色。叶痕肾形、心形或新月形，叶迹 3 组。冬芽扁压状，顶芽大，侧芽 3 枚叠生或单生，裸芽，具柄，密被锈褐色毛。片状髓，淡褐色。

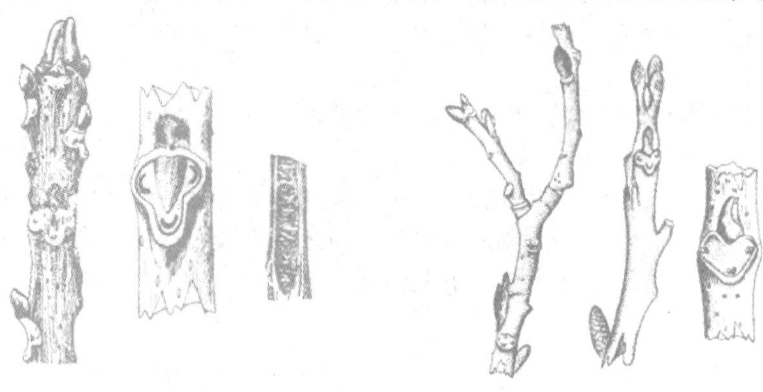

图 7-5　胡桃楸冬态　　　　图 7-6　枫杨冬态

7. 蒙古栎 ***Quercus mongolica* Fisch.**（图 7-7）

别名：柞树、小叶槲树　科属：壳斗科 Fagaceae　栎属 *Quercus* L.

［冬态特征］乔木，树冠卵圆形。树皮灰黑色，小块状深纵裂。老枝灰褐色，有光泽；1 年生枝粗壮，淡灰色，皮孔圆形，淡褐色，明显隆起。叶痕互生，半圆形、新月形或肾形，隆起，叶迹多而散生。冬芽大，卵形，饱满，有棱，侧芽单生，顶芽 3 ~ 5 枚呈聚生状，栗褐色，芽鳞多数，边缘具白色睫毛。实心髓，浅黄色。常有枯叶宿存。

8. 毛赤杨 ***Alnus sibirica* Fisch. et Turcz. var. *hirsuta*（Turcz.）Koidz.**（图 7-8）

别名：水冬瓜　科属：桦木科 Betulaceae　赤杨属 *Alnus* Mill.

［冬态特征］乔木或小乔木，有时呈丛生状。树皮灰褐色或暗灰色，较光滑，不开裂，有黄褐色横条纹。老枝灰黑色，不开裂，略有光泽；幼枝暗褐色或紫褐色，有柔毛或有蜡质层，皮孔小，分散，圆形或宽椭圆形，灰白色，略突出。芽有柄，卵形，红褐色，芽鳞 2 枚，有光泽。宿存越冬雄花序，圆柱形，常 2 ~ 6 枚集生于枝端。

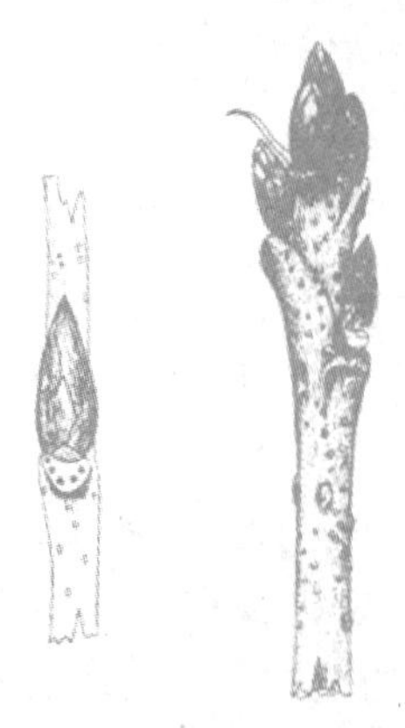

图 7-7　蒙枯栎冬态

图 7-8　毛赤杨冬态

9. 白桦 *Betula platyphylla* Suk.（图7-9）

别名：粉桦　科属：桦木科 Betulaceae　桦木属 *Betula* L.

［冬态特征］乔木，树冠卵圆形。树皮白色，纸状分层剥落。有长枝、短枝之分，老枝红褐色，有光泽，皮孔多而密，横向排列，乳白色；1年生枝较老枝色深，暗红色，无毛，被白色蜡层，并具白色树脂腺体及皮孔。叶痕互生，半圆形或倒三角形，隆起，叶迹3个。冬芽长卵形，先端尖，栗褐色，芽鳞多数。实心髓，淡绿色。宿存越冬雄花序，圆柱形，常2枚生于枝端。

图7-9　白桦冬态　　图7-10　紫椴冬态

10. 紫椴 *Tilia amurensis* Rupr.（图7-10）

别名：籽椴　科属：椴树科 Tiliaceae　椴树属 *Tilia* L.

［冬态特征］乔木，树冠卵圆形。树皮暗灰色，呈鳞片状剥落，老时纵裂，内皮富有纤维。枝呈"之"字形，较软，有光泽，无毛，有膜质薄皮；1年生枝黄褐色或红褐色；老枝灰褐色或深灰色，有光泽，密生皮孔，明显隆起。叶痕互生，半圆形、肾形或

图7-11　糠椴冬态　　图7-12　新疆杨冬态　　图7-13　垂柳冬态

新月形，隆起，叶迹 3 组，有托叶痕。冬芽歪生，卵形，红褐色，有光泽，芽鳞 2 枚，大的包围整个芽，小的在一侧歪生。实心髓，白色。核果及舌形叶状苞片宿存。

11. 糠椴 *Tilia mandshurica* Rupr. et Maxim.（图 7-11）

科属：椴树科 Tiliaceae　椴树属 *Tilia* L.

［冬态特征］乔木，树冠宽卵形。树皮灰黑色，浅纵裂。1 年生枝黄绿色，密被淡黄褐色星状短绒毛；2 年生枝紫褐色，有密毛。冬芽卵形，芽鳞 2 枚，密被黄褐色星状毛。核果及舌形叶状苞片宿存。

12. 新疆杨 *Populus alba* L. var. *pyramidalis* Bge.（图 7-12）

科属：杨柳科 Salicaceae　杨属 *Populus* L

［冬态特征］乔木，树冠窄圆柱形或尖塔形。树干端直，侧枝向上生长，几乎贴近主枝。树皮灰白色或灰绿色，光滑，无纵裂，皮孔菱形，似眼睛，干基部树皮常纵裂。有长枝、短枝之分，1 年生枝绿色或灰绿色，有白色绒毛，皮孔少。叶痕在长枝上互生，短枝上簇生，倒三角形、半圆形或浅心形，叶迹 3 组。顶芽发达，侧芽卵形，芽鳞多数。实心髓，白色，横切面五角形。

13. 垂柳 *Salix babylonica* L.（图 7-13）

别名：水柳、倒杨柳　科属：杨柳科 Salicaceae　柳属 *Salix* L.

［冬态特征］乔木，树冠开展而疏散。树皮灰黑色，不规则开裂。小枝细长，柔软下垂，淡褐黄色、淡褐色或带紫色，光滑无毛。冬芽卵圆形，芽鳞上有柔毛。

14. 旱柳 *Salix matsudana* Koidz.（图 7-14）

别名：柳树、立柳　科属：杨柳科 Salicaceae　柳属 *Salix* L.

［冬态特征］乔木，大枝斜上，树冠广圆形。树皮暗灰黑色，浅纵裂。枝直立或斜展，小枝细长，浅褐黄色或带绿色，后变褐色，无毛。冬芽卵形，红褐色或黄褐色，微有短柔毛。

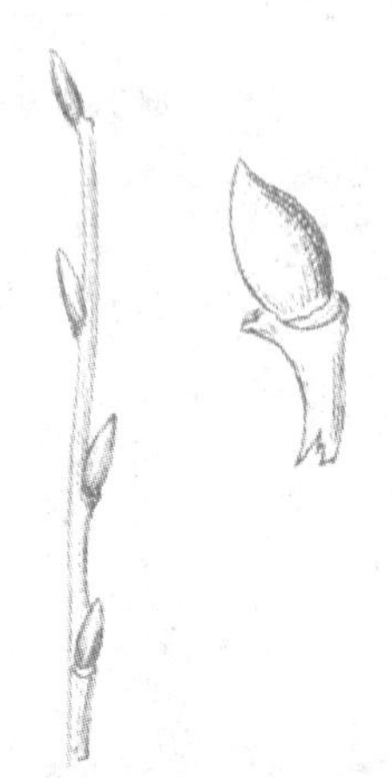

图 7-14　旱柳冬态

图 7-15　珍珠绣线菊冬态

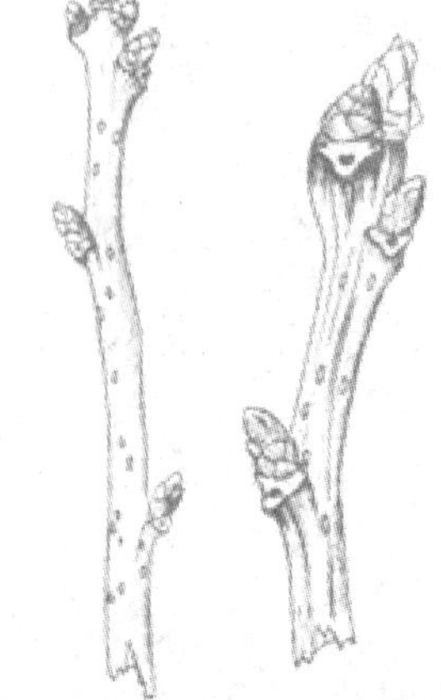

图 7-16　珍珠梅冬态

15. 珍珠绣线菊 *Spiraea thunbergii* Blume.（图7-15）

别名：珍珠花　科属：蔷薇科 Rosaceae　绣线菊属 *Spiraea* L.

［冬态特征］灌木。树皮黑褐色或深褐色，条状剥落。枝条细长开张，常呈弧形弯曲，有明显棱线，枝皮红褐色或棕褐色，条状剥落，剥皮后为褐色，小枝细弱，皮孔不明显。叶痕互生，倒三角形或半圆形，隆起，中央凹下，两侧边缘下延成棱线，叶迹1组。冬芽单生或3枚并生，球形或倒卵形，红褐色或紫红色，芽鳞多数。实心髓，白色或淡褐色。

16. 珍珠梅 *Sorbaria sorbifolia*（L.）A. Br.（图7-16）

别名：山高粱　科属：蔷薇科 Rosaceae　珍珠梅属 *Sorbaria* A. Br.

［冬态特征］灌木。树皮灰褐色，皮孔圆形，灰色，隆起明显。枝条开展。小枝粗壮，圆形，“之”字形弯曲，暗红褐色或暗黄褐色，皮孔不明显。叶痕互生，较宽大，圆形、盾形或椭圆形，叶迹3组。冬芽大，卵圆形，紫褐色，饱满，外展，芽鳞多数。海绵质髓，黄褐色。宿存顶生圆锥状果序，蓇葖果。

17. 山楂 *Crataegus pinnatifida* Bunge.（图7-17）

科属：蔷薇科 Rosaceae　山楂属 *Crataegus* L.

［冬态特征］乔木。树皮暗灰色或灰褐色，粗糙，块状开裂，皮孔横向开裂。有长枝、短枝之分，有尖锐枝刺，1年生枝黄褐色；2年生以上枝灰白色或灰色，有光泽，皮孔多而密，圆形，浅褐色。叶痕互生，肾形、倒三角形或新月形，隆起，叶痕两侧及中间都下延成棱线，叶迹3个。顶芽大，侧芽小，卵圆形或圆球形，外展，棕褐色，芽鳞多数，边缘疏生白色短柔毛。实心髓，白色。有枯叶和红色梨果宿存。

18. 百华花楸 *Sorbus pohuashanensis*（Hance.）Hedl.（图7-18）

别名：花楸树、臭山槐　科属：蔷薇科 Rosaceae　花楸属 *Sorbus* L.

［冬态特征］乔木。树皮棕灰色，光滑，不开裂，老时浅裂。小枝粗壮，圆柱形，紫

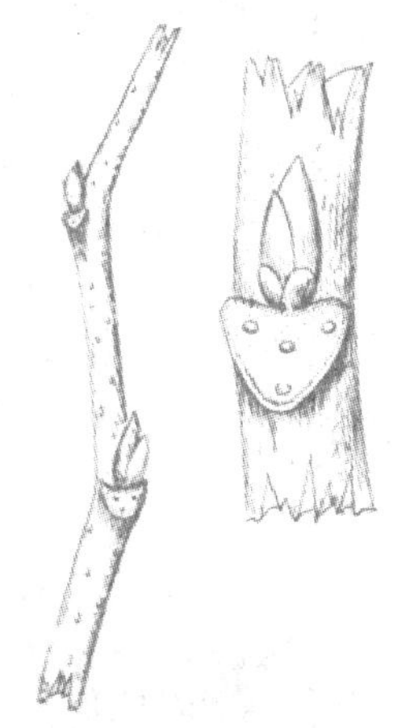

图7-17　山楂冬态

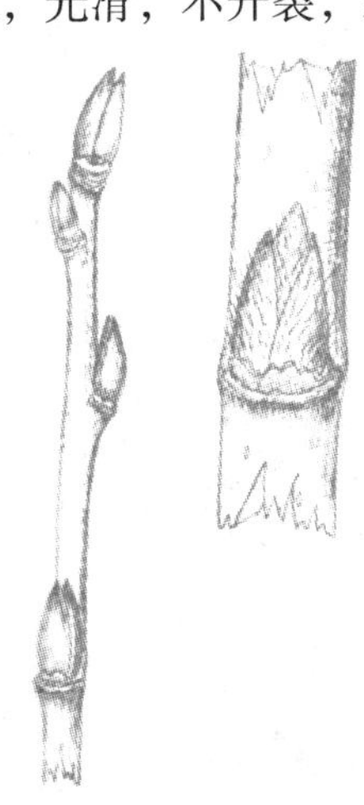

图7-18　百华花楸冬态

图7-19　山荆子冬态

褐色，光滑；嫩枝上有柔毛，皮孔纵向排列，椭圆形，灰白色。冬芽长圆状卵形，黑褐色，芽鳞3~4枚，密被灰白色绒毛。宿存梨果近球形，红色或橘红色。

19. 山荆子 *Malus baccata* Borkh.（图7-19）

别名：山定子、山丁子　科属：蔷薇科 Rosaceae　苹果属 *Malus* Mill.

［冬态特征］乔木，树冠圆形。树皮灰褐色，鳞片状剥离。有长枝、短枝之分，老枝皮灰褐色，有光泽，有白色膜质薄膜，皮孔隆起，圆形；1年生枝红褐色或黄褐色，无毛，皮孔不明显。长枝叶痕互生，新月形或倒三角形，隆起，两侧及中间下延成棱线；短枝叶痕密集，线性，叶迹3个。有顶芽，侧芽长卵形，紧贴小枝，红褐色，芽鳞多数。实心髓，白色。宿存球形梨果，红黄色。

20. 秋子梨 *Pyrus ussuriensis* Maxim.（图7-20）

别名：花盖梨、山梨　科属：蔷薇科 Rosaceae　梨属 *Pyrus* L.

［冬态特征］乔木，树冠广阔，干直立，大枝水平开展，分枝较多。树皮暗灰色，粗糙，块状开裂。枝皮褐色，有光泽，有长枝、短枝之分，有枝刺，小枝粗壮，有棱线；1年生枝有毛，有白色膜质皮，皮孔圆形，灰褐色。叶痕互生，半圆形、倒三角形或新月形，黑褐色，隆起，叶痕两侧及中间下延成棱线，叶迹3个。顶芽明显，圆锥形或卵状圆锥形，先端尖，两侧扁，栗褐色，芽鳞多数，外密被毛，侧芽小，扁三角形。实心髓，淡绿色。

21. 玫瑰 *Rosa rugosa* Thunb.（图7-21）

别名：刺玫花、徘徊花、刺客、穿心玫瑰　科属：蔷薇科 Rosaceae　蔷薇属 *Rosa* L.

［冬态特征］落叶灌木。树皮灰色或深灰色，密生皮刺。枝干粗壮，小枝暗红褐色，密被灰褐色绒毛，具灰白色倒生皮刺及刺毛，皮孔不明显。叶痕互生，细窄，线形，叶迹3个。顶芽缺或不育，侧芽卵形，紫红色，芽鳞多数，有光泽。海绵质髓，白色。

图7-20　秋子梨冬态　　图7-21　玫瑰冬态　　图7-22　黄刺玫冬态

22. 黄刺玫 ***Rosa xanthina*** **Lindl.**（图 7-22）

别名：黄刺梅、刺玫花、硬皮刺　科属：蔷薇科 Rosaceae　蔷薇属 *Rosa* L.

［冬态特征］丛生灌木。树皮灰黑色，有浅纵裂，老枝皮灰褐色或红褐色，有光泽。有长枝、短枝之分，小枝暗红色，有红色扁平而硬直皮刺，皮孔圆形，与枝同色。叶痕互生，细窄，“C”字形或“V”字形，边缘乳白色，叶迹 3 个。顶芽缺或不育，侧芽小，近圆形，红褐色，芽鳞多数。海绵质髓，白色。有少数羽状枯叶宿存。

23. 山桃 ***Prunus davidiana*****（Carr.）Franch.**（图 7-23）

别名：山毛桃、京桃　科属：蔷薇科 Rosaceae　李属 *Prunus* L.

［冬态特征］小乔木，树冠球形、倒卵圆形。上部树皮或幼树皮红褐色，有光泽，平滑，下部暗褐色，横向环状剥落，老时纸质剥落。有长枝、短枝之分，1 年生枝灰褐色或红褐色，具膜质蜡皮；老枝红褐色，有光泽，皮孔横向，白色，明显。叶痕互生，新月形、半圆形或倒三角形，叶迹 3 个。有顶芽，侧芽单生或 3 枚并生，卵形，暗褐色，芽鳞多数。实心髓，白色。

24. 山桃稠李 ***Prunus maackii*** **Rupr.**（图 7-24）

别名：斑叶稠李　科属：蔷薇科 Rosaceae　李属 *Prunus* L.

［冬态特征］乔木，树冠卵圆形。树皮黄褐色，有光泽，片状剥落。老枝灰棕色；小枝黄褐色或红褐色，幼时密生褐色短绒毛，皮孔棕色，明显，纵向开裂。叶痕互生，倒三角形或半圆形，隆起，边缘稍下延，叶迹 3 个。顶芽缺，侧芽长卵形或圆锥形，与枝同色，芽鳞多数。实心髓，褐色。

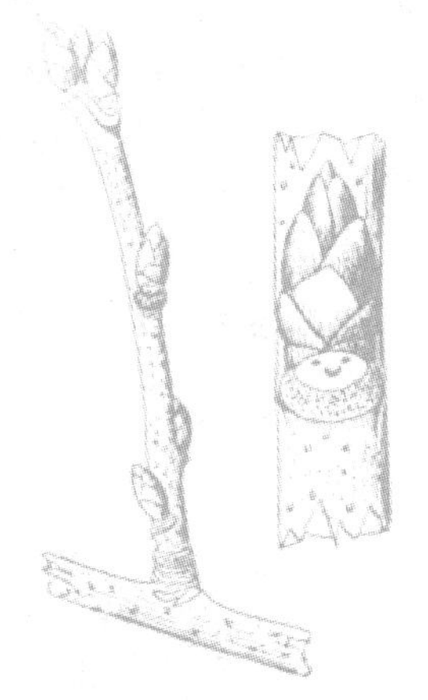

图 7-23　山桃冬态

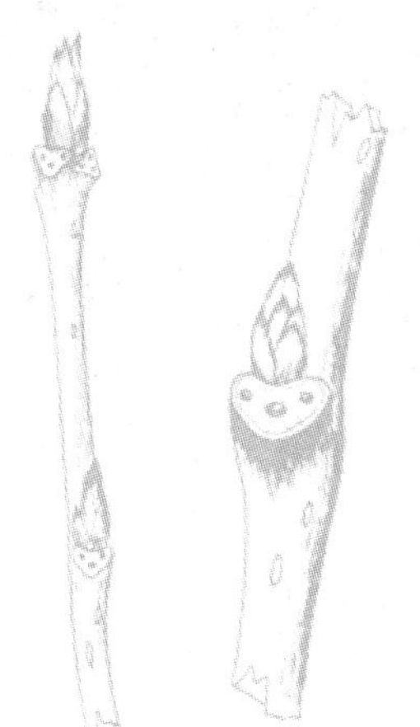

图 7-24　山桃稠李冬态

图 7-25　东北杏冬态

25. 东北杏 ***Prunus mandshurica*****（Maxim.）Koehne.**（图 7-25）

别名：山杏　科属：蔷薇科 Rosaceae　李属 *Prunus* L.

［冬态特征］乔木，树冠广圆形。树皮暗灰色或灰黑色，木栓发达。有长、短枝，有枝刺，小枝红褐色或绿褐色，无毛，皮孔少，黄褐色或不明显。叶痕互生，半圆形、倒三角形或椭圆形，叶迹 3 个，无托叶痕。顶芽缺，侧芽 3 枚并生或多数簇生，卵圆形

或椭圆状卵形，紫褐色，芽鳞多数，有缘毛。实心髓，白色。

26. 毛樱桃 ***Prunus tomentosa* Thunb.**（图 7-26）

别名：樱桃　科属：蔷薇科 Rosaceae　李属 *Prunus* L.

［冬态特征］灌木。树皮黑色，不规则片状剥裂。有长枝、短枝之分，1 年枝灰褐色或灰黑色，密被淡黄色绒毛，皮孔横向，淡褐色，隆起。叶痕互生，半圆形、椭圆形或窄倒三角形，隆起，小而不明显，两侧棱线下延稍明显，叶迹 3 个。顶芽缺，短枝上及枝端为多芽簇生，长枝上的侧芽常 3 枚并生，芽长卵形或圆锥形，褐色或红褐色，芽鳞多数，有白色缘毛。实心髓，白色。

27. 榆叶梅 ***Prunus triloba* Lindl.**（图 7-27）

别名：小桃红、鸾枝、榆梅　科属：蔷薇科 Rosaceae　李属 *Prunus* L.

［冬态特征］灌木。树皮条裂。有长枝、短枝之分，1 年枝红褐色、紫褐色或绿色，向阳面呈紫红色，无毛或仅幼时被细柔毛，皮孔纵向排列。叶痕互生，半圆形，稍隆起，两侧常宿存 2 枚线形托叶，叶迹 3 个。顶芽缺，侧芽 3 枚并生，卵圆球形，黑褐色，芽鳞多数。实心髓，淡褐色。

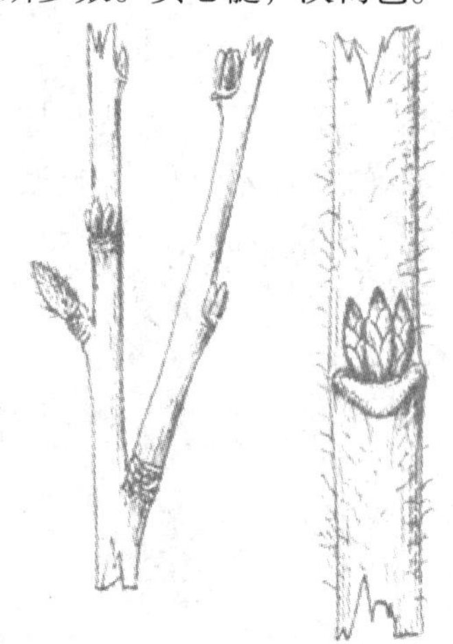

图 7-26　毛樱桃冬态

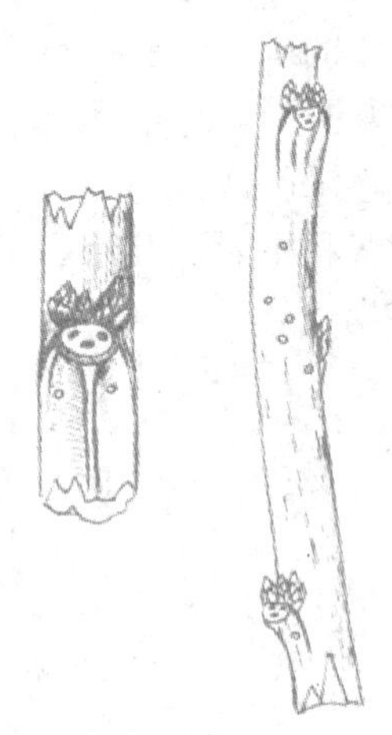

图 7-27　榆叶梅冬态

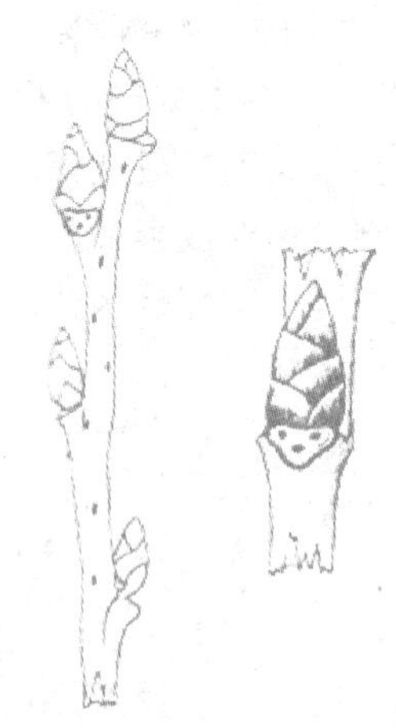

图 7-28　稠李冬态

28. 稠李 ***Prunus padus* L.**（图 7-28）

别名：臭李子　科属：蔷薇科 Rosaceae　李属 *Prunus* L.

［冬态特征］乔木，树冠广卵形。树皮灰黑色，有纵裂纹，皮孔横向。1 年生枝紫褐色，有光泽，有棱，皮孔圆形，纵向生长。叶痕互生，倒三角形，隆起，叶迹 3 个。顶芽较大，侧芽圆锥形，有短尖，外展，暗褐色，芽鳞多数。实心髓，白色。

29. 山皂荚 ***Gleditsia japonica* Miq.**（图 7-29）

别名：山皂角、日本皂角　科属：苏木科（云实科）Caesalpiniaceae　皂荚属 *Gleditsia* L.

［冬态特征］乔木，树冠开阔，宽圆形。树干稍歪斜，侧枝长，树干及大枝具粗壮分枝刺，基部椭圆形，上部略扁。幼树皮平滑，灰绿色；老树皮灰黑色，粗糙，有浅纵

裂纹。有长枝、短枝之分，小枝“之”字形，绿褐色至赤褐色，有光泽，微有棱，皮孔显著，椭圆形，灰色。叶痕互生，半圆形、盾形、马蹄形，形状不定，叶迹3个。无顶芽，侧芽为柄下芽，2~3枚叠生，不明显，一半被覆在树皮下，三角状卵形，黑褐色。实心髓，白色。宿存荚果，扁平，扭曲。

图7-29 山皂荚冬态

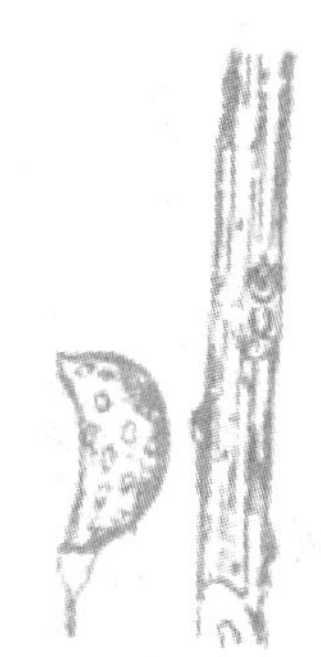

图7-30 紫穗槐冬态

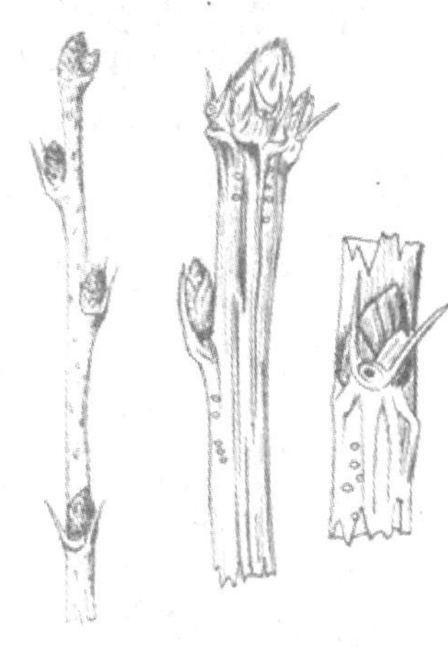

图7-31 树锦鸡儿冬态

30. 紫穗槐 *Amorpha fruticosa* L.（图7-30）

别名：棉条 科属：蝶形花科 Fabaceae 紫穗槐属 *Amorpha* L.

［冬态特征］丛生灌木。树皮暗灰色，具不规则纵向浅裂纹，皮孔纵向排列，明显，圆形。小枝灰褐色或黄褐色，有细密的纵向条纹，皮孔密集，淡褐色，隆起。叶痕互生，倒三角形或半月形，微隆起，叶迹3个。顶芽缺，侧芽很小，2枚叠生，卵形，褐色，芽鳞多数。海绵质髓，白色。顶生果序宿存，荚果弯曲短小，有瘤状腺点。

31. 树锦鸡儿 *Caragana arborescens*（Amm.）Lam.（图7-31）

别名：蒙古锦鸡儿 黄槐 科属：蝶形花科 Fabaceae 锦鸡儿 *Caragana* Lam.

［冬态特征］灌木。树皮灰绿色，横剥，光滑。有长枝、短枝之分，1年生枝黄褐色；2年以上枝深绿色，有棱，具托叶刺，皮孔不明显。叶痕互生，半圆形，小而隆起，边缘两侧下延成棱线，叶迹1组。冬芽小，卵圆形，暗褐色，芽鳞多数，有毛。实心髓，白色或淡绿色。宿存荚果扁圆筒形，开裂。

32. 山槐 *Maackia amurensis* Rupr. et Maxim.（图7-32）

别名：怀槐 科属：蝶形花科 Fabaceae 马鞍树属 *Maackia* Rupr.

［冬态特征］乔木，树冠卵圆形。树皮暗灰色或黄褐色，不规则薄片状剥离。老枝暗绿色或灰绿色，稍有光泽，有透明膜质薄皮；1年生枝颜色稍浅，粗壮，绿褐色，稍有细棱，有豆腥味，皮孔明显，圆形，淡黄褐色，隆起。叶痕互生，新月形或半圆形，叶迹3组。冬芽歪生，扁卵形或扁三角形，黑褐色或紫褐色，芽鳞多数。实心髓，白色或浅褐色。荚果宿存，扁平。

33. 刺槐 *Robinia pseudoacacia* L.（图 7-33）

别名：洋槐、德国槐　科属：蝶形花科 Fabaceae　刺槐属 *Robinia* L.

［冬态特征］乔木，树冠长圆状倒卵形。树皮灰黑色，粗糙，呈不规则纵裂。小枝圆形，具 2 个扁平托叶刺，皮孔多而明显，圆形，淡褐色。叶痕互生，不定形或盾形，叶迹 3 组。无顶芽，侧芽为柄下芽，完全被叶柄所盖，较小，扁卵形，灰褐色，被短柔毛(柄下芽)。实心髓，白色。常有宿存枯叶和荚果，荚果扁平，暗褐色。

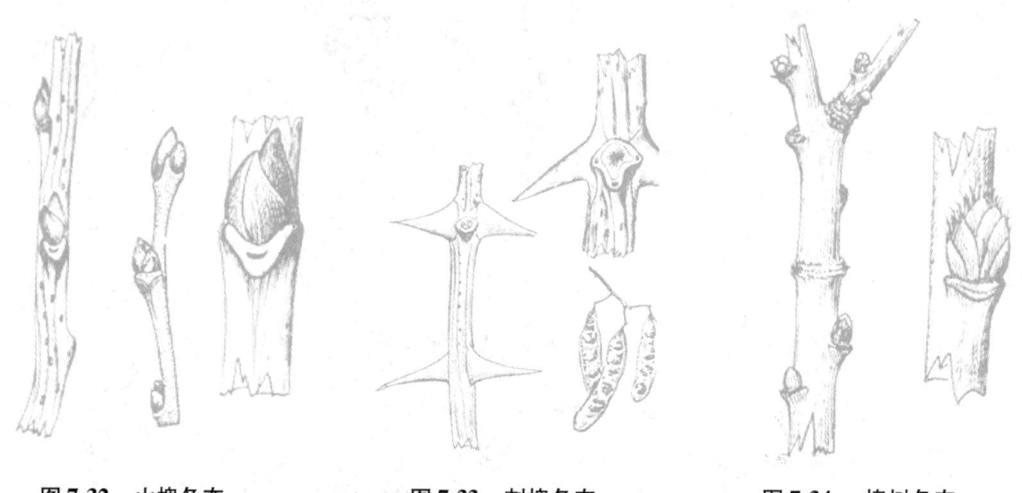

图 7-32　山槐冬态　　图 7-33　刺槐冬态　　图 7-34　槐树冬态

34. 槐树 *Sophora japonica* L.（图 7-34）

别名：国槐、家槐、豆槐　科属：蝶形花科 Fabaceae　槐属 *Sophora* L.

［冬态特征］乔木，树冠圆球形、宽卵形或近球形。树皮暗灰色、灰褐色或深灰色，不规则纵裂。1 年生枝暗绿色，初时被短毛，皮孔明显，纵向，长椭圆形，乳白色；2 年生枝淡灰色。叶痕互生，“V”形或马蹄形，隆起，叶迹 3 个。无顶芽，侧芽为柄下芽，生于叶痕深处，稍现黑点或半隐藏于叶痕内，极小，被褐色粗毛。实心髓，白色。肉质荚果宿存，念珠状，不开裂。

35. 沙棘 *Hippophae rhamnoides* L.（图 7-35）

别名：醋柳　科属：胡颓子科 Elaeagnacea　沙棘属 *Hippophae* L.

［冬态特征］灌木或小乔木。树皮深褐色，有光泽，皮孔明显。枝灰色，有粗棘刺，幼枝密被银白色或淡褐色腺鳞，皮孔小，近圆形。冬芽小，卵形或近圆形，绿色，多数小芽集生成椭圆状球形，外有红褐色的柔毛。宿存浆果球形，橙黄色或橘红色。

36. 桃叶卫矛 *Euonymus bungeanus* Maxim.（图 7-36）

别名：明开夜合、丝棉木　科属：卫矛科 Celastraceae　卫矛属 *Euonymus* L.

［冬态特征］乔木，树冠卵形。树皮灰黑色，呈不规则纵裂。1 年生枝常绿色，或受光面为紫红色，近四棱形，枝条韧性强，弯折后出现蜡粉，皮孔圆形，黄褐色，小且少。

图 7-35 沙棘冬态　　图 7-36 桃叶卫矛冬态　　图 7-37 爬山虎冬态

叶痕对生或近对生，半圆形或倒三角形，黄褐色，边缘隆起并下延成棱线，叶迹 1 个。有顶芽，侧芽单生或叠生，卵形，淡褐色，芽鳞多数。实心髓，白色。蒴果 4 裂，宿存。

37. 爬山虎 *Parthenocissus tricuspidata*(Sieb. et Zucc.)Planch.（图 7-37）

别名：地锦　爬墙虎　科属：葡萄科 Vitaceae　爬山虎属 *Parthenocissus* Planch.

［冬态特征］攀缘性藤本。树皮暗褐色，有纵向裂纹，皮不剥落。树条粗壮，淡灰褐色或黄褐色，多分枝，小枝红褐色或紫褐色，节间短，有多数短而多分枝的茎卷须，与叶痕对生，长 3～5cm，5～7 分枝，先端有发达吸盘。小枝先端冬季枯死，皮孔多而密集，纵向排列，黄褐色或乳白色。叶痕互生，盾形或圆形，边缘隆起，叶迹 7 枚或更多，排成圆环状或散生，托叶痕细长。冬芽小，圆形。海绵质髓，淡绿色或白色。浆果宿存，蓝紫色。

38. 栾树 *Koelreuteria paniculata* Laxm.（图 7-38）

别名：灯笼花　科属：无患子科 Sapindaceae　栾树属 *Koelreuteria* Laxm.

［冬态特征］乔木，树冠近球形。树皮暗褐色，不规则纵裂。当年生枝黄褐色；2 年生以上枝灰褐色，皮孔密生，纵向排列，近圆形，红褐色。叶痕互生，心脏形或倒三角状，隆起，叶迹 3 组。冬芽卵状三角形，有外指短尖，芽鳞 2 片，质厚，外面无毛而内面密生柔毛。海绵质髓，乳白色。宿存蒴果膨大如膀胱状。

39. 文冠果 *Xanthoceras sorbifolia* Bunge.（图 7-39）

别名：木瓜　科属：无患子科 Sapindaceae　文冠果属 *Xanthoceras* B.

［冬态特征］小乔木或灌木。树皮灰褐色，浅纵裂。小枝粗壮，无毛，绿色或黄褐色，皮孔明显，圆形，与枝同色。叶痕互生，半圆形，隆起，叶迹 3 组。顶芽大，侧芽小，芽三角状卵形，紫褐色，芽鳞多数，外面无毛，内面密被灰白色柔毛。实心髓，淡褐色。

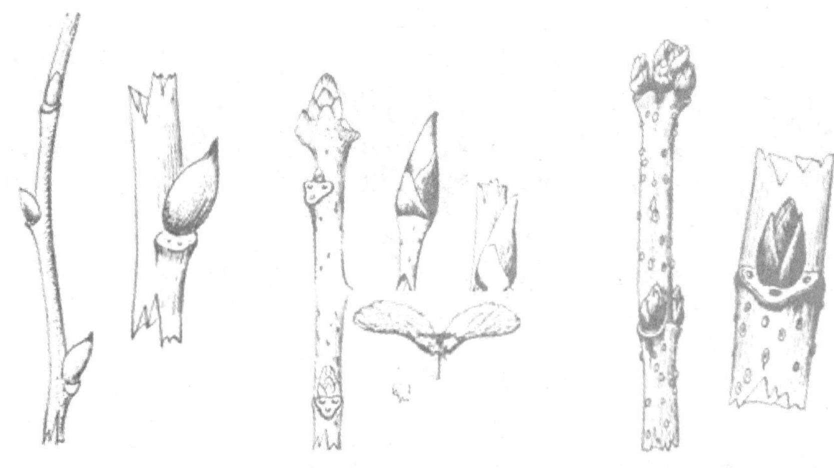

图 7-38　栾树冬态　　图 7-39　文冠果冬态　　图 7-40　五角枫冬态

40. 五角槭 *Acer mono* Maxim.（图 7-40）

别名：色木槭、五角枫　科属：槭树科 Aceraceae　槭树属 *Acer* L.

［冬态特征］乔木。树皮灰色或灰褐色，浅纵裂。枝对生，老枝灰色或暗灰色，皮浅纵裂；幼枝细，淡黄色或灰色，无毛，皮孔长圆形，略突起。冬芽卵圆形，红褐色，无毛，或于芽鳞边缘处有短睫毛。双翅果宿存，淡黄色或淡黄褐色，小坚果扁平或稍凸出，两翅张开成钝角，稀锐角。

41. 元宝槭 *Acer truncatum* Bunge.（图 7-41）

别名：华北五角枫、元宝枫　科属：槭树科 Aceraceae　槭树属 *Acer* L.

［冬态特征］小乔木，树冠广圆形，干常弯曲。树皮灰褐色，粗糙，长块状开裂或深纵裂。1 年生枝红褐色或黄褐色，有光泽，皮孔纵向开裂，黄褐色；2 年生枝黄褐色。叶痕对生，"V"字形、"C"字形或元宝形，细窄，对生叶痕间连接线痕不明显，叶迹 3 个。顶芽发达，冬芽长卵形，芽鳞紫褐色，有黄褐色缘毛。实心髓，白色。有枯叶及双翅果宿存。

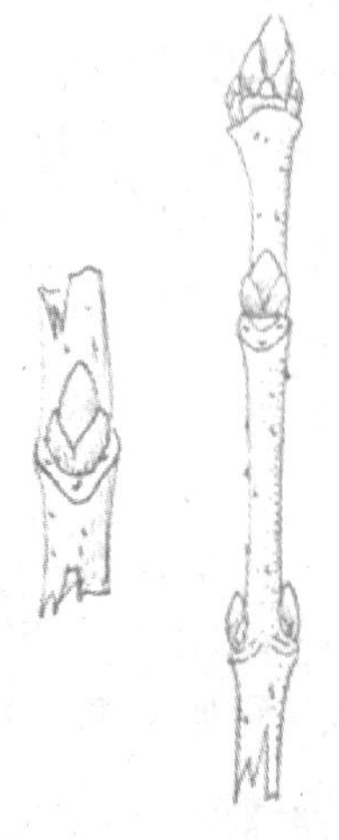

图 7-41　元宝槭冬态

图 7-42　茶条槭冬态

42. 茶条槭 *Acer ginnala* Maxim.（图 7-42）

别名：茶条、三角枫　科属：槭树科 Aceraceae　槭树属 *Acer* L.

［冬态特征］小乔木或灌木状，树冠广圆形。树皮灰褐色，平滑或有纵裂纹。1 年生枝淡红褐色，有两条棱线，节间长，皮孔圆形，红褐色或紫褐色，稍隆起。叶痕对生，“V”字形，隆起，中间下延成棱线，相对两叶痕间常有直线相连，叶迹 3 个。顶芽发达，侧芽小，卵圆形，褐色，有缘毛。实心髓，白色。枯叶及双翅果宿存。

43. 羽叶槭 *Acer negundo* L.（图 7-43）

别名：复叶槭、糖槭　科属：槭树科 Aceraceae　槭树属 *Acer* L.

［冬态特征］乔木，树冠广圆形。树皮灰褐色，有纵裂纹。老枝皮灰绿色，有灰白色纵向条纹；小枝灰绿色或暗红褐色，光滑，有蜡粉，皮孔浅褐色。叶痕对生，“V”字形或“U”字形，相对两叶痕直接相连，叶迹 3 个。顶芽发达，常 3 芽聚生，侧芽卵形或三角状卵形，芽鳞紫褐色，密被灰白色绒毛。实心髓，白色。双翅果宿存。

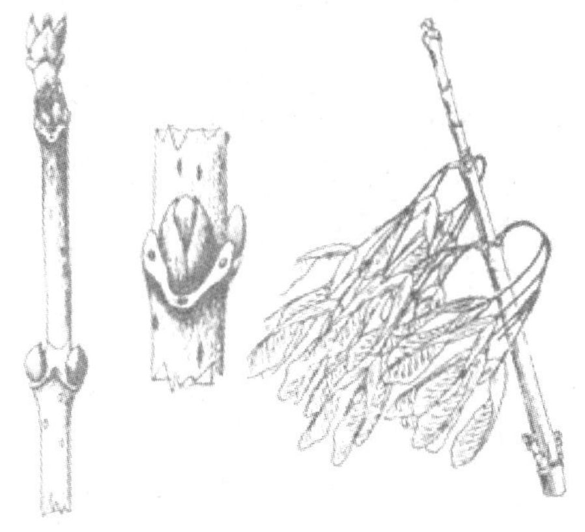

图 7-43　糖槭冬态

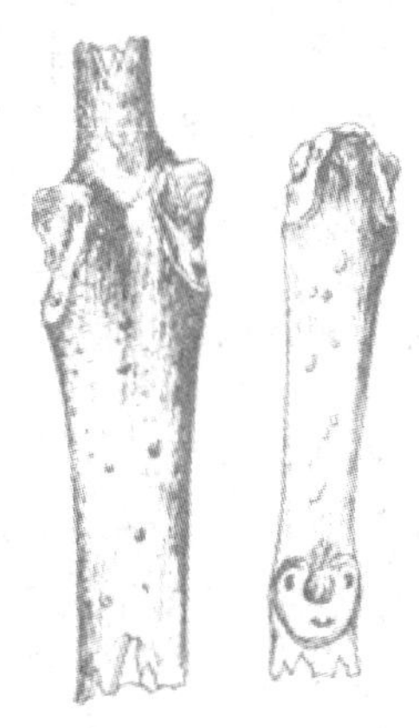

图 7-44　黄檗冬态

44. 黄檗 *Phellodendron amurense* Rupr.（图 7-44）

别名：黄波罗、黄柏　科属：芸香科 Rutaceae　黄檗属 *Phellodendron* Rupr.

［冬态特征］乔木，树冠广圆形。树皮灰褐色，深裂，木栓质发达，触之柔软，内皮鲜黄色，枝皮含挥发油，有特殊异味。小枝圆形，黄褐色；2 年生枝灰色，皮孔纵向开裂，椭圆形，稍隆起。叶痕对生，马蹄形或圆环形，叶迹 3 组。冬芽单生，柄下芽，芽密被黄褐色短毛。海绵质髓，白色。核果黑色，宿存。

45. 东北连翘 *Forsythia mandshurica* Uyeki.（图 7-45）

科属：木犀科 Oleaceae　连翘属 *Forsythia* Vahl.

［冬态特征］灌木，枝粗壮，直立或斜上。树皮灰褐色。1 年生枝圆形，顶端稍有棱线，黄褐色，无毛，皮孔圆形。叶痕对生，倒三角形，两侧角处下弯，叶痕侧面无明显的连接线痕，叶迹 1 组。顶芽发达，侧芽单生或叠生，芽鳞多数。片状髓，后变中空。

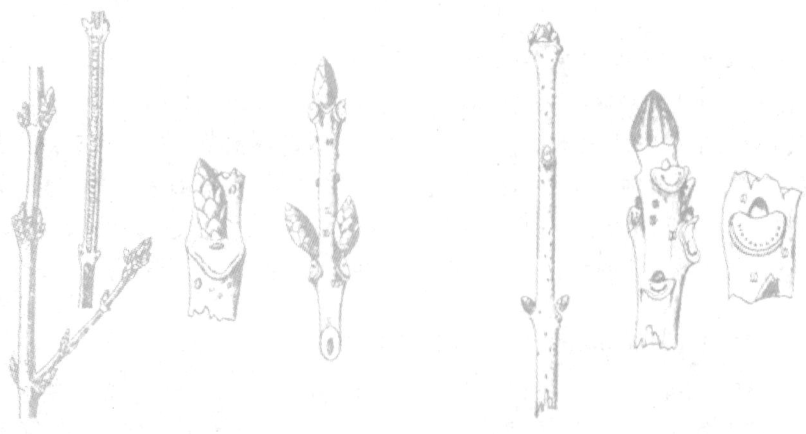

图 7-45　东北连翘冬态　　　　图 7-46　美国白蜡树冬态

46. 美国白蜡树 *Fraxinus americana* L.（图 7-46）

别名：美国花曲柳　科属：木犀科 Oleaceae　白蜡属 *Fraxinus* L.

［冬态特征］乔木，树冠圆球形。树皮黑褐色，有纵裂纹，枝条开张角度较大。小枝圆形，灰褐色至灰黄色，光滑无毛，皮孔稀疏散生，椭圆形或圆形，灰白色。叶痕对生，"U"字形至新月状，稍隆起，叶迹 1 组，排成"U"字形。冬芽褐色，侧芽近圆形或卵形，较小，顶芽较侧芽大约 2 倍，三角形或卵形，较长，常 3 芽集生，芽鳞通常 6 枚，最外 1 对两面具褐色短毛。实心髓，白色。宿存果序侧生于 2 年生枝上。

47. 水曲柳 *Fraxinus mandshurica* Rupr.（图 7-47）

别名：满洲白蜡　科属：木犀科 Oleaceae　白蜡属 *Fraxinus* L.

［冬态特征］乔木，树冠倒卵形。树皮灰褐色，有浅纵沟裂。小枝略四棱形，粗壮，黄绿色，光滑无毛；2～3 年生枝常有白色膜质皮剥落，皮孔散生，椭圆形或圆形，灰褐色。叶痕对生，"U"字形，边缘隆起，栗褐色，叶迹 1 组，排成"U"字形。冬芽黑褐色，侧芽三角状卵形，顶芽较大，略四棱或稍扁平，芽鳞 4 枚，芽鳞背面及边缘具褐色绒毛。实心髓，白色。翅果宿存，扭曲，果序生于 2 年生枝上。

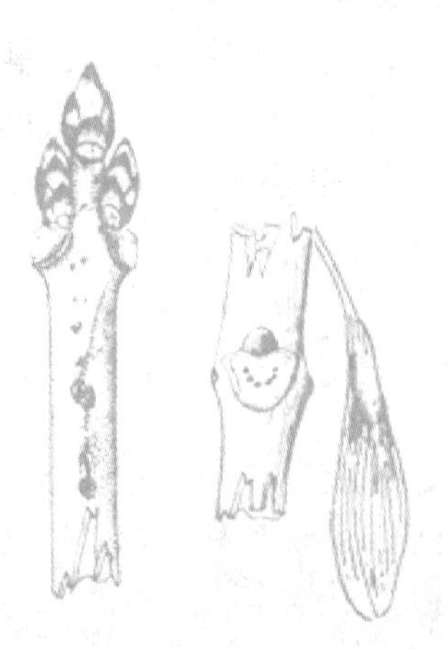

图 7-47　水曲柳冬态

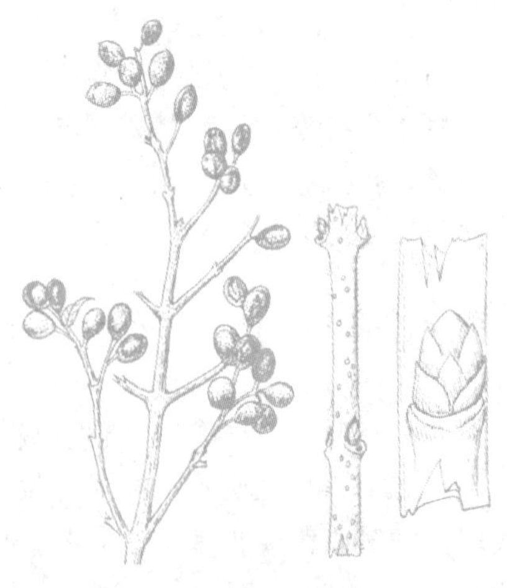

图 7-48　辽东水蜡树冬态

48. 辽东水蜡树 *Ligustum suave*（Kitag.）Kitag.（图 7-48）

别名：水蜡　科属：木犀科 Oleaceae　女贞属 *Ligustrum* L.

［冬态特征］灌木，多分枝，枝直立或呈拱形。树皮灰色或深灰色。1 年生枝圆形，灰色，密被短柔毛，皮孔圆形。叶痕对生，半圆形，隆起，中部凹下，叶迹 1 个，肾形。顶芽卵形，侧芽三角状卵形，芽鳞多数。实心髓，白色。核果黑色，宿存。

49. 四季丁香 *Syringa microphylla* Diels.（图 7-49）

别名：小叶丁香、绣球丁香　科属：木犀科 Oleaceae　丁香属 *Syringa* L.

［冬态特征］小灌木。树皮暗褐色，有纵裂条纹。枝条细弱，小枝无棱，淡灰褐色，光滑，无毛，皮孔椭圆形，略突出。无顶芽，侧芽对生，卵形，黑褐色，光滑无毛，枝端芽略大，芽鳞对生，有稀疏的柔毛。宿存蒴果圆柱形，先端渐尖，常弯曲，表面有多数明显的白色疣状突起。

图 7-49　四季丁香冬态

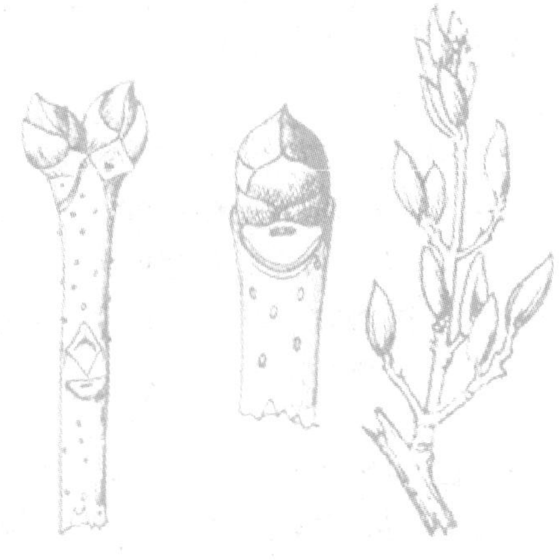

图 7-50　紫丁香冬态

50. 紫丁香 *Syringa oblata* Lindl.（图 7-50）

别名：丁香、华北紫丁香　科属：木犀科 Oleaceae　丁香属 *Syringa* L.

［冬态特征］灌木。树皮暗灰色，浅纵裂。小枝粗壮，1 年生枝灰色或灰褐色，略呈 4 棱，无光泽，无毛，皮孔单生，密集，灰褐色。叶痕对生，新月形，叶痕两侧下延成棱线，叶迹 1 组，弯曲线形。有假顶芽 2 枚，一大一小，顶芽比侧芽大，侧芽单生，卵形，具显著 4 棱线，紫褐色，芽鳞多数。实心髓，白色。宿存蒴果椭圆形，2 裂，先端尖，果皮光滑。

51. 暴马丁香 *Syringa reticulata* Hara var. *mandshurica*（Maxim.）Hara.（图 7-51）

别名：暴马子、阿穆尔丁香　科属：木犀科 Oleaceae　丁香属 *Syringa* L.

［冬态特征］乔木或灌木，干直立。树皮灰黑色，粗糙，有灰白色横线斑纹。老枝较光滑，有光泽，横条状剥裂；小枝灰褐色，有光泽，皮孔常 3 ~ 5 连成横线。叶痕对生，新月形或半圆形，叶痕两侧下延成棱线，叶迹 1 组，排成线形。假顶芽 2 枚近等大，

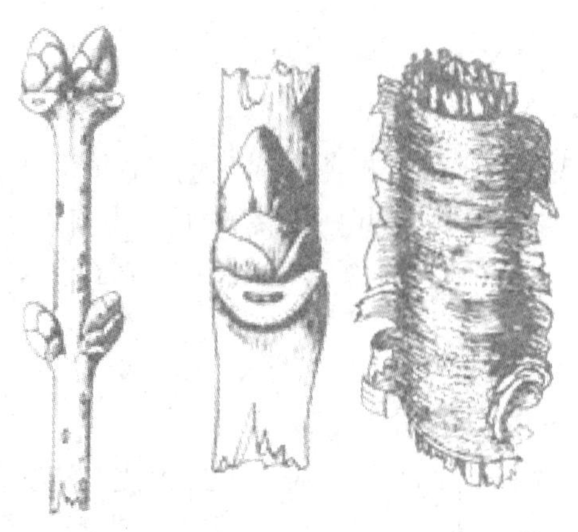

图 7-51　暴马丁香冬态

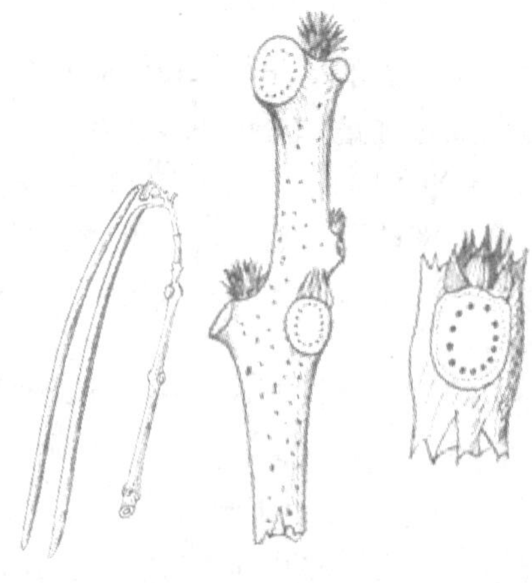

图 7-52　梓树冬态

或稀有顶芽，黄褐色或绿褐色，芽鳞多数，芽棱线较明显，侧芽卵圆形。实心髓，白色。宿存蒴果较大，先端钝，果皮有疣状突起。

52. 梓树 *Catalpa ovata* G. Don.（图 7-52）

别名：臭梧桐　科属：紫葳科 Bignoniaceae　梓树属 *Catalpa* Scop.

［冬态特征］乔木，树冠卵圆形。树皮灰褐色，浅裂。1 年生枝粗，圆形，灰色，皮孔圆形，稍突起。叶痕 3 个轮生或对生，圆形，边缘隆起，叶迹多数，隆起，排成环形。冬芽小，褐色，芽鳞多数。海绵质髓，白色。宿存蒴果长圆柱形，细长如筷。

53. 金银忍冬 *Lonicera maackii*（Rupr.）Maxim.（图 7-53）

别名：金银木　科属：忍冬科 Caprifoliaceae　忍冬属 *Lonicera* L.

［冬态特征］灌木。树皮灰褐色或灰白色，不规则纵裂并呈长条状剥落。枝条开展，小枝灰白色，幼时被短柔毛，后脱落，有条状剥皮；皮孔长圆形或圆形，淡褐色。叶痕

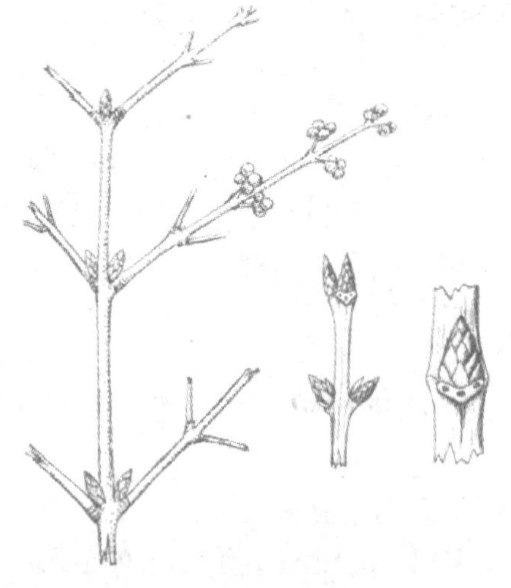

图 7-53　金银忍冬冬态

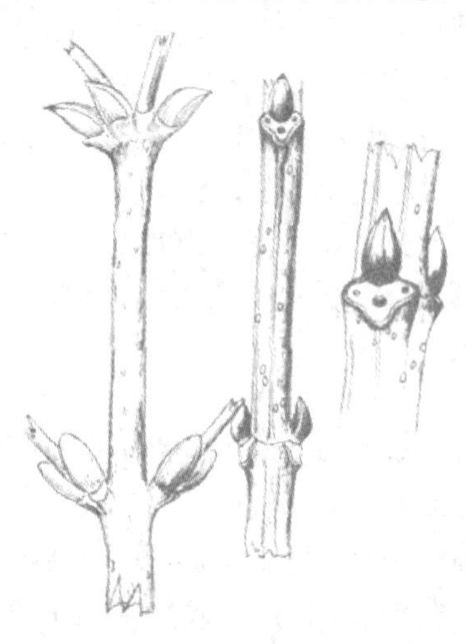

图 7-54　天目琼花冬态

对生，肾形或半圆形，边缘隆起，相对两叶痕间常有直线相连，叶迹3个。冬芽叠生，长卵形，外展斜伸，芽鳞多数。空心髓，褐色。浆果宿存，球形红色。

54. 天目琼花 *Viburnum sargentii* Koehne.（图7-54）

别名：鸡树条荚蒾、鸡树条子　科属：忍冬科 Caprifoliaceae 荚蒾属 *Viburnum* L.

［冬态特征］灌木。树皮灰褐色，浅纵裂。嫩枝黄褐色；2年生枝灰白色，皮孔圆形，稍隆起。叶痕对生，"V"字形或新月形，稍隆起，叶痕中间部位向下延成棱线，相对两叶痕间常有直线相连，叶迹3个。冬芽长卵形，有短柄，先端钝，稍外展，芽鳞黄褐色，两侧棱线明显，芽鳞2片，帽盔形。海绵质髓，白色。宿存核果红色，近球形。

55. 锦带花 *Weigela florida*（Bunge.）A. DC.（图7-55）

别名：五色海棠、锦带、海仙　科属：忍冬科 Caprifoliaceae　锦带花属 *Weigela* Thunb.

［冬态特征］灌木。树皮灰褐色或灰色，不裂或微裂。小枝具2条交互对生的毛带，后变为棱线，棱线明显，皮孔纵向开裂，白色或淡白色。叶痕对生，新月形、肾形或倒三角形，白色，相对两叶痕间常有直线相连，叶迹3个。顶芽四棱状圆锥形，侧芽三棱状圆锥形，紧贴小枝，芽鳞多数，芽鳞边缘有缘毛。海绵质髓，白色。宿存蒴果。

图7-55　锦带花冬态

附录 1　树种科属及观赏特征分类

科	属	种	观赏特征				
			观姿	观叶	观花	观果	藤蔓
苏铁科	苏铁属	苏铁	★	★			
		华南苏铁	★	★			
银杏科	银杏属	银杏	★	★			
南洋杉科	南洋杉属	南洋杉	★				
松科	冷杉属	沙冷杉	★				
		臭冷杉	★				
		辽东冷杉	★				
	云杉属	云杉	★				
		红皮云杉	★				
		白杆	★				
		青杆	★				
	落叶松属	华北落叶松	★				
		长白落叶松	★				
	金钱松属	金钱松	★	★			
	雪松属	雪松	★			★	
	松属	红松	★				
		华山松	★				
		乔松	★				
		白皮松	★				
		樟子松	★				
		油松	★				
		黑松	★				
		日本五针松	★	★			
		云南松	★	★			

（续）

科	属	种	观赏特征				
			观姿	观叶	观花	观果	藤蔓
杉科	杉木属	杉木	★				
	柳杉属	柳杉	★				
	北美红杉属	北美红杉	★				
	水松属	水松	★				
	落羽杉属	落羽杉	★	★			
		墨西哥落羽杉	★	★			
		池杉	★	★			
		中山杉	★	★			
	水杉属	水杉	★	★			
柏科	翠柏属	翠柏	★				
	侧柏属	侧柏	★				
	柏木属	柏木	★				
	扁柏属	日本扁柏	★				
		日本花柏	★				
	圆柏属	圆柏	★				
		砂地柏	★				
		铺地柏	★				
		北美圆柏	★				
	刺柏属	杜松	★				
	福建柏属	福建柏	★				
红豆杉科	红豆杉属	东北红豆杉	★			★	
		红豆杉	★			★	
罗汉松科	罗汉松属	罗汉松	★			★	
	竹柏属	竹柏	★	★			
木兰科	木兰属	紫玉兰			★	★	
		白玉兰	★		★	★	
		二乔玉兰	★		★	★	
		望春玉兰	★		★	★	
		广玉兰	★	★	★	★	
		山玉兰	★		★	★	
	拟单性木兰属	云南拟单性木兰	★		★		
	木莲属	红花木莲	★		★		
		木莲	★		★		
	含笑属	白兰花			★		
		含笑			★		
		云南含笑			★		
	鹅掌楸属	鹅掌楸		★	★		
		北美鹅掌楸			★	★	

（续）

科	属	种	观赏特征				
			观姿	观叶	观花	观果	藤蔓
番荔枝科	番荔枝属	番荔枝			★	★	
蜡梅科	蜡梅属	蜡梅			★		
樟科	楠木属	紫楠	★				
	樟属	樟树	★	★			
		天竺桂	★				
		黄樟	★				
		云南樟	★				
	山胡椒属	香叶树				★	
五味子科	北五味子属	五味子				★	
毛茛科	铁线莲属	铁线莲			★		★
小檗科	南天竹属	南天竹		★		★	
	小檗属	‘紫叶’小檗		★		★	
木通科	大血藤	大血藤				★	★
	木通属	木通			★	★	★
		三叶木通		★	★	★	★
悬铃木科	悬铃木属	二球悬铃木	★	★		★	
		三球悬铃木	★	★		★	
		一球悬铃木	★	★		★	
金缕梅科	枫香属	枫香		★			
杜仲科	杜仲属	杜仲	★				
榆科	榆属	春榆	★			★	
		大果榆	★			★	
		榆树	★			★	
		榔榆	★	★			
	榉属	榉树	★	★			
	朴属	朴树	★				
		珊瑚朴	★				
桑科	桂木属	木波罗	★			★	
	桑属	桑树				★	
	构属	构树				★	
	榕属	榕树	★				★
	榕属	无花果		★		★	
		薜荔					★
		地石榴					★
		黄葛榕	★				
胡桃科	胡桃属	胡桃		★		★	
		胡桃楸		★		★	
	枫杨属	枫杨	★			★	

（续）

科	属	种	观赏特征				
			观姿	观叶	观花	观果	藤蔓
杨梅科	杨梅属	杨梅		★		★	
壳斗科（三毛榉科）	石砾属	石栎				★	
	栎属	麻栎		★		★	
		栓皮栎		★		★	
		槲树	★	★		★	
		蒙古栎	★			★	
	栗属	板栗		★		★	
桦木科	桦木属	白桦	★				
	鹅耳枥属	千金榆	★	★			
	赤杨属	毛赤杨	★	★			
紫茉莉科	叶子花属	叶子花			★		
蓼科	蓼属	木藤蓼			★		
山茶科	山茶属	山茶			★	★	
		云南山茶			★		
		茶梅		★	★		
猕猴桃科	猕猴桃属	木天蓼		★		★	★
		猕猴桃			★	★	★
椴树科	椴树属	紫椴	★		★		
		蒙椴	★		★		
		糠椴	★		★		
梧桐科	梧桐属	梧桐	★	★		★	
锦葵科	木槿属	木槿			★		
		扶桑			★		
大风子科	山桐子属	山桐子	★			★	
柽柳科	柽柳属	柽柳			★		
杨柳科	杨属	银白杨	★	★			
		毛白杨	★				
		加杨	★				
		钻天杨	★				
		山杨	★	★			
		小叶杨	★				
		新疆杨	★	★			
		垂柳	★				
		旱柳	★				

（续）

科	属	种	观赏特征				
			观姿	观叶	观花	观果	藤蔓
杜鹃花科	杜鹃花属	锦绣杜鹃			★		
		马缨杜鹃			★		
山榄科	铁线子属	人心果				★	
柿树科	柿树属	柿树		★		★	
		君迁子		★		★	
野茉莉科	野茉莉属	野茉莉			★		
海桐科	海桐属	海桐				★	
虎耳草科	八仙花属	八仙花			★		
蔷薇科	李属	杏			★	★	
		梅			★	★	
		桃			★	★	
		山桃			★	★	
		李			★	★	
		郁李			★	★	
		樱花			★	★	
		榆叶梅			★	★	
		日本晚樱			★		
		日本樱花			★		
		山毛桃			★		
		山桃稠李			★	★	
		东北杏			★	★	
		稠李			★	★	
		毛樱桃			★		
		紫叶李		★	★		
		紫叶桃		★	★		
		紫叶矮樱		★	★		
		‘美人’梅			★		
	梨属	梨			★	★	
		秋子梨			★	★	
	鸡麻属	鸡麻			★		
	木瓜属	贴梗海棠			★	★	
		木瓜			★	★	

（续）

科	属	种	观赏特征				
			观姿	观叶	观花	观果	藤蔓
蔷薇科	蔷薇属	月季			★		
		玫瑰			★	★	
		多花蔷薇			★		
		黄刺玫			★	★	
		木香			★		
	珍珠梅属	华北珍珠梅			★	★	
		珍珠梅			★	★	
	棣棠属	棣棠花			★		
	绣线菊属	绣线菊			★		
		粉花绣线菊			★		
		珍珠绣线菊			★		
	枇杷属	枇杷			★	★	
	火棘属	火棘			★	★	
	白鹃梅属	白鹃梅			★		
	栒子属	平枝栒子			★	★	
		多花栒子			★	★	
		水栒子			★	★	
	花楸属	百华花楸	★		★	★	
		北京花楸	★		★	★	
		花楸	★		★	★	
	山楂属	山楂			★	★	
	苹果属	苹果			★	★	
		花红			★	★	
		海棠果			★	★	
		山荆子			★	★	
		西府海棠			★	★	
		垂丝海棠			★	★	
含羞草科	合欢属	合欢	★		★	★	
	金合欢属	黑荆树	★		★	★	
		相思树	★		★	★	

（续）

科	属	种	观赏特征				
			观姿	观叶	观花	观果	藤蔓
苏木科（云实科）	羊蹄甲属	红花羊蹄甲			★		
	皂荚属	皂荚	★			★	
		山皂荚	★			★	
	紫荆属	紫荆			★	★	
蝶形花科	槐树属	槐树	★		★	★	
	刺槐属	刺槐			★	★	
		毛刺槐			★	★	
	皂荚属	皂荚	★			★	
		山皂荚	★			★	
	紫穗槐属	紫穗槐			★	★	
	黧豆属	常春油麻藤			★★	★	★
	崖豆藤属	鸡血藤					★
	紫藤属	紫藤			★	★	★
	葛属	葛藤				★	★
胡颓子科	胡颓子属	胡颓子		★	★	★	
	沙棘属	沙棘				★	
山龙眼科	银桦属	银桦	★	★			
千屈菜科	紫薇属	紫薇			★		
	萼距花属	萼距花			★		
瑞香科	瑞香属	瑞香			★		
		结香			★		
桃金娘科	桉属	蓝桉	★	★			
	桃金娘属	桃金娘			★	★	
	红千层属	红千层		★	★		
石榴科	石榴属	石榴			★	★	
蓝果树科	喜树属	喜树	★		★	★	
	蓝果树属	蓝果树	★	★			
山茱萸科	梾木属	红瑞木			★	★	
		灯台树	★		★	★	
	桃叶珊瑚属	桃叶珊瑚			★		
	青荚叶属	青荚叶			★		
	山茱萸属	山茱萸		★	★	★	

（续）

科	属	种	观赏特征				
			观姿	观叶	观花	观果	藤蔓
卫矛科	卫矛属	桃叶卫矛		★		★	
		扶芳藤		★			★
		胶东卫矛				★	
		丝棉木				★	
		大叶黄杨				★	
	南蛇藤属	南蛇藤				★	★
冬青科	冬青属	枸骨		★		★	
		冬青				★	
		大叶冬青				★	
		铁冬青				★	
		龟甲冬青		★			
黄杨科	黄杨属	黄杨		★			
		雀舌黄杨		★			
大戟科	乌桕属	乌桕		★		★	
	山麻杆属	山麻杆	★	★			
	重阳木属	重阳木		★			
	大戟属	俏黄栌		★			
	海漆属	红背桂		★			
鼠李科	枣属	枣树			★	★	
葡萄科	葡萄属	葡萄				★	★
	蛇葡萄属（白蔹属）	乌头叶蛇葡萄				★	★
	爬山虎属（地锦属）	爬山虎		★			★
		五叶地锦		★			★
省沽油科	野鸦椿属	野鸦椿				★	
无患子科	荔枝属	荔枝	★			★	
	龙眼属	龙眼	★	★		★	
	栾树属	栾树			★	★	
		全缘叶栾树			★	★	
	文冠果属	文冠果			★	★	
	无患子属	无患子	★			★	
七叶树科	七叶树属	七叶树	★	★	★	★	

（续）

科	属	种	观赏特征				
			观姿	观叶	观花	观果	藤蔓
槭树科	槭树属	茶条槭		★		★	
		元宝槭	★	★		★	
		羽叶槭		★		★	
		五角槭	★	★		★	
		三角枫	★	★		★	
漆树科	盐肤木属	火炬树		★			
	漆树属	野漆树		★			
	黄栌属	黄栌		★			
	黄连木属	黄连木		★			
苦木科	臭椿属	臭椿	★	★			
楝科	香椿属	香椿	★				
	楝属	苦楝			★	★	
	米仔兰属	米仔兰			★		
芸香科	金橘属	金橘				★	
	柑橘属	柑橘				★	
	花椒属	花椒				★	
	黄檗属	黄檗	★				
五加科	常春藤属	常春藤					★
		洋常春藤					★
	八角金盘属	八角金盘	★				
	鹅掌柴属	鸭脚木	★		★	★	
	五加属	刺五加			★	★	
夹竹桃科	络石属	络石			★		★
	蔓长春花属	蔓长春花			★		★
	夹竹桃属	夹竹桃			★		
	黄花夹竹桃属	黄花夹竹桃			★		
	鸡蛋花属	鸡蛋花			★		
	狗牙花属	狗牙花			★		
茄科	枸杞属	枸杞			★	★	
		宁夏枸杞			★	★	
	曼陀罗属	大花曼陀罗			★		

（续）

科	属	种	观赏特征				
			观姿	观叶	观花	观果	藤蔓
马鞭草科	赪桐属（大青属）	海州常山			★	★	
	紫珠属	小紫珠				★	
		紫珠				★	
	马缨丹属	五色梅			★		
	牡荆属	黄荆			★		
	莸属	‘金叶’莸		★			
木犀科	白蜡属	白蜡树	★		★	★	
		洋白蜡	★			★	
		水曲柳	★				
	丁香属	紫丁香			★		
		四季丁香			★		
		北京丁香			★		
	茉莉属	迎春			★		
		素方花			★		
	雪柳属	雪柳			★		
	连翘属	连翘			★		
		金钟花			★		
		东北连翘			★		
	流苏树属	流苏树	★		★		
	女贞属	辽东水蜡树			★		
		小叶女贞			★		
		‘金叶’女贞		★	★		
	木犀属	尖叶木犀榄		★			
		桂花			★		
		刺桂		★	★		
玄参科	泡桐属	毛泡桐	★		★		
		泡桐	★		★		
紫葳科	炮仗藤属	炮仗花			★		★
	凌霄属	凌霄			★		★
		美国凌霄			★		★
	硬骨凌霄属	硬骨凌霄			★		★
	梓树属	梓树	★		★		
		楸树	★		★		

（续）

科	属	种	观赏特征				
			观姿	观叶	观花	观果	藤蔓
茜草科	栀子属	栀子	★		★		
	滇丁香属	滇丁香			★		
	六月雪属	六月雪		★	★		
忍冬科	忍冬属	金银木			★	★	
		鞑靼忍冬			★	★	
		金银忍冬			★	★	
		贯月忍冬			★		
		金银花			★	★	
		盘叶忍冬			★	★	
		台尔曼忍冬			★		
	锦带花属	锦带花			★		
		海仙花			★		
	猬实属	猬实			★	★	
	荚蒾属	天目琼花			★	★	
		华南珊瑚树				★	
		珊瑚树				★	
		郁香忍冬				★	
		香荚蒾			★		
		鸡树条荚蒾			★		
	双盾木属	双盾木			★	★	
	接骨木属	接骨木			★	★	
棕榈科	蒲葵属	蒲葵	★				
	丝葵属	丝葵	★				
	棕竹属	棕竹	★				
		多裂棕竹	★	★			
	鱼尾葵属	鱼尾葵	★	★			
		董棕	★				
	刺葵属	江边刺葵	★				
		加那利海枣	★	★			
		银海枣	★			★	
	散尾葵属	散尾葵	★				
	假槟榔属	假槟榔	★				

（续）

科	属	种	观赏特征				
			观姿	观叶	观花	观果	藤蔓
禾本科	箣竹属	孝顺竹	★				
		佛肚竹	★				
	刚竹属	桂竹	★				
		毛竹	★				
		金竹	★				
		早园竹	★				
		紫竹	★				
	慈竹属	慈竹	★				
旅人蕉科	旅人蕉属	旅人蕉	★				
百合科	假叶树属	假叶树	★	★			
	龙血树属	香龙血树	★	★			
		富贵竹	★	★			
	朱蕉属	朱蕉	★	★			
		剑叶铁树	★	★			
	丝兰属	丝兰		★	★		

说明：上表是教材中树种观赏性的拓展。有些树种仅在一个特征上观赏性较强，还有些树种具备多种观赏特征（如花果俱佳，姿叶同赏等），但编写时只能选择一个观赏特征进行归类描述。为了方便园林应用，用表格列出更多的观赏特征，供读者学习参考。

附录2 观赏树木的形态

一、性状

1. 乔木

乔木指具有明显直立的主干而上部有分枝的树木，通常在3m以上。又可分为伟乔木、大乔木、中等乔木及小乔木，如毛白杨、油松、雪松、北京丁香等。

2. 灌木

灌木指主干不明显，而且靠近地面有分枝的树木，或虽具主干而高度不超过3m，如紫丁香、叶底珠、小紫珠、桃金娘等。

3. 亚灌木(半灌木)

亚灌木是介于草本和木本之间的一种木本植物，茎枝上部越冬时枯死，仅基部为多年生而木质化，如沙蒿、罗布麻、铁杆蒿等。

4. 木质藤本

木质藤木指茎干柔软，不能直立，靠依附它物支持而上的藤木，如南蛇藤等。

5. 缠绕藤本

缠绕藤本借助主枝缠绕它物而向上生长，如紫藤、葛藤等。

6. 攀缘藤本

攀缘藤本以卷须、不定根、吸盘等攀附器官攀缘他物而上，如凌霄、爬山虎、葡萄等。

二、树形

树形一般是指树冠的类型，树冠是由干、茎、枝、叶所组成，它们对树形的形成起着决定性作用。不同树种具有不同的树冠类型。一般所说的树形是指在正常的生长环境下，成年树木整体形态的外部轮廓。园林树木的树形在园林构图、布局与主景创造等方面起着重要作用。下面介绍几种常见的树形及观赏特性。

① 塔形　这类树型的顶端优势明显，主干生长势旺盛，树冠剖面基本以树干为中心，左右对称，整个形体从底部向上逐渐收缩，整体树形呈金字塔形。如雪松、水杉、冲天柏。

② 圆柱形　顶端优势仍然明显，主干生长旺盛，但树冠基部与顶部均不开展，树冠上、下部直径相差不大，树冠紧抱，冠长远远超过冠径，整体形态细窄而长，如杜松、钻天杨。

③ 圆球形　包括球形、卵圆形、圆头形、扁球形、半球形等形体，树种众多，应用广泛。这类树木的树形构成以弧线为主，给人以优美、圆润、柔和、生动的感受，如黄刺玫、榆树、樱花、梅、樟树、石楠、榕树、加杨、球柏等。

④ 棕榈形　树形结构特点已在前文做了介绍。这类树形除具有南国热带风光情调外，还能给人以挺拔、秀丽、活泼的感受，既可孤植观赏，更宜在草坪、林中空地散植，创造疏林草地景色，如棕榈、蒲葵、椰子、槟榔等。

⑤ 下垂形　伞形外形多种多样，基本特征为有明显的悬垂或下弯的细长枝条，如垂柳、'垂枝'榆、'龙爪'槐、垂枝山毛榉、垂枝梅、垂枝杏、垂枝桃等。由于枝条细长下垂，随风拂动，常形成柔和、飘逸、优雅的观赏特色，能与水体很好地协调。

⑥ 雕琢形　为人们模仿人物、动物、建筑及其他物体形态，对树木进行人工修剪、蟠扎、雕琢而形成的各种复杂的几何或非几何图形，如门框、树屏、绿柱、绿塔、绿亭、熊猫、孔雀等。

⑦ 倒卵形　如'千头'柏、刺槐。

⑧ 盘伞形　如老年期油松。

三、根

1. 根系(附图1)

由幼胚的胚根发育成根，根系为植物的主根和侧根的总称。

(1)直根系　主根粗长，垂直向下，如侧柏、毛白杨、栓皮栎等。

(2)须根系　主根不发达或早期死亡，而由茎的基部发生许多较细的不定根，如棕榈、蒲葵等。

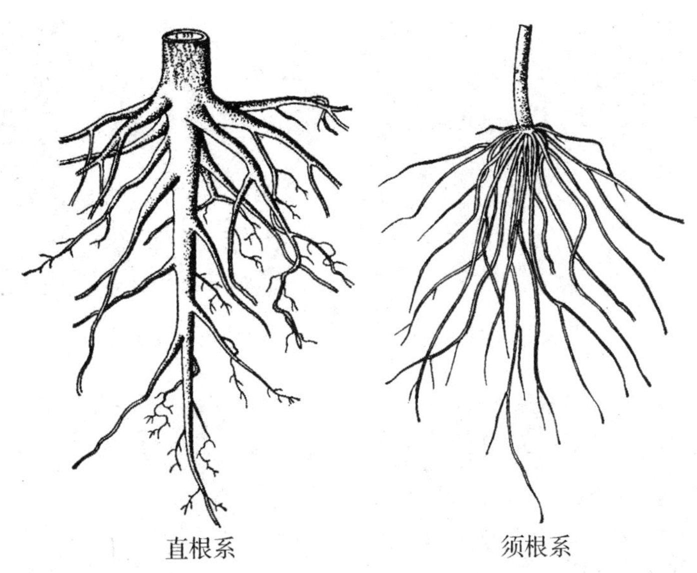

附图1　根　系

2. 根的变态

① 板根　热带树木在干基与根茎之间形成板壁状凸起的根，如榕树、人面子、野生荔枝等。

② 呼吸根　伸出地面或浮在水面用以呼吸的根，如水松、落羽杉的曲膝状呼吸根。

③ 附生根　用以攀附它物的不定根，如络石、凌霄、爬山虎等。

④ 气生根　茎上产生的不定根，悬垂在空气中，有时向下伸入土中，形成支持根，如榕树从大枝上发生多数向下垂直的根。

⑤ 寄生根　着生在寄主的组织内，以吸收水分和养料的根，如桑寄生、槲寄生等。

四、树皮

① 平滑　树皮不开裂，手摸有平滑感，如梧桐(附图2)。

② 粗糙　树皮不开裂或无明显开裂，手感较粗糙，如臭椿、臭松、山皂荚(附图3)。

③ 细纹裂　树皮裂痕极浅而密，如水曲柳(附图4)。

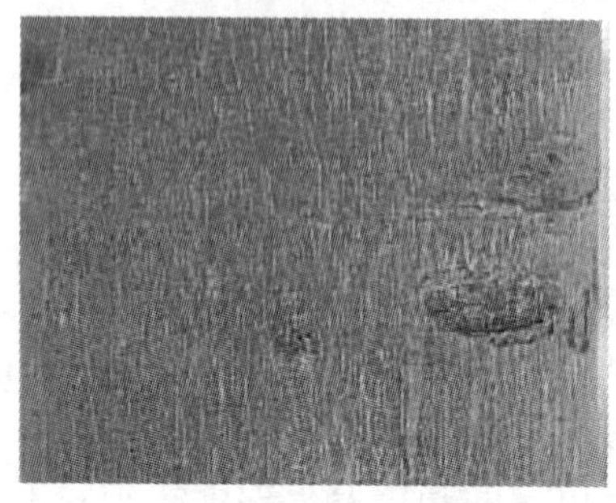

附图2　平滑(梧桐)

附图3　粗糙(山皂荚)

附图4　细纹裂(水曲柳)

附图5　浅纵裂(紫椴)

附图6　深纵裂(刺槐)

附图7　不规则纵裂(黄檗)

④ 浅纵裂　树皮浅裂呈纵向沟纹，如紫椴（附图5）。

⑤ 深纵裂　树皮深裂，呈纵向宽而深裂痕，如刺槐（附图6）。

⑥ 不规则纵裂　树皮裂痕基本为纵向开裂，但不很规则，如黄檗（附图7）、圆柏。

⑦ 横向浅裂　树皮横向开裂，裂痕较浅，如桃。

⑧ 方块状开裂　树皮深裂，裂片呈方块状，如柿树（附图8）。

⑨ 鳞块状开列　树皮深裂，裂片呈鳞块状，如油松（附图9）。

⑩鳞状剥落　树皮鳞片状开裂，且裂片剥落，如榔榆、木瓜（附图10）。

附图8　方块状开裂（柿树）

附图9　鳞块状开裂（黑皮油松）

附图10　鳞状剥落（木瓜）

附图11　纸状剥落（山桃稠李）

附图12　片状剥落（二球悬铃木）

附图13　鳞片状开裂（红皮云松）

⑪纸状剥落　树皮光滑，从内向外，层次明显，树皮断面，每层薄如纸状，局部有剥落，如枫桦、山桃稠李(附图 11)。

⑫片状剥落　树皮几平滑，但间有片状剥落，如白皮松、二球悬铃木(附图 12)。

⑬鳞片状开裂　树皮浅裂，裂片呈鳞片状，稍张开，如红皮云杉(附图 13)。

五、枝条

1. 枝条

枝条是着生叶、花、果等器官的轴(附图 14)

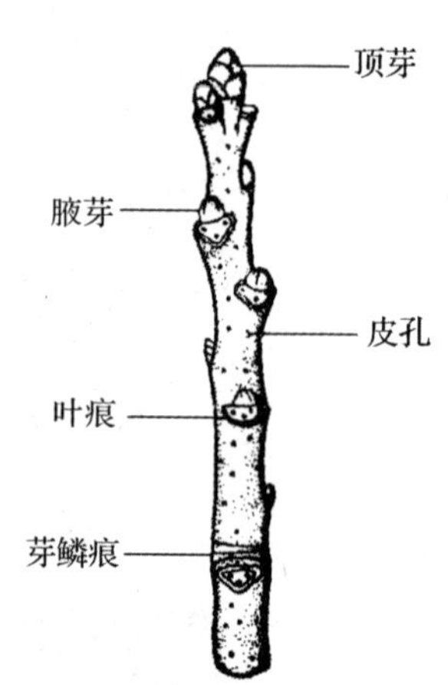

附图 14　枝　条

① 节　枝上着生叶的部位。

② 节间　两节之间的部分。节间较长的枝条叫长枝，如加杨、毛白杨等；节间极短的叫短枝，又称短距，一般生长极为缓慢，如银杏、枣、油松等树种具有短枝。

③ 叶痕　叶脱落后叶柄基部在小枝上留下的痕迹。

④ 维管束痕(束痕)　叶脱落后维管束在叶痕中留下的痕迹，又叫叶迹，其形状不一，散生或聚生。

⑤ 托叶痕　托叶脱落后留下的痕迹，常呈条状、三角状或围绕枝条成环状。

⑥ 芽鳞痕　芽开放后，顶芽芽鳞脱落留下的痕迹，其数目与芽鳞数相同。

⑦ 皮孔　枝条上的表皮破裂所形成的小裂口。根据树种的不同，其形状、大小、颜色、疏密等各有不同。

⑧ 髓　指枝条的中心部分。髓按形状可分为(附图 15)：

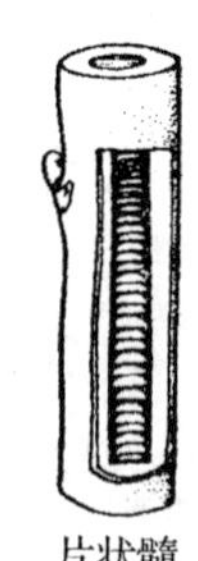

附图 15　髓的类型

空心　小枝全部中空，或仅节间中空而节内有髓片隔，如竹、连翘、金银木等。

片状　小枝具片状分隔的髓心，如胡桃、杜仲、枫杨。

实心　髓体充满小枝髓部，其横断面形状有圆形(榆树)、三角形(鼠李属)、方形(荆条)、五角形(杨属)、偏斜形(椴树)等。

2. 分枝的类型

① 总状分枝式　主枝的顶芽生长占绝对优势，并长期持续，如银杏、杉木、毛白杨，又叫单轴分枝式。

② 合轴分枝式　无顶芽或当主枝的顶芽生长减缓或趋于死亡后，由其最接近一侧的腋芽相继生长发育形成新枝，以后新枝的顶芽生长停止，又为它下面的腋芽代替，如此相继形成“主枝”，如榆树、桑等。

3. 枝的变态(附图16)

① 枝刺　枝条变成硬刺，刺分枝或不分枝，如皂荚、山楂、石榴。

② 卷须　茎柔韧，具缠绕性能，如葡萄。

③ 吸盘　位于卷须的末端呈盘状，能分泌黏质以黏附它物，如爬山虎。

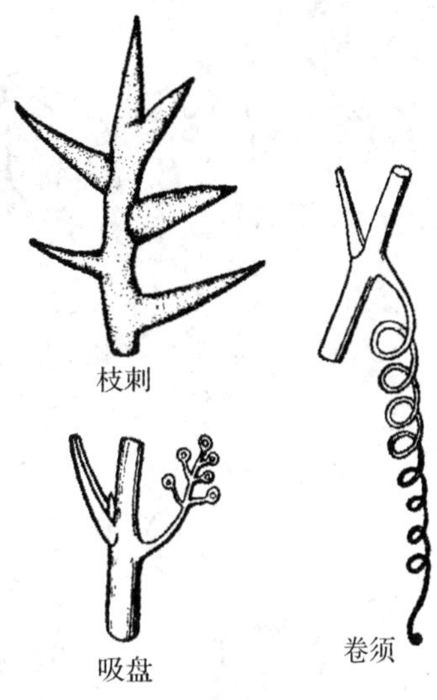

附图16　枝的变态

六、芽

1. 芽的类型(附图17)

① 芽　尚未萌发的枝、叶和花的雏形。其外部包被的鳞片，称为芽鳞，通常由叶变态而成。

② 顶芽　生于枝顶的芽。

③ 腋芽　生于叶腋的芽，形体一般较顶芽小，又叫侧芽。

④ 假顶芽　顶芽退化或枯死后，能代替顶芽生长发育的最靠近枝顶的腋芽，如柳、板栗。

⑤ 柄下芽　隐藏于叶柄基部内的芽，如悬铃木，又名隐芽。

⑥ 单生芽　单个独生于一处的芽。

⑦ 并生芽　数个并生在一起的芽，如桃、杏。位于外侧的芽叫副芽，当中的芽叫主芽。

⑧ 叠生芽　数个上下重叠在一起的芽，如枫杨、皂荚、紫穗槐。位于上部的芽叫副芽，最下的叫主芽。

⑨ 花芽　将发育成花或花序的芽。

⑩ 叶芽　将发育成枝、叶的芽。

⑪ 混合芽　将同时发育成枝、叶和花的芽。

⑫ 裸芽　没有芽鳞的芽，如枫杨、山核桃。

⑬ 鳞芽　有芽鳞的芽，如加杨、苹果。

2. 芽的形状(附图17)

① 圆球形　芽状如圆球，如白榆花芽。

② 卵形　其状如卵，狭端在上，如青杄。

③ 椭圆形　其纵切面为椭圆形，如青檀。

④ 圆锥形　芽体渐上渐窄，横切面为圆形，如云杉。

⑤ 纺锤形　芽体两端渐狭，状如纺锤，如水青冈。

⑥ 扁三角形　芽体纵切面为三角形，横切面为扁圆形，如柿树。

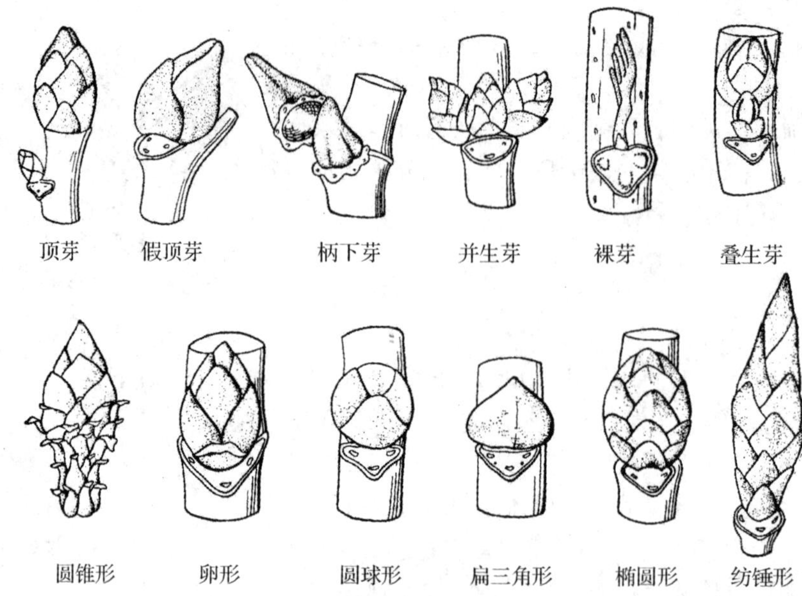

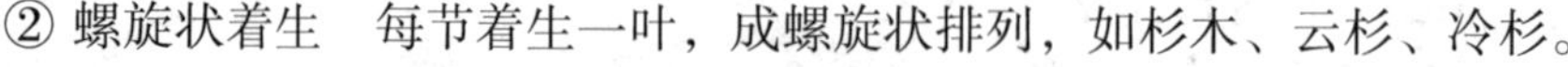
附图 17　芽的类型

七、叶

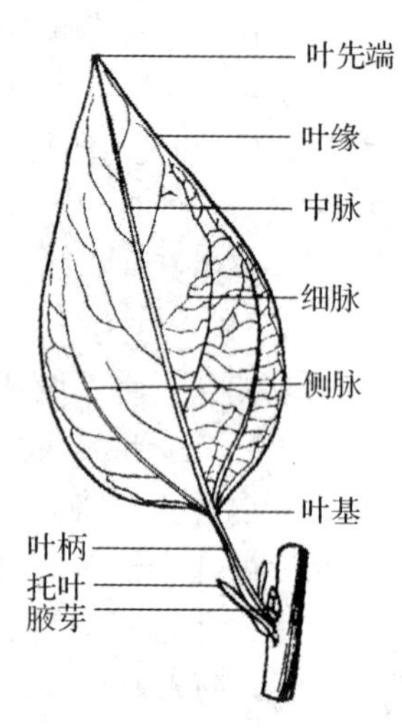

附图 18　叶

1. 叶的概念

① 完全叶和不完全叶(附图 18)　由叶片、叶柄和一对托叶组成的叶，叫完全叶，如桃；无托叶或无叶柄等均称不完全叶，如桑。

② 叶片　叶柄顶端的宽扁部分。

③ 叶柄　叶片与枝条连接的部分。

④ 托叶　叶子或叶柄基部两侧小型的叶状体。

⑤ 叶腋　叶和枝间夹角内的部位，常具腋芽。

2. 叶序

叶在枝上的排列方式叫叶序(附图 19)。

① 互生　每节着生一叶，依次交互着生，节间有距离，如杨、柳。

② 螺旋状着生　每节着生一叶，成螺旋状排列，如杉木、云杉、冷杉。

③ 对生　每节相对着生两片叶，如金银木、连翘等。

④ 轮生　每节有规则地着生 3 个以上的叶子，排成一轮，如夹竹桃。

⑤ 簇生　由于茎节的缩短，多数叶丛生于短枝上，如银杏、雪松、金钱松。

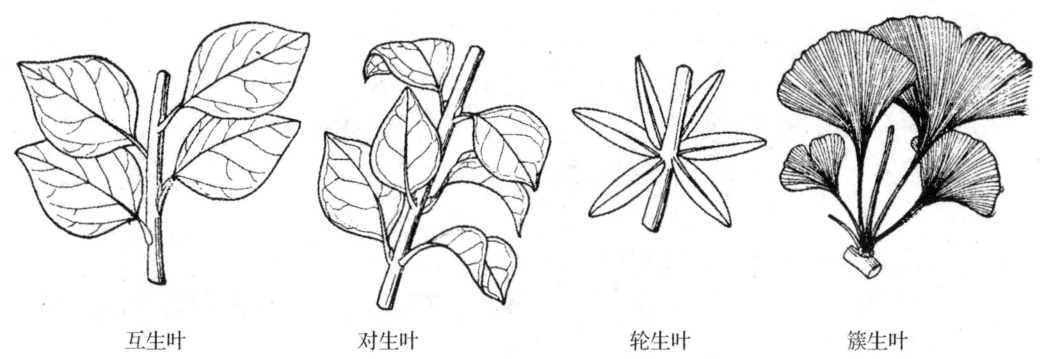

互生叶　　对生叶　　轮生叶　　簇生叶

附图 19　叶序类型

3. 叶脉和脉序（附图 20）

① 脉序　叶脉在叶片上的排列方式。

② 主脉　叶片中部较粗的叶脉，又叫中肋或中脉。

③ 侧脉　由主脉向两侧分出的次级脉。

④ 细脉　由侧脉分出，并联结各侧脉的细小脉，又叫小脉。

⑤ 网状脉　指叶脉数回分枝变细，而小脉互相联结成网状。

⑥ 羽状脉　主脉明显，侧脉自主脉的两侧发出，排列成羽状，如白榆。

⑦ 三出脉　由叶基伸出 3 条主脉，如枣树。

⑧ 离基三出脉　羽状脉中最下一对较粗的侧脉出自离开叶基稍上之处，如檫树、浙江桂。

⑨ 掌状脉　几条近等粗的主脉由叶柄顶端生出，如葡萄。

⑩ 平行脉　叶脉平行排列的脉序，称为平行脉。侧脉和主脉彼此平行直达叶尖的叫直出平行脉，如竹类；侧脉与主脉互相垂直而侧脉彼此互相平行的叫侧出平行脉。

⑪ 弧形脉　叶脉呈弧形，自叶片基部伸向顶端，如红瑞木、车梁木。

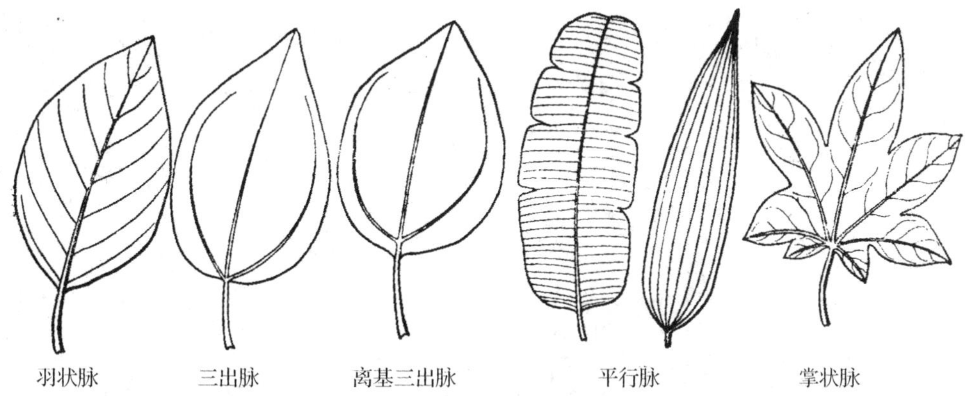

羽状脉　　三出脉　　离基三出脉　　平行脉　　掌状脉

附图 20　叶脉及脉序

4. 叶形

叶形指叶片的形状(附图21)。

① 鳞形　叶细小成鳞片状，如侧柏、柽柳、木麻黄。

② 锥形　叶短而先端尖，基部略宽，如柳杉。又叫钻形。

③ 刺形　叶扁平狭长，先端锐尖或渐尖，如刺柏。

④ 条形　叶扁平狭长，两侧边缘近平行，如冷杉、水杉。

⑤ 针形　叶细长，顶端尖如针状，如油松、白皮松。

⑥ 披针形　叶长为宽的5倍以上，中部或中部以下最宽，两端渐狭，如桃、柳。

⑦ 倒披针形　颠倒的披针形，叶上部最宽。

⑧ 匙形　状如汤匙，全形狭长，先端宽而圆，向下渐窄。

⑨ 卵形　形如鸡卵，长约为宽的2倍或更少。

⑩ 倒卵形　颠倒的卵形，最宽处在上端，如白玉兰。

⑪ 圆形　形状如圆盘，叶长宽近相等，如圆叶鼠李、黄栌。

⑫ 长圆形　长方状椭圆形，长约为宽的3倍，两侧边缘近平行，又叫矩圆形。

⑬ 椭圆形　近于长圆形，但中部最宽，边缘自中部起向两端渐窄，尖端和基部近圆形，长约为宽的1.5~2倍。

⑭ 菱形　近斜方形，如小叶杨、乌桕。

⑮ 三角形　叶状如三角形，如加杨。

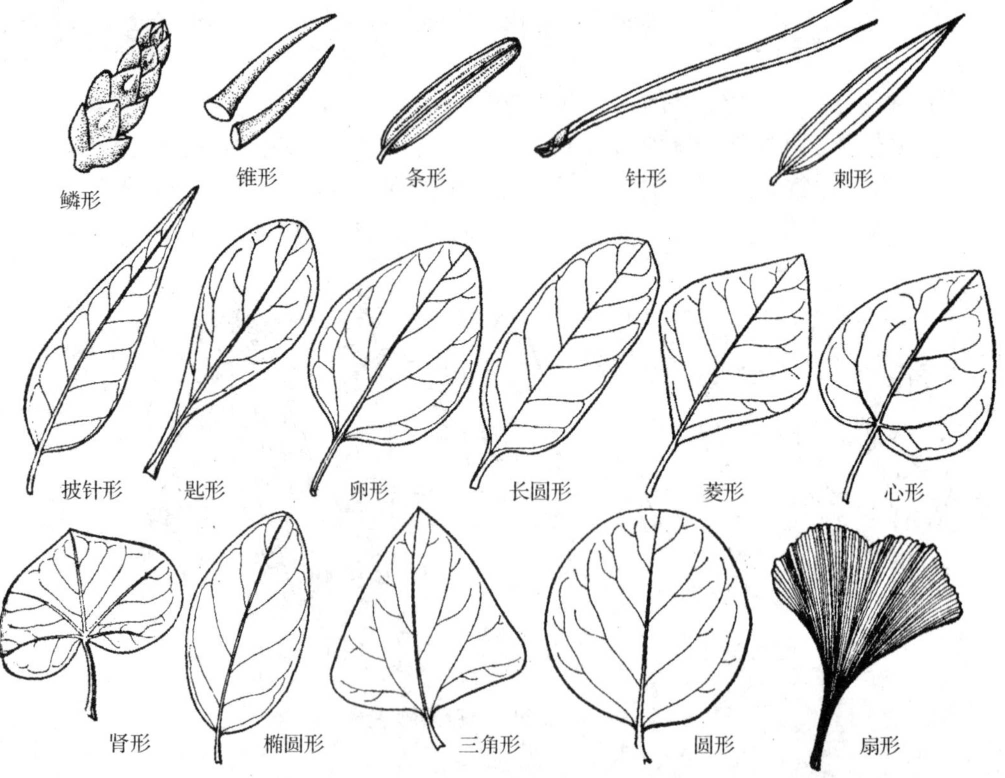

附图21　叶　形

⑯心形　叶状如心脏，先端尖或渐尖，基部内凹具二圆形浅裂及一弯缺，如紫丁香。

⑰肾形　叶状如肾形，先端宽钝，基部凹陷，横径较长。

⑱扇形　叶顶端宽圆，向下渐狭，如银杏。

5. 叶尖

叶尖指叶片的顶端(附图22)。

① 急尖　叶片顶端突然变尖，先端成一锐角，如女贞。

② 渐尖　叶片的顶端逐渐变尖，如夹竹桃。

③ 微凸　中脉的顶端略伸出于先端之外，又叫具小短尖头。

④ 凸尖　叶先端由中脉延伸于外而形成一短突尖或短尖头，又叫具短尖头。

⑤ 芒尖　凸尖延长成芒状。

⑥ 尾尖　先端渐狭长呈尾状。

⑦ 骤尖　先端逐渐尖削成一个坚硬的尖头，有时也用于表示突然渐尖头，又名骤凸。

⑧ 钝　先端圆钝或窄圆。

⑨ 截形　叶先端平截。

⑩ 微凹　先端圆，顶端中间稍凹，如黄檀。

⑪ 凹缺　先端凹缺稍深，如黄杨。又名微缺。

⑫ 二裂　先端具二浅裂，如银杏。

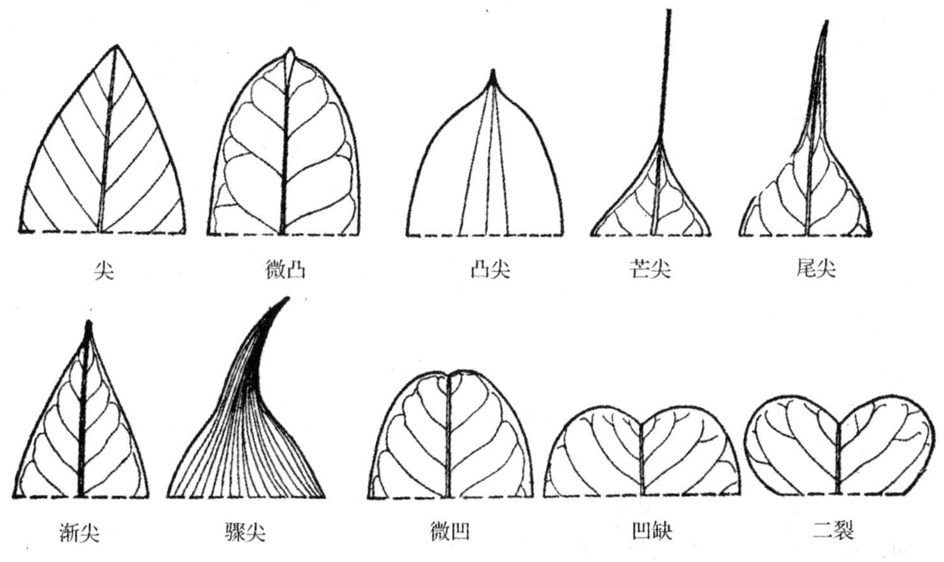

附图22　叶　尖

6. 叶基

叶基指叶的基部。常见叶基形状有下列几种(附图23)：

① 下延　叶基自着生处起贴生于枝上，如杉木、柳杉、八宝树。

② 渐狭　叶基两侧向内渐缩形成具翅状叶柄的叶基。

③ 楔形　叶下部两侧渐狭成楔子形，如北京丁香。

④ 截形　叶基部平截，如元宝枫。

⑤ 圆形　叶基部呈圆形，如山杨。

⑥ 耳形　基部两侧各有一耳形裂片，如辽东栎。

⑦ 心形　叶基心脏形，如紫荆、紫丁香。

⑧ 偏斜　基部两侧不对称，如白榆、椴树。

⑨ 鞘状　基部伸展形成鞘状，如沙拐枣。

⑩ 盾状　叶柄着生于叶背部的一点，如蝙蝠葛。

⑪ 合生穿茎　两个对生无柄叶的基部合生成一体，如盘叶忍冬。

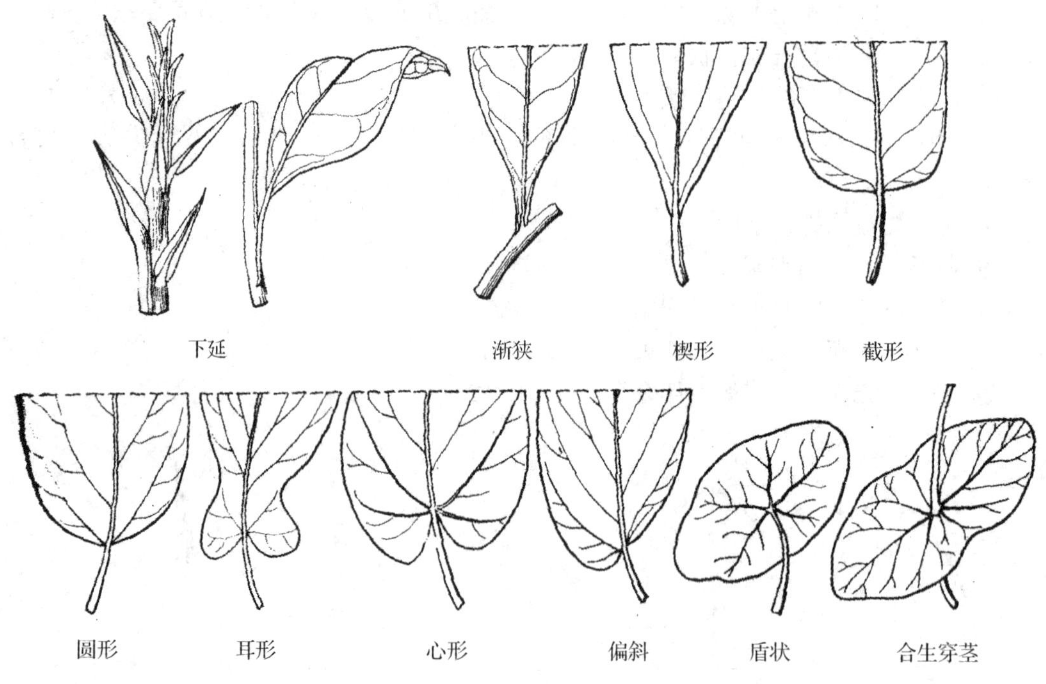

附图 23　叶基类型

7. 叶缘

叶缘指叶片的边缘。常见的叶缘有以下几种(附图 24)：

① 全缘　叶缘不具任何锯齿和缺裂，如丁香、白玉兰。

② 波状　边缘波浪状起伏，如毛白杨、槲树、槲栎。

③ 锯齿　边缘有尖锐的锯齿，如白榆、苹果。

④ 重锯齿　锯齿之间又具小锯齿，如春榆、榆叶梅。

⑤ 齿牙　边缘有尖锐的齿牙，齿端向外，齿的两边近相等，如中平树、苎麻。又叫牙齿状。

⑥ 缺刻　边缘具不整齐较深的裂片。

⑦ 浅裂　裂片裂至中脉约 1/3，如辽东栎。

⑧ 深裂　裂片裂至中脉 1/2 以上，如鸡爪槭。

⑨ 全裂　裂片裂至中脉或叶柄顶端，裂片彼此完全分开，如银桦。

⑩ 羽状分裂　裂片排列成羽状，并具羽状脉。因分裂深浅程度不同，又可分为羽状浅裂、羽状深裂、羽状全裂等。

⑪ 掌状分裂　裂片排列成掌状，并具掌状脉，因分裂深浅程度不同，又可分为掌状浅裂、掌状全裂、掌状三浅裂、掌状五浅裂、掌状五深裂等。

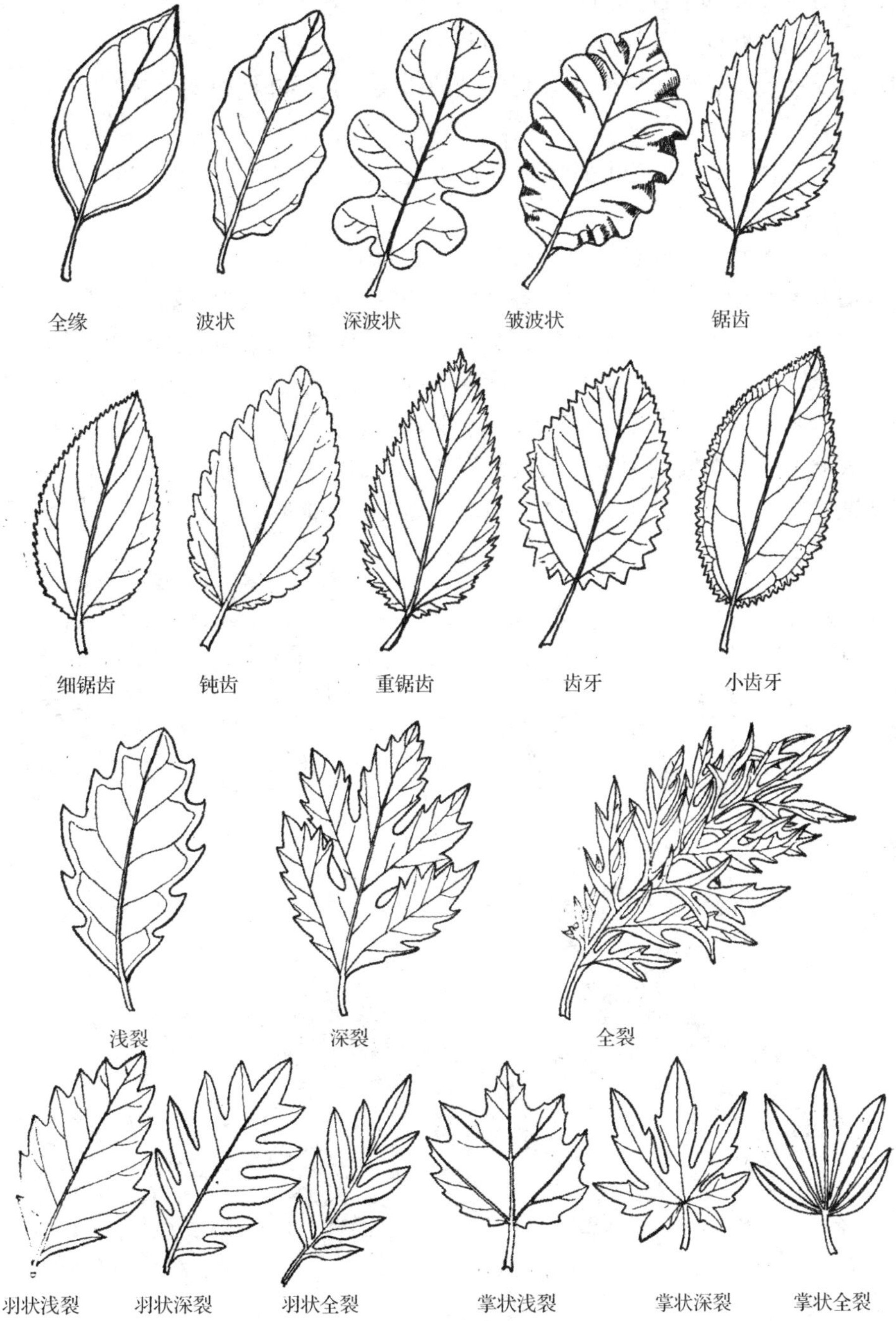

全缘　波状　深波状　皱波状　锯齿

细锯齿　钝齿　重锯齿　齿牙　小齿牙

浅裂　深裂　全裂

羽状浅裂　羽状深裂　羽状全裂　掌状浅裂　掌状深裂　掌状全裂

附图24　叶　缘

8. 叶的类型

① 单叶　叶柄上着生一个叶片，叶片与叶柄之间不具关节。

② 复叶　总叶柄具两片以上分离的叶片，小叶柄基部无芽(附图25)。

单身复叶　外形似单叶，但小叶片与叶柄间具关节，如柑橘。又叫单小叶复叶。

二出复叶　总叶柄上仅具两片小叶，又叫两小叶复叶。

三出复叶　总叶柄上具3片小叶，如葛藤。

羽状三出复叶　顶生小叶着生在总叶轴的顶端，其小叶柄较两个侧生小叶的小叶柄为长，如胡枝子。

掌状三出复叶　三片小叶都着生在总叶柄顶端的一点上，小叶柄近等长，如橡胶树。

羽状复叶　复叶的小叶排列成羽状，生于总叶轴的两侧。

奇数羽状复叶　羽状复叶的顶端有一片小叶，小叶的总数为奇数，如槐树。

偶数羽状复叶　羽状复叶的顶端有两片小叶，小叶的总数为偶数，如皂荚。

二回羽状复叶　总叶柄的两侧有羽状排列的一回羽状复叶，总叶柄的末次分枝连同其上小叶称为羽片，羽片的轴叫羽片轴或小羽轴，如合欢。

三回羽状复叶　总叶柄两侧有羽状排列的二回羽状复叶，如南天竹。

掌状复叶　几片小叶着生在总叶柄顶端，如荆条、七叶树等。

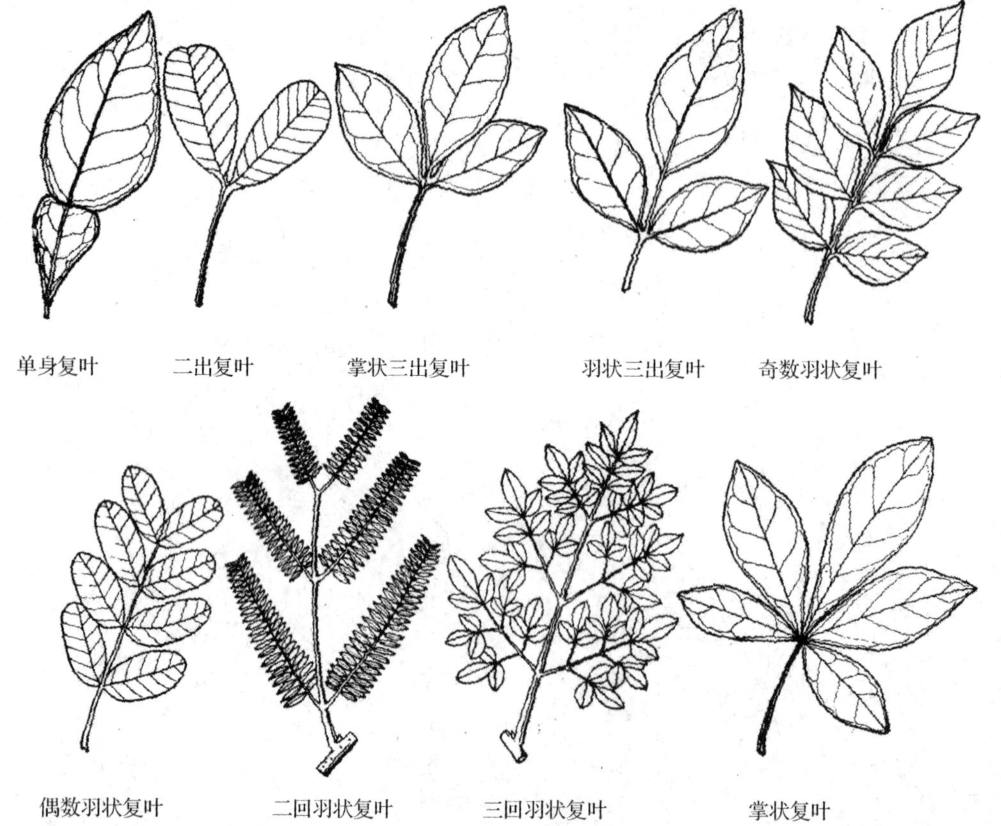

附图25　复叶种类

9. 叶的变态

除冬芽的芽鳞、花的各部分、苞片及竹箨等叶的变态外，还有下列几种(附图26)。

① 托叶刺　由托叶变成的刺，如刺槐、酸枣。

② 叶卷须　由叶片或托叶变为纤弱细长的须状物，用于攀缘。

③ 叶状柄　小叶退化，叶柄成扁平的叶状体，如相思树。

④ 叶鞘　由数枚芽鳞组成，包围针叶基部，如油松。

⑤ 托叶鞘　由托叶延伸而成，如木蓼。

托叶刺

叶状柄　卷须

附图 26　叶变态

10. 叶质

① 肉质　叶片肉质肥厚，含水较多。

② 纸质　叶片较薄而柔软，如刺槐。

③ 革质　叶片较厚，表皮明显角质化，叶坚韧、光亮，如橡皮树。

八、花

1. 花的概念(附图27)

① 完全花　由花萼、花冠、雄蕊和雌蕊四部分组成的花叫完全花。

② 不完全花　缺少花萼、花冠、雄蕊或雌蕊任何部分的花，叫不完全花。

2. 花的性别

① 两性花和单性花　兼有雄蕊和雌蕊的花，叫两性花；只有雄蕊或雌蕊的花，叫单性花。

② 雌花和雄花　只有雌蕊没有雄蕊或雄蕊退化的花，叫雌花；反之为雄花。

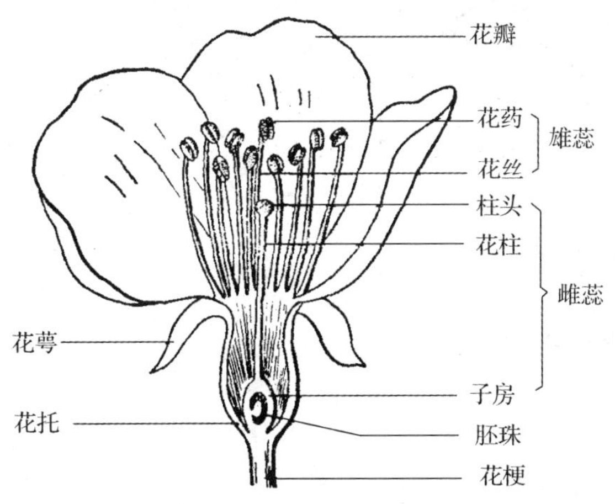

附图 27　花

③ 雌雄同株和雌雄异株　雄花和雌花生于同一植株上，称为雌雄同株，反之，为雌雄异株。

④ 杂性花　一株树上兼有单性花和两性花。单性和两性花生于同一植株的，叫杂性同株；分别生在不同植株上，叫杂性异株。

3. 花的整齐性

通过花的中心点可以剖出两个以上的对称面的花，如桃花，叫整齐花，又名辐射对称花；最多只能剖出一个对称面的花，叫不整齐花，又名两侧对称花，如紫荆。

4. 花萼

花最外或最下的一轮花被，通常绿色，分为离萼与合萼两种。

5. 花冠

花的第二轮，位于花萼的内面，通常大于花萼，质较薄，呈现各种颜色，分为离瓣花冠和合瓣花冠。花冠形状通常有以下几种(附图28)。

① 筒状花冠　指花冠大部分合成一管状或圆筒状，如紫丁香，又名管状。

② 漏斗状花冠　花冠下部筒状，向上渐渐扩大成漏斗状，如鸡蛋花、黄蝉。

③ 钟状花冠　花冠筒宽而稍短，上部扩大成一针形，如吊钟花。

④ 高脚碟状　花冠下部窄筒形，上部花冠裂片突向水平开展，如迎春。

⑤ 坛状花冠　花冠筒膨大为卵形或球形，上部收缩成短颈，花冠裂片微外曲，如柿树。

⑥ 唇形花冠　花冠稍呈二唇形，上面两裂片多少合生为上唇，下面三裂片为下唇，如唇形科植物。

⑦ 蔷薇形花冠　由5个分离花瓣排列成辐射状，如玫瑰、月季。

⑧ 蝶形花冠　花瓣覆瓦状排列成蝶形，中间一瓣最大，叫旗瓣，两侧的两片叫翼瓣，最内的两片，顶端合生叫龙骨瓣。

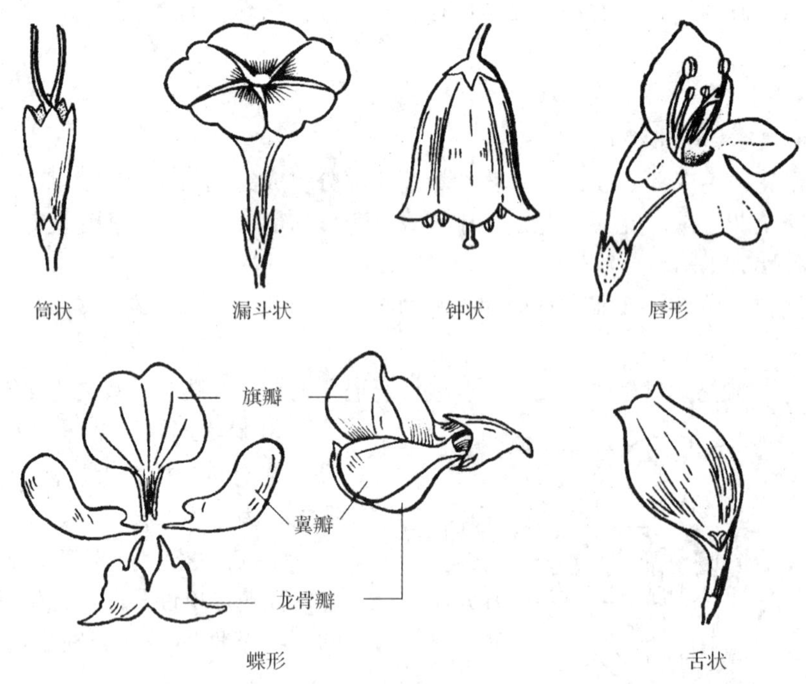

附图28　花　冠

6. 花被

花被是花萼与花冠的总称。

① 双被花　花萼和花冠都具备的花。

② 同被花　花萼和花冠相似的花，如白玉兰、蜡梅、樟树。

③ 单被花　仅有花萼而无花冠的花，如白榆、板栗。

④ 无被花　不具花萼和花冠的花，如杨、柳。

7. 雄蕊(附图29)

① 离生雄蕊　花中花丝彼此分离。

② 合生雄蕊　在雄蕊群中，花丝合生。

③ 单体雄蕊　雄蕊的花丝合生一束，如扶桑。

④ 二体雄蕊　花丝合成两束，如刺槐。

⑤ 多体雄蕊　花丝成多束，如金丝桃。

⑥ 聚药雄蕊　花药聚合在一起，而花丝彼此分离。

⑦ 二强雄蕊　雄蕊4枚，二长二短，如荆条、柚木。

⑧ 四强雄蕊　雄蕊6枚，四长二短。

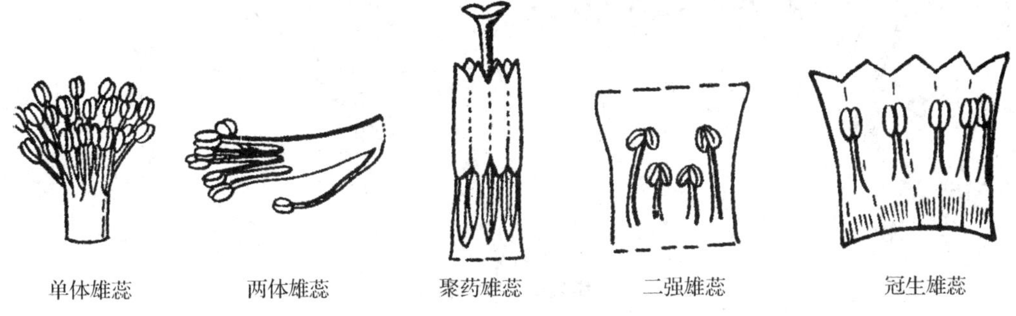

附图29　雄蕊类型

8. 雌蕊

① 单雌蕊　由一心皮构成一室的雌蕊，如刺槐、紫穗槐等。

② 复雌蕊　由两个以上心皮构成的雌蕊，又叫合生心皮雌蕊，如楝树、油茶、泡桐。

③ 离生心皮雌蕊　由若干个彼此分离心皮组成的雌蕊，如白兰花。

9. 花托(附图30)

花托是花梗的顶端部分，一般略呈膨大状。

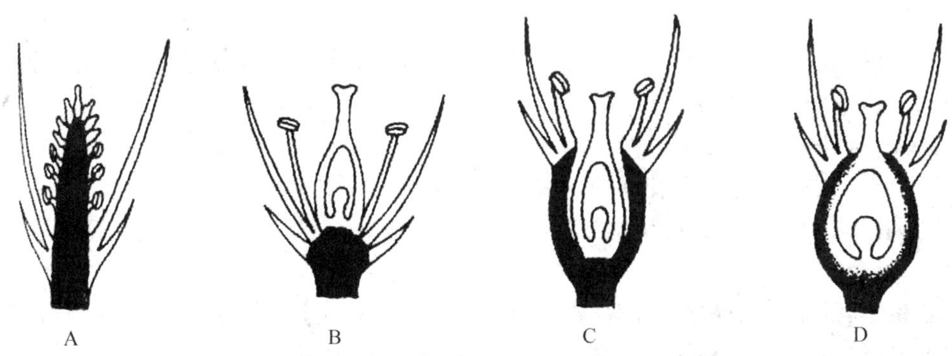

附图30　花托的形状

A. 柱状花托　B. 圆顶状花托　C. 杯状花托　D. 杯状花托与子房壁愈合

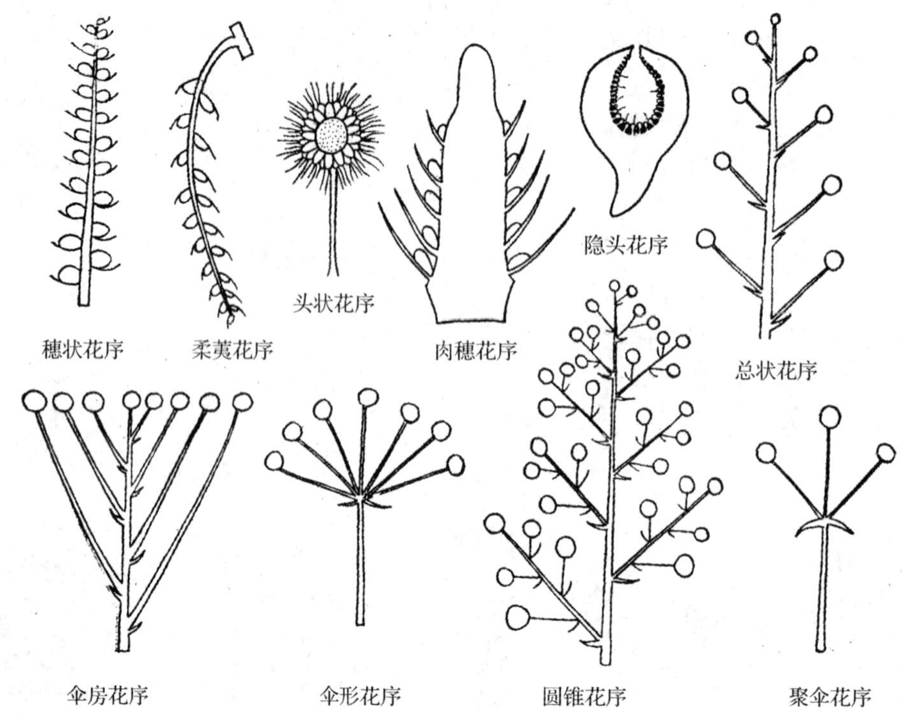

附图31 花序类型

10. 花序(附图31)

① 穗状花序　多数无柄花排列于不分枝的花序轴上，如紫穗槐。

② 柔荑花序　外形似穗状花序，但由单性花组成，通常花轴柔软下垂，雄花序花后整个花序脱落，雌花序果熟后果序脱落，如杨柳科树种。

③ 头状花序　花轴短缩，顶端膨大，上面着生许多无梗花，呈圆球形，如悬铃木、构树。

④ 肉穗花序　与穗状花序相似，但花序轴肉质肥厚，分枝或不分枝，且为一佛焰苞所包被，如棕榈科植物，也叫佛焰花序。

⑤ 隐头花序　花序轴顶端膨大，中端的部分凹陷形成囊状，花着生在囊状内壁上，花完全隐藏在膨大的花序轴内，如无花果、榕树。

⑥ 总状花序　许多有柄花排列在一个不分枝的花序轴上，花梗近等长，如刺槐。

⑦ 伞房花序　和总状花序相似，但花梗不等长，最下的花梗长，渐上递短，使整个花序顶成一平头状，如梨、苹果。

⑧ 伞形花序　花集生在花轴的顶端，花梗近等长，如刺五加。

⑨ 圆锥花序　花序轴上着生总状花序，外形散开，圆锥状，如栾树，又叫复总状花序。

⑩ 聚伞花序　是有限花序的一种，最内或中央的花先开，两侧的花后开。

⑪ 复聚伞花序　花轴顶端着生一花，其两侧各有一分枝，每分枝上着生聚伞花序，或重复连续二歧分枝的花序，如卫矛。

九、果实

1. 果实的主要类型(附图32)

① 聚合果　由一花中的多数离生心皮雌蕊的每一个子房(心皮)形成的果实，这些果聚合在一个花托上，就组成一个聚合果。根据小果类型分为：

聚合蓇葖果　每一个单心皮形成一个蓇葖果，如玉兰。

聚合核果　每一个单心皮形成一个小核果，如悬钩子。

聚合瘦果　每一个单心皮形成一个瘦果，如铁线莲。

② 聚花果　由整个花序形成的合生果，如桑葚、无花果、波罗蜜。

③ 单果　由一花中的一个子房或一个心皮形成的单个果实。

2. 单果类型

① 蓇葖果　为开裂的干果，成熟时心皮沿背缝线或腹缝线开裂，如银桦。

② 荚果　由单心皮上位子房形成的干果，成熟时沿腹缝线和背缝线同时开裂，或不裂，如豆科植物。

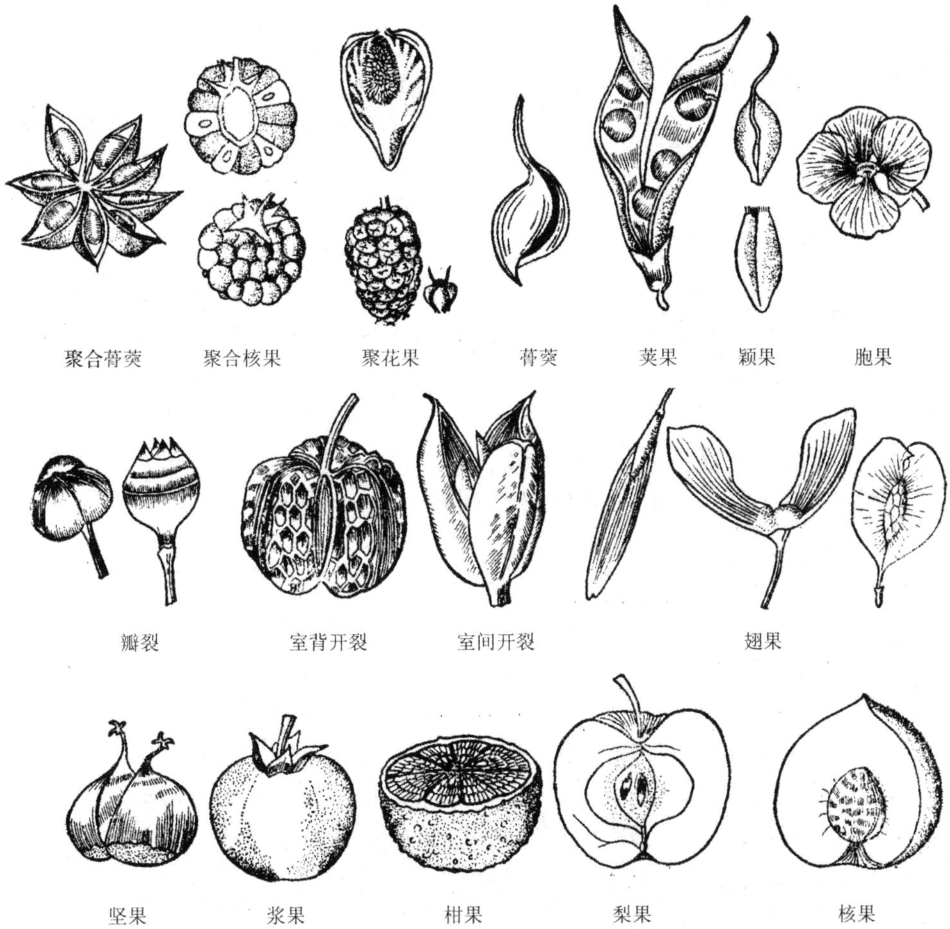

聚合蓇葖　聚合核果　聚花果　蓇葖　荚果　颖果　胞果

瓣裂　室背开裂　室间开裂　翅果

坚果　浆果　柑果　梨果　核果

附图32　果实类型

③ 蒴果　由两个以上合生心皮的子房形成的果实，开裂方式多样，有室背开裂、室间开裂、孔裂、瓣裂，如杜鹃花、香椿。

④ 瘦果　为一小而仅具一心皮一种子的干果，不开裂，如铁线莲；有时也有多于一个心皮的，如菊科植物，种皮和果皮能分开。

⑤ 颖果　由合生心皮形成一室一胚珠的果，果皮和种皮完全愈合，如多数竹类。

⑥ 翅果　瘦果状带翅的干果，由合生心皮的上位子房形成，如榆树、槭树。

⑦ 坚果　果皮坚硬，由合生心皮形成一室一胚珠的果，如板栗。

⑧ 浆果　由合生心皮上位子房形成的果实，外果皮薄，中果皮和内果皮肉质多浆，如葡萄、柿树、荔枝。

⑨ 柑果　实为一种浆果，由合生心皮、上位子房形成果实，外果皮革质，内果皮上具有多汁的毛细胞，如柑橘类。

⑩ 梨果　肉质假果，由下位子房合生心皮及花托形成的果实，如梨、苹果。

⑪ 核果　由单心皮的上位子房形成一室一种子的肉质果。外果皮薄，中果皮肉质或纤维质，内果皮骨质，如桃、杏的果实。

十、种子

① 种子　是胚珠受精发育而成，包括种皮、胚和胚乳等部分。

② 种皮　由珠被发育而成，常分为内种皮(由内珠被形成)和外种皮(由外珠被形成)。

③ 假种皮　由珠被以外的珠柄或胎座等部分发育而成，部分或全部包围种子。

④ 胚　是新植物的原始体，由胚芽、子叶、胚轴和胚根四部分组成。胚根位于胚的末端，为未发育的根；胚轴为连接胚芽、子叶与胚根的部分；胚芽为未发育的幼枝，位于胚先端的子叶内；子叶为幼胚的叶，位于胚的上端。不同植物其子叶数目不同，如裸子植物有多个子叶；被子植物中则分为双子叶植物和单子叶植物两大类。总之，胚包藏于种子内，是处于休眠状态的幼植物。

⑤ 胚乳　是种子贮藏营养物质的部分，有的植物种子有胚乳叫有胚乳植物，它由种皮、胚、胚乳三部分组成；有的植物种子无胚乳，叫无胚乳种子，它由种皮和胚两部分组成。

⑥ 种脐　种子成熟脱落，在种子上留下原来着生处的痕迹。

⑦ 种阜　位于种脐附近的小凸起，由珠柄、珠脊或珠孔等处生出。

十一、附属物

① 毛　由表皮细胞凸出形成的毛状体，可分为：

短柔毛　较短而柔软的毛，肉眼不易看出，但在光线或放大镜下可见。

绒毛　羊毛状卷曲，多少交织而贴伏成毡状的毛，又叫毡毛。

棉毛　具有长而柔软，密而卷曲，且缠结，但不贴伏的毛。

茸毛　直立，密生如丝绒状的毛，如芙蓉。

疏柔毛　长而柔软，直立而较疏的毛。

长柔毛　长而柔软，常弯曲，但不平伏的毛。

刚状毛　硬、短而贴伏或稍翘起的毛，触之有粗糙感觉，如黄榆叶表面之毛。

星状毛　有辐射状的分枝毛，似呈芒状，如溲疏属各种之毛。

糙伏毛　具直而坚硬的毡状毛。

腺毛　毛顶端有腺点，是一种扁平根状的毛或与毛状腺体混生的毛。

② 腺鳞　毛呈圆片状，通常腺质，如杜鹃花叶两面均有腺鳞。

③ 腺体　痣状，盾状或舌状小体，多少带海绵质或肉质，或亦分泌少量的油脂物质，通常干燥，少数，具有一定位置，如柳属各种在花丝基部或子房基部均具腺体。

④ 腺点　外生的小凸点，数目通常数多，呈各种颜色，为表皮细胞分泌出的油状或胶状物，如稠李叶柄先端的腺点。

⑤ 油点　叶表皮下的若干细胞，由于分泌物的大量积累，溶化了细胞壁，形成油腔，在阳光下常呈现出圆形的透明点，如芸香科大多数种类的叶子上均有油点。

⑥ 乳头状突起　小而圆的乳头突起，如红豆杉叶下面的突起。

⑦ 疣状突起　圆形，小疣状突起，如黑桦小枝上的突起。

⑧ 托叶刺　由托叶变成质地长硬的刺。

⑨ 皮刺　表皮形成的刺状突起，如刺五加。

⑩ 木栓翅　木栓质突起呈翅状，如卫矛的小枝均有木栓翅。

⑪ 白粉　白色粉状物，如粉枝柳枝上的白粉。

十二、裸子植物形态

裸子植物常用形态术语(附图33)。

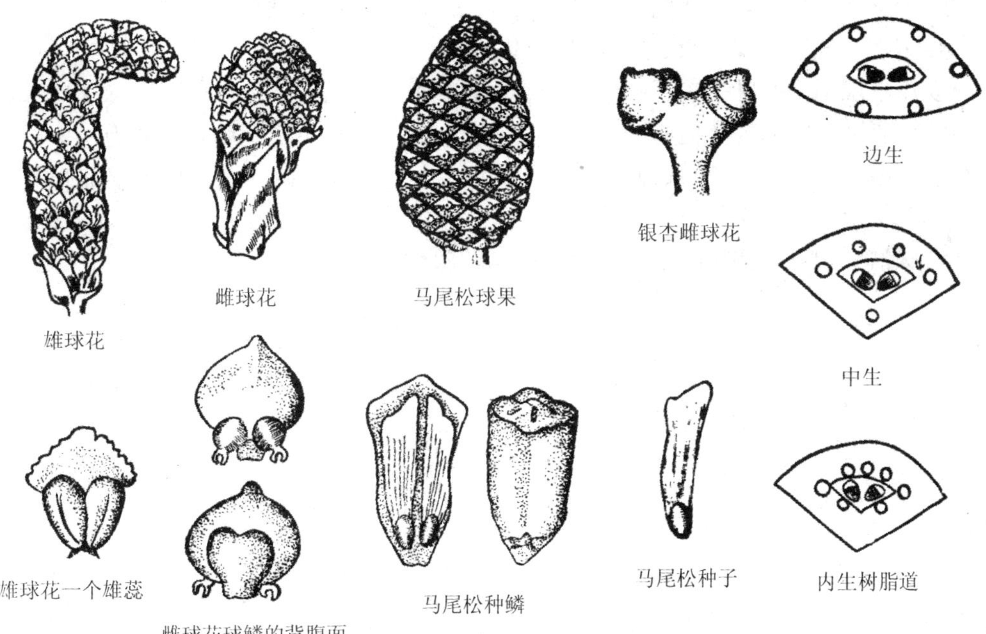

附图33　裸子常用形态术语图示

1. 球花

① 雄球花　由多数雄蕊着生于中轴上所形成的球花，相当于小孢子叶球。雄蕊相当于小孢子叶，花药(即花粉囊)相当于小孢子囊。

② 雌球花　由多数着生胚珠的鳞片组成的花序，相当于大孢子叶球。

③ 珠鳞　松、杉、柏等科树种的雌球花上着生胚珠的鳞片，相当于大孢子叶。

④ 珠座　银杏的雌球花顶部着生胚珠的鳞片。

⑤ 珠托　红豆杉科树木的雌球花顶部着生胚珠的鳞片，通常呈盘状或漏斗状。

⑥ 套被　罗汉松属树木的雌球花顶部着生胚珠的鳞片，通常呈囊状或杯状。

⑦ 苞鳞　承托雌球花上珠鳞或球果上种鳞的苞片。

2. 球果

松、杉、柏科树木的成熟雌球花，由多数着生种子的鳞片(即种鳞)组成。

① 种鳞　球果上着生种子的鳞片。

② 鳞盾　松属树种的种鳞上部露出部分，通常肥厚。

③ 鳞脐　鳞盾顶端或中贮存器凸起或凹陷部分。

3. 叶

松属树种的叶有两种：原生叶螺旋状着生，幼苗表现为扁平条形，后成膜质苞片状鳞片，基部下延或不下延；次生叶针形，2 针、3 针或 5 针一束，生于原生叶腋部不发育短枝的顶端。

① 气孔线　叶上面或下面气孔纵向连续或间断排列成的线。

② 气孔带　由多条气孔线紧密并生所连成的带。

③ 中脉带　条形叶下面两气孔带之间的凸起的绿色中脉部分。

④ 边带　气孔带与叶缘之间的绿色部分。

⑤ 皮下层细胞　叶表皮下的细胞，通常排列成一或数层，连续或不连续排列。

⑥ 树脂道　叶内含有树脂的管道，又叫树脂管。靠皮下层细胞着生的为边生，位于叶肉薄壁组织中的为中生，靠维管束鞘着生的为内生，也有位于接连皮下层细胞及内皮层之间形成分隔的。

⑦ 腺槽　柏科植物鳞叶下面凸起或凹陷的腺体。

参考文献

陈建新. 2012. 园林植物[M]. 北京: 科学出版社.

陈有民. 2011. 园林树木学[M]. 2版. 北京: 中国林业出版社.

陈植. 1984. 观赏树木学[M]. 北京: 中国林业出版社.

邓莉兰. 2009. 园林植物识别与应用实习教程[M]. 北京: 中国林业出版社.

李锦侠, 康永祥. 2005. 观赏植物学[M]. 北京: 中国林业出版社.

林业花卉协会. 1993. 中国木本观赏植物[M]. 北京: 中国林业出版社.

潘文明. 2009. 观赏树木[M]. 北京: 中国农业出版社.

祁承经, 汤庚国. 2005. 树木学(南方本)[M]. 北京: 中国林业出版社.

邱国金. 2004. 园林树木[M]. 北京: 中国林业出版社.

王玲, 宋红. 2010. 北方地区园林植物识别与应用实习教程(北方本)[M]. 北京: 中国林业出版社.

臧德奎. 2004. 园林树木识别与实习教程(北方地区)[M]. 北京: 中国林业出版社.

张天麟. 2010. 园林树木1600种[M]. 北京: 中国建筑工业出版社.

中国科学院北京植物研究所. 1975. 中国高等植物图鉴[M]. 北京: 科学出版社.

中国科学院中国植物志编辑委员会. 2004. 中国植物志[M]. 北京: 科学出版社.

卓丽环, 陈龙清. 2004. 园林树木学[M]. 北京: 中国农业出版社.

卓丽环. 园林树木[M]. 北京: 高等教育出版社.